中国基础研究竞争力报告2018

China's Basic Research Competitiveness Report 2018

中国科学院武汉文献情报中心
中国产业智库大数据中心 ◎ 研发

钟永恒　王　辉　刘　佳　等 ◎ 著

科 学 出 版 社

北　京

图书在版编目（CIP）数据

中国基础研究竞争力报告. 2018 / 钟永恒等著. —北京：科学出版社，2018.9
ISBN 978-7-03-058525-7

Ⅰ. ①中…　Ⅱ. ①钟…　Ⅲ. ①基础研究-竞争力-研究报告-中国-2018
Ⅳ. ①G322

中国版本图书馆 CIP 数据核字（2018）第 187053 号

责任编辑：张　莉 / 责任校对：邹慧卿
责任印制：张克忠 / 封面设计：有道文化
编辑部电话：010-64035853
E-mail: houjunlin@mail.sciencep.com

科学出版社出版
北京东黄城根北街 16 号
邮政编码：100717
http: //www.sciencep.com
三河市骏杰印刷有限公司 印刷
科学出版社发行　各地新华书店经销
*
2018 年 9 月第　一　版　开本：787×1092　1/16
2018 年 9 月第一次印刷　印张：19 3/4
字数：460 000

定价：98.00 元

（如有印装质量问题，我社负责调换）

《中国基础研究竞争力报告 2018》研究组

组　　长　钟永恒

副 组 长　王　辉　刘　佳

成　　员　钟永恒　王　辉　刘　佳　孙　源
　　　　　芦楚屹　李贞贞

研发单位　中国科学院武汉文献情报中心
　　　　　中国产业智库大数据中心

序

2018年1月，《国务院关于全面加强基础科学研究的若干意见》（国发〔2018〕4号）正式发布，指出：强大的基础科学研究是建设世界科技强国的基石。当前，新一轮科技革命和产业变革蓬勃兴起，科学探索加速演进，学科交叉融合更加紧密，一些基本科学问题孕育重大突破。世界主要发达国家普遍强化基础研究战略部署，全球科技竞争不断向基础研究前移。经过多年发展，我国基础科学研究取得长足进步，整体水平显著提高，国际影响力日益提升，支撑引领经济社会发展的作用不断增强。但与建设世界科技强国的要求相比，我国基础科学研究短板依然突出，数学等基础学科仍是最薄弱的环节，重大原创性成果缺乏，基础研究投入不足、结构不合理，顶尖人才和团队匮乏，评价激励制度亟待完善，企业重视不够，全社会支持基础研究的环境需要进一步优化。《国务院关于全面加强基础科学研究的若干意见》明确了基础研究的发展目标，即到2020年，我国基础科学研究整体水平和国际影响力显著提升，在若干重要领域跻身世界先进行列，在科学前沿重要方向取得一批重大原创性科学成果，解决一批面向国家战略需求的前瞻性重大科学问题，支撑引领创新驱动发展的源头供给能力显著增强，为全面建成小康社会、进入创新型国家行列提供有力支撑；到2035年，我国基础科学研究整体水平和国际影响力大幅跃升，在更多重要领域引领全球发展，产出一批对世界科技发展和人类文明进步有重要影响的原创性科学成果，为基本实现社会主义现代化、跻身创新型国家前列奠定坚实基础；到本世纪中叶，把我国建设成为世界主要科学中心和创新高地，涌现出一批重大原创性科学成果和国际顶尖水平的科学大师，为建成富强民主文明和谐美丽的社会主义现代化强国和世界科技强国提供强大的科学支撑。①

实现上述目标，任重而道远。基础科学研究具有灵感瞬间性、方式随意性、路径不确定性的特点，优化基础科学研究发展环境、提升基础研究竞争力是一个系统工程，涉及遵循科学规律，坚持分类指导；突出原始创新，促进融通发展；创新体制机制，增强创新活力；加强协同创新，扩大开放合作；强化稳定支持，优化投入结构等诸多方面的工作，但要做到科学决策，有的放矢，精准施策，首先需要做好的一项基础性工作，就是调研掌握基础研究的发展现状，了解基础研究发展态势。

① 中华人民共和国中央人民政府. 国务院关于全面加强基础科学研究的若干意见［EB/OL］［2018-06-15］. http://www.gov.cn/zhengce/content/2018-01/31/content_5262539.htm.

本书作者长期从事科技大数据研究，借鉴数据情报的专业优势，建立了大数据平台，构建了基础研究评价指标和竞争力指数，持续监测国内外基础研究的相关政策、计划、项目、管理等发展动态，以及基础研究的投入、产出信息，建立了基金项目、学术论文、发明专利、人才、基础设施、政策等系列数据库，并基于大数据开展基础研究竞争力的综合分析，形成了包含中国基础研究竞争力整体评价报告，中国省域（省、自治区、直辖市）基础研究竞争力报告，中国大学与科研机构基础研究竞争力报告三大部分的《中国基础研究竞争力报告2018》，本书评价指标简洁、方法科学、数据翔实、分析得当、通俗易懂，对科技管理、科研布局优化、机构评估及大学与科研院所师生都具有一定的参考作用。

湖北省科学技术厅副厅长
中国科学院测量与地球物理研究所研究员、博士生导师　杜　耘

2018年6月

前　言

2018年5月28日，习近平在中国科学院第十九次院士大会、中国工程院第十四次院士大会上的讲话中指出："我国基础科学研究短板依然突出，企业对基础研究重视不够，重大原创性成果缺乏，底层基础技术、基础工艺能力不足，工业母机、高端芯片、基础软硬件、开发平台、基本算法、基础元器件、基础材料等瓶颈仍然突出，关键核心技术受制于人的局面没有得到根本性改变。""基础研究是整个科学体系的源头。要瞄准世界科技前沿，抓住大趋势，下好'先手棋'，打好基础、储备长远，甘于坐冷板凳，勇于做栽树人、挖井人，实现前瞻性基础研究、引领性原创成果重大突破，夯实世界科技强国建设的根基。要加大应用基础研究力度，以推动重大科技项目为抓手，打通'最后一公里'，拆除阻碍产业化的'篱笆墙'，疏通应用基础研究和产业化连接的快车道，促进创新链和产业链精准对接，加快科研成果从样品到产品再到商品的转化，把科技成果充分应用到现代化事业中去。"[①] 全球新一轮科技竞赛演进加剧，创新驱动成为许多国家谋求竞争优势的核心战略。国内科技创新竞赛日趋激烈，人才、科技基础设施及平台（如国家实验室、综合性国家科学中心等）、资本、市场、成果、专利等已经成为地方竞相争夺的战略科技资源。中国基础研究竞争力的评价及其提升策略已经成为管理界、学术界、企业界共同关注的话题。

为了服务业界、支撑科技创新，中国科学院武汉文献情报中心中国产业智库大数据中心（citt100.whlib.ac.cn）组织专门研究团队，一是长期跟踪监测基础研究数据资源，建立了一套基础研究数据资源的标准管理系统，持续跟踪监测各地区、各机构基础研究各项指标进展情况，通过数据积累和可视化呈现，反映各地区、各机构基础研究发展轨迹，总结基础研究发展规律；二是客观评价中国各地区、各机构基础研究综合竞争力，通过构建基础研究竞争力指标体系和指数模型，进行数据分析挖掘，凝练各地区、各机构基础研究优势学科方向和重点研究机构，辅助基础研究管理工作与政策制定；三是为各地政府、大学与科研机构判断本地区、本机构基础研究发展状况、制定政策和措施提供参考。

《中国基础研究竞争力报告2018》作为中国产业智库大数据中心持续发布的年度报告，是基于2018年湖北省技术创新专项（软科学研究）重点项目"湖北省基础研究竞争力评价与提

① 新华社北京2018年5月28日电。

升的对策研究”（ADC009）的部分成果，在《中国基础研究竞争力报告 2017》研究方法的基础上，重新构建了更为全面的基础研究竞争力指数（Basic Research Competitive Index，BRCI），包括国家自然科学基金、科学引文索引（Science Citation Index，SCI）论文、发明专利三大类指标，不仅仅揭示以国家自然科学基金为指标的基础研究人力资源与科技资源投入问题，也反映以 SCI 论文、发明专利为指标的基础研究学术产出与影响力问题。

本书主要分为三大部分：第一部分是基础研究竞争力整体评价报告。从基础研究投入和基础研究产出两方面展开，并对其基本数据进行分析及可视化展示。第二部分是中国省域（省、自治区、直辖市）基础研究竞争力报告。以省（自治区、直辖市）为研究对象，基于国家自然科学基金、SCI 论文和发明专利对我国省域的基础研究竞争力进行评价分析与排名，分析我国各省（自治区、直辖市）的基础研究竞争力情况；然后以省（自治区、直辖市）为单元，分别从自然科学基金项目经费的项目类别及学科分布、SCI 论文的学科分布、基本科学指标（Essential Science Indicators，ESI）学科分布介绍其具体情况，帮助各省（自治区、直辖市）了解其基础研究的现状。第三部分是中国大学与科研机构基础研究竞争力报告。以大学与科研机构为研究对象，基于国家自然科学基金、SCI 论文和发明专利对我国大学与科研机构的基础研究竞争力进行评价分析与排名；然后以大学与科研机构为单元，分别从自然科学基金项目经费的项目类别及学科分布、SCI 论文的学科分布、ESI 学科分布介绍其具体情况，帮助各机构了解其基础研究的现状。

本书的完成得到了湖北省科学技术厅杜耘副厅长，湖北省科学技术厅基础处王冬梅处长、郭嵩副处长，政策法规处王慧萍处长、周云峰副处长，中国科学院武汉分院袁志明院长、李海波书记、李伟副院长，中国科学院武汉文献情报中心张智雄主任、陈丹书记，科学出版社科学人文分社侯俊琳社长、张莉编辑，以及众多专家的指导和支持；也得到了 2018 年湖北省技术创新专项（软科学研究）重点项目“湖北省基础研究竞争力评价与提升的对策研究”（ADC009）的资助，在此一并表示衷心的感谢。

基础研究涉及领域、学科众多，具有创新性、前瞻性、交叉性，由于本书作者专业和水平所限，对诸多问题的理解难免不尽准确，如有错误和不妥之处，希望各位专家和读者提出宝贵意见和建议，以便进一步修改和完善。

中国科学院武汉文献情报中心　钟永恒
中国产业智库大数据中心　（zyh@mail.whlib.ac.cn）

2018 年 7 月于武汉小洪山

目 录

图目录

表目录

第1章 导 论

基础研究是指以认识自然现象与自然规律为直接目的，而不是以社会实用为直接目的的研究，其成果多具有理论性，需要通过应用研究的环节才能转化为现实生产力。基础研究具有独创性、非共识性、可转化性、探索性、不确定性、长期性、极度超前性等特点。基础研究是人类文明进步的动力、科技进步的先导、人才培养的摇篮。随着知识经济的迅速崛起，综合国力竞争的前沿已从技术开发拓展到基础研究。基础研究既是知识生产的主要源泉和科技发展的先导与动力，也是一个国家或地区科技发展水平的标志，代表着国家或地区的科技实力。

1.1 研究目的与意义

科技进步对经济社会发展所起的重要作用，已经达成共识，但基础研究的作用到底应该怎么看，应该采取什么样的对策，却依然是一个颇具争议的问题。基础研究的目的，并不是立即、直接地应用于生产，而是要在观察和实验所提供的丰富资料的基础上，形成经过验证的规律性理论知识体系，为应用研究和发展研究提供具有指导意义的共同理论基础。基础研究的出成果时间同研究成果在生产实践中兑现的时间间隔，一般在10～15年甚至15年以上，由于有这么长的时间差，特别容易被理解为基础研究难以见到效益而不受重视。

事实上，基础研究中的某些重大发现，不仅可以使整个科学发生革命性的变化，甚至可以根本性地影响生产及社会生活的面貌。基础研究成果不仅成为相关学科领域的知识基础，而且成为相关产业技术的理论基础，甚至推动新产业的建立和发展。

基础研究对现代经济发展具有前导作用。在当今科学技术革命的条件下，社会生产力的构成要素已经越来越变为科学的物化力量，其根本性的质变将是在科学转化为社会生产发展的主导因素的基础上完成的。例如，1993年量子通信理论提出，2006年潘建伟课题组成立，2016年量子通信卫星发射成功，量子通信骨干建成，约23家公司涉量子通信，预计2030年量子通信产业规模将达到千亿。基础研究–应用研究–技术开发–社会生产周期缩短趋势明显，产业革新越来越需要基础研究的原创血液，光电子产业、集成电路产业、智能制造业、生物医药产业等高技术产业的发展，将比以往更加依赖于科学前沿领域的基础研究。现今时代，如果忽视基础研究对科技和产业的前导作用，而指望借用他人的基础研究成果，就不可能赢得创新竞赛。

基础研究是建设自主创新高地的必须途径。技术创新能力的形成，一方面靠自主创新，一方面靠引进技术，其中自主创新是核心。基础研究的科研成果储备、学科结构、科学研究基础设施、研究平台和研究团队的素质状况，对形成创新能力具有直接的决定性影响。例如，美国于20世纪90年代斥巨资建设全球定位系统（GPS），覆盖全球且使用免费，但2018年4月美国因要空袭叙利亚而关闭叙利亚周边的GPS信号，导致叙利亚各种武器装备几乎失效。经验表明，引进技术成果是越来越没有出路的选择，没有基础研究的开拓性成果，就不能形成自主创新的高地。

基础研究是应对国际经济挑战的制胜法宝。不论是高技术产业还是传统产业，在全球市场上取得成功意味着比竞争对手更快地创造和应用新知识、新技术。不具备自主创新能力的企业将在未来国际化的市场竞争中丧失机遇，甚至被淘汰出局，在计算机、电子产品领域表现最明显。近期，美国贸易政策的目标直指“中国制造2025”，美国认为“中国制造2025”的目的在于通过各种行为，在高技术领域进行进口替代，随后占领全球市场，因此，美国以国家安全为由，对华高新技术产品出口进行管制，打击中国知识产权，进而保障美国在高新技术领域的制高点。“中兴被禁”事件敲响了警钟，未来中国必须加大政策支持和资金投入，将国产芯片原创研发提升到国家安全层面。应对国际经济挑战的最有效出路是走自主创新之路，加强作为新技术基础的基础科学和工程科学研究。

基础研究对教育发展和人才培养具有重大影响。在世界上，凡是重视基础研究的国家，也是教育发达的国家。尤其在现代科学技术知识更新速度大大加快的条件下，现代化教育必须着眼于最新科学知识的传授及发展新创造能力的培养，以适应科技–经济–社会飞速发展的需要。仅仅通过引进人才来解决技术创新的短板是远远不够的，根本的解决办法还是要通过提升基础研究水平，完善科研基础设施，创新研究平台建设，培育青年科学家，培养人们尊重科学、善于科学思维和乐于创新的文化氛围，带动教育质量提升。

全球新一轮科技竞赛演进加剧，创新驱动成为许多国家谋求竞争优势的核心战略。国家重大科技基础设施、综合性国家科学中心、国家实验室建设，体现国家发展基础研究、发展大科学的意志。“自下而上”的科学家呼声和“自上而下”的国家推动，又一次共同吹起“向科学全面进军”的号角。国内科技创新竞赛日趋激烈，人才、资本、市场、专利、平台等已经成为地方竞相争夺的战略科技资源。中国基础研究竞争力的评价及其评价策略问题已经成为管理界、学术界、企业界共同关注的话题。本书的价值主要体现在以下三个方面。一是长期跟踪基础研究数据资源，建立一套基础研究数据资源的标准管理系统，持续跟踪监测各地区、各机构基础研究各项指标进展情况，通过数据积累和可视化呈现，反映各地区、各机构基础研究发展轨迹，总结基础研究发展规律；二是客观评价中国各地区、各机构基础研究综合竞争力，通过数据分析挖掘，凝练各地区基础研究优势学科方向和重点研究机构，辅助基础研究管理工作与政策制定；三是为各地政府、大学与科研机构判断本地区、本机构基础研究发展状况、制定政策和措施提供参考。

1.2 研究内容

1.2.1 基础研究竞争力的内涵

基础研究竞争力研究主要从基础研究投入、基础研究队伍与基地建设、基础研究产出这三个角度展开。基础研究投入包括基础研究投入总经费、国家自然科学基金、国家重点基础研究发展计划（“973计划”）、国家高技术研究发展计划（“863计划”）等各类国家科技计划。基础研究队伍与基地建设包括基础研究队伍建设和基础研究基地建设，其中，基础研究队伍建设包括从事基础研究的人员、高水平学者等；基础研究基地建设包括国家重点实验室、重大科技基础设施等。基础研究产出包括学术论文、专利、专著和奖励等。2018年，国务院印发《关于全面加强基础科学研究的若干意见》，明确要发挥国家自然科学基金支持源头创新的重要作用，更加聚焦基础学科和前沿探索，支持人才和团队建设；加强国家科技重大专项与国家其他重大项目和重大工程的衔接，推动基础研究成果共享；拓展实施国家重大科技项目，推动对其他重大基础前沿和战略必争领域的前瞻部署；加快实施国家重点研发计划，聚焦国家重大战略任务，进一步加强基础研究前瞻部署，从基础前沿、重大关键共性技术到应用示范进行全链条创新设计、一体化组织实施。健全技术创新引导专项（基金）运行机制，引导地方、企业和社会力量加大对基础研究的支持。优化基地和人才专项布局，加快基础研究创新基地建设和能力提升，促进科技资源开放共享。基础研究投入的增加，必将推动中国成为世界主要科学中心和创新高地。

我们认为，基础研究竞争力主要是研究涉及基础研究的资源投入与成果产出的能力，具体包括基础研究的科研经费投入、项目数量、队伍情况、基地数量、产出成果等方面的综合能力。本书主要从国家自然科学基金、学术论文和发明专利的角度研究基础研究竞争力，包括表征人才实力与基础研究资源投入的国家自然科学基金指标、表征基础研究学术产出与影响力的SCI论文、发明专利等指标，具体而言，从国家自然科学基金的项目数量、经费数量、获批机构数量、项目主持人数量，以及发表的SCI论文数、SCI论文被引频次、发明专利申请量等方面分析基础研究竞争力。

1.2.2 国家自然科学基金的内涵

1986年，为推动我国科技体制改革，变革科研经费拨款方式，国务院设立了国家自然科学基金（National Natural Science Foundation of China，NSFC），这是我国实施科教兴国和人才强国战略的一项重要举措。作为我国支持基础研究的主要渠道之一，国家自然科学基金有力地促进了我国基础研究持续、稳定和协调发展，已经成为我国国家创新体系的重要组成部分。国家自然科学基金坚持支持基础研究，主要分为八大学部，即数学物理科学部、化学科学部、生命科学部、地球科学部、工程与材料科学部、信息科学部、管理科学部、医学科学部，与国家自然科学基金委员会下设的8个科学部相对应。同时，国家自然科学基金已形成了由探索、人才、工具、融合四大系列组成的资助格局。探索系列主要包括面上项目、重点项目、国际（地区）合作研究项目等；人才系列主要包括青年科学基金项目、优秀青年科学基金项目、国家杰出青年科学基金项目、创新研究群体科学基金项目、地区科学基金项目等；工具系列主要包括国家重大科研仪器研制项目等；融合系列主要包括重大项目、重大研究计划项目、联合基金项目、基础科学中心项目等[1]。

30 年来，国家自然科学基金的投入从最初的 8000 万元到 2017 年的 259.4 亿元，成为基础研究的主要资助渠道之一。同时，国家自然科学基金不断探索科技管理改革，创新资助管理机制，完善同行评议体系，提升资助管理水平。通过长期持续支持，推动学科均衡协调可持续发展，培育和稳定了高水平人才队伍，涌现了一批有国际影响的重大成果。同时，由于其评审过程与经费管理体现了公开、公正、公平，在科技界获得了崇高的声誉，被科研人员公认为国内最规范、最公正、最能反映研究者竞争能力的研究基金。获得国家自然科学基金资助的竞争能力已经成为衡量全国各地区和科研机构基础研究水平的一项重要指标，并在实际科研评价中得到应用。

1.2.3 学术论文和发明专利的内涵

学术论文是对某个科学领域中的学术问题进行研究后表述科学研究成果的理论文章，具有学术性、科学性、创造性、学理性。学术论文是某一学术课题在实验性、理论性或观测性上具有新的科学研究成果或创新见解和知识的科学记录；或是某种已知原理应用于实际中取得新进展的科学总结，用以提供学术会议上宣读、交流或讨论；或在学术刊物上发表；或作其他用途的书面文件。

SCI 论文是指美国科学引文索引收录的论文。科学引文索引是由美国科学信息研究所（ISI）于 1961 年创办的引文数据库，是国际公认的进行科学统计与科学评价的主要检索工具之一。科学引文索引以其独特的引证途径和综合全面的科学数据，通过统计大量的引文，得出某期刊、某论文在某学科内的影响因子、被引频次、即时指数等量化指标，从而对期刊、论文等进行分析与排行。被引频次高，说明该论文在它所研究的领域里产生了巨大的影响，被国际同行重视，学术水平高。由于基础研究学术产出的主要表现形式之一是学术论文，而 SCI 收录的论文主要选自自然科学的基础研究领域，所以 SCI 指标常被应用于评价基础研究的成果产出及其影响力。本书采用两个 SCI 论文指标，即 2017 年的 SCI 论文数量、2017 年的 SCI 论文当年被引数量。

专利，从字面上是指专有的权利和利益。专利是由国家专利主管机关（国家知识产权局）授予申请人在一定期限内对其发明创造所享有的独占实施的专有权。在现代，专利一般是由政府机关或代表若干国家的区域性组织根据申请而颁发的一种文件，这种文件记载了发明创造的内容，并且在一定时期内产生这样一种法律状态，即获得专利的发明创造在一般情况下他人只有经专利权人许可才能予以实施。《中华人民共和国专利法》规定可以获得专利保护的发明创造有发明、实用新型和外观设计三种，其中发明专利是最主要的一种。

《中华人民共和国专利法》第一章第二条中对发明的定义是："发明，是指对产品、方法或者其改进所提出的新的技术方案。"发明专利并不要求它是经过实践证明可以直接应用于工业生产的技术成果，它可以是一项解决技术问题的方案或是一种构思，具有在工业上应用的可能性，但这也不能将这种技术方案或构思与单纯地提出课题、设想相混同，因为单纯的课题、设想不具备工业上应用的可能性。发明专利是测度一定时期内基础研究支撑科技创新能力的重要指标。本书选用 1 个专利指标，即 2017 年在华发明专利申请量。

1.2.4 基本科学指标评价的内涵

ESI 是衡量科学研究绩效、跟踪科学发展趋势的评价工具。ESI 对全球所有研究机构在近 11 年被科学引文索引数据库（Science Citation Index Expanded，SCIE）和社会科学引文索引数据库（Social Sciences Citation Index，SSCI）收录的文献类型为 article 或 review 的论文进行统计，按总被引频次高低确定衡量研究绩效的阈值，每隔两月发布各学科世界排名前 1%的研究机构榜单。被 SCIE、SSCI 收录的每种期刊对应一个学科，其中综合类期刊中的部分论文对应到其他学科[2]。

ESI 评价通常应用于：①分析评价科学家、期刊、研究机构及国家或地区在 22 个学科中的排名情况；②评价发现学科的研究热点和前沿研究成果；③评价高校的优势学科、提升潜势学科，以及学术竞争力的评价分析，为学科建设规划提供决策依据；④通过分析学科领域的热点论文，把握研究前沿；⑤分析某一学科的高被引论文及机构，寻求科研合作伙伴和调整科研研究方向；⑥评价某一学科在世界范围内的影响与竞争情况[3]。本书主要统计各区域入围 ESI 全球前 1%的机构及其机构排名、各机构入围 ESI 全球前 1%的学科及其学科排名。

1.2.5 本书的框架结构

本书基于国家自然科学基金、SCI 论文和发明专利的相关数据，构建基础研究竞争力指数，对我国的基础研究竞争力展开分析，分为三大部分：第一部分是基础研究竞争力整体评价报告。本部分从基础研究投入和基础研究产出两方面展开，并对其基本数据进行分析及可视化展示。第二部分是中国省域（省、自治区、直辖市）基础研究竞争力报告。本部分以省（自治区、直辖市）为研究对象，基于国家自然科学基金、SCI 论文和发明专利对我国省域的基础研究竞争力进行评价分析与排名，分析我国各省（自治区、直辖市）的基础研究竞争力情况；然后以省（自治区、直辖市）为单元，分别从自然科学基金项目经费的项目类别及学科分布、SCI 论文的学科分布、ESI 学科分布介绍其具体情况，帮助各省（自治区、直辖市）了解其基础研究的现状。第三部分是中国大学与科研机构基础研究竞争力报告。本部分以大学与科研机构为研究对象，基于国家自然科学基金、SCI 论文和发明专利对我国大学与科研机构的基础研究竞争力进行评价分析与排名；然后以大学与科研机构为单元，分别从自然科学基金项目经费的项目类别及学科分布、SCI 论文的学科分布、ESI 学科分布介绍其具体情况，帮助各机构了解其基础研究的现状。

1.3 研究方法

本书采用基于国家自然科学基金、SCI 论文、发明专利的基础研究竞争力指数方法，对中国基础研究竞争力进行总体分析、省域分析、机构分析，形成中国基础研究竞争力总报告、中国省域基础研究竞争力报告和中国大学与科研机构基础研究竞争力报告。

《中国基础研究竞争力报告 2017》的研究方法主要是构建了基于国家自然科学基金的基础研究竞争力指数[4]，对区域和机构基础研究竞争力进行分析，指标比较单一，主要研究了以国家自然科学基金为指标的基础研究人力资源与科技资源投入问题，而基础研究的学术产出与影响力方面则没有涉及。《中国基础研究竞争力报告 2018》在《中国基础研究竞争力报告 2017》研究方法基础上，构建了更为全面的基础研究竞争力指数，包括国家自然科学基金、SCI 论文、发明专利三大类指标，不仅仅揭示以国家自然科学基金为指标的基础研究人力资源与科技资源投入问题，也反映了以 SCI 论文、发明专利为指标的基础研究学术产出与影响力问题。具体而言，是从国家自然科学基金的项目数量、经费数量、获批机构数量、项目主持人数量，以及发表的 SCI 论文数、SCI 论文被引频次、发明专利申请量等方面分析基础研究竞争力，形成了针对区域（适用于所选行政区域，可以是省级、地市级等，本书以省级为分析单元）的中国区域基础研究竞争力指数和针对机构（适用于所选机构，本书以大学与科研院所为分析单元）的中国大学与研究机构基础研究竞争力指数，具体公式如下：

中国区域（省、自治区、直辖市）基础研究竞争力指数计算方法如下：

$$BRCI_{\text{某省（自治区、直辖市）–某年}} = \sqrt[7]{\frac{A_i}{\overline{A}} \times \frac{B_i}{\overline{B}} \times \frac{C_i}{\overline{C}} \times \frac{D_i}{\overline{D}} \times \frac{E_i}{\overline{E}} \times \frac{F_i}{\overline{F}} \times \frac{G_i}{\overline{G}}}$$

式中，A_i 表示某年某省（自治区、直辖市）国家自然科学基金项目数量，$\overline{A}$ 表示某年 31 省（自治区、直辖市）国家自然科学基金项目平均数量；B_i 表示某年某省（自治区、直辖市）国家自然科学基金经费数量，$\overline{B}$ 表示某年 31 省（自治区、直辖市）国家自然科学基金经费平均数量；C_i 表示某年某省（自治区、直辖市）国家自然科学基金项目申请机构数量，$\overline{C}$ 表示某年 31 省（自治区、直辖市）国家自然科学基金项目申请机构平均数量；D_i 表示某年某省（自治区、直辖市）国家自然科学基金主持人数量，$\overline{D}$ 表示某年 31 省（自治区、直辖市）国家自然科学基金主持人平均数量；E_i 表示某年某省（自治区、直辖市）发表的 SCI 论文数量，$\overline{E}$ 表示某年 31 省（自治区、直辖市）发表的 SCI 论文平均数量；F_i 表示某年某省（自治区、直辖市）SCI 论文被引频次，$\overline{F}$ 表示某年 31 省（自治区、直辖市）SCI 论文平均被引频次；G_i 表示某年某省（自治区、直辖市）发明专利申请量，$\overline{G}$ 表示某年 31 省（自治区、直辖市）平均发明专利申请量。

中国大学与研究机构基础研究竞争力指数计算方法如下：

$$BRCI_{\text{某机构–某年}} = \sqrt[6]{\frac{A_i}{\overline{A}} \times \frac{B_i}{\overline{B}} \times \frac{C_i}{\overline{C}} \times \frac{D_i}{\overline{D}} \times \frac{E_i}{\overline{E}} \times \frac{F_i}{\overline{F}}}$$

式中，A_i 表示某年某机构国家自然科学基金项目数量，$\overline{A}$ 表示某年所有机构国家自然科学基金项目平均数量；B_i 表示某年某机构国家自然科学基金经费数量，$\overline{B}$ 表示某年所有机构国家自然科学基金经费平均数量；C_i 表示某年某机构国家自然科学基金主持人数量，$\overline{C}$ 表示某年所有机构国家自然科学基金主持人平均数量；D_i 表示某年某机构发表的 SCI 论文数量，$\overline{D}$ 表示某年所有机构发表的 SCI 论文平均数量；E_i 表示某年某机构 SCI 论文被引频次，$\overline{E}$ 表示某年所有机构 SCI 论文平均被引频次；F_i 表示某年某机构发明专利申请量，$\overline{F}$ 表示某年所有机构发明专利平均申请量。

1.4 数据来源与采集分析

本书原始数据有国家自然科学基金数据、SCI论文数据、基本科学指标、发明专利数据、社会经济数据、研究与试验发展（R&D）相关数据，其中，国家自然科学基金数据来自国家自然科学基金网络信息系统（ISIS系统），SCI论文数据来自科睿唯安旗下的Web of Science核心合集数据库，基本科学指标数据来自科睿唯安旗下的ESI指标数据库，发明专利数据来自中外专利数据库服务平台（CNIPR），社会经济数据来自《中国统计年鉴 2017》，研究与试验发展数据来自《2017年中国科技统计年鉴》。数据获取时间为2018年3月15日～2018年3月30日。数据经中国产业智库大数据平台采集、清洗、整理和集成分析。

参 考 文 献

[1] 国家自然科学基金委员会. 国家自然科学基金“十三五”发展规划[EB/OL][2018-04-20]. http：//www.nsfc.gov.cn/nsfc/cen/bzgh_135/01.html.

[2] 管翠中，范爱红，贺维平，等. 学术机构入围FSI前1%学科时间的曲线拟合预测方法研究——以清华大学为例[J]. 图书情报工作，2016（22）：88-93.

[3] 颜惠，黄创. ESI评价工具及其改进漫谈[J]. 情报理论与实践，2016，39（5）：101-104.

[4] 钟永恒，王辉，刘佳，等. 中国基础研究竞争力报告2017[M]. 北京：科学出版社，2017.

第2章 中国基础研究综合分析

2.1 基础研究投入全球比较

丰富的创新资源是创新活动顺利开展的重要保障。研发经费和研发人员作为创新资源的核心要素，其储备情况直接关系到一国创新活动的活跃程度。2015 年，研究与试验发展经费世界排名前 3 位的国家依次是美国、中国和日本。中国研究与试验发展经费为 2275.4 亿美元，继续居世界第 2 位，占全球份额近 16%，与美国的差距进一步缩小（图 2-1）。

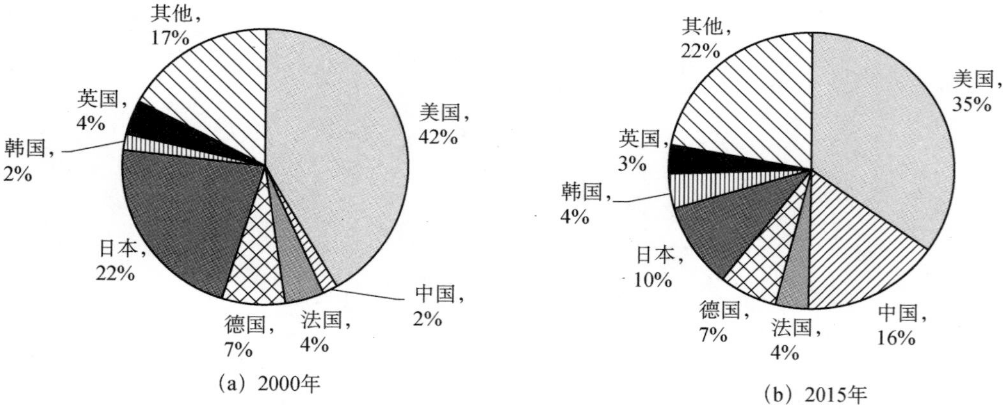

图 2-1　2000 年和 2015 年世界主要国家研究与试验发展经费占全球研究与试验发展经费份额

资料来源：中国科学技术战略研究院：《国家创新指数报告 2016—2017》，北京：科学技术文献出版社，2017

进入 21 世纪以来，各国研究与试验发展经费总体呈现增长态势。按不变价计算，2000～2015 年中国研究与试验发展经费年均增速为 15.9%，居世界首位，大幅领先其他国家。以韩国、印度为代表的新兴国家年均增长率分别为 8.6%、7.2%，明显高于美国（2.2%）、日本（1.7%）、英国（2.0%）等 G7 国家（图 2-2）。

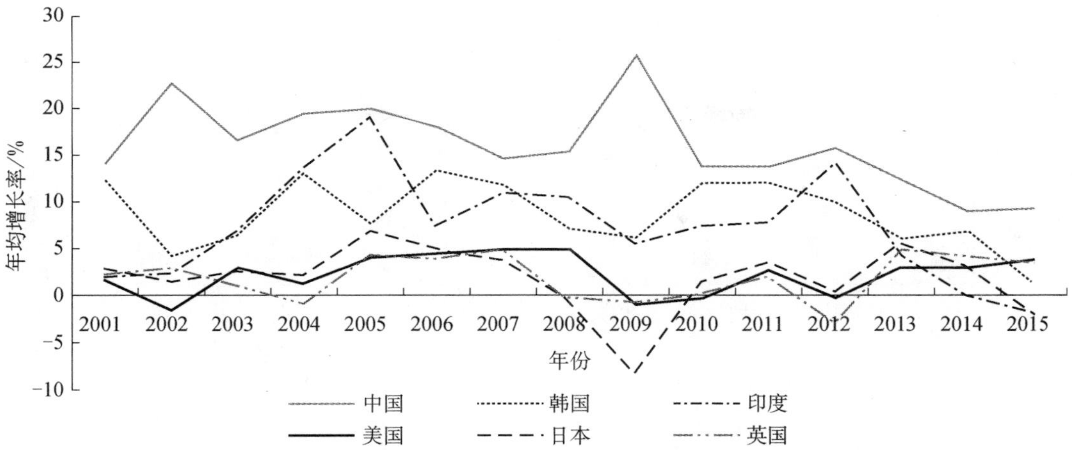

图 2-2　2001～2015 年世界主要国家研究与试验发展经费增速（按不变价计算）

2.2 知识成果产出全球比较

2.2.1　2000～2015 年知识成果产出全球比较

2000 年以来，世界各国 SCI 论文数量呈现不同程度的增长，中国、韩国、巴西、印度等新兴国家 SCI 论文增速要明显快于发达国家。2000～2015 年，中国 SCI 论文数量年均增速达到 16.1%，大幅领先其他国家；韩国（10.1%）、巴西（9.6%）、印度（9.0%）等新兴国家 SCI 论文年均增速均高于全球平均水平（6.2%）；美国（3.1%）、德国（3.2%）、英国（3.5%）和日本（0.4%）等发达国家 SCI 论文年均增速较低，其占全球总量的比重也呈现下降态势（图 2-3）。

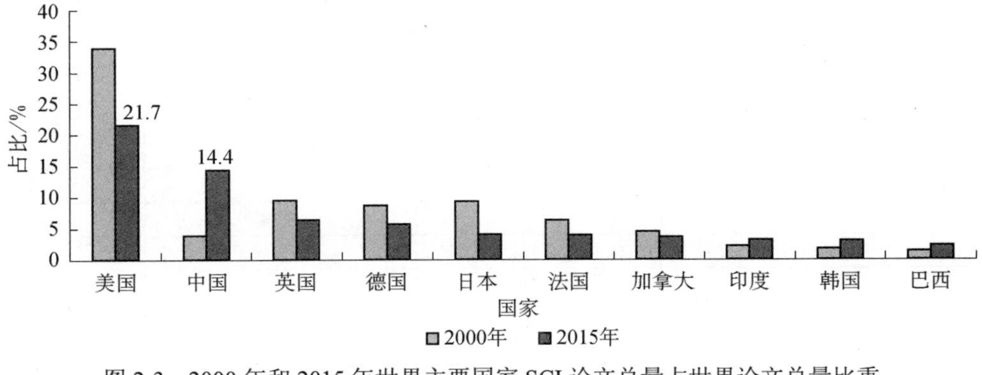

图 2-3　2000 年和 2015 年世界主要国家 SCI 论文总量占世界论文总量比重

资料来源：中国科学技术战略研究院：《国家创新指数报告 2016—2017》，北京：科学技术文献出版社，2017

2000 年以来，全球发明专利申请量和授权量增速在波动中下降，部分国家发明专利申请量和授权量出现负增长。在此背景下，中国国内发明专利申请量、授权量表现出强劲的增长势头，年均增速分别达到 27.5%和 28.4%。2000～2015 年全球国内发明专利申请量、授权量的增量中，中国的贡献分别达到 90.0%和 61.8%（图 2-4）。

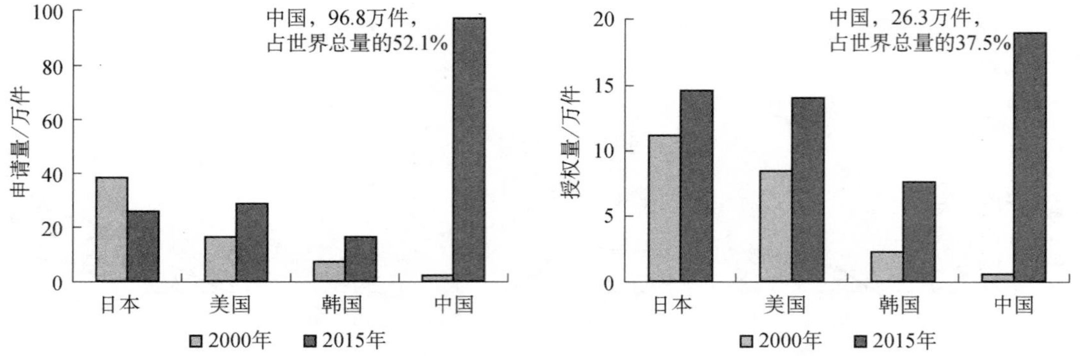

图 2-4　2000 年和 2015 年世界主要国家国内发明专利申请量与授权量比较

资料来源：中国科学技术战略研究院：《国家创新指数报告 2016—2017》，北京：科学技术文献出版社，2017

2.2.2　2016～2017 年知识成果产出全球比较

2.2.2.1　全球主要国家 SCI 论文产出

2017 年，中国 SCI 论文发表量为 389 519 篇，排名世界第二，与 2016 年排名一致（表 2-1）。2016 年与 2017 年，SCI 发文量前十的国家名单未变，美国、中国、日本、法国排名位次未变，其他国家的排名有升有降。

表 2-1　2016～2017 年 SCI 论文发表量世界排行榜二十强名单比较

排名	2016 年 SCI 论文发文量二十强名单		2017 年 SCI 论文发文量二十强名单	
	区域	SCI 论文/篇	区域	SCI 论文/篇
1	美国	629 299	美国	600 962
2	中国	411 868	中国	389 519
3	德国	157 450	英国	152 316
4	英国	157 385	德国	149 780
5	日本	116 476	日本	108 434
6	法国	106 134	法国	99 841
7	印度	102 790	意大利	95 592
8	意大利	100 789	加拿大	94 425
9	加拿大	97 939	印度	92 487
10	澳大利亚	89 741	澳大利亚	86 842
11	西班牙	80 954	西班牙	78 065
12	韩国	74 750	韩国	72 418
13	巴西	58 505	巴西	58 650
14	新西兰	56 788	俄罗斯	54 996
15	俄罗斯	54 548	新西兰	54 184
16	瑞士	43 206	瑞士	42 823
17	土耳其	42 122	伊朗	40 304
18	波兰	39 291	土耳其	37 509
19	伊朗	38 266	波兰	37 271
20	瑞典	37 903	瑞典	36 917
全球		2 426 633	全球	2 293 151

注：本表中统计的中国 SCI 论文数包含港、澳、台地区的发文量

资料来源：中国产业智库大数据中心

2.2.2.2 中国 SCI 学科分布

中国 SCI 论文学科主要集中在材料科学，工程、电气和电子等领域，其中，材料科学、跨学科共发表 SCI 论文 40 092 篇，工程、电气和电子共发表 SCI 论文 28 043 篇，2017 年中国 SCI 论文发文量五十强学科见表 2-2。

表 2-2 2017 年中国 SCI 论文发文量五十强学科

序号	SCI 发文量	学科	序号	SCI 发文量	学科
1	40 092	材料科学、跨学科	26	7 223	计算机科学、人工智能
2	28 043	工程、电气和电子	27	7 075	自动化和控制系统
3	22 923	物理学、应用	28	6 945	机械学
4	22 598	化学、跨学科	29	6 876	食品科学和技术
5	22 568	化学、物理	30	6 566	工程、跨学科
6	18 809	肿瘤学	31	6 339	设备和仪器
7	15 330	能源和燃料	32	6 143	聚合物科学
8	15 308	纳米科学和纳米技术	33	6 108	工程、环境
9	14 555	多学科科学	34	6 082	植物学
10	14 208	环境科学	35	6 019	物理学、跨学科
11	12 694	光学	36	5 934	工程、市政
12	12 064	生物化学与分子生物学	37	5 752	神经科学
13	11 915	细胞生物学	38	5 546	数学
14	11 897	工程、化学	39	5 537	化学、有机
15	11 874	医学、研究和试验	40	5 536	地球学、跨学科
16	10 815	工程、机械	41	5 452	热动力学
17	9 659	药理学和药剂学	42	5 407	化学、应用
18	9 291	物理学、凝聚态物质	43	5 237	计算机科学、理论和方法
19	9 193	生物工程学和应用微生物学	44	4 431	医学、全科和内科
20	8 930	电信	45	4 346	计算机科学、跨学科应用
21	8 443	计算机科学、信息系统	46	4 343	环保和可持续发展的科学技术
22	8 384	化学、分析	47	4 052	免疫学
23	8 137	冶金和冶金工程学	48	3 736	遗传学和遗传性
24	7 495	电化学	49	3 722	化学、无机和核
25	7 458	数学、应用	50	3 704	水资源

资料来源：中国产业智库大数据中心

2.2.2.3 中国 ESI 学科分布

2018 年 3 月 15 日，科睿唯安发布最新一期的基本科学指标数据库，数据统计范围为 11

年整，覆盖时间段为2007年1月1日至2017年12月31日，覆盖机构为5777家。截至目前，中国共有343家机构进入相关学科的ESI全球前1%行列，北京市共有75家机构跻身ESI全球1%行列，机构数量全国排名第一（图2-5）。

	综合	农业科学	生物与生化	化学	临床医学	计算机科学	经济与商学	工程科学	环境/生态学	地球科学	免疫学	材料科学	数学	微生物学	分子生物与遗传学	综合交叉学科	神经科学与行为	药理学与毒物学	物理学	植物与动物科学	精神病学/心理学	一般社会科学	空间科学	进入ESI学科数
全球	5777	792	998	1214	4214	417	311	1369	897	654	715	826	250	434	753	110	839	847	720	1195	641	1407	158	22
全国	343	63	64	155	125	48	5	151	59	38	19	123	32	17	36	3	31	54	43	72	6	34	2	22
北京市	75	12	16	26	28	10	3	27	18	14	6	20	5	9	12	3	7	13	13	18	4	14	2	22
江苏省	27	8	7	15	11	8	0	17	5	4	1	14	2	1	4	0	5	6	3	6	0	3	0	18
上海市	21	2	8	14	8	4	1	11	4	2	4	12	6	2	5	0	4	7	6	5	0	5	0	19
广东省	26	5	5	6	18	4	0	11	7	3	1	7	2	1	2	0	2	4	2	5	0	1	0	18
山东省	21	3	2	11	7	1	0	9	4	3	1	6	1	0	1	0	2	2	1	6	0	1	0	17
湖北省	15	3	3	9	3	3	0	6	5	2	2	7	2	2	3	0	1	2	3	4	0	2	0	18
浙江省	17	3	1	9	7	1	0	8	2	1	1	6	2	1	1	0	1	2	1	3	0	1	0	18
陕西省	16	3	3	5	3	3	1	11	2	3	0	6	1	0	2	0	2	2	1	1	0	1	0	17
辽宁省	16	2	3	7	4	2	0	9	2	0	0	4	1	0	0	0	1	4	1	1	0	1	0	14
四川省	11	2	1	4	4	3	0	5	0	1	0	4	1	0	1	0	2	1	2	3	1	1	0	16
湖南省	8	1	2	4	3	3	0	5	1	1	1	4	2	0	1	0	1	1	2	1	1	1	0	18
天津市	8	3	3	6	3	1	0	3	1	0	0	3	2	0	1	0	1	3	2	0	0	0	0	13
安徽省	9	0	1	6	3	2	0	4	1	1	0	4	1	0	1	0	0	1	1	2	0	1	0	14
黑龙江省	8	3	2	4	2	1	0	4	1	0	0	4	1	0	1	0	0	1	1	2	0	1	0	14
福建省	9	2	1	5	3	1	0	3	2	0	0	4	1	0	0	0	0	0	1	2	0	1	0	12
吉林省	6	2	1	4	2	0	0	2	0	1	1	4	0	0	0	0	0	1	1	2	0	0	0	11
重庆市	4	1	3	2	3	1	0	2	0	0	1	2	1	0	1	0	2	2	0	1	0	0	0	13
甘肃省	5	2	1	2	1	0	0	3	2	2	0	2	1	0	0	0	0	1	2	1	0	0	0	12
河南省	8	2	1	4	2	0	0	3	0	0	0	2	0	0	0	0	0	1	0	1	0	0	0	8
河北省	8	1	0	3	2	0	0	2	0	0	0	2	0	0	0	0	0	0	0	1	0	0	0	6
云南省	6	0	0	1	1	0	0	1	1	0	0	1	0	1	0	0	0	0	0	4	0	0	0	7
山西省	4	0	0	3	1	0	0	3	0	0	0	2	0	0	0	0	0	0	0	0	0	0	0	4
江西省	3	1	0	2	1	0	0	1	0	0	0	2	0	0	0	0	0	0	0	0	0	0	0	5
广西壮族自治区	3	1	0	1	1	0	0	1	0	0	0	1	0	0	0	0	0	0	0	1	0	0	0	6
新疆维吾尔自治区	3	0	0	1	1	0	0	0	1	0	0		0	0	0	0	0	0	0	0	0	0	0	3
海南省	2	0	0	0	1	0	0	0	0	0	0		0	0	0	0	0	0	0	1	0	0	0	2
内蒙古自治区	2	1	0	0	1	0	0	0	0	0	0		0	0	0	0	0	0	0	0	0	0	0	2
贵州省	1	0	0	1	0	0	0	0	0	0	0		0	0	0	0	0	0	0	1	0	0	0	2
宁夏回族自治区	1	0	0	0	1	0	0	0	0	0	0		0	0	0	0	0	0	0	0	0	0	0	1

图2-5 2017年全球及中国各省（自治区、直辖市）进入相关学科的ESI全球前1%的机构数量分布

资料来源：中国产业智库大数据中心

2.2.2.4 全球主要国家DII专利产出

德温特创新索引库（Derwent Innovation Index，DII）收录的专利中，2016年和2017年中国申请专利数量排名全球第一（表2-3）。

表2-3 2016～2017年DII专利数量全球排行榜十强名单

序号	区域	2016年专利申请量/项	2017年专利申请量/项
1	中国	1 923 857	2 112 809
2	美国	345 225	263 437

续表

序号	区域	2016年专利申请量/项	2017年专利申请量/项
3	日本	252 394	215 323
4	韩国	174 575	145 783
5	德国	68 032	62 198
6	中国台湾	56 409	53 203
7	俄罗斯	36 600	36 052
8	印度	39 648	19 255
9	法国	14 971	15 007
10	加拿大	33 169	12 771
全球		2 630 810	2 910 065

注：本表中统计的专利申请量仅包含DII数据库中收录的专利量，不等于各国实际申请的专利数量
资料来源：中国产业智库大数据中心

2017年，国家知识产权局共受理国内外发明专利申请1 381 594件，其中，中国大陆地区初步审查合格并公布的发明专利申请共389 459件，发明专利申请技术领域分布如表2-4所示。中国发明专利技术领域分布显示，电数字数据处理，医用、牙科用或梳妆用的配制品，借助于测定材料的化学或物理性质来测试或分析材料是研发活跃领域。

表2-4　2017年中国发明专利申请量五十强技术领域及申请量

排序	申请量/件	IPC号	分类号含义
1	41 020	G06F	电数字数据处理
2	26 748	A61K	医用、牙科用或梳妆用的配制品
3	21 958	G01N	借助于测定材料的化学或物理性质来测试或分析材料
4	17 622	H04L	数字信息的传输，例如电报通信
5	15 859	G06Q	专门适用于行政、商业、金融、管理、监督或预测目的的数据处理系统或方法；其他类目不包含的专门适用于行政、商业、金融、管理、监督或预测目的的处理系统或方法
6	14 970	A23L	不包含在A21D或A23B至A23J小类中的食品、食料或非酒精饮料；它们的制备或处理，例如烹调、营养品质的改进、物理处理
7	14 147	A01G	园艺；蔬菜、花卉、稻、果树、葡萄、啤酒花或海菜的栽培；林业；浇水
8	12 924	C08L	高分子化合物的组合物
9	12 038	C02F	水、废水、污水或污泥的处理
10	11 355	B01D	分离
11	9 922	C04B	石灰；氧化镁；矿渣；水泥；其组合物，例如：砂浆、混凝土或类似的建筑材料；人造石；陶瓷
12	8 927	H01L	半导体器件；其他类目中不包括的电固体器件
13	8 708	H04N	图像通信，如电视
14	8 352	G06K	数据识别；数据表示；记录载体；记录载体的处理

续表

排序	申请量/件	IPC 号	分类号含义
15	8 302	G01R	测量电变量；测量磁变量
16	8 238	C09D	涂料组合物，例如色漆、清漆或天然漆；填充浆料；化学涂料或油墨的去除剂；油墨；改正液；木材着色剂；用于着色或印刷的浆料或固体；原料为此的应用
17	8 223	B01J	化学或物理方法，例如，催化作用、胶体化学；其有关设备
18	8 074	B65G	运输或贮存装置，例如装载或倾斜用输送机；车间输送机系统；气动管道输送机
19	7 980	H01M	用于直接转变化学能为电能的方法或装置，例如电池组
20	7 714	A01K	畜牧业；禽类、鱼类、昆虫的管理；捕鱼；饲养或养殖其他类不包含的动物；动物的新品种
21	7 677	H02J	电缆或电线的安装，或光电组合电缆或电线的安装
22	7 509	B29C	塑料的成型或连接；塑性状态物质的一般成型；已成型产品的后处理，例如修整
23	7 459	F24F	空气调节；空气增湿；通风；空气流作为屏蔽的应用
24	7 437	G05B	一般的控制或调节系统；这种系统的功能单元；用于这种系统或单元的监视或测试装置
25	7 417	A61B	诊断；外科；鉴定
26	7 096	C05G	分属于 C05 大类下各小类中肥料的混合物；由一种或多种肥料与无特殊肥效的物质，例如农药、土壤调理剂、润湿剂所组成的混合物
27	6 955	B23K	钎焊或脱焊；焊接；用钎焊或焊接方法包覆或镀敷；局部加热切割，如火焰切割；用激光束加工
28	6 898	G06T	一般的图像数据处理或产生
29	6 439	C12N	微生物或酶；其组合物
30	6 069	A23K	专门适用于动物的喂养饲料；其生产方法
31	5 733	H04W	无线通信网络
32	5 400	C07D	杂环化合物
33	5 187	B24B	用于磨削或抛光的机床、装置或工艺
34	5 080	B65D	用于物件或物料贮存或运输的容器，如袋、桶、瓶子、箱盒、罐头、纸板箱、板条箱、圆桶、罐、槽、料仓、运输容器；所用的附件、封口或配件；包装元件；包装件
35	4 937	A01N	人体、动植物体或其局部的保存
36	4 912	C22C	合金
37	4 878	G01M	机器或结构部件的静或动平衡的测试；其他类目中不包括的结构部件或设备的测试
38	4 831	B08B	一般清洁；一般污垢的防除
39	4 763	B21D	金属板或用它制造的特定产品的矫直、复形或去除局部变形
40	4 728	H01R	导电连接；一组相互绝缘的电连接元件的结构组合；连接装置；集电器
41	4 548	B23P	金属的其他加工；组合加工；万能机床
42	4 538	G02B	光学元件、系统或仪器
43	4 490	F21S	非便携式照明装置或其系统
44	4 427	G01B	长度、厚度或类似线性尺寸的计量；角度的计量；面积的计量；不规则的表面或轮廓的计量
45	4 367	B25J	机械手；装有操纵装置的容器

续表

排序	申请量/件	IPC 号	分类号含义
46	4 248	H04M	电话通信
47	4 244	B02C	一般破碎、研磨或粉碎；碾磨谷物
48	4 105	A47J	厨房用具；咖啡磨；香料磨；饮料制备装置
49	4 071	E02D	基础；挖方；填方
50	4 028	B65B	包装物件或物料的机械，装置或设备，或方法；启封

资料来源：中国产业智库大数据中心

2.3 2017 年国家自然科学基金整体情况

2.3.1 年度趋势

2017 年，国家自然科学基金委员会共接收各类国家自然科学基金项目申请 190 840 项，突破 19 万项，比 2016 年同期增加 17 997 项，增幅 10.41%；经评审，共资助各类项目 44 058 项，直接费用 259.40 亿元；资助项目数量和项目经费均比 2016 年有所增长（图 2-6）。

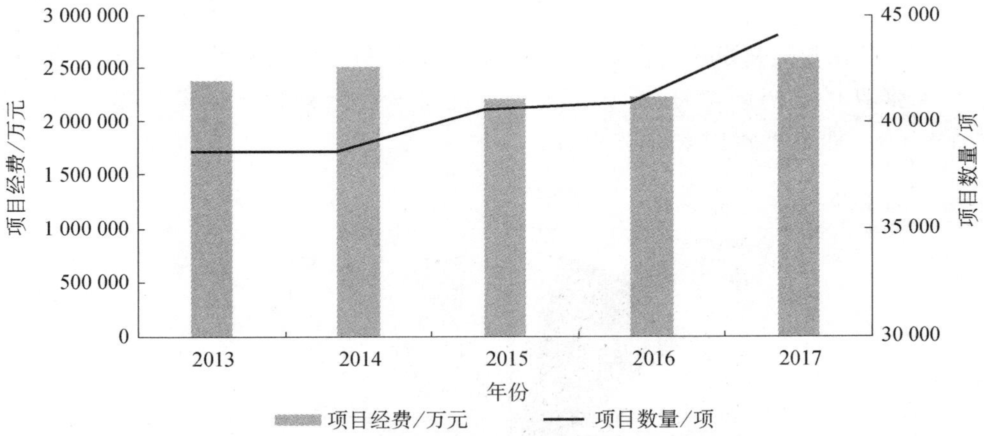

图 2-6　2013～2017 年国家自然科学基金资助项目数量及项目经费

资料来源：中国产业智库大数据中心

2.3.2 项目类别分布

2017 年，国家自然科学基金提高了青年科学基金项目的资助力度，项目资助强度从 2016 年的直接费用 19 万元每项提高到 23 万元每项，增幅约 21%；青年科学基金项目、国家杰出青年科学基金项目、优秀青年科学基金项目经费总额占比达到 20.04%。同时，国家自然科学基金提高了重大项目和重大研究计划的资助规模，资助经费分别达到 130 827.1 万元、84 799.4 万元，占国家自然科学基金资助经费的比重分别为 5.04%和 3.27%（图 2-7）。

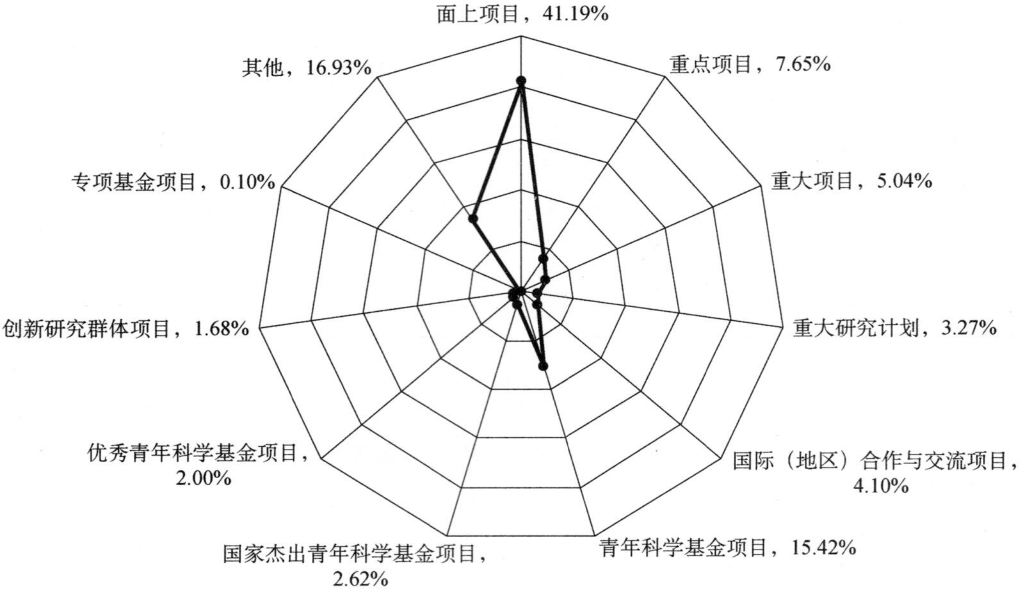

图 2-7　2017 年国家自然科学基金项目资助各类别项目经费占全国总经费比例（按项目类别）

资料来源：中国产业智库大数据中心

2.3.3　学科分布

2017 年，国家自然科学基金资助分学科项目经费比例如图 2-8 所示。其中，医学科学部仍然是最为活跃的自然科学研究领域之一，获国家自然科学基金资助项目经费总额达 486 012.13 万元，占总经费比重为 18.99%。

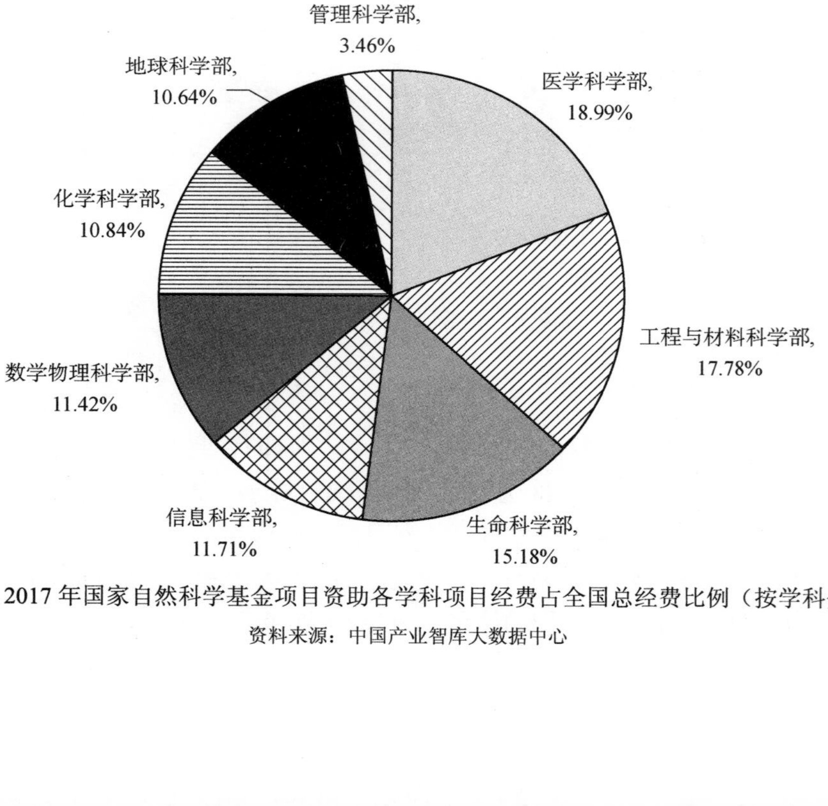

图 2-8　2017 年国家自然科学基金项目资助各学科项目经费占全国总经费比例（按学科分布）

资料来源：中国产业智库大数据中心

2.3.4 省域分布

2017 年，各省（自治区、直辖市）获国家自然科学基金经费占国家自然科学基金经费总额的比例中，北京市获得的项目经费占国家自然科学基金经费总额的比例较 2016 年有所下降，但仍然排名第一。上海、广东、湖北、陕西、浙江、吉林、福建、河南、江西、河北、海南等省（自治区、直辖市）获得的项目经费占国家自然科学基金经费总额的比例有所上升（图 2-9）。

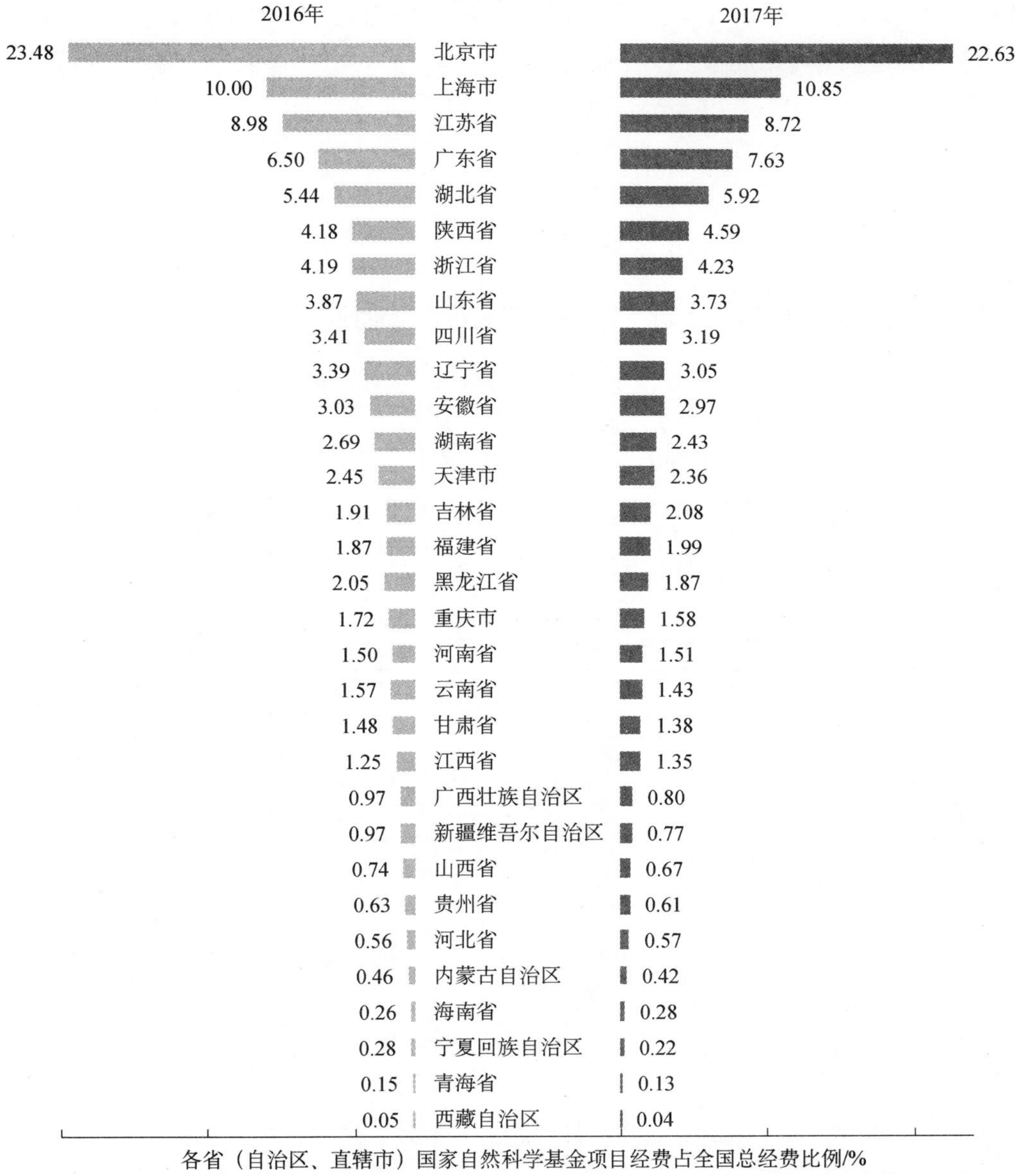

图 2-9　2016～2017 年国家自然科学基金各省（自治区、直辖市）资助项目经费占全国总经费比例

资料来源：中国产业智库大数据中心

第3章 中国省域基础研究竞争力报告

3.1 中国省域基础研究竞争力指数排行榜

采用中国区域（省、自治区、直辖市）基础研究竞争力指数计算方法 $BRCI_{某省（自治区、直辖市）-某年}=\sqrt[7]{\frac{A_i}{A}\times\frac{B_i}{B}\times\frac{C_i}{C}\times\frac{D_i}{D}\times\frac{E_i}{E}\times\frac{F_i}{F}\times\frac{G_i}{G}}$，代入2017年国家自然科学基金的项目个数、项目经费、项目申请机构数、主持人数（表3-1），以及SCI论文数、论文被引频次、发明专利申请量等数据（表3-2），得出中国区域（省、自治区、直辖市）基础研究竞争力指数排行榜（图3-1）。

表3-1　2017年中国各省（自治区、直辖市）国家自然科学基金数据一览

地区	项目经费/万元（排名）	项目数/项（排名）	机构数/个（排名）	主持人/人（排名）
北京市	7 045（1）	586 948.98（1）	311（1）	6 862（1）
江苏省	4 274（2）	226 131.57（3）	90（3）	4 225（2）
广东省	3 457（4）	197 971.89（4）	118（2）	3 403（4）
上海市	4 151（3）	281 415.54（2）	82（4）	4 042（3）
湖北省	2 607（5）	153 529.65（5）	64（6）	2 564（5）
浙江省	2 039（7）	109 775.7（7）	57（8）	2 005（7）
山东省	1 969（8）	96 646.47（8）	69（5）	1 940（8）
陕西省	2 138（6）	119 064.97（6）	56（9）	2 102（6）
四川省	1 580（9）	82 787.18（9）	60（7）	1 559（9）
安徽省	1 102（12）	77 113.12（11）	33（18）	1 078（12）
辽宁省	1 422（10）	79 163.25（10）	55（11）	1 405（10）
湖南省	1 315（11）	63 069.1（12）	39（14）	1 300（11）
天津市	1 088（13）	61 244.43（13）	41（12）	1 066（13）
河南省	1 008（14）	39 048.52（18）	56（10）	996（14）
福建省	930（15）	51 533.03（15）	28（20）	917（15）
黑龙江省	908（16）	48 380.78（16）	26（22）	901（16）
重庆市	890（17）	41 069.82（17）	24（24）	882（17）

续表

地区	项目经费/万元（排名）	项目数/项（排名）	机构数/个（排名）	主持人/人（排名）
吉林省	797（20）	54 014.94（14）	27（21）	785（20）
江西省	873（18）	35 043.98（21）	36（16）	868（18）
云南省	809（19）	37 009.18（19）	38（15）	795（19）
甘肃省	688（21）	35 708.1（20）	33（19）	685（21）
广西壮族自治区	568（22）	20 735.3（22）	36（17）	564（22）
河北省	358（26）	14 878.4（26）	41（13）	354（26）
山西省	392（25）	17 365.2（24）	20（27）	391（25）
贵州省	427（24）	15 935.8（25）	23（25）	421（24）
新疆维吾尔自治区	467（23）	19 902（23）	26（23）	459（23）
内蒙古自治区	296（27）	11 004.1（27）	22（26）	287（27）
海南省	192（28）	7 295.9（28）	16（28）	190（28）
宁夏回族自治区	163（29）	5 726.5（29）	7（30）	163（29）
青海省	76（30）	3 452.5（30）	12（29）	76（30）
西藏自治区	29（31）	995.25（31）	4（31）	28（31）

资料来源：中国产业智库大数据中心

表3-2　2017年中国各省（自治区、直辖市）SCI论文及发明专利情况一览

地区	SCI论文数/篇（排名）	SCI论文被引频次/次（排名）	入选ESI机构数/个（排名）	入选ESI学科数/个（排名）	发明专利申请量/件（排名）
北京市	57 289（1）	52 169（1）	75（1）	22（1）	63 337（5）
江苏省	36 454（2）	36 125（2）	27（2）	18（3）	135 361（1）
广东省	22 543（4）	22 291（4）	26（3）	18（3）	129 779（2）
上海市	29 958（3）	27 999（3）	21（4）	19（2）	35 736（8）
湖北省	19 240（5）	20 413（5）	15（9）	18（3）	29 588（9）
浙江省	17 539（8）	15 861（6）	17（6）	18（3）	74 003（4）
山东省	17 613（7）	14 938（8）	21（5）	17（8）	46 514（7）
陕西省	18 441（6）	15 502（7）	16（7）	17（8）	19 186（14）
四川省	14 890（9）	12 325（10）	11（10）	16（10）	47 333（6）
安徽省	8 913（14）	8 546（13）	9（11）	14（11）	77 394（3）
辽宁省	12 563（10）	11 313（11）	16（8）	14（11）	12 149（17）
湖南省	11 424（11）	12 371（9）	8（13）	18（3）	20 522（12）
天津市	10 244（12）	9 894（12）	8（13）	13（14）	14 072（15）
河南省	7 874（17）	6 096（18）	8（13）	8（19）	27 888（10）
福建省	7 080（18）	7 067（17）	9（11）	12（16）	20 229（13）
黑龙江省	9 250（13）	7 985（14）	8（13）	14（11）	7 875（21）
重庆市	7 948（16）	7 088（16）	4（21）	13（14）	13 294（16）
吉林省	8 246（15）	7 669（15）	6（18）	11（18）	6 444（22）
江西省	3 780（21）	3 036（21）	3（23）	5（23）	8 414（20）
云南省	3 365（23）	2 550（23）	6（18）	7（20）	6 160（23）
甘肃省	4 312（20）	4 405（19）	5（20）	12（16）	3 767（25）

续表

地区	SCI 论文数/篇（排名）	SCI 论文被引频次/次（排名）	入选 ESI 机构数/个（排名）	入选 ESI 学科数/个（排名）	发明专利申请量/件（排名）
广西壮族自治区	2 827（24）	1 705（24）	3（23）	6（21）	26 067（11）
河北省	4 676（19）	3 120（20）	8（13）	6（21）	10 877（19）
山西省	3 490（22）	2 947（22）	4（21）	4（24）	6 138（24）
贵州省	1 507（26）	935（26）	1（28）	2（26）	10 894（18）
新疆维吾尔自治区	1 779（25）	1 314（25）	3（23）	3（25）	2 307（26）
内蒙古自治区	1 157（27）	631（27）	2（26）	2（26）	1 903（27）
海南省	793（28）	465（28）	2（26）	2（26）	1 260（29）
宁夏回族自治区	378（29）	250（29）	1（28）	1（29）	1 870（28）
青海省	324（30）	232（30）	0（30）	0（30）	787（30）
西藏自治区	61（31）	18（31）	0（30）	0（30）	207（31）

资料来源：中国产业智库大数据中心

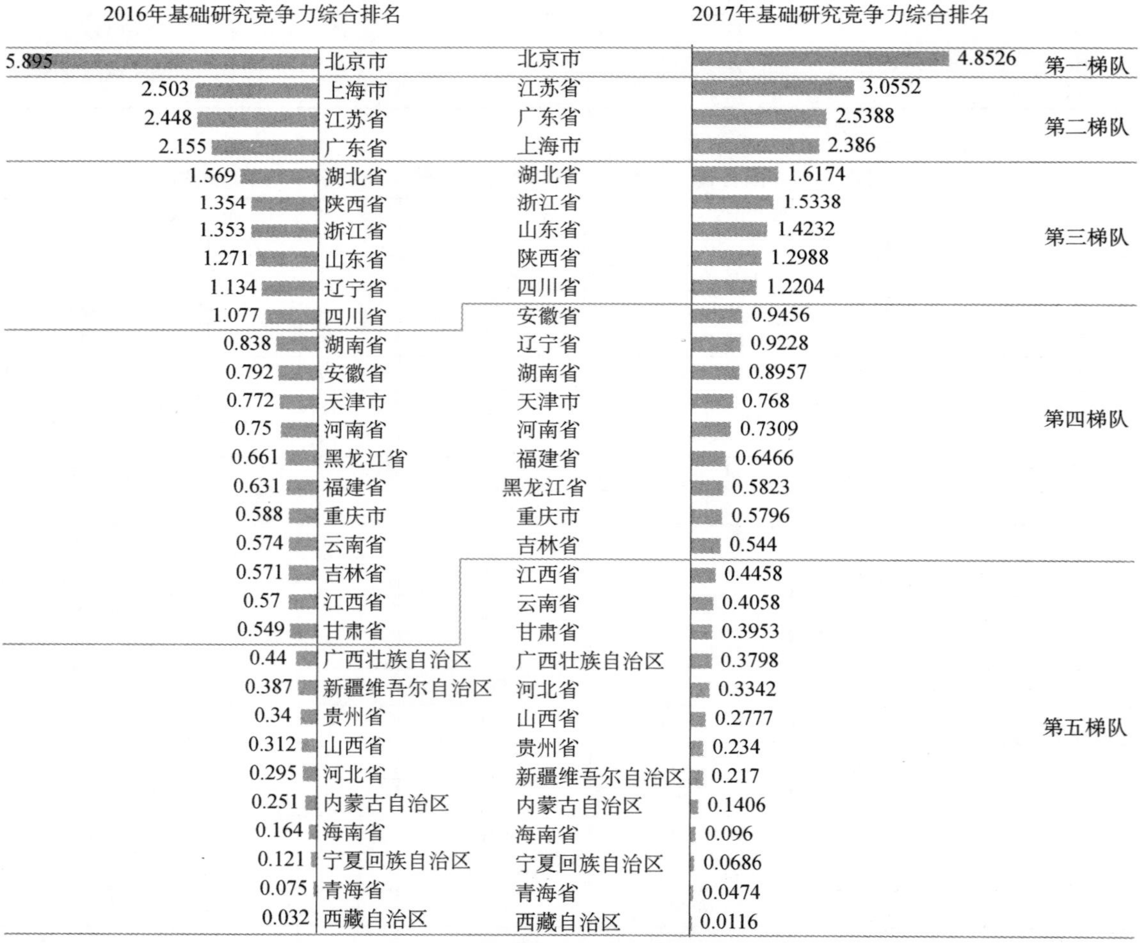

2016年基础研究竞争力综合排名
2017年基础研究竞争力综合排名
5.895 北京市 北京市 4.8526 第一梯队
2.503 上海市 江苏省 3.0552
2.448 江苏省 广东省 2.5388 第二梯队
2.155 广东省 上海市 2.386
1.569 湖北省 湖北省 1.6174
1.354 陕西省 浙江省 1.5338
1.353 浙江省 山东省 1.4232 第三梯队
1.271 山东省 陕西省 1.2988
1.134 辽宁省 四川省 1.2204
1.077 四川省 安徽省 0.9456
0.838 湖南省 辽宁省 0.9228
0.792 安徽省 湖南省 0.8957
0.772 天津市 天津市 0.768
0.75 河南省 河南省 0.7309 第四梯队
0.661 黑龙江省 福建省 0.6466
0.631 福建省 黑龙江省 0.5823
0.588 重庆市 重庆市 0.5796
0.574 云南省 吉林省 0.544
0.571 吉林省 江西省 0.4458
0.57 江西省 云南省 0.4058
0.549 甘肃省 甘肃省 0.3953
0.44 广西壮族自治区 广西壮族自治区 0.3798
0.387 新疆维吾尔自治区 河北省 0.3342
0.34 贵州省 山西省 0.2777 第五梯队
0.312 山西省 贵州省 0.234
0.295 河北省 新疆维吾尔自治区 0.217
0.251 内蒙古自治区 内蒙古自治区 0.1406
0.164 海南省 海南省 0.096
0.121 宁夏回族自治区 宁夏回族自治区 0.0686
0.075 青海省 青海省 0.0474
0.032 西藏自治区 西藏自治区 0.0116

图 3-1　2016 年和 2017 年中国区域基础研究综合竞争力 BRCI 排名

资料来源：中国产业智库大数据中心

我国31个省（自治区、直辖市）（不包含港、澳、台）可分为以下5个梯队。

第一梯队为北京市，北京市基础研究资源雄厚，其综合BRCI为4.8526，远远高于其他省（自治区、直辖市），其基础研究综合竞争力非常强。

第二梯队包括江苏省、广东省、上海市，其综合BRCI指数大于2，小于4，基础研究综合竞争力很强。

第三梯队包括湖北省、浙江省、山东省、陕西省、四川省，其综合BRCI指数大于1，小于2，基础研究综合竞争力较强。

第四梯队包括安徽省、辽宁省、湖南省、天津市、河南省、福建省、黑龙江省、重庆市、吉林省，其综合BRCI大于0.5，小于1，基础研究综合竞争力较弱。

第五梯队包括江西省、云南省、甘肃省、广西壮族自治区、河北省、山西省、贵州省、新疆维吾尔自治区、内蒙古自治区、海南省、宁夏回族自治区、青海省、西藏自治区，其综合BRCI指数小于0.5，基础研究综合竞争力很弱。

对比2016年和2017年基础研究竞争力情况可以发现：中国各省（自治区、直辖市）基础研究竞争激烈，排名前十的省（自治区、直辖市）中，只有北京市（排名第一）、湖北省（排名第五）排名没有变化，其他各省（自治区、直辖市）的排名都发生了变化，其中江苏省从2016年的第三位前进到2017年的第二位，广东省从2016年的第四位前进到2017年的第三位，上海市则从2016年的第二位下降到2017年的第四位，浙江省从2017年的第七位前进到2018年的第六位，山东省从2017年的第八位前进到2018年的第七位，陕西省则从2017年的第六位下降到2018年的第八位，四川省从2017年的第十位前进到2018年的第九位，安徽省进入前十，从2017年的第十二位前进到2018年的第十位，辽宁省的排名跌出前十，从2017年的第九位下降到2018年的第十一位。目前，北京市、上海市、合肥市正在建设国家综合性科学中心，合肥国家综合性科学中心建设助力于安徽省进入排名前十。

3.2 中国省域基础研究竞争力分析①

3.2.1 北京市

2016年，北京市常住人口2173万人，地区生产总值25 669.13亿元，人均地区生产总值118 198元；普通高等学校91所，普通高等学校招生15.12万人，普通高等学校教职工总数14.3万人；研究与试验发展经费支出1484.58亿元，研究与试验发展人员373 406人，研究与试验发展经费投入强度5.96%。

2017年，北京市基础研究竞争力BRCI为4.8526，排名第1位（表3-3）。北京市获国家自然科学基金项目总数为7045项，项目经费总额为586 948.98万元，全国排名均为第1；北京市获国家自然科学基金项目经费金额大于1.5亿元的有10个学科（图3-2）；北京市争取国家自然科学基金经费超过1亿元的有9家机构（表3-4）；北京市SCI论文数量57 289篇，居

① 中国省域（省、自治区、直辖市）的经济数据、人口数据等相关数据均来自国家统计局2017年年鉴。

全国第 1 位（表 3-5）；北京市共有 75 家机构进入相关学科的 ESI 全球前 1%行列，其中包括 17 所高校（图 3-3），26 个中国科学院研究所（图 3-4），32 所医院、企业及非中国科学院的研究机构（图 3-5）；北京市发明专利申请量 63 337 件，全国排名第 5，主要专利权人和技术领域如表 3-6、表 3-7 所示。

综合分析得出，北京市的优势学科为数学、物理、化学、生物学、地球科学、材料科学、计算机科学、机械工程、电子与信息科学、电气科学、医学等；北京市基础研究的重点机构为北京大学、清华大学、中国科学院大学、北京师范大学、中国农业大学、首都医科大学、北京航空航天大学、北京化工大学等。

表 3-3　2017 年北京市基础研究竞争力整体情况

指标	数据	排名	指标	数据	排名
国家自然科学基金项目数/项	7 045	1	SCI 论文数/篇	57 289	1
国家自然科学基金项目经费/万元	586 948.98	1	SCI 论文被引频次/次	52 169	1
国家自然科学基金机构数/个	311	1	发明专利申请量/件	63 337	5
国家自然科学基金主持人数/人	6 862	1	基础研究竞争力指数	4.852 6	1

资料来源：中国产业智库大数据中心

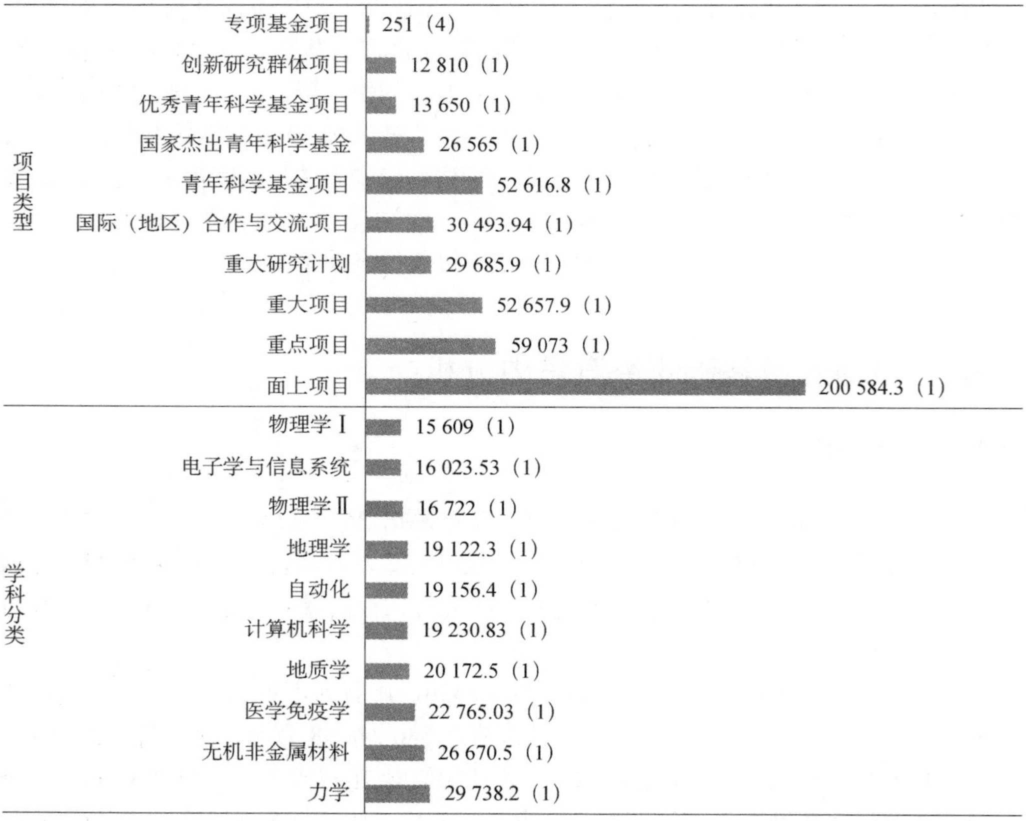

图 3-2　2017 年北京市争取国家自然科学基金项目情况

资料来源：中国产业智库大数据中心

表 3-4　2017 年北京市争取国家自然科学基金项目经费三十强机构

序号	机构名称	项目数量/项	项目经费/万元	全国排名
1	清华大学	630	81 021.1	6
2	北京大学	602	57 408.47	7
3	首都医科大学	270	12 282.66	26
4	北京航空航天大学	269	23 244.59	27
5	北京理工大学	209	24 309.7	37
6	中国农业大学	187	16 851.37	41
7	北京师范大学	176	13 955.4	47
8	北京科技大学	163	10 668.5	53
9	北京交通大学	146	13 267.22	64
10	北京工业大学	140	7 225.5	68
11	中国科学院地质与地球物理研究所	97	8 722.8	96
12	中国地质大学（北京）	96	8 510.99	99
13	中国科学院化学研究所	95	13 423.8	102
14	中国人民解放军总医院	94	4 893.5	104
15	中国科学院生物物理研究所	91	8 073.99	109
16	北京化工大学	89	8 150.8	112
17	中国人民解放军军事医学研究院	87	4 915.6	113
18	中国科学院生态环境研究中心	86	6 736	114
19	中国人民大学	81	4 090	123
20	中国科学院地理科学与资源研究所	81	6 598.5	124
21	中国石油大学（北京）	74	4 993	135
22	中国科学院动物研究所	74	9 363	136
23	北京林业大学	73	3 123	138
24	中国科学院高能物理研究所	70	6 099	142
25	中国科学院大气物理研究所	68	6 764.8	145
26	中国科学院自动化研究所	67	5 642.73	147
27	北京中医药大学	67	3 442	148
28	北京邮电大学	67	4 538.9	149
29	中国科学院物理研究所	64	6 898.9	157
30	中国科学院微生物研究所	62	5 807.9	161

资料来源：中国产业智库大数据中心

表 3-5　2017 年北京市发表 SCI 论文二十强学科

序号	研究领域	发文量全国排名	发文量/篇	被引次数/次	篇均被引/次
1	材料科学综合	1	5 473	9 118	1.67
2	电子电气工程	1	4 878	2 719	0.56
3	应用物理	1	3 237	5 300	1.64

续表

序号	研究领域	发文量全国排名	发文量/篇	被引次数/次	篇均被引/次
4	能源燃料	1	2 996	4 034	1.35
5	化学综合	1	2 915	7 353	2.52
6	环境科学	1	2 871	3 361	1.17
7	物理化学	1	2 860	7 407	2.59
8	综合科学	1	2 339	2 554	1.09
9	纳米科技	1	2 297	5 653	2.46
10	工程化学	1	1 980	3 027	1.53
11	光学	1	1 932	992	0.51
12	机械工程	1	1 844	1 205	0.65
13	电信	1	1 782	871	0.49
14	肿瘤学	4	1 637	1 022	0.62
15	计算机科学信息系统	1	1 552	511	0.33
16	地球科学综合	1	1 491	1 325	0.89
17	生物化学分子生物学	1	1 391	1 633	1.17
18	冶金工程	1	1 281	1 015	0.79
19	凝聚态物理	1	1 264	3 773	2.98
20	力学	1	1 172	1 284	1.10
全部		1	57 289	52 169	0.91

资料来源：中国产业智库大数据中心

	综合	农业科学	生物与生化	化学	临床医学	计算机科学	经济与商学	工程科学	环境/生态学	地球科学	免疫学	材料科学	数学	微生物学	分子生物与遗传学	综合交叉学科	神经科学与行为	药理学与毒物学	物理学	植物与动物科学	精神病学/心理学	一般社会科学	空间科学	进入ESI学科数
北京大学	108	356	168	32	263	110	127	84	109	62	380	38	52	364	213	73	258	72	59	302	292	242	0	21
清华大学	125	0	179	21	1376	10	219	6	128	250	0	7	94	422	338	44	0	577	50	648	0	435	0	17
北京师范大学	565	305	952	395	3576	0	0	451	158	186	0	525	77	0	0	0	305	0	523	821	415	542	0	14
中国农业大学	604	9	394	630	4210	0	0	663	356	0	0	0	0	217	520	0	0	676	0	79	0	1143	0	11
首都医科大学	709	0	743	0	380	0	0	0	0	0	513	0	0	0	685	0	267	384	0	0	0	0	0	6
北京航空航天大学	717	0	0	470	0	108	0	65	0	0	0	102	0	0	0	0	0	0	454	0	0	0	0	5
北京化工大学	771	0	839	121	0	0	0	454	0	0	0	117	0	0	0	0	0	0	0	0	0	0	0	4
北京理工大学	775	0	0	246	0	286	0	110	0	0	0	151	0	0	0	0	0	0	597	0	0	1354	0	6
北京科技大学	843	0	0	384	0	0	0	300	0	0	0	64	0	0	0	0	0	0	0	0	0	0	0	3
北京工业大学	1355	0	0	734	0	0	0	362	0	0	0	343	0	0	0	0	0	0	0	0	0	0	0	3
北京交通大学	1496	0	0	0	0	176	0	208	0	0	0	515	0	0	0	0	0	0	0	0	0	0	0	3
华北电力大学	1626	0	0	0	0	0	0	152	801	0	0	0	0	0	0	0	0	0	0	0	0	0	0	2
中国人民大学	1797	0	0	937	0	0	0	0	0	0	0	0	0	0	0	0	0	0	0	0	0	840	0	2
北京林业大学	1805	364	0	1206	0	0	0	1341	710	0	0	0	0	0	0	0	0	0	0	369	0	0	0	5
北京邮电大学	1825	0	0	0	0	66	0	482	0	0	0	0	0	0	0	0	0	0	693	0	0	0	0	3
首都师范大学	1937	0	0	990	0	0	0	0	0	0	0	0	0	0	0	0	0	0	0	863	0	0	0	2
北京中医药大学	3102	0	0	0	2421	0	0	0	0	0	0	0	0	0	0	0	0	714	0	0	0	0	0	2

图 3-3　2017 年北京市高校 ESI 前 1%学科分布

	综合	农业科学	生物与生化	化学	临床医学	计算机科学	经济与商学	工程科学	环境/生态学	地球科学	免疫学	材料科学	数学	微生物学	分子生物与遗传学	综合交叉学科	神经科学与行为	药理学与毒物学	物理学	植物与动物科学	精神病学/心理学	一般社会科学	空间科学	进入ESI学科数
中国科学院	4	4	12	1	412	4	279	3	3	3	162	1	6	26	43	9	134	10	4	5	275	202	42	22
中国科学院大学	107	42	143	7	1923	216	0	80	48	63	671	5	0	229	359	0	781	184	207	51	0	658	0	17
中国科学院化学研究所	419	0	0	27	0	0	0	0	0	0	0	26	0	0	0	0	0	0	0	0	0	0	0	2
中国科学院物理研究所	591	0	0	332	0	0	0	0	0	0	0	127	0	0	0	0	0	0	84	0	0	0	0	3
中国科学院高能物理研究所	897	0	0	712	0	0	0	0	0	0	0	476	0	0	0	0	0	0	171	0	0	0	0	3
中国科学院生态环境研究中心	1017	478	0	471	0	0	0	470	80	0	0	0	0	0	0	0	0	0	0	1155	0	1233	0	6
国家纳米科学与技术中心	1035	0	0	281	0	0	0	0	0	0	0	120	0	0	0	0	0	0	0	0	0	0	0	2
中国科学院过程工程研究所	1391	0	947	388	0	0	0	657	0	0	0	370	0	0	0	0	0	0	0	0	0	0	0	4
中国科学院大气物理研究所	1403	746	0	0	0	0	0	0	723	85	0	0	0	0	0	0	0	0	0	0	0	0	0	3
中国科学院植物研究所	1451	275	0	0	0	0	0	0	386	0	0	0	0	0	0	0	0	0	0	138	0	0	0	3
中国科学院地球科学研究所	1474	202	0	0	0	0	0	897	282	256	0	0	0	0	0	0	0	0	0	0	0	655	0	5
中国科学院生物物理研究所	1574	0	501	0	2713	0	0	0	0	0	0	0	0	0	655	0	0	0	0	0	0	0	0	3
中国科学院国家天文台	1575	0	0	0	0	0	0	0	0	0	0	0	0	0	0	0	0	0	0	0	0	0	109	1
中国科学院动物研究所	1579	0	874	0	2677	0	0	0	668	0	0	0	0	0	531	0	0	0	0	434	0	0	0	5
中国科学院微生物研究所	1617	0	641	0	4182	0	0	0	0	0	0	0	0	212	0	0	0	0	0	388	0	0	0	4
中国科学院数学与系统科学研究院	1837	0	0	0	0	0	0	399	0	0	0	0	28	0	0	0	0	0	0	0	0	0	0	2
中国科学院半导体研究所	1870	0	0	0	0	0	0	0	0	0	0	744	0	0	0	0	0	0	520	0	0	0	0	2
中国科学院北京基因组研究所	2057	0	566	0	3709	0	0	0	0	0	0	0	0	0	651	0	0	0	0	0	0	0	0	3
中国科学院理论物理研究所	2087	0	0	0	0	0	0	0	0	0	0	0	0	0	0	0	0	0	479	0	0	0	0	1
中国科学院心理研究所	2436	0	0	0	0	0	0	0	0	0	0	0	0	0	0	0	509	0	0	0	374	0	0	2
中国科学院北京纳米能源与系统研究所	2602	0	0	1113	0	0	0	0	0	0	0	460	0	0	0	0	0	0	0	0	0	0	0	2
中科院力学研究所	2762	0	0	0	0	0	0	696	0	0	0	678	0	0	0	0	0	0	0	0	0	0	0	2
中国科学院古脊椎动物与古人类研究所	3319	0	0	0	0	0	0	0	0	641	0	0	0	0	0	0	0	0	0	0	0	1075	0	2
中国科学院电工研究所	3369	0	0	0	0	0	0	874	0	0	0	0	0	0	0	0	0	0	0	0	0	0	0	1
中国科学院计算技术研究所	3408	0	0	0	0	319	0	730	0	0	0	0	0	0	0	0	0	0	0	0	0	0	0	2
中国科学院工程热物理研究所	4045	0	0	0	0	0	0	672	0	0	0	0	0	0	0	0	0	0	0	0	0	0	0	1

图 3-4　2017 年北京市中国科学院及各研究所 ESI 前 1%学科分布

	综合	农业科学	生物与生化	化学	临床医学	计算机科学	经济与商学	工程科学	环境/生态学	地球科学	免疫学	材料科学	数学	微生物学	分子生物与遗传学	综合交叉学科	神经科学与行为	药理学与毒物学	物理学	植物与动物科学	精神病学/心理学	一般社会科学	空间科学	进入ESI学科数
中国医学科学院北京协和医学院	440	0	385	696	241	0	0	0	0	0	376	0	0	286	294	0	540	89	0	881	0	865	0	10
中国农业科学院	765	24	563	1139	0	0	0	0	563	0	0	0	0	132	427	0	0	0	0	75	0	0	0	7
中国疾病预防控制中心	1192	685	0	0	842	0	0	0	767	0	257	0	0	203	0	0	0	0	0	0	0	469	0	6
中国人民解放军总医院	1342	0	0	0	661	0	0	0	0	0	0	0	0	0	0	0	0	753	0	0	0	0	0	2
中国地质科学院	1514	0	0	0	0	0	0	0	0	78	0	0	0	0	0	0	0	0	0	0	0	0	0	1
中国气象局	1652	0	0	0	0	0	0	0	894	109	0	0	0	0	0	0	0	0	0	0	0	0	0	2
中国人民解放军军事医学科学院	1658	0	853	0	1476	0	0	0	0	0	0	0	0	0	0	0	0	522	0	0	0	0	0	3
北京协和医院	1703	0	0	0	783	0	0	0	0	0	0	0	0	0	0	0	0	0	0	0	0	0	0	1
中国医学科学院阜外医院	1811	0	0	0	687	0	0	0	0	0	0	0	0	0	0	0	0	0	0	0	0	0	0	1
中国医学科学院基础医学研究所	2007	0	0	0	1344	0	0	0	0	0	0	0	0	0	731	0	0	0	0	0	0	0	0	2
国家海洋局	2229	0	0	0	0	0	0	0	825	464	0	0	0	0	0	0	0	0	0	1010	0	0	0	3
中国环境科学研究院	2368	0	0	0	0	0	0	857	346	0	0	0	0	0	0	0	0	0	0	0	0	0	0	2
中国石油天然气集团公司	2390	0	0	1163	0	0	0	984	0	400	0	0	0	0	0	0	0	0	0	0	0	0	0	3
中国医学科学院药物研究所	2515	0	0	1181	3973	0	0	0	0	0	0	0	0	0	0	0	0	357	0	0	0	0	0	3
中国地震局	2541	0	0	0	0	0	0	0	0	223	0	0	0	0	0	0	0	0	0	0	0	0	0	1
中国林业科学研究院	2659	0	0	0	0	0	0	0	0	0	0	0	0	0	0	0	0	0	0	448	0	0	0	1
中国原子能科学研究院	2677	0	0	0	0	0	0	0	0	0	0	0	0	0	0	0	0	0	690	0	0	0	0	1
中国水产科学研究院	2725	0	0	0	0	0	0	0	0	0	0	0	0	0	0	0	0	0	0	473	0	0	0	1
中国医学科学院	2773	0	0	0	1339	0	0	0	0	0	0	0	0	0	0	0	0	0	0	0	0	0	0	1
中国石油化工集团公司	2827	0	0	1109	0	0	0	1325	0	617	0	0	0	0	0	0	0	0	0	0	0	0	0	3
中国中医科学院	2876	0	0	0	2099	0	0	0	0	0	0	0	0	0	0	0	0	677	0	0	0	0	0	2
北京市神经外科研究所	3063	0	0	0	1364	0	0	0	0	0	0	0	0	0	0	0	0	0	0	0	0	0	0	1
中国医学科学院药用植物研究所	3246	0	0	0	0	0	0	0	0	0	0	0	0	0	0	0	0	652	0	0	0	0	0	1
中日友好医院	3329	0	0	0	1784	0	0	0	0	0	0	0	0	0	0	0	0	0	0	0	0	0	0	1
微软亚洲研究院	3509	0	0	0	0	267	0	520	0	0	0	0	0	0	0	0	0	0	0	0	0	0	0	2
北京市农林科学院	3935	0	0	0	0	0	0	0	0	0	0	0	0	0	0	0	0	0	0	1066	0	0	0	1
北京医院	3943	0	0	0	2488	0	0	0	0	0	0	0	0	0	0	0	0	0	0	0	0	0	0	1
中国高血压联盟	4052	0	0	0	1821	0	0	0	0	0	0	0	0	0	0	0	0	0	0	0	0	0	0	1
中国钢研科技集团有限公司	4090	0	0	0	0	0	0	0	0	0	0	696	0	0	0	0	0	0	0	0	0	0	0	1
首都儿科研究所	4116	0	0	0	3351	0	0	0	0	0	0	0	0	0	0	0	0	0	0	0	0	0	0	1
中国社会科学院	4345	0	0	0	0	0	0	0	0	0	0	0	0	0	0	0	0	0	0	0	0	1237	0	1
北京佑安医院	4347	0	0	0	2946	0	0	0	0	0	0	0	0	0	0	0	0	0	0	0	0	0	0	1

图 3-5　2017 年北京市其他机构 ESI 前 1%学科分布

表 3-6　2017 年北京市在华发明专利申请量二十强企业和科研机构列表

序号	二十强企业	发明专利申请量/件	二十强科研机构	发明专利申请量/件
1	京东方科技集团股份有限公司	3 656	清华大学	1 752
2	国家电网公司	2 658	北京航空航天大学	1 523
3	北京小米移动软件有限公司	1 830	北京工业大学	1 142
4	联想（北京）有限公司	1 039	北京理工大学	1 035
5	百度在线网络技术（北京）有限公司	740	北京科技大学	654
6	北京奇虎科技有限公司	555	中国农业大学	581
7	中国石油天然气股份有限公司	524	华北电力大学	504
8	中国联合网络通信集团有限公司	490	北京化工大学	489
9	北京新能源汽车股份有限公司	468	北京邮电大学	471
10	北京京东世纪贸易有限公司	446	中国电力科学研究院	464
11	北京京东尚科信息技术有限公司	446	北京交通大学	432
12	北京奇艺世纪科技有限公司	439	北京大学	427
13	合肥鑫晟光电科技有限公司	369	中国石油大学（北京）	417
14	中国石油化工股份有限公司	366	中国运载火箭技术研究院	396
15	中国海洋石油总公司	315	中国水利水电科学研究院	349
16	成都京东方光电科技有限公司	307	北京林业大学	271
17	北京京东方光电科技有限公司	302	中国矿业大学（北京）	249
18	北京百度网讯科技有限公司	300	中国科学院过程工程研究所	224
19	中国石油天然气集团公司	290	中国科学院半导体研究所	175
20	合肥京东方光电科技有限公司	285	中国科学院理化技术研究所	175

资料来源：中国产业智库大数据中心

表 3-7　2017 年北京市在华发明专利申请量十强技术领域

序号	IPC 号	分类号含义	专利数量/件
1	G06F	电数字数据处理	8 407
2	H04L	数字信息的传输，例如电报通信	3 549
3	G06Q	专门适用于行政、商业、金融、管理、监督或预测目的的数据处理系统或方法；其他类目不包含的专门适用于行政、商业、金融、管理、监督或预测目的的处理系统或方法	2 959
4	G01N	借助于测定材料的化学或物理性质来测试或分析材料	2 426
5	H01L	半导体器件；其他类目中不包括的电固体器件	1 383
6	G06K	数据识别；数据表示；记录载体；记录载体的处理	1 359
7	H04N	图像通信，如电视	1 274
8	G06T	一般的图像数据处理或产生	1 078
9	G01R	测量电变量；测量磁变量	1 070
10	H04W	无线通信网络	983

资料来源：中国产业智库大数据中心

3.2.2　江苏省

2016 年，江苏省常住人口 7999 万人，地区生产总值 77 388.28 亿元，人均地区生产总值 96 887 元；普通高等学校 166 所，普通高等学校招生 45.27 万人，普通高等学校教职工总数 16.57 万人；研究与试验发展经费支出 2026.87 亿元，研究与试验发展人员 761 046 人，研究与试验发展经费投入强度 2.66%。

2017 年，江苏省基础研究竞争力 BRCI 为 3.0552，全国排名第 2（表 3-8），较 2016 年上升了 1 位。江苏省国家自然科学基金项目总数为 4274 项，全国排名第 2；项目经费总额为 226 131.6 万元，全国排名第 3；地理学、电子学与信息系统、数学、化学工程及工业化学、天文学等学科的项目经费总额全国排名均为第 2（图 3-6）；江苏省争取国家自然科学基金经费超过 1 亿元的有 4 家机构（表 3-9）；江苏省发表 SCI 论文共 36 454 篇，全国排名第 2（表 3-10）。江苏省进入相关学科的 ESI 全球前 1%行列的机构共有 27 家（图 3-7）；江苏省发明专利申请数/件 135 361，全国排名第 1，主要专利权人和技术领域如表 3-11、表 3-12 所示。

表 3-8　2017 年江苏省基础研究竞争力整体情况

指标	数据	排名	指标	数据	排名
国家自然科学基金项目数/项	4 274	2	SCI 论文数/篇	36 454	2
国家自然科学基金项目经费/万元	226 131.6	3	SCI 论文被引频次/次	36 125	2
国家自然科学基金机构数/个	90	3	发明专利申请量/件	135 361	1
国家自然科学基金主持人数/人	4 225	2	基础研究竞争力指数	3.055 2	2

资料来源：中国产业智库大数据中心

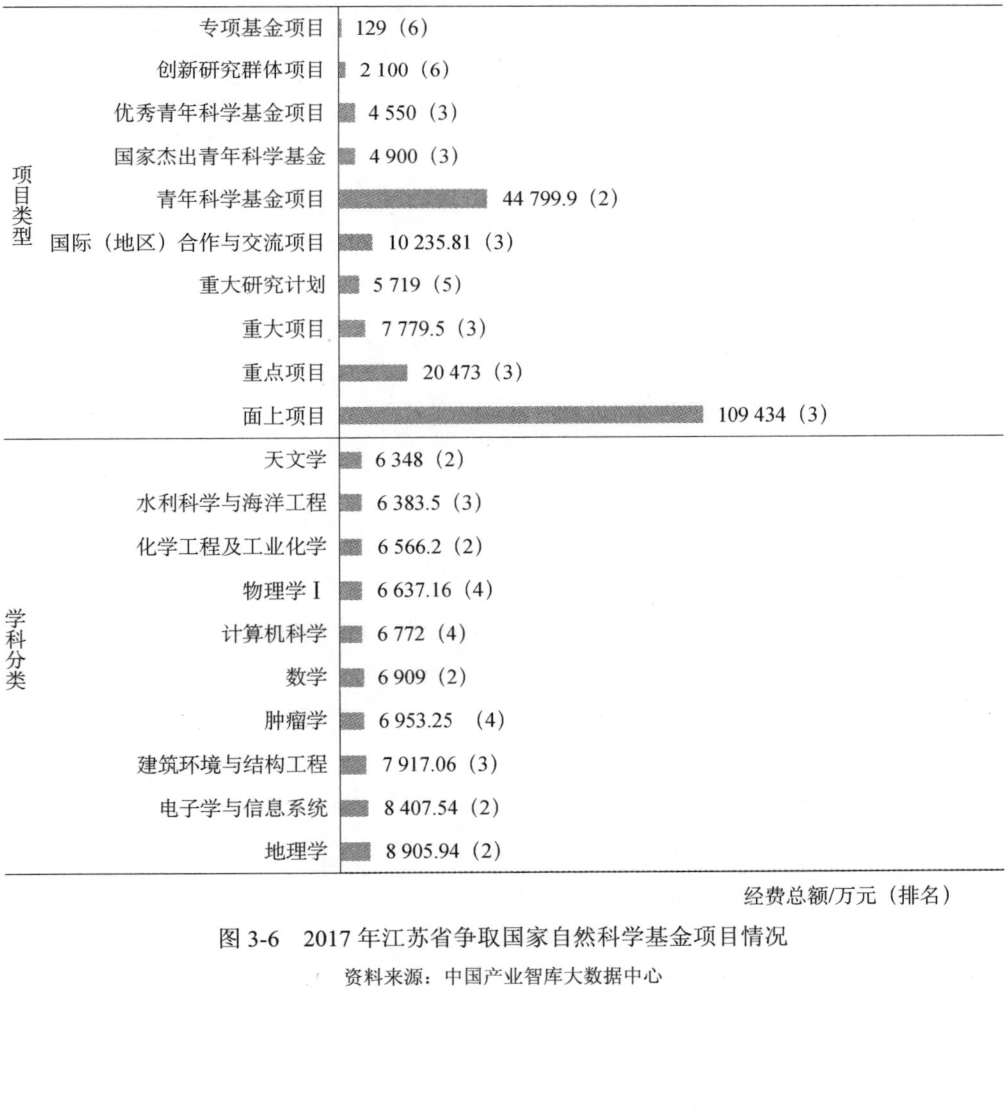

图 3-6　2017 年江苏省争取国家自然科学基金项目情况

资料来源：中国产业智库大数据中心

表 3-9 2017 年江苏省争取国家自然科学基金项目经费三十强机构

序号	机构名称	项目数量/项	项目经费/万元	全国排名
1	南京大学	420	35 159.37	15
2	苏州大学	359	20 877.5	16
3	南京医科大学	299	13 225.33	21
4	东南大学	283	17 109.66	23
5	江苏大学	181	7 590.1	44
6	扬州大学	156	6 084.92	57
7	南京理工大学	155	9 035.95	58
8	南京农业大学	153	9 264	61
9	南京航空航天大学	152	7 113.5	62
10	南京工业大学	147	9 289.3	63
11	河海大学	145	7 465	66
12	江南大学	138	5 954.5	70
13	中国矿业大学	127	7 086.8	83
14	南京中医药大学	115	4 597.5	88
15	中国药科大学	109	6 253.82	92
16	南京信息工程大学	96	4 686.56	100
17	南京师范大学	93	4 553.5	105
18	南通大学	86	3 427.25	115
19	南京邮电大学	82	3 355	121
20	江苏师范大学	71	2 432.66	140
21	徐州医科大学	57	2 066	176
22	江苏省农业科学院	57	2 111	177
23	南京林业大学	51	2 348.5	201
24	中国人民解放军南京军区南京总医院	46	2 084	221
25	江苏科技大学	46	1 467.5	222
26	苏州科技大学	46	1 914.5	223
27	中国科学院南京地理与湖泊研究所	45	2 806	229
28	中国科学院紫金山天文台	40	4 908	257
29	中国科学院苏州纳米技术与纳米仿生研究所	38	2 450	274
30	中国科学院南京土壤研究所	35	2 810	292

资料来源：中国产业智库大数据中心

表 3-10 2017 年江苏省发表 SCI 论文二十强学科

序号	研究领域	发文量全国排名	发文量/篇	被引次数/次	篇均被引/次
1	材料科学综合	2	4 031	6 921	1.72
2	电子电气工程	2	2 867	2 208	0.77
3	应用物理	2	2 465	3 588	1.46

续表

序号	研究领域	发文量全国排名	发文量/篇	被引次数/次	篇均被引/次
4	化学综合	2	2 308	4 806	2.08
5	物理化学	2	2 114	5 851	2.77
6	肿瘤学	2	1 798	1 453	0.81
7	纳米科技	2	1 624	4 245	2.61
8	环境科学	2	1 601	1 687	1.05
9	工程化学	2	1 322	2 239	1.69
10	能源燃料	2	1 304	2 226	1.71
11	细胞生物学	2	1 226	1 247	1.02
12	生物化学分子生物学	2	1 137	976	0.86
13	光学	2	1 133	672	0.59
14	机械工程	2	1 117	590	0.53
15	物理学、凝聚态物质	2	1 167	2 529	2.17
16	工程、机械	2	1 115	620	0.56
17	医学、研究和试验	2	1 110	604	0.54
18	药理学和药剂学	1	1 087	984	0.91
19	电信	2	1 074	633	0.59
20	生物工程学和应用微生物学	1	1 046	1 069	1.02
全部		2	36 454	36 125	0.99

资料来源：中国产业智库大数据中心

	综合	农业科学	生物与生化	化学	临床医学	计算机科学	经济与商学	工程科学	环境/生态学	地球科学	免疫学	材料科学	数学	微生物学	分子生物与遗传学	综合交叉学科	神经科学与行为	药理学与毒物学	物理学	植物与动物科学	精神病学/心理学	一般社会科学	空间科学	进入ESI学科数
南京大学	223	614	468	31	593	140	0	202	171	119	0	80	145	0	570	0	588	277	145	812	0	809	0	16
苏州大学	463	0	539	108	729	0	0	607	0	0	0	71	0	0	723	0	731	317	533	0	0	0	0	9
东南大学	499	0	642	251	1117	33	0	33	0	0	0	134	105	0	0	0	786	662	436	0	0	1327	0	11
南京医科大学	761	0	576	0	428	0	0	0	0	0	643	0	0	0	423	0	523	237	0	0	0	1348	0	7
南京农业大学	901	29	532	0	0	0	0	1066	451	0	0	0	0	358	694	0	0	0	0	99	0	0	0	7
江南大学	1034	41	462	489	0	0	0	335	0	0	0	686	0	0	0	0	0	0	0	0	0	0	0	5
南京理工大学	1066	0	0	405	0	207	0	161	0	0	0	239	0	0	0	0	0	0	0	0	0	0	0	4
江苏大学	1083	485	0	451	1779	0	0	394	0	0	0	290	0	0	0	0	0	0	0	0	0	0	0	5
南京航空航天大学	1097	0	0	764	0	297	0	120	0	0	0	177	0	0	0	0	0	0	0	0	0	0	0	4
南京工业大学	1099	0	0	0	0	0	0	528	0	0	0	182	0	0	0	0	0	0	0	0	0	0	0	3
中国药科大学	1285	0	989	509	2292	0	0	0	0	0	0	0	0	0	0	0	0	69	0	0	0	0	0	4
南京师范大学	1310	628	0	634	0	0	0	706	0	0	0	729	0	0	0	0	0	0	0	985	0	0	0	5
扬州大学	1354	406	0	604	2818	0	0	765	0	0	0	737	0	0	0	0	0	0	0	674	0	0	0	6
中国矿业大学	1493	0	0	1054	0	0	0	284	0	430	0	614	0	0	0	0	0	0	0	0	0	0	0	4
南京邮电大学	1771	0	0	641	0	344	0	920	0	0	0	427	0	0	0	0	0	0	0	0	0	0	0	4
南京信息工程大学	1888	0	0	0	0	147	0	947	0	325	0	0	0	0	0	0	0	0	0	0	0	0	0	3
河海大学	1900	0	0	0	0	379	0	335	586	0	0	822	0	0	0	0	0	0	0	0	0	0	0	4
南通大学	1929	0	0	0	1532	0	0	0	0	0	0	0	0	0	0	0	729	0	0	0	0	0	0	2
中国科学院土壤研究所	1941	92	0	0	0	0	0	0	341	0	0	0	0	0	0	0	0	0	0	0	0	0	0	2
江苏师范大学	2301	0	0	859	0	0	0	0	0	0	0	0	0	0	0	0	0	0	0	0	0	0	0	1
南京中医药大学	2338	0	0	0	1541	0	0	0	0	0	0	0	0	0	0	0	0	396	0	0	0	0	0	2
常州大学	2378	0	0	813	0	0	0	0	0	0	0	599	0	0	0	0	0	0	0	0	0	0	0	2
中国科学院南京地理与湖泊研究所	2570	0	0	0	0	0	0	1369	499	583	0	0	0	0	0	0	0	0	0	1115	0	0	0	4
徐州医科大学	2913	0	0	0	2190	0	0	0	0	0	0	0	0	0	0	0	0	0	0	0	0	0	0	1
江苏省农业科学院	3473	663	0	0	0	0	0	0	0	0	0	0	0	0	0	0	0	0	0	972	0	0	0	2
解放军理工大学	3516	0	0	0	0	349	0	779	0	0	0	0	0	0	0	0	0	0	0	0	0	0	0	2
江苏省疾病预防控制中心	4241	0	0	0	3114	0	0	0	0	0	0	0	0	0	0	0	0	0	0	0	0	0	0	1

图 3-7　2017 年江苏省高校和研究机构 ESI 前 1%学科分布

表 3-11　2017 年江苏省在华发明专利申请量二十强企业和科研机构列表

序号	二十强企业	发明专利申请量/件	二十强科研机构	发明专利申请量/件
1	国家电网公司	762	东南大学	2 266
2	南京律智诚专利技术开发有限公司	417	江苏大学	1 570
3	江苏省冶金设计院有限公司	368	南京航空航天大学	1 298
4	国网江苏省电力公司	327	江南大学	1 146
5	无锡小天鹅股份有限公司	271	河海大学	1 120
6	国电南瑞科技股份有限公司	211	南京理工大学	1 025
7	国网江苏省电力公司电力科学研究院	201	南京邮电大学	839
8	启东天山工具有限公司	180	常州大学	767
9	南京南瑞继保电气有限公司	175	中国矿业大学	723
10	南京南瑞集团公司	174	扬州大学	686
11	徐工集团工程机械有限公司	168	苏州大学	680
12	昆山博文照明科技有限公司	162	南京大学	640
13	南京南瑞继保工程技术有限公司	161	南京工业大学	583
14	无锡市翱宇特新科技发展有限公司	159	盐城工学院	374
15	昆山龙腾光电有限公司	150	南京林业大学	370
16	南通旭越光电科技有限公司	140	江苏科技大学	346
17	无锡北斗星通信息科技有限公司	136	江苏理工学院	328
18	苏州博菡环保科技有限公司	133	南京信息工程大学	324
19	江苏省电力试验研究院有限公司	129	南通大学	307
20	南京津淞涵电力科技有限公司	123	金陵科技学院	293

资料来源：中国产业智库大数据中心

表 3-12　2017 年江苏省在华发明专利申请量十强技术领域

序号	IPC 号	分类号含义	专利数量/件
1	G01N	借助于测定材料的化学或物理性质来测试或分析材料	3 266
2	G06F	电数字数据处理	3 028
3	C08L	高分子化合物的组合物	2 848
4	A61K	医用、牙科用或梳妆用的配制品	2 677
5	B01D	分离	2 575
6	C02F	水、废水、污水或污泥的处理	2 426
7	B65G	运输或贮存装置，例如装载或倾斜用输送机；车间输送机系统；气动管道输送机	1 902
8	C09D	涂料组合物，例如色漆、清漆或天然漆；填充浆料；化学涂料或油墨的去除剂；油墨；改正液；木材着色剂；用于着色或印刷的浆料或固体；原料为此的应用	1 785
9	B29C	塑料的成型或连接；塑性状态物质的一般成型；已成型产品的后处理，例如修整	1 639
10	H01L	半导体器件；其他类目中不包括的电固体器件	1 603

资料来源：中国产业智库大数据中心

综合分析得出，江苏省的优势学科为数学、天文学、化学与化学工程、计算机科学、海洋工程、电子与通信技术、兽医学、食品科学、临床医学、药物学等；江苏省基础研究的重点机构为南京大学、苏州大学、东南大学、南京医科大学、南京农业大学、江南大学、南京航空航天大学等。

3.2.3 广东省

2016 年，广东省常住人口 10 999 万人，地区生产总值 80 854.91 亿元，人均地区生产总值 74 016 元；普通高等学校 147 所，普通高等学校招生 53.98 万人，普通高等学校教职工总数 14.94 万人；研究与试验发展经费支出 2035.14 亿元，研究与试验发展人员 735 188 人，研究与试验发展经费投入强度 2.56%。

2017 年，广东省基础研究竞争力 BRCI 为 2.5388，排名第 3 位，较 2016 年上升了 1 位（表 3-13）。广东省国家自然科学基金项目总数为 3457 项，全国排名第 4；项目经费总额为 197 971.9 万元，全国排名第 4；广东省国家自然科学基金项目经费金额大于 1 亿元的有 2 个学科，分别是分析化学、肿瘤学（图 3-8）；广东省争取国家自然科学基金经费超过 1 亿元的有 5

表 3-13　2017 年广东省基础研究竞争力整体情况

指标	数据	排名	指标	数据	排名
国家自然科学基金项目数/项	3 457	4	SCI 论文数/篇	22 543	4
国家自然科学基金项目经费/万元	197 971.9	4	SCI 论文被引频次/次	22 291	4
国家自然科学基金机构数/个	118	2	发明专利申请量/件	129 779	2
国家自然科学基金主持人数/人	3 403	4	基础研究竞争力指数	2.538 8	3

资料来源：中国产业智库大数据中心

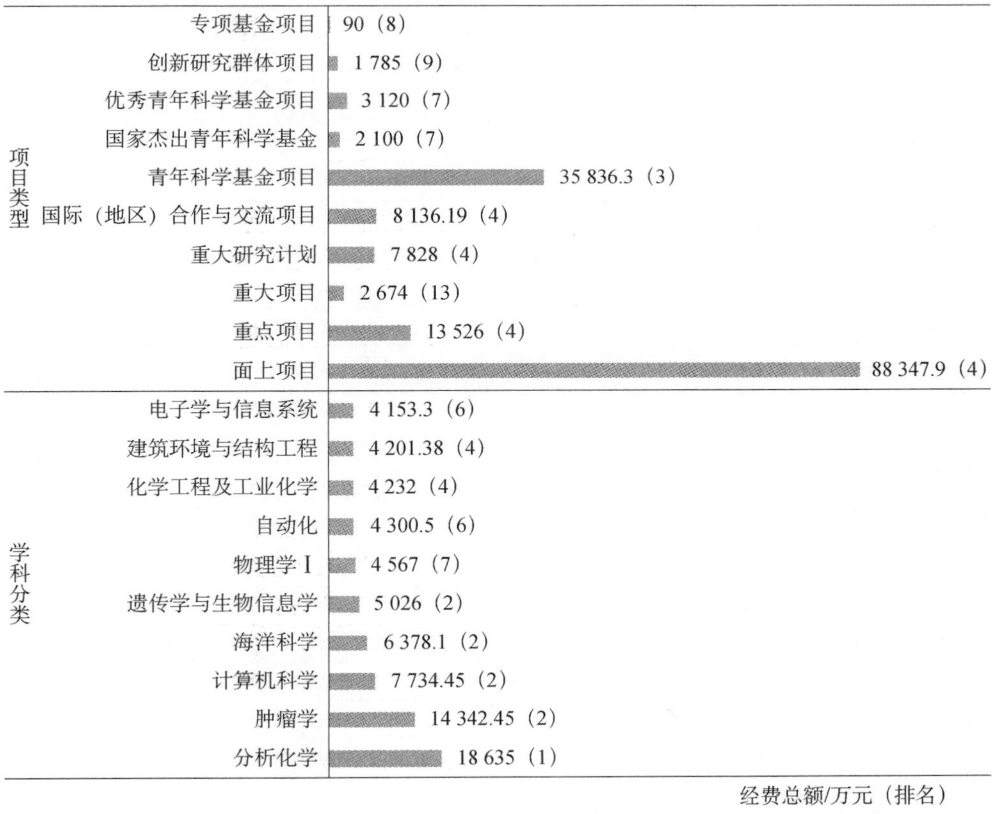

图 3-8　2017 年广东省争取国家自然科学基金项目情况

资料来源：中国产业智库大数据中心

个机构（表 3-14）；共发表 SCI 论文 22 543 篇，全国排名第 4（表 3-15）；共有 26 家机构进入相关学科的 ESI 全球前 1%行列（图 3-9）；发明专利申请量 129 779 件，全国排名第 2，主要专利权人和技术领域如表 3-16、表 3-17 所示。

综合分析得知，广东省的优势学科为生物学、化学、食品科学、地球科学、海洋科学、临床医学、计算机科学、中药学等；广东省的重点研发机构为中山大学、华南理工大学、南方医科大学、暨南大学、中国科学院广州地球化学研究所、华南师范大学等。

表 3-14　2017 年广东省争取国家自然科学基金项目经费三十强机构

序号	机构名称	项目数量/项	项目经费/万元	全国排名
1	中山大学	873	50 430.31	2
2	深圳大学	279	13 460.07	24
3	华南理工大学	252	34 387.83	28
4	南方医科大学	246	11 017.2	30
5	暨南大学	242	10 436	31
6	广州医科大学	137	5 067.66	73
7	华南农业大学	133	7 510.77	76
8	广东工业大学	128	6 108.6	82
9	南方科技大学	105	8 119	93
10	广州中医药大学	91	3 542.45	111
11	中国科学院深圳先进技术研究院	80	4 218	125
12	华南师范大学	80	4 403.1	126
13	广州大学	79	3 139.5	129
14	中国科学院南海海洋研究所	60	5 066	171
15	中国科学院广州地球化学研究所	53	3 818	194
16	汕头大学	45	1 986.1	230
17	中国科学院华南植物园	37	2 502.5	278
18	广东医科大学	33	1 181	310
19	广东药科大学	32	1 308	314
20	佛山科学技术学院	26	734	355
21	香港理工大学深圳研究院	25	1 372	365
22	广东海洋大学	24	880.6	376
23	香港城市大学深圳研究院	24	1 241	377
24	北京大学深圳研究生院	23	1 549	388
25	香港大学深圳研究院	23	1 446.5	389
26	东莞理工学院	21	824	416
27	广东省人民医院	18	550	466
28	香港浸会大学深圳研究院	18	506.1	467
29	中国科学院广州生物医药与健康研究院	15	681.9	514
30	中国科学院广州能源研究所	15	907	515

资料来源：中国产业智库大数据中心

表 3-15　2017 年广东省发表 SCI 论文二十强学科

序号	研究领域	发文量全国排名	发文量/篇	被引次数/次	篇均被引/次
1	材料科学综合	5	2 038	3 670	1.80
2	肿瘤学	3	1 766	1 640	0.93
3	电子电气工程	7	1 418	1 011	0.71
4	化学综合	4	1 318	2 976	2.26
5	应用物理	5	1 257	2 186	1.74
6	物理化学	6	1 080	3 377	3.13
7	研究与实验医学	5	959	475	0.50
8	细胞生物学	4	925	1 007	1.09
9	综合科学	4	900	734	0.82
10	能源燃料	4	878	1 621	1.85
11	纳米科技	4	846	1 917	2.27
12	生物化学分子生物学	4	823	856	1.04
13	环境科学	4	796	1 119	1.41
14	光学	6	705	483	0.69
15	药理学	5	700	557	0.80
16	生物工程与应用微生物学	3	628	558	0.89
17	工程化学	7	568	1 478	2.60
18	食品科学技术	3	524	668	1.27
19	计算机科学信息系统	5	463	293	0.63
20	凝聚态物理	5	440	1 383	3.14
全部		4	22 543	22 291	0.99

资料来源：中国产业智库大数据中心

	综合	农业科学	生物与生化	化学	临床医学	计算机科学	经济与商学	工程科学	环境/生态学	地球科学	免疫学	材料科学	数学	微生物学	分子生物与遗传学	综合交叉学科	神经科学与行为	药理学与毒物学	物理学	植物与动物科学	精神病学/心理学	一般社会科学	空间科学	进入ESI学科数
中山大学	228	357	253	90	224	156	0	244	320	473	338	114	133	303	282	0	431	132	337	360	0	582	0	18
华南理工大学	437	80	439	89	3658	201	0	71	844	0	0	48	0	0	0	0	0	0	616	0	0	0	0	9
南方医科大学	1114	0	803	0	608	0	0	0	0	0	0	0	0	0	719	0	744	510	0	0	0	0	0	5
暨南大学	1162	648	764	721	1414	0	0	911	860	0	0	539	0	0	0	0	0	393	0	0	0	0	0	8
中国科学院广州地球化学研究所	1202	0	0	0	0	0	0	914	167	105	0	0	0	0	0	0	0	0	0	0	0	0	0	3
华南师范大学	1212	0	0	542	0	0	0	937	0	0	0	559	157	0	0	0	0	0	0	919	0	0	0	5
深圳大学城	1281	0	0	609	3615	0	0	432	707	0	0	374	0	0	0	0	0	0	0	0	0	0	0	5
华南农业大学	1470	298	0	1189	0	0	0	0	0	0	0	0	0	0	0	0	0	0	0	296	0	0	0	3
深圳大学	1529	0	928	0	2950	290	0	726	0	0	0	598	0	0	0	0	0	0	0	0	0	0	0	5
汕头大学	1758	0	0	0	1468	0	0	0	0	0	0	0	0	0	0	0	0	0	0	0	0	0	0	1
广州医科大学	1818	0	0	0	998	0	0	0	0	0	0	0	0	0	0	0	0	0	0	0	0	0	0	1
中国科学院南海海洋研究所	2206	0	0	0	0	0	0	0	764	492	0	0	0	0	0	0	0	0	0	763	0	0	0	3
广东工业大学	2299	0	0	0	0	0	0	518	0	0	0	814	0	0	0	0	0	0	0	0	0	0	0	2
广东人民医院	2328	0	0	0	995	0	0	0	0	0	0	0	0	0	0	0	0	0	0	0	0	0	0	1
中国科学院华南植物园	2352	206	0	0	0	0	0	0	680	0	0	0	0	0	0	0	0	0	0	596	0	0	0	3
华南肿瘤学国家重点实验室	2523	0	0	0	1236	0	0	0	0	0	0	0	0	0	0	0	0	0	0	0	0	0	0	1
中国科学院深圳先进技术研究院	2686	0	0	0	3668	0	0	1305	0	0	0	0	0	0	0	0	0	0	0	0	0	0	0	2
广东医科大学	2719	0	0	0	1961	0	0	0	0	0	0	0	0	0	0	0	0	0	0	0	0	0	0	1
中国科学院广州生物医药与健康研究院	2947	0	0	0	3707	0	0	0	0	0	0	0	0	0	0	0	0	0	0	0	0	0	0	1
广州中医药大学	3143	0	0	0	2471	0	0	0	0	0	0	0	0	0	0	0	0	795	0	0	0	0	0	2
中国科学院广州能源研究所	3233	0	0	0	0	0	0	605	0	0	0	0	0	0	0	0	0	0	0	0	0	0	0	1
广东药科大学	3350	0	0	0	3769	0	0	0	0	0	0	0	0	0	0	0	0	0	0	0	0	0	0	1
广东医学科学院	3395	0	0	0	1712	0	0	0	0	0	0	0	0	0	0	0	0	0	0	0	0	0	0	1
呼吸疾病国家重点实验室	3442	0	0	0	2269	0	0	0	0	0	0	0	0	0	0	0	0	0	0	0	0	0	0	1
华为技术有限公司	4004	0	0	0	0	205	0	1244	0	0	0	0	0	0	0	0	0	0	0	0	0	0	0	2
香港中文大学（深圳）	4166	0	0	0	4130	0	0	0	0	0	0	0	0	0	0	0	0	0	0	0	0	0	0	1

图 3-9　2017 年广东省高校和研究机构 ESI 前 1%学科分布

表 3-16　2017 年广东省在华发明专利申请量二十强企业和科研机构列表

序号	二十强企业	发明专利申请量/件	二十强科研机构	发明专利申请量/件
1	广东欧珀移动通信有限公司	3 650	华南理工大学	2 653
2	珠海格力电器股份有限公司	2 668	广东工业大学	1 957
3	努比亚技术有限公司	2 234	中山大学	843
4	美的集团股份有限公司	2 121	深圳大学	615
5	维沃移动通信有限公司	1 956	佛山科学技术学院	607
6	广东美的制冷设备有限公司	1 698	深圳市怡化金融智能研究院	572
7	深圳市华星光电技术有限公司	979	华南农业大学	494
8	东莞市联洲知识产权运营管理有限公司	769	华南师范大学	298
9	腾讯科技（深圳）有限公司	765	东莞理工学院	276
10	平安科技（深圳）有限公司	740	暨南大学	266
11	珠海市魅族科技有限公司	708	哈尔滨工业大学深圳研究生院	254
12	深圳天珑无线科技有限公司	694	深圳先进技术研究院	238
13	广东小天才科技有限公司	691	清华大学深圳研究生院	228
14	深圳市盛路物联通讯技术有限公司	620	广州大学	199
15	深圳怡化电脑股份有限公司	604	中国科学院深圳先进技术研究院	153
16	广州视源电子科技股份有限公司	595	南方科技大学	131
17	惠科股份有限公司	584	广东顺德中山大学卡内基梅隆大学国际联合研究院	120
18	深圳市怡化时代科技有限公司	572	五邑大学	115
19	深圳市金立通信设备有限公司	490	电子科技大学中山学院	114
20	惠州 TCL 移动通信有限公司	471	南方医科大学	110

资料来源：中国产业智库大数据中心

表 3-17　2017 年广东省在华发明专利申请量十强技术领域

序号	IPC 号	分类号含义	专利数量/件
1	G06F	电数字数据处理	10 189
2	A61K	医用、牙科用或梳妆用的配制品	4 035
3	H04L	数字信息的传输，例如电报通信	3 816
4	F24F	空气调节；空气增湿；通风；空气流作为屏蔽的应用	3 241
5	G06Q	专门适用于行政、商业、金融、管理、监督或预测目的的数据处理系统或方法；其他类目不包含的专门适用于行政、商业、金融、管理、监督或预测目的的处理系统或方法	3 240
6	H04N	图像通信，如电视	3 099
7	H04M	电话通信	2 607
8	G01N	借助于测定材料的化学或物理性质来测试或分析材料	2 107
9	H04W	无线通信网络	1 934
10	G06K	数据识别；数据表示；记录载体；记录载体的处理	1 923

资料来源：中国产业智库大数据中心

3.2.4 上海市

2016 年，上海市常住人口 2420 万人，地区生产总值 28 178.65 亿元，人均地区生产总值 116 562 元；普通高等学校 64 所，普通高等学校招生 13.75 万人，普通高等学校教职工总数 7.34 万人；研究与试验发展经费支出 1049.32 亿元，研究与试验发展人员 254 754 人，研究与试验发展经费投入强度 3.82%。

2017 年，上海市基础研究竞争力 BRCI 为 2.386，排名第 4 位（表 3-18）。上海市国家自然科学基金项目总数为 4151 项，全国排名第 3；项目经费总额为 281 415.5 万元，全国排名第 2；上海市国家自然科学基金项目经费金额大于 1 亿元的有 3 个学科（图 3-10）；争取国家自然科学基金经费超过 1 亿元的有 7 家机构（表 3-19）；上海市共发表 SCI 论文 29 958 篇，全国排名第 3（表 3-20）；共有 21 家机构进入相关学科的 ESI 全球前 1%行列（图 3-11）。发明专利申请量 35 736 件，全国排名第 8，主要专利权人和技术领域如表 3-21、表 3-22 所示。

表 3-18　2017 年上海市基础研究竞争力整体情况

指标	数据	排名	指标	数据	排名
国家自然科学基金项目数/项	4 151	3	SCI 论文数/篇	29 958	3
国家自然科学基金项目经费/万元	281 415.5	2	SCI 论文被引频次/次	27 999	3
国家自然科学基金机构数/个	82	4	发明专利申请量/件	35 736	8
国家自然科学基金主持人数/人	4 042	3	基础研究竞争力指数	2.386	4

资料来源：中国产业智库大数据中心

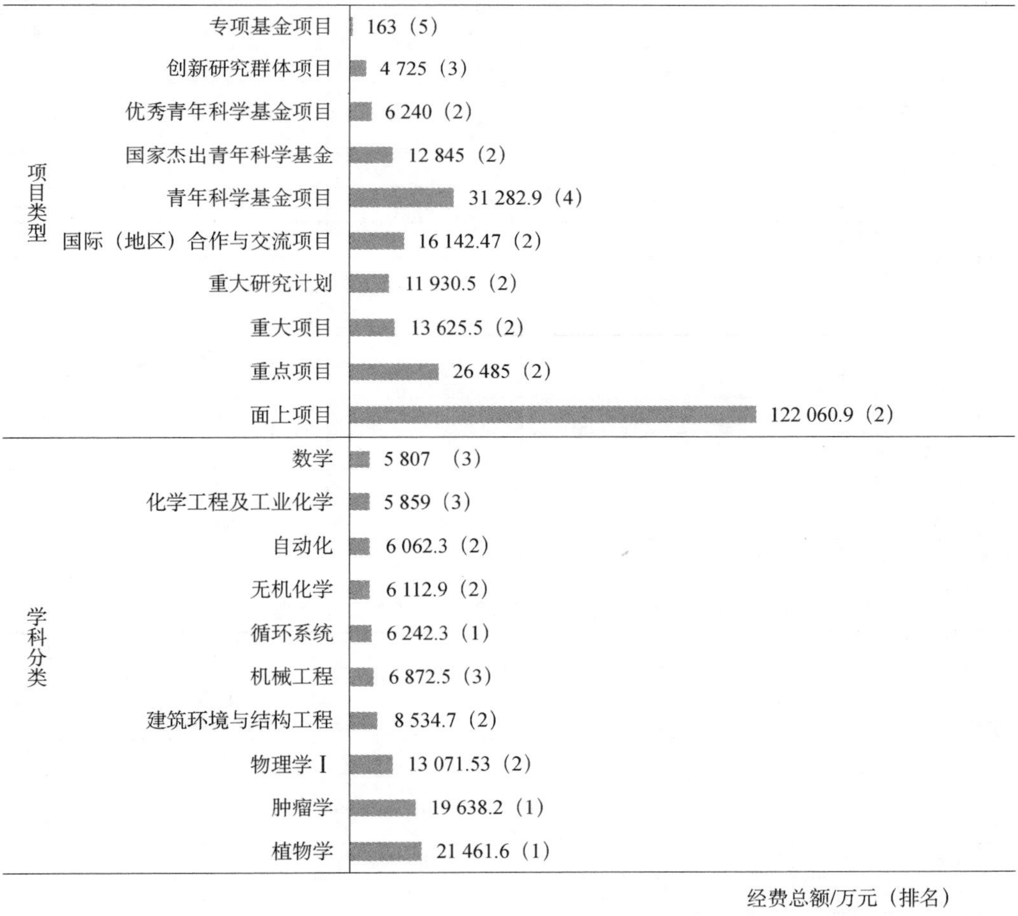

图 3-10　2017 年上海市争取国家自然科学基金项目情况

资料来源：中国产业智库大数据中心

表 3-19　2017 年上海市争取国家自然科学基金项目经费三十强机构

序号	机构名称	项目数量/项	项目经费/万元	全国排名
1	上海交通大学	1 103	67 252.51	1
2	复旦大学	706	54 628.23	5
3	同济大学	529	34 008.03	8
4	中国人民解放军第二军医大学	226	11 399.6	35
5	华东师范大学	178	15 019.63	45
6	中国科学院上海生命科学研究院	164	32 759	52
7	华东理工大学	154	10 074.3	60
8	上海大学	144	7 954	67
9	上海中医药大学	126	5 006.9	84
10	东华大学	60	3 299	169
11	上海理工大学	54	2 336.56	190
12	中国科学院上海药物研究所	51	3 382.9	200
13	上海师范大学	50	2 300	204
14	中国科学院上海有机化学研究所	48	5 433.4	211
15	上海财经大学	47	1 643	214
16	中国科学院上海应用物理研究所	43	2 383	242
17	上海海事大学	36	1 316.9	282
18	上海科技大学	35	1 424.2	290
19	中国科学院上海硅酸盐研究所	35	1 935.5	291
20	上海海洋大学	34	2 087	305
21	上海工程技术大学	30	807	325
22	中国科学院上海天文台	28	1 527.3	338
23	中国科学院上海光学精密机械研究所	25	1 079	362
24	中国科学院上海微系统与信息技术研究所	22	1 235.9	397
25	上海应用技术大学	18	721.3	457
26	中国科学院上海巴斯德研究所	17	1 603.99	476
27	上海电力学院	13	498	539
28	中国科学院上海技术物理研究所	13	1 266	540
29	中国农业科学院上海兽医研究所	11	389	570
30	中国科学院上海高等研究院	11	468	571

资料来源：中国产业智库大数据中心

表 3-20　2017 年上海市发表 SCI 论文二十强学科

序号	研究领域	发文量全国排名	发文量/篇	被引次数/次	篇均被引/次
1	材料科学综合	3	2 857	4 602	1.61
2	肿瘤学	1	2 100	1 618	0.77
3	化学综合	3	1 873	3 876	2.07
4	电子电气工程	4	1 784	874	0.49
5	物理化学	3	1 662	3 897	2.34
6	应用物理	3	1 626	2 018	1.24
7	细胞生物学	1	1 298	1 470	1.13
8	综合科学	2	1 235	1 261	1.02
9	纳米科技	3	1 199	2 473	2.06

续表

序号	研究领域	发文量全国排名	发文量/篇	被引次数/次	篇均被引/次
10	研究与实验医学	1	1 170	673	0.58
11	光学	3	1 127	597	0.53
12	生物化学分子生物学	3	1 002	1 153	1.15
13	能源燃料	3	989	1 570	1.59
14	机械工程	4	968	526	0.54
15	环境科学	3	875	1 186	1.36
16	工程化学	3	851	1 669	1.96
17	药理学	3	784	685	0.87
18	凝聚态物理	3	620	1 161	1.87
19	力学	4	611	557	0.91
20	土木工程	3	605	471	0.78
全部		3	29 958	27 999	0.93

资料来源：中国产业智库大数据中心

	综合	农业科学	生物与生化	化学	临床医学	计算机科学	经济与商学	工程科学	环境/生态学	地球科学	免疫学	材料科学	数学	微生物学	分子生物与遗传学	综合交叉学科	神经科学与行为	药理学与毒物学	物理学	植物与动物科学	精神病学/心理学	一般社会科学	空间科学	进入ESI学科数
上海交通大学	143	267	117	103	146	29	309	11	430	0	327	17	95	347	184	0	319	83	215	583	0	523	0	18
复旦大学	175	715	191	43	232	280	0	288	380	0	335	22	62	312	217	0	282	84	250	431	0	403	0	17
同济大学	494	0	475	304	658	141	0	66	248	428	0	138	0	0	636	0	0	675	0	0	0	1215	0	11
华东理工大学	528	0	479	53	0	0	0	259	0	0	0	136	0	0	0	0	0	727	0	0	0	0	0	5
中国科学院上海生命科学研究院	571	0	229	938	850	0	0	0	0	0	422	0	0	0	174	0	436	381	0	216	0	0	0	8
华东师范大学	721	0	952	186	2563	0	0	712	509	567	0	329	130	0	0	0	0	0	613	696	0	1188	0	11
第二军医大学	786	0	644	1072	447	0	0	0	0	0	440	0	0	0	534	0	668	170	0	0	0	0	0	7
中国科学院上海有机化学研究所	790	0	0	55	0	0	0	0	0	0	0	0	0	0	0	0	0	0	0	0	0	0	0	1
上海大学	792	0	903	313	0	264	0	242	0	0	0	153	120	0	0	0	0	0	548	0	0	0	0	7
中国科学院上海硅酸盐研究所	954	0	0	386	0	0	0	1196	0	0	0	65	0	0	0	0	0	0	715	0	0	0	0	4
东华大学	1045	0	0	366	0	0	0	374	0	0	0	162	241	0	0	0	0	0	0	0	0	0	0	4
中国科学院上海应用物理研究所	1529	0	0	526	0	0	0	0	0	0	0	452	0	0	0	0	0	0	0	0	0	0	0	2
上海师范大学	1683	0	0	700	0	0	0	0	0	0	0	628	155	0	0	0	0	0	0	0	0	0	0	3
中国科学院上海光学精密机械研究所	2151	0	0	0	0	0	0	0	0	0	0	0	0	0	0	0	0	0	578	0	0	0	0	1
上海中医院大学	2405	0	0	0	1858	0	0	0	0	0	0	0	0	0	0	0	0	382	0	0	0	0	0	2
上海理工大学	2448	0	0	0	0	0	0	796	0	0	0	0	0	0	0	0	0	0	0	0	0	0	0	1
中国科学院上海微系统与信息技术研究所	2542	0	0	1191	0	0	0	1225	0	0	0	704	0	0	0	0	0	0	0	0	0	0	0	3
上海海洋大学	2800	0	0	0	0	0	0	0	0	0	0	0	0	0	0	0	0	0	0	780	0	0	0	1
上海市疾病预防控制中心	3239	0	0	0	2484	0	0	0	0	0	0	0	0	0	0	0	0	0	0	0	0	1372	0	2
上海海事大学	3955	0	0	0	0	0	0	1130	0	0	0	0	0	0	0	0	0	0	0	0	0	0	0	1
宝钢股份	4151	0	0	0	0	0	0	0	0	0	0	819	0	0	0	0	0	0	0	0	0	0	0	1

图 3-11 2017 年上海市高校和研究机构 ESI 前 1%学科分布

资料来源：中国产业智库大数据中心

表 3-21 2017 年上海市在华发明专利申请量二十强企业和科研机构列表

序号	二十强企业	发明专利申请量/件	二十强科研机构	发明专利申请量/件
1	上海斐讯数据通信技术有限公司	1 061	上海交通大学	1 131
2	国网上海市电力公司	426	同济大学	981
3	上海联影医疗科技有限公司	349	东华大学	755
4	上海与德科技有限公司	331	上海理工大学	655

续表

序号	二十强企业	发明专利申请量/件	二十强科研机构	发明专利申请量/件
5	上海天马微电子有限公司	330	上海大学	596
6	上海华虹宏力半导体制造有限公司	255	上海应用技术大学	526
7	上海华力微电子有限公司	223	复旦大学	418
8	上海天马有机发光显示技术有限公司	220	华东理工大学	316
9	中国建筑第八工程局有限公司	219	华东师范大学	305
10	上海量明科技发展有限公司	183	上海电力学院	273
11	上海传英信息技术有限公司	173	上海工程技术大学	238
12	中国二十冶集团有限公司	166	上海海洋大学	226
13	上海纳米技术及应用国家工程研究中心有限公司	154	上海航天控制技术研究所	186
14	上海蔚来汽车有限公司	153	中国科学院上海光学精密机械研究所	178
15	上海小糸车灯有限公司	138	上海卫星工程研究所	176
16	上海壹账通金融科技有限公司	130	上海海事大学	165
17	网宿科技股份有限公司	126	中国科学院上海技术物理研究所	156
18	千寻位置网络有限公司	124	上海电机学院	150
19	华东电力试验研究院有限公司	118	上海市农业科学院	117
20	上海振华重工（集团）股份有限公司	117	中国科学院上海微系统与信息技术研究所	115

资料来源：中国产业智库大数据中心

表 3-22　2017 年上海市在华发明专利申请量十强技术领域

序号	IPC 号	分类号含义	专利数量/件
1	G06F	电数字数据处理	2 635
2	H04L	数字信息的传输，例如电报通信	1 400
3	G06Q	专门适用于行政、商业、金融、管理、监督或预测目的的数据处理系统或方法；其他类目不包含的专门适用于行政、商业、金融、管理、监督或预测目的的处理系统或方法	1 228
4	G01N	借助于测定材料的化学或物理性质来测试或分析材料	1 125
5	H01L	半导体器件；其他类目中不包括的电固体器件	896
6	A61K	医用、牙科用或梳妆用的配制品	772
7	A61B	诊断；外科；鉴定	614
8	H04N	图像通信，如电视	549
9	H04W	无线通信网络	541
10	G06K	数据识别；数据表示；记录载体；记录载体的处理	533

资料来源：中国产业智库大数据中心

综合分析得知，上海市的优势学科为化学与化学工程、物理学、数学、材料科学、生物学、核科学与技术、光学与光电子、临床医学、中医学与中药学等；上海市基础研究的重点机构为上海交通大学、复旦大学、同济大学、华东理工大学、中国科学院上海生命科学研究院、华东师范大学、中国人民解放军第二军医大学等。

3.2.5　湖北省

2016 年，湖北省常住人口 5885 万人，地区生产总值 32 665.38 亿元，人均地区生产总值

55 665 元；普通高等学校 128 所，普通高等学校招生 39.07 万人，普通高等学校教职工总数 13.1 万人；研究与试验发展经费支出 600.04 亿元，研究与试验发展人员 218 322 人，研究与试验发展经费投入强度 1.86%。

2017 年，湖北省基础研究竞争力 BRCI 为 1.6174，排名第 5 位，与 2016 年的排名一致（表 3-23）。湖北省国家自然科学基金项目总数为 2607 项，全国排名第 5；项目经费总额为 153 529.7 万元，全国排名第 5；湖北省国家自然科学基金创新研究群体项目经费总额全国排名第 2，机械工程国家自然科学基金项目经费金额大于 1 亿元（图 3-12）；争取国家自然科学基

表 3-23　2017 年湖北省基础研究竞争力整体情况

指标	数据	排名	指标	数据	排名
国家自然科学基金项目数/项	2 607	5	SCI 论文数/篇	19 240	5
国家自然科学基金项目经费/万元	153 529.7	5	SCI 论文被引频次/次	20 413	5
国家自然科学基金机构数/个	64	6	发明专利申请量/件	29 588	9
国家自然科学基金主持人数/人	2 564	5	基础研究竞争力指数	1.617 4	5

资料来源：中国产业智库大数据中心

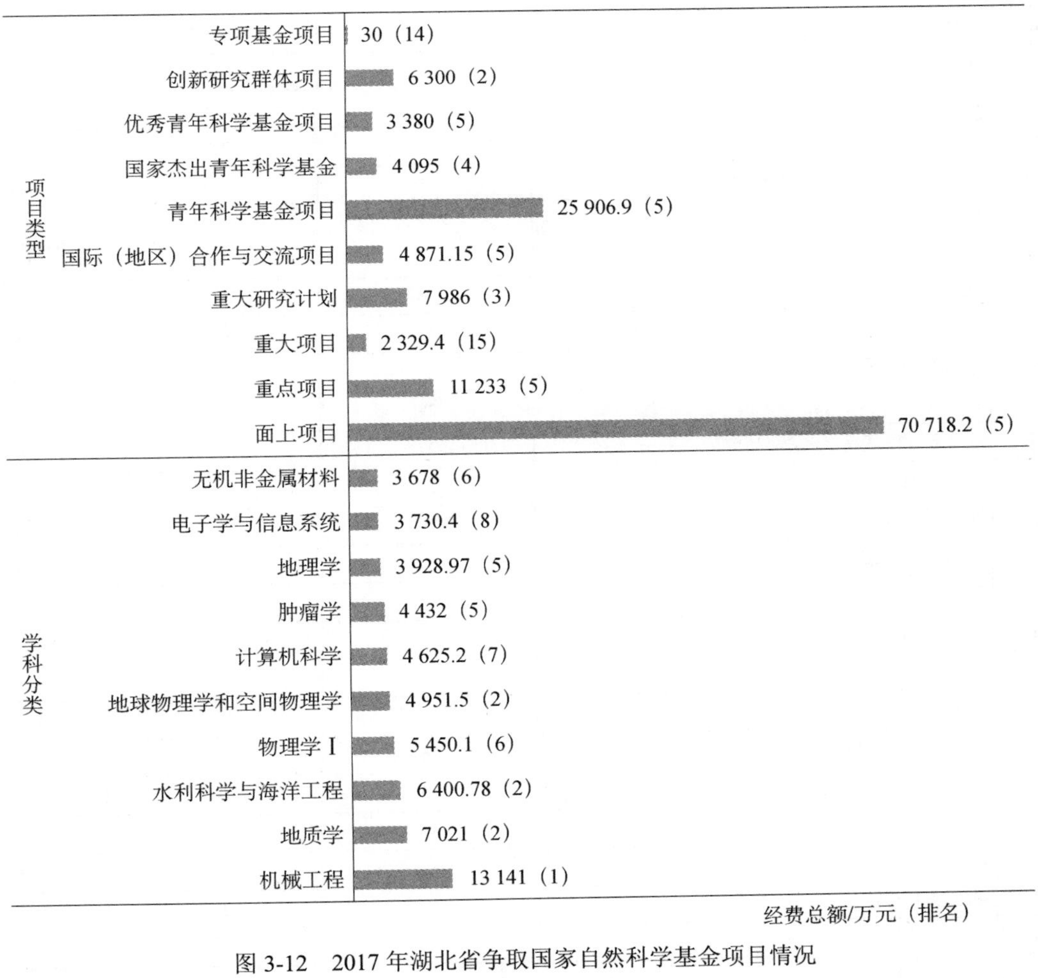

图 3-12　2017 年湖北省争取国家自然科学基金项目情况

资料来源：中国产业智库大数据中心

金经费超过1亿元的有4家机构（表3-24）；湖北省共发表SCI论文19240篇，全国排名第5（表3-25）；共有15家机构进入相关学科的ESI全球前1%行列（图3-13）；发明专利申请量29 588件，全国排名第9，主要专利权人和技术领域如表3-26、表3-27所示。

综合分析得知，湖北省的优势学科为地球科学、测绘科学技术、矿山工程技术、材料科学、畜牧兽医科学、生物学、农学、医学、机械工程、计算机科学技术、光学与光电子；湖北省基础研究的重点机构为华中科技大学、武汉大学、华中农业大学、中国地质大学（武汉）、武汉理工大学、华中师范大学。

表3-24　2017年湖北省争取国家自然科学基金项目经费三十强机构

序号	机构名称	项目数量/项	项目经费/万元	全国排名
1	华中科技大学	756	47 368.7	4
2	武汉大学	461	35 965.17	12
3	华中农业大学	227	13 919.85	34
4	中国地质大学（武汉）	182	11 937	43
5	武汉理工大学	155	6 685.73	59
6	华中师范大学	96	5 067	101
7	武汉科技大学	64	2 309.5	158
8	三峡大学	54	1 987.2	192
9	长江大学	52	2 027	196
10	中国科学院武汉物理与数学研究所	40	4 534.4	260
11	中南民族大学	35	1 264.7	296
12	中国科学院水生生物研究所	35	3 426	297
13	湖北大学	34	1 242	306
14	武汉工程大学	33	1 152	309
15	中南财经政法大学	28	860.2	341
16	湖北工业大学	28	887.1	342
17	中国科学院武汉岩土力学研究所	27	1 506	347
18	长江水利委员会长江科学院	23	1 057	387
19	中国科学院武汉病毒研究所	20	1 165	432
20	中国科学院武汉植物园	19	1 081	444
21	江汉大学	18	498.5	465
22	中国人民解放军海军工程大学	16	650	495
23	中国农业科学院油料作物研究所	16	836	496
24	湖北中医药大学	16	477	497
25	湖北省农业科学院	16	530	498
26	中国科学院测量与地球物理研究所	13	867	544
27	湖北医药学院	13	362.1	545
28	湖北民族学院	13	455	546
29	武汉轻工大学	12	360	560
30	武汉纺织大学	9	290	635

资料来源：中国产业智库大数据中心

表 3-25　2017 年湖北省发表 SCI 论文二十强学科

序号	研究领域	发文量全国排名	发文量/篇	被引次数/次	篇均被引/次
1	材料科学综合	6	1 991	3 810	1.91
2	电子电气工程	5	1 579	1 154	0.73
3	应用物理	6	1 205	2 383	1.98
4	物理化学	4	1 172	3 872	3.30
5	化学综合	6	999	2 622	2.62
6	能源燃料	5	861	1 656	1.92
7	肿瘤学	7	855	708	0.83
8	纳米科技	5	788	2 335	2.96
9	光学	5	766	685	0.89
10	综合科学	5	744	635	0.85
11	生物化学分子生物学	5	737	557	0.76
12	环境科学	5	731	866	1.18
13	细胞生物学	6	583	590	1.01
14	研究与实验医学	7	575	262	0.46
15	工程化学	8	548	1 454	2.65
16	机械工程	5	545	473	0.87
17	地球科学综合	3	489	415	0.85
18	分析化学	4	476	826	1.74
19	电化学	4	458	830	1.81
20	遥感	2	441	401	0.91
全部		5	19 240	20 413	1.06

资料来源：中国产业智库大数据中心

	综合	农业科学	生物与生化	化学	临床医学	计算机科学	经济与商学	工程科学	环境/生态学	地球科学	免疫学	材料科学	数学	微生物学	分子生物与遗传学	综合交叉学科	神经科学与行为	药理学与毒物学	物理学	植物与动物科学	精神病学/心理学	一般社会科学	空间科学	进入ESI学科数
华中科技大学	310	788	404	210	448	32	0	27	724	0	518	72	221	0	504	0	434	186	295	0	0	860	0	15
武汉大学	380	578	359	86	649	144	0	198	615	273	648	97	199	0	618	0	0	340	576	567	0	699	0	16
中国地质大学	760	0	0	723	0	366	0	407	535	27	0	414	0	0	0	0	0	0	0	0	0	0	0	6
武汉理工大学	925	0	0	248	0	0	0	406	0	0	0	111	0	0	0	0	0	0	0	0	0	0	0	3
华中农业大学	964	101	627	934	0	0	0	0	763	0	0	0	0	351	546	0	0	0	0	113	0	0	0	7
华中师范大学	998	0	0	268	0	0	0	0	0	0	0	388	0	0	0	0	0	0	489	0	0	0	0	3
湖北大学	2171	0	0	829	0	0	0	0	0	0	0	532	0	0	0	0	0	0	0	0	0	0	0	2
中国科学院水生生物研究所	2180	0	0	0	0	0	0	0	572	0	0	0	0	0	0	0	0	0	0	467	0	0	0	2
中国科学院武汉物理与数学研究所	2429	0	0	1008	0	0	0	0	0	0	0	0	0	0	0	0	0	0	0	0	0	0	0	1
中南民族大学	2699	0	0	935	0	0	0	0	0	0	0	0	0	0	0	0	0	0	0	0	0	0	0	1
武汉科技大学	2969	0	0	0	0	0	0	1333	0	0	0	650	0	0	0	0	0	0	0	0	0	0	0	2
中国科学院武汉病毒研究所	3054	0	0	0	0	0	0	0	0	0	0	0	0	359	0	0	0	0	0	0	0	0	0	1
中国科学院武汉植物园	3380	0	0	0	0	0	0	0	0	0	0	0	0	0	0	0	0	0	0	800	0	0	0	1
中国人民解放军海军工程大学	4382	0	0	0	0	0	0	785	0	0	0	0	0	0	0	0	0	0	0	0	0	0	0	1
湖北医药学院	4539	0	0	0	3128	0	0	0	0	0	0	0	0	0	0	0	0	0	0	0	0	0	0	1

图 3-13　2017 年湖北省高校和研究机构 ESI 前 1%学科分布

资料来源：中国产业智库大数据中心

表 3-26　2017 年湖北省在华发明专利申请量二十强企业和科研机构列表

序号	二十强企业	发明专利申请量/件	二十强科研机构	发明专利申请量/件
1	武汉华星光电技术有限公司	796	华中科技大学	1 455
2	武汉斗鱼网络科技有限公司	573	武汉理工大学	1 325
3	武汉华星光电半导体显示技术有限公司	377	武汉大学	924
4	中铁第四勘察设计院集团有限公司	271	中国地质大学（武汉）	558
5	烽火通信科技股份有限公司	262	武汉科技大学	528
6	长江存储科技有限责任公司	241	三峡大学	426
7	武汉钢铁有限公司	236	湖北工业大学	408
8	武汉天马微电子有限公司	216	华中农业大学	340
9	武汉船用机械有限责任公司	198	长江大学	285
10	中国一冶集团有限公司	155	武汉纺织大学	244
11	武汉圣禹排水系统有限公司	152	武汉工程大学	226
12	荆门创佳机械科技有限公司	151	武汉轻工大学	197
13	美的集团武汉制冷设备有限公司	128	湖北大学	177
14	美的集团股份有限公司	128	江汉大学	153
15	中国船舶重工集团公司第七一九研究所	100	湖北工程学院	130
16	国家电网公司	91	湖北文理学院	128
17	中冶南方工程技术有限公司	90	中国科学院武汉岩土力学研究所	112
18	湖北中烟工业有限责任公司	86	湖北科技学院	99
19	孝感市奇思妙想文化传媒有限公司	85	华中师范大学	95
20	东风商用车有限公司	84	中南民族大学	91

资料来源：中国产业智库大数据中心

表 3-27　2017 年湖北省在华发明专利申请量十强技术领域

序号	IPC 号	分类号含义	专利数量/件
1	G06F	电数字数据处理	1 504
2	G01N	借助于测定材料的化学或物理性质来测试或分析材料	915
3	H01L	半导体器件；其他类目中不包括的电固体器件	809
4	A61K	医用、牙科用或梳妆用的配制品	631
5	A23L	不包含在 A21D 或 A23B 至 A23J 小类中的食品、食料或非酒精饮料；它们的制备或处理，例如烹调、营养品质的改进、物理处理	553
6	H04L	数字信息的传输，例如电报通信	553
7	G06Q	专门适用于行政、商业、金融、管理、监督或预测目的的数据处理系统或方法；其他类目不包含的专门适用于行政、商业、金融、管理、监督或预测目的的处理系统或方法	515
8	C04B	石灰；氧化镁；矿渣；水泥；其组合物，例如：砂浆、混凝土或类似的建筑材料；人造石；陶瓷	404
9	C02F	水、废水、污水或污泥的处理	393
10	B23K	钎焊或脱焊；焊接；用钎焊或焊接方法包覆或镀敷；局部加热切割，如火焰切割；用激光束加工	384

资料来源：中国产业智库大数据中心

3.2.6　浙江省

2016 年，浙江省常住人口 5590 万人，地区生产总值 47 251.36 亿元，人均地区生产总值

84 916 元；普通高等学校 107 所，普通高等学校招生 25.79 万人，普通高等学校教职工总数 9.02 万人；研究与试验发展经费支出 1130.63 亿元，研究与试验发展人员 516 664 人，研究与试验发展经费投入强度 2.43%。

2017 年，浙江省基础研究竞争力 BRCI 为 1.5338，排名第 6 位（表 3-28），与 2016 年的排名上升 1 位。浙江省国家自然科学基金项目总数为 2039 项，项目经费总额为 109 775.7 万元，全国排名均为第 7；浙江省国家自然科学基金项目经费金额大于 3000 万元的学科有 9 个（图 3-14）；争取国家自然科学基金经费超过 1 亿元的有 4 家机构（表 3-29）；浙江省共发表 SCI

表 3-28　2017 年浙江省基础研究竞争力整体情况

指标	数据	排名	指标	数据	排名
国家自然科学基金项目数/项	2 039	7	SCI 论文数/篇	17 539	8
国家自然科学基金项目经费/万元	109 775.7	7	SCI 论文被引频次/次	15 861	6
国家自然科学基金机构数/个	57	8	发明专利申请量/件	74 003	4
国家自然科学基金主持人数/人	2 005	7	基础研究竞争力指数	1.533 8	6

资料来源：中国产业智库大数据中心

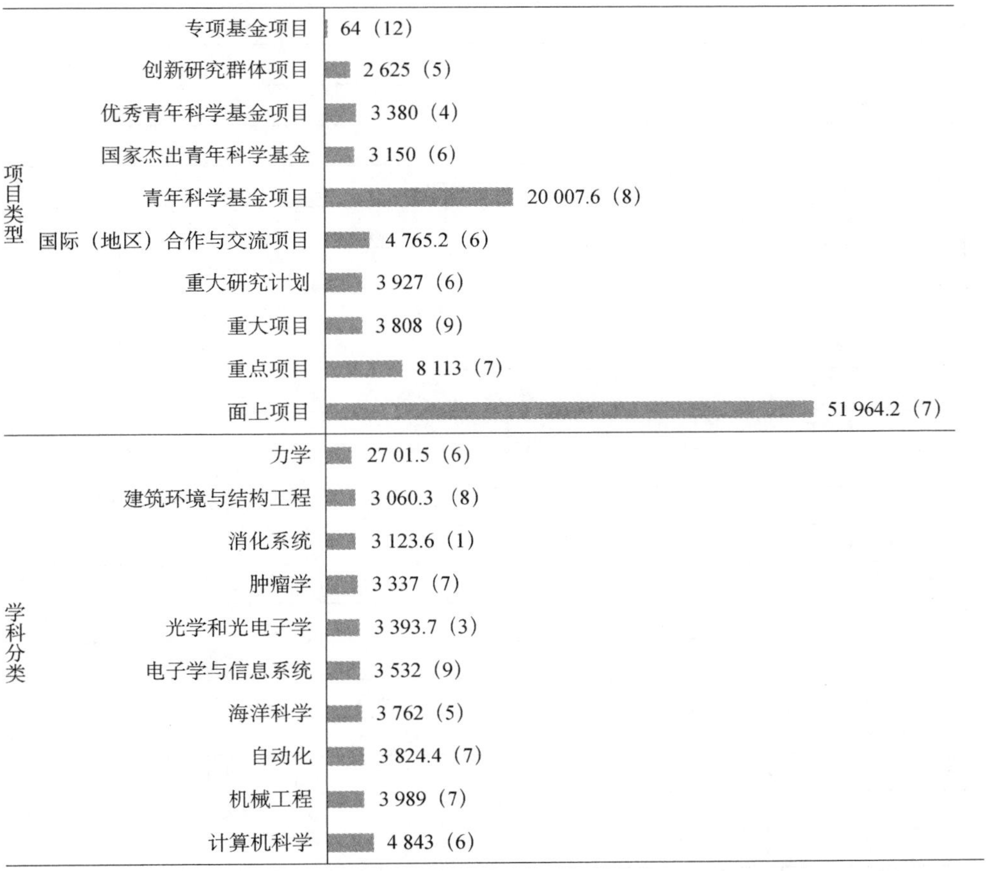

图 3-14　2017 年浙江省争取国家自然科学基金项目情况

资料来源：中国产业智库大数据中心

论文 17 539 篇，全国排名第 8（表 3-30）；共有 15 家机构进入相关学科的 ESI 全球前 1%行列（图 3-15）；浙江省发明专利申请量 74 003 件，全国排名第 4，主要专利权人和技术领域如表 3-31、表 3-32 所示。

综合分析得知，浙江省的优势学科为化学、数学、材料科学、计算机科学、生物学、临床医学、海洋科学、农学、食品科学、水产科学等；浙江省基础研究的重点机构为浙江大学、浙江工业大学、温州医科大学、浙江师范大学、杭州师范大学等。

表 3-29　2017 年浙江省争取国家自然科学基金项目经费三十强机构

序号	机构名称	项目数量/项	项目经费/万元	全国排名
1	浙江大学	846	56 988.23	3
2	浙江工业大学	161	8 757.3	56
3	温州医科大学	130	5 276.2	78
4	宁波大学	97	4 220	97
5	杭州电子科技大学	92	4 263	107
6	浙江理工大学	66	2 953	153
7	中国科学院宁波材料技术与工程研究所	55	2 777	186
8	浙江中医药大学	51	2 013.4	202
9	杭州师范大学	40	2 385	258
10	浙江师范大学	36	1 475	283
11	中国计量大学	35	1 361	293
12	国家海洋局第二海洋研究所	35	2 020	294
13	浙江农林大学	33	1 585	308
14	温州大学	31	1 233	321
15	浙江工商大学	30	1 420	326
16	浙江财经大学	30	966	327
17	浙江省农业科学院	25	937	363
18	嘉兴学院	21	658.2	412
19	杭州医学院	21	786	413
20	中国水稻研究所	18	967	460
21	绍兴文理学院	17	529	477
22	浙江海洋大学	15	592	510
23	湖州师范学院	15	598	511
24	浙江科技学院	14	345.2	530
25	中国农业科学院茶叶研究所	12	425	556
26	浙江省肿瘤医院	11	251	574
27	宁波诺丁汉大学	10	646.57	605
28	浙江大学宁波理工学院	10	348	606
29	宁波工程学院	9	279	628
30	中国林业科学研究院亚热带林业研究所	8	480	663

资料来源：中国产业智库大数据中心

表 3-30　2017 年浙江省发表 SCI 论文二十强学科

序号	研究领域	发文量全国排名	发文量/篇	被引次数/次	篇均被引/次
1	材料科学综合	10	1 477	2 799	1.90
2	肿瘤学	6	1 212	925	0.76
3	电子电气工程	8	1 102	681	0.62
4	物理化学	8	961	2 519	2.62
5	化学综合	7	940	1 739	1.85
6	应用物理	8	927	1 454	1.57
7	研究与实验医学	6	897	437	0.49
8	细胞生物学	5	722	788	1.09
9	综合科学	6	674	578	0.86
10	生物化学分子生物学	7	627	530	0.85
11	工程化学	6	617	1 005	1.63
12	光学	8	581	335	0.58
13	纳米科技	7	580	1 482	2.56
14	环境科学	7	575	650	1.13
15	药理学	6	562	466	0.83
16	能源燃料	9	560	1 091	1.95
17	生物工程与应用微生物学	6	512	418	0.82
18	食品科学技术	4	417	380	0.91
19	机械工程	8	409	271	0.66
20	分析化学	7	387	430	1.11
全部		8	17 539	15 861	0.90

资料来源：中国产业智库大数据中心

	综合	农业科学	生物与生化	化学	临床医学	计算机科学	经济与商学	工程科学	环境/生态学	地球科学	免疫学	材料科学	数学	微生物学	分子生物与遗传学	综合交叉学科	神经科学与行为	药理学与毒物学	物理学	植物与动物科学	精神病学/心理学	一般社会科学	空间科学	进入ESI学科数
浙江大学	128	23	158	19	372	28	0	15	141	480	328	21	104	210	290	0	480	70	152	100	0	564	0	18
浙江工业大学	1320	0	0	426	0	0	0	505	725	0	0	549	0	0	0	0	0	0	0	0	0	0	0	4
温州医科大学	1341	0	0	1122	884	0	0	0	0	0	0	0	0	0	0	0	0	567	0	0	0	0	0	3
浙江师范大学	1563	0	0	622	0	0	0	952	0	0	0	517	227	0	0	0	0	0	0	0	0	0	0	4
杭州师范大学	1697	0	0	806	3807	0	0	0	0	0	0	0	0	0	0	0	0	0	0	0	0	0	0	2
宁波大学	1736	0	0	1069	2449	0	0	908	0	0	0	703	0	0	0	0	0	0	0	0	0	0	0	4
浙江理工大学	1883	0	0	725	0	0	0	1164	0	0	0	495	0	0	0	0	0	0	0	0	0	0	0	3
温州大学	2223	0	0	698	0	0	0	0	0	0	0	0	0	0	0	0	0	0	0	0	0	0	0	1
中国计量大学	2629	0	0	0	0	0	0	1027	0	0	0	0	0	0	0	0	0	0	0	0	0	0	0	1
杭州电子大学	2767	0	0	0	0	0	0	632	0	0	0	0	0	0	0	0	0	0	0	0	0	0	0	1
浙江农林大学	2863	0	0	0	0	0	0	1337	0	0	0	0	0	0	0	0	0	0	0	1150	0	0	0	2
浙江工商大学	2990	608	0	0	0	0	0	0	0	0	0	0	0	0	0	0	0	0	0	0	0	0	0	1
浙江省农业科学院	3357	638	0	0	0	0	0	0	0	0	0	0	0	0	0	0	0	0	0	798	0	0	0	2
浙江中医药大学	3721	0	0	0	3297	0	0	0	0	0	0	0	0	0	0	0	0	0	0	0	0	0	0	1
浙江省肿瘤医院	3737	0	0	0	1860	0	0	0	0	0	0	0	0	0	0	0	0	0	0	0	0	0	0	1

图 3-15　2017 年浙江省高校和研究机构 ESI 前 1%学科分布

资料来源：中国产业智库大数据中心

表 3-31 2017 年浙江省在华发明专利申请量二十强企业和科研机构列表

序号	二十强企业	发明专利申请量/件	二十强科研机构	发明专利申请量/件
1	国家电网公司	582	浙江大学	2 636
2	新华三技术有限公司	418	浙江工业大学	1 251
3	网易（杭州）网络有限公司	323	浙江海洋大学	658
4	浙江吉利控股集团有限公司	257	浙江理工大学	550
5	国网浙江省电力公司	241	中国计量大学	527
6	杭州迪普科技股份有限公司	217	杭州电子科技大学	485
7	浙江大华技术股份有限公司	150	宁波大学	421
8	杰克缝纫机股份有限公司	148	温州大学	321
9	杭州安恒信息技术有限公司	130	浙江师范大学	263
10	奥克斯空调股份有限公司	127	浙江工商大学	205
11	吉利汽车研究院（宁波）有限公司	119	中国科学院宁波材料技术与工程研究所	188
12	国网浙江省电力公司电力科学研究院	119	温州职业技术学院	174
13	浙江舜宇光学有限公司	115	浙江农林大学	165
14	宁波方太厨具有限公司	105	华电电力科学研究院	159
15	浙江绍兴苏泊尔生活电器有限公司	90	宁波工程学院	158
16	宁波欧琳厨具有限公司	89	浙江科技学院	156
17	国网浙江省电力公司嘉兴供电公司	85	浙江工贸职业技术学院	147
18	国网浙江省电力公司杭州供电公司	82	浙江省农业科学院	136
19	浙江华云信息科技有限公司	81	绍兴文理学院	129
20	杭州纳戒科技有限公司	78	嘉兴学院	119

资料来源：中国产业智库大数据中心

表 3-32 2017 年浙江省在华发明专利申请量十强技术领域

序号	IPC 号	分类号含义	专利数量/件
1	G06F	电数字数据处理	1 780
2	G01N	借助于测定材料的化学或物理性质来测试或分析材料	1 520
3	H04L	数字信息的传输，例如电报通信	1 228
4	A61K	医用、牙科用或梳妆用的配制品	1 227
5	B01D	分离	1 190
6	C02F	水、废水、污水或污泥的处理	1 181
7	C08L	高分子化合物的组合物	1 029
8	B29C	塑料的成型或连接；塑性状态物质的一般成型；已成型产品的后处理，例如修整	1 022
9	A01G	园艺；蔬菜、花卉、稻、果树、葡萄、啤酒花或海菜的栽培；林业；浇水	933
10	G06Q	专门适用于行政、商业、金融、管理、监督或预测目的的数据处理系统或方法；其他类目不包含的专门适用于行政、商业、金融、管理、监督或预测目的的处理系统或方法	914

资料来源：中国产业智库大数据中心

3.2.7 山东省

2016 年，山东省常住人口 9947 万人，地区生产总值 68 024.49 亿元，人均地区生产总值 68 733 元；普通高等学校 144 所，普通高等学校招生 55.52 万人，普通高等学校教职工总数 15.03

万人；研究与试验发展经费支出 1566.09 亿元，研究与试验发展人员 476 407 人，研究与试验发展经费投入强度 2.34%。

2017 年，山东省基础研究竞争力 BRCI 为 1.4232，排名第 7 位，与 2016 年的排名上升 1 位（表 3-33）。山东省国家自然科学基金项目总数为 1969 项，项目经费总额为 96 646.47 万元，全国排名均为第 8；山东省国家自然科学基金项目经费金额大于 3000 万元的学科有 4 个（图 3-16），海洋科学经费总额超过 1 亿元，排在全国第 1 位，山东省争取国家自然科学基金经费超过

表 3-33　2017 年山东省基础研究竞争力整体情况

指标	数据	排名	指标	数据	排名
国家自然科学基金项目数/项	1 969	8	SCI 论文数/篇	17 613	7
国家自然科学基金项目经费/万元	96 646.47	8	SCI 论文被引频次/次	14 938	8
国家自然科学基金机构数/个	69	5	发明专利申请量/件	46 513	7
国家自然科学基金主持人数/人	1 940	8	基础研究竞争力指数	1.423 2	7

资料来源：中国产业智库大数据中心

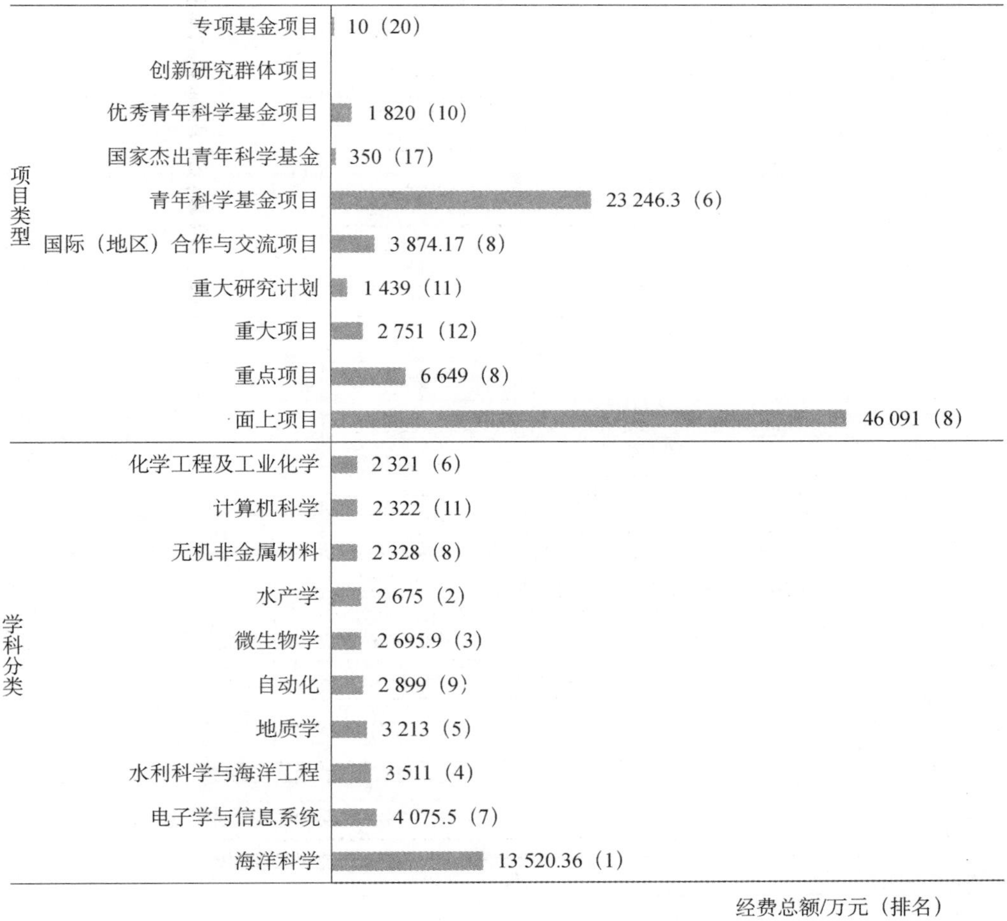

图 3-16　2017 年山东省争取国家自然科学基金项目情况

资料来源：中国产业智库大数据中心

1亿元的有2家机构（表3-34）；山东省共发表SCI论文17 613篇，全国排名第7（表3-35）；共有21家机构进入相关学科的ESI全球前1%行列（图3-17）；山东省发明专利申请量46 514件，全国排名第7，主要专利权人和技术领域如表3-36、表3-37所示。

综合分析得知，山东省的优势学科为海洋科学与海洋工程、化学与化学工程、材料科学、农学、地球科学、水产科学、预防医学、康复医学等；山东省基础研究的重点机构为山东大学、中国海洋大学、中国石油大学（华东）、济南大学、青岛大学、青岛科技大学、中国科学院海洋研究所等。

表3-34　2017年山东省争取国家自然科学基金项目经费三十强机构

序号	机构名称	项目数量/项	项目经费/万元	全国排名
1	山东大学	475	25 926.16	10
2	中国海洋大学	138	10 490.4	71
3	青岛大学	135	4 315.2	74
4	中国石油大学（华东）	111	5 686	90
5	山东农业大学	86	4 681.75	116
6	中国科学院海洋研究所	85	6 514.45	118
7	山东师范大学	74	3 042.5	137
8	山东科技大学	68	2 966	146
9	济南大学	63	2 699.1	160
10	青岛科技大学	52	2 048	195
11	中国科学院青岛生物能源与过程研究所	48	2 388	213
12	山东理工大学	44	1 426	239
13	国家海洋局第一海洋研究所	42	2 130	246
14	曲阜师范大学	42	1 377.5	247
15	临沂大学	41	1 504	252
16	青岛理工大学	41	1 619	253
17	鲁东大学	29	1 136	334
18	齐鲁工业大学	29	985	335
19	青岛农业大学	28	1 314	340
20	烟台大学	27	963	346
21	山东中医药大学	25	1 071	364
22	济宁医学院	23	745.2	386
23	滨州医学院	22	705.1	401
24	中国水产科学研究院黄海水产研究所	20	1 366.51	430
25	山东省科学院	20	539.1	431
26	聊城大学	19	642	443
27	山东省农业科学院	18	544	462
28	山东省医学科学院	17	499	479
29	山东建筑大学	14	453	531
30	山东财经大学	12	394.5	558

资料来源：中国产业智库大数据中心

表 3-35　2017 年山东省发表 SCI 论文二十强学科

序号	研究领域	发文量全国排名	发文量/篇	被引次数/次	篇均被引/次
1	材料科学综合	8	1 602	2 327	1.45
2	肿瘤学	5	1 218	667	0.55
3	物理化学	5	1 083	2 193	2.02
4	化学综合	5	1 061	1 339	1.26
5	研究与实验医学	2	1 038	312	0.30
6	能源燃料	6	826	1 129	1.37
7	应用物理	10	777	995	1.28
8	电子电气工程	13	754	629	0.83
9	药理学	4	725	522	0.72
10	生物化学分子生物学	6	682	501	0.73
11	工程化学	5	655	1 035	1.58
12	环境科学	6	617	609	0.99
13	综合科学	7	573	378	0.66
14	细胞生物学	7	570	397	0.70
15	分析化学	3	548	1 305	2.38
16	生物工程与应用微生物学	5	539	607	1.13
17	纳米科技	10	532	1 340	2.52
18	电化学	3	466	1 169	2.51
19	应用数学	4	440	390	0.89
20	光学	12	412	233	0.57
全部		7	17 613	14 938	0.85

资料来源：中国产业智库大数据中心

	综合	农业科学	生物与生化	化学	临床医学	计算机科学	经济与商学	工程科学	环境/生态学	地球科学	免疫学	材料科学	数学	微生物学	分子生物与遗传学	综合交叉学科	神经科学与行为	药理学与毒物学	物理学	植物与动物科学	精神病学/心理学	一般社会科学	空间科学	进入ESI学科数
山东大学	301	0	273	92	475	288	0	141	590	0	532	89	85	0	535	0	595	148	239	754	0	939	0	15
中国海洋大学	996	392	754	755	0	0	0	792	460	244	0	578	0	0	0	0	0	598	0	326	0	0	0	9
中国石油大学	1124	0	0	423	0	0	0	217	0	367	0	323	0	0	0	0	0	0	0	0	0	0	0	4
济南大学	1449	0	0	540	1559	0	0	1030	0	0	0	531	0	0	0	0	0	0	0	0	0	0	0	4
青岛大学	1465	0	0	902	1404	0	0	624	0	0	0	793	0	0	0	0	829	0	0	0	0	0	0	5
青岛科技大学	1685	0	0	428	0	0	0	1114	0	0	0	570	0	0	0	0	0	0	0	0	0	0	0	3
海洋研究所*	1828	0	0	0	0	0	0	0	885	598	0	0	0	0	0	0	0	0	0	395	0	0	0	3
山东农业大学	1947	287	0	0	0	0	0	0	0	0	0	0	0	0	0	0	0	0	0	340	0	0	0	2
山东师范大学	2341	0	0	819	0	0	0	0	0	0	0	0	0	0	0	0	0	0	0	0	0	0	0	1
曲阜师范大学	2537	0	0	1103	0	0	0	781	0	0	0	0	0	0	0	0	0	0	0	0	0	0	0	2
聊城大学	2576	0	0	890	0	0	0	0	0	0	0	0	0	0	0	0	0	0	0	0	0	0	0	1
青岛生物能源与过程研究所*	2594	0	0	1031	0	0	0	0	0	0	0	0	0	0	0	0	0	0	0	0	0	0	0	1
烟台海岸带研究所*	2647	0	0	0	0	0	0	0	627	0	0	0	0	0	0	0	0	0	0	0	0	0	0	1
齐鲁工业大学	2750	0	0	1141	0	0	0	1354	0	0	0	0	0	0	0	0	0	0	0	0	0	0	0	2
山东医学科学院	2849	0	0	0	1535	0	0	0	0	0	0	0	0	0	0	0	0	0	0	0	0	0	0	1
青岛农业大学	3130	766	0	0	0	0	0	0	0	0	0	0	0	0	0	0	0	0	0	1132	0	0	0	2
山东省立医院	3146	0	0	0	1697	0	0	0	0	0	0	0	0	0	0	0	0	0	0	0	0	0	0	1
山东科技大学	3327	0	0	0	0	0	0	1103	0	0	0	0	0	0	0	0	0	0	0	0	0	0	0	1
山东农业科学院	3793	0	0	0	0	0	0	0	0	0	0	0	0	0	0	0	0	0	0	1138	0	0	0	1
泰山医学院	4208	0	0	0	4062	0	0	0	0	0	0	0	0	0	0	0	0	0	0	0	0	0	0	1
滨州医学院	4230	0	0	0	3528	0	0	0	0	0	0	0	0	0	0	0	0	0	0	0	0	0	0	1

图 3-17　2017 年山东省高校和研究机构 ESI 前 1%学科分布

*为中国科学院下属研究所

资料来源：中国产业智库大数据中心

表 3-36 2017 年山东省在华发明专利申请量二十强企业和科研机构列表

序号	二十强企业	发明专利申请量/件	二十强科研机构	发明专利申请量/件
1	国家电网公司	1 258	山东大学	1 323
2	青岛海尔空调器有限总公司	647	济南大学	793
3	歌尔股份有限公司	507	中国石油大学（华东）	752
4	歌尔科技有限公司	445	山东理工大学	723
5	青岛海信电器股份有限公司	423	青岛科技大学	491
6	青岛海尔股份有限公司	351	青岛大学	428
7	济南浪潮高新科技投资发展有限公司	350	山东科技大学	417
8	青岛海信移动通信技术股份有限公司	251	山东农业大学	342
9	中国电子科技集团公司第四十一研究所	233	齐鲁工业大学	316
10	国网山东省电力公司电力科学研究院	214	青岛理工大学	308
11	中车青岛四方机车车辆股份有限公司	199	中国海洋大学	305
12	山东浪潮商用系统有限公司	197	山东师范大学	271
13	青岛海尔洗衣机有限公司	194	青岛农业大学	254
14	山东超越数控电子有限公司	158	山东建筑大学	229
15	国网山东省电力公司烟台供电公司	157	滨州学院	191
16	山东钢铁股份有限公司	154	哈尔滨工业大学（威海）	172
17	中国石油化工股份有限公司	142	鲁东大学	150
18	山东浪潮云服务信息科技有限公司	138	山东交通学院	143
19	青岛爱飞客航空科技有限公司	131	淄博职业学院	132
20	潍柴动力股份有限公司	126	曲阜师范大学	122

资料来源：中国产业智库大数据中心

表 3-37 2017 年山东省在华发明专利申请量十强技术领域

序号	IPC 号	分类号含义	专利数量/件
1	A61K	医用、牙科用或梳妆用的配制品	1 965
2	G06F	电数字数据处理	1 748
3	G01N	借助于测定材料的化学或物理性质来测试或分析材料	1 547
4	A23L	不包含在 A21D 或 A23B 至 A23J 小类中的食品、食料或非酒精饮料；它们的制备或处理，例如烹调、营养品质的改进、物理处理	954
5	F24F	空气调节；空气增湿；通风；空气流作为屏蔽的应用	921
6	A61B	诊断；外科；鉴定	850
7	A01G	园艺；蔬菜、花卉、稻、果树、葡萄、啤酒花或海菜的栽培；林业；浇水	816
8	G06Q	专门适用于行政、商业、金融、管理、监督或预测目的的数据处理系统或方法；其他类目不包含的专门适用于行政、商业、金融、管理、监督或预测目的的处理系统或方法	665
9	C02F	水、废水、污水或污泥的处理	663
10	H04L	数字信息的传输，例如电报通信	660

资料来源：中国产业智库大数据中心

3.2.8 陕西省

2016 年，陕西省常住人口 3813 万人，地区生产总值 19 399.59 亿元，人均地区生产总值

51 015 元；普通高等学校 93 所，普通高等学校招生 28.36 万人，普通高等学校教职工总数 10.35 万人；研究与试验发展经费支出 419.56 亿元，研究与试验发展人员 143 208 人，研究与试验发展经费投入强度 2.19%。

2017 年，陕西省基础研究竞争力 BRCI 为 1.2988，排名第 8 位，比 2016 年的排名下降 2 位（表 3-38）。陕西省国家自然科学基金项目总数为 2138 项，项目经费总额为 119 064.97 万元，全国排名均为第 6；陕西省国家自然科学基金项目经费金额大于 5000 万元的学科有 6 个（图 3-18）；陕西省争取国家自然科学基金经费超过 1 亿元的有 2 家机构（表 3-39）；陕西省共发表 SCI 论文 18 441 篇，全国排名第 6（表 3-40）；共有 16 家机构进入相关学科的 ESI 全球前

表 3-38　2017 年陕西省基础研究竞争力整体情况

指标	数据	排名	指标	数据	排名
国家自然科学基金项目数/项	2 138	6	SCI 论文数/篇	18 441	6
国家自然科学基金项目经费/万元	119 064.97	6	SCI 论文被引频次/次	15 502	7
国家自然科学基金机构数/个	56	9	发明专利申请量/件	19 186	14
国家自然科学基金主持人数/人	2 102	6	基础研究竞争力指数	1.298 8	8

资料来源：中国产业智库大数据中心

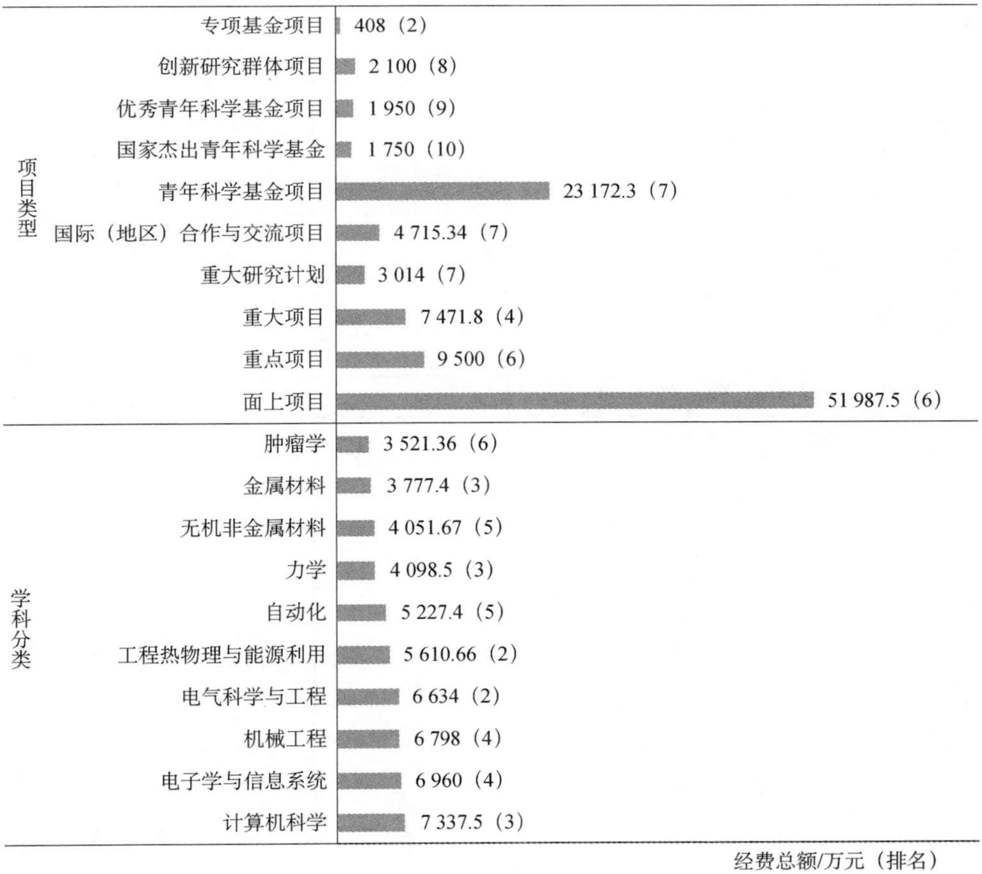

图 3-18　2017 年陕西省争取国家自然科学基金项目情况

资料来源：中国产业智库大数据中心

1%行列（图 3-19）；陕西省发明专利申请量 19 186 件，全国排名第 14，主要专利权人和技术领域如表 3-41、表 3-42 所示。

综合分析得知，陕西省的优势学科为电子电气工程、材料科学、航空工程、冶金与矿业、计算机科学、力学、地球科学、特种医学、法医学等；陕西省基础研究的重点机构为西安交通大学、中国人民解放军第四军医大学、西北工业大学、西北农林科技大学、西北大学、西安电子科技大学等。

表 3-39　2017 年陕西省争取国家自然科学基金项目经费三十强机构

序号	机构名称	项目数量/项	项目经费/万元	全国排名
1	西安交通大学	507	35 705.19	9
2	西北工业大学	231	15 884.9	33
3	中国人民解放军第四军医大学	185	9 753	42
4	西北农林科技大学	173	8 832.44	50
5	西安电子科技大学	171	8 370.5	51
6	西北大学	132	7 751.5	77
7	陕西师范大学	101	5 055	95
8	西安理工大学	93	4 016.5	106
9	长安大学	67	4 721	151
10	陕西科技大学	50	1 544	206
11	西安科技大学	46	1 849	225
12	西安建筑科技大学	36	1 694	287
13	中国人民解放军空军工程大学	35	1 436.4	300
14	西安石油大学	32	920	317
15	陕西中医药大学	25	739.1	370
16	延安大学	22	700	403
17	西安工业大学	19	589.5	450
18	中国科学院地球环境研究所	18	1 546.83	469
19	中国人民解放军第二炮兵工程大学	16	628	503
20	中国科学院水利部水土保持研究所	15	835	517
21	中国科学院西安光学精密机械研究所	15	1 331.11	518
22	西安邮电大学	12	368.5	565
23	宝鸡文理学院	11	320	586
24	榆林学院	11	373	587
25	西安医学院	11	356	588
26	陕西理工大学	11	244.5	589
27	西安工程大学	10	213	620
28	中国科学院国家授时中心	9	352	646
29	西北有色金属研究院	8	290	683
30	西北核技术研究所	8	687	684

资料来源：中国产业智库大数据中心

表 3-40　2017 年陕西省发表 SCI 论文二十强学科

序号	研究领域	发文量全国排名	发文量/篇	被引次数/次	篇均被引/次
1	材料科学综合	4	2 374	2 869	1.21
2	电子电气工程	3	2 288	1 433	0.63
3	应用物理	4	1 339	1 198	0.89
4	物理化学	7	1 010	2 045	2.02
5	机械工程	3	977	722	0.74
6	电信	3	829	455	0.55
7	光学	4	803	338	0.42
8	能源燃料	7	763	1 184	1.55
9	化学综合	12	726	1 069	1.47
10	冶金工程	3	663	804	1.21
11	纳米科技	6	658	1 073	1.63
12	力学	3	643	707	1.10
13	肿瘤学	10	602	516	0.86
14	计算机科学信息系统	3	592	274	0.46
15	综合科学	8	567	455	0.80
16	环境科学	8	553	591	1.07
17	计算机人工智能	3	532	618	1.16
18	热力学	3	515	615	1.19
19	仪器仪表	3	447	313	0.70
20	细胞生物学	8	445	442	0.99
全部		6	18 441	15 502	0.84

资料来源：中国产业智库大数据中心

	综合	农业科学	生物与生化	化学	临床医学	计算机科学	经济与商学	工程科学	环境/生态学	地球科学	免疫学	材料科学	数学	微生物学	分子生物与遗传学	综合交叉学科	神经科学与行为	药理学与毒物学	物理学	植物与动物科学	精神病学/心理学	一般社会科学	空间科学	进入ESI学科数
西安交通大学	411	0	692	270	763	76	292	24	0	412	0	78	159	0	699	0	705	371	392	0	0	1017	0	14
中国人民解放军第四军医大学	865	0	581	0	509	0	0	0	0	0	0	555	0	0	571	0	454	333	0	0	0	0	0	6
西北工业大学	1006	0	0	733	0	294	0	212	0	0	0	90	0	0	0	0	0	0	0	0	0	0	0	4
西北农林科技大学	1106	56	755	1042	0	0	0	915	573	0	0	0	0	0	0	0	0	0	0	196	0	0	0	6
西北大学	1160	0	0	387	0	0	0	1089	0	200	0	722	0	0	0	0	0	0	0	0	0	0	0	4
西安电子科技大学	1352	0	0	0	0	48	0	108	0	0	0	0	0	0	0	0	0	0	0	0	0	0	0	2
陕西师范大学	1500	567	0	565	0	0	0	1176	0	0	0	450	0	0	0	0	0	0	0	0	0	0	0	4
地球环境研究所#	2573	0	0	0	0	0	0	0	892	306	0	0	0	0	0	0	0	0	0	0	0	0	0	2
西安光学精密机械研究所#	2989	0	0	0	0	0	0	989	0	0	0	0	0	0	0	0	0	0	0	0	0	0	0	1
瞬态光学与光子技术*	3120	0	0	0	0	0	0	1008	0	0	0	0	0	0	0	0	0	0	0	0	0	0	0	1
水利部水土保持研究所#	3182	250	0	0	0	0	0	0	0	0	0	0	0	0	0	0	0	0	0	0	0	0	0	1
长安大学	3282	0	0	0	0	0	0	1023	0	0	0	0	0	0	0	0	0	0	0	0	0	0	0	1
西安建筑科技大学	3426	0	0	0	0	0	0	1172	0	0	0	0	0	0	0	0	0	0	0	0	0	0	0	1
陕西科技大学	3472	0	0	0	0	0	0	0	0	0	0	677	0	0	0	0	0	0	0	0	0	0	0	1
西安理工大学	3506	0	0	0	0	0	0	1249	0	0	0	0	0	0	0	0	0	0	0	0	0	0	0	1
西安医学院	4506	0	0	0	3172	0	0	0	0	0	0	0	0	0	0	0	0	0	0	0	0	0	0	1

图 3-19　2017 年陕西省高校和研究机构 ESI 前 1%学科分布

#为中国科学院下属研究所，*为国家重点实验室

资料来源：中国产业智库大数据中心

表 3-41　2017 年陕西省在华发明专利申请量二十强企业和科研机构列表

序号	二十强企业	发明专利申请量/件	二十强科研机构	发明专利申请量/件
1	中国航空工业集团公司西安飞机设计研究所	240	西安电子科技大学	1 542
2	西安艾润物联网技术服务有限责任公司	115	西安交通大学	1 323
3	西安热工研究院有限公司	112	西北工业大学	1 067
4	陕西环珂生物科技有限公司	93	陕西科技大学	743
5	西安科锐盛创新科技有限公司	92	长安大学	578
6	陕西来复科技发展有限公司	91	西安科技大学	408
7	中国航发动力股份有限公司	83	西安理工大学	384
8	西安万像电子科技有限公司	82	西北农林科技大学	357
9	陕西聚洁瀚化工有限公司	82	西安建筑科技大学	269
10	陕西高华知本化工科技有限公司	82	陕西师范大学	261
11	陕西一品达石化有限公司	81	西北大学	214
12	陕西易阳科技有限公司	79	西安工程大学	203
13	陕西盛迈石油有限公司	79	西安工业大学	163
14	陕西普洛帝测控技术有限公司	78	榆林学院	134
15	中国重型机械研究院股份公司	76	中国科学院西安光学精密机械研究所	127
16	陕西玉航电子有限公司	76	中国人民解放军第四军医大学	126
17	西安飞机工业（集团）有限责任公司	72	西京学院	126
18	陕西启源科技发展有限责任公司	71	西安石油大学	123
19	商洛市虎之翼科技有限公司	65	陕西理工大学	120
20	中国航空工业集团公司西安飞行自动控制研究所	64	西安近代化学研究所	108

资料来源：中国产业智库大数据中心

表 3-42　2017 年陕西省在华发明专利申请量十强技术领域

序号	IPC 号	分类号含义	专利数量/件
1	G06F	电数字数据处理	878
2	G01N	借助于测定材料的化学或物理性质来测试或分析材料	654
3	A61K	医用、牙科用或梳妆用的配制品	445
4	H04L	数字信息的传输，例如电报通信	422
5	G06T	一般的图像数据处理或产生	406
6	G06K	数据识别；数据表示；记录载体；记录载体的处理	365
7	G01S	无线电定向；无线电导航；采用无线电波测距或测速；采用无线电波的反射或再辐射的定位或存在检测；采用其他波的类似装置	354
8	H01L	半导体器件；其他类目中不包括的电固体器件	327
9	C04B	石灰；氧化镁；矿渣；水泥；其组合物，例如：砂浆、混凝土或类似的建筑材料；人造石；陶瓷	263
10	G05B	一般的控制或调节系统；这种系统的功能单元；用于这种系统或单元的监视或测试装置	255

资料来源：中国产业智库大数据中心

3.2.9　四川省

2016 年，四川省常住人口 8262 万人，地区生产总值 32 934.54 亿元，人均地区生产总值 40 003 元；普通高等学校 109 所，普通高等学校招生 41.47 万人，普通高等学校教职工总数 12.39

万人；研究与试验发展经费支出 561.42 亿元，研究与试验发展人员 214 761 人，研究与试验发展经费投入强度 1.72%。

2017 年，四川省基础研究竞争力 BRCI 为 1.2204，排名第 9 位，比 2016 年的排名上升 1 位（表 3-43）。四川省国家自然科学基金项目总数为 1580 项，项目经费总额为 82 787.18 万元，全国排名均为第 9；四川省国家自然科学基金项目经费金额大于 3000 万元的学科有 5 个（图 3-20）；四川省争取国家自然科学基金经费超过 1 亿元的有 3 家机构（表 3-44）；四川省共发表 SCI 论文 14 890 篇，全国排名第 9（表 3-45）；共有 11 家机构进入相关学科的 ESI 全球

表 3-43　2017 年四川省基础研究竞争力整体情况

指标	数据	排名	指标	数据	排名
国家自然科学基金项目数/项	1 580	9	SCI 论文数/篇	14 890	9
国家自然科学基金项目经费/万元	82 787.18	9	SCI 论文被引频次/次	12 325	10
国家自然科学基金机构数/个	60	7	发明专利申请量/件	47 333	6
国家自然科学基金主持人数/人	1 559	9	基础研究竞争力指数	1.220 4	9

资料来源：中国产业智库大数据中心

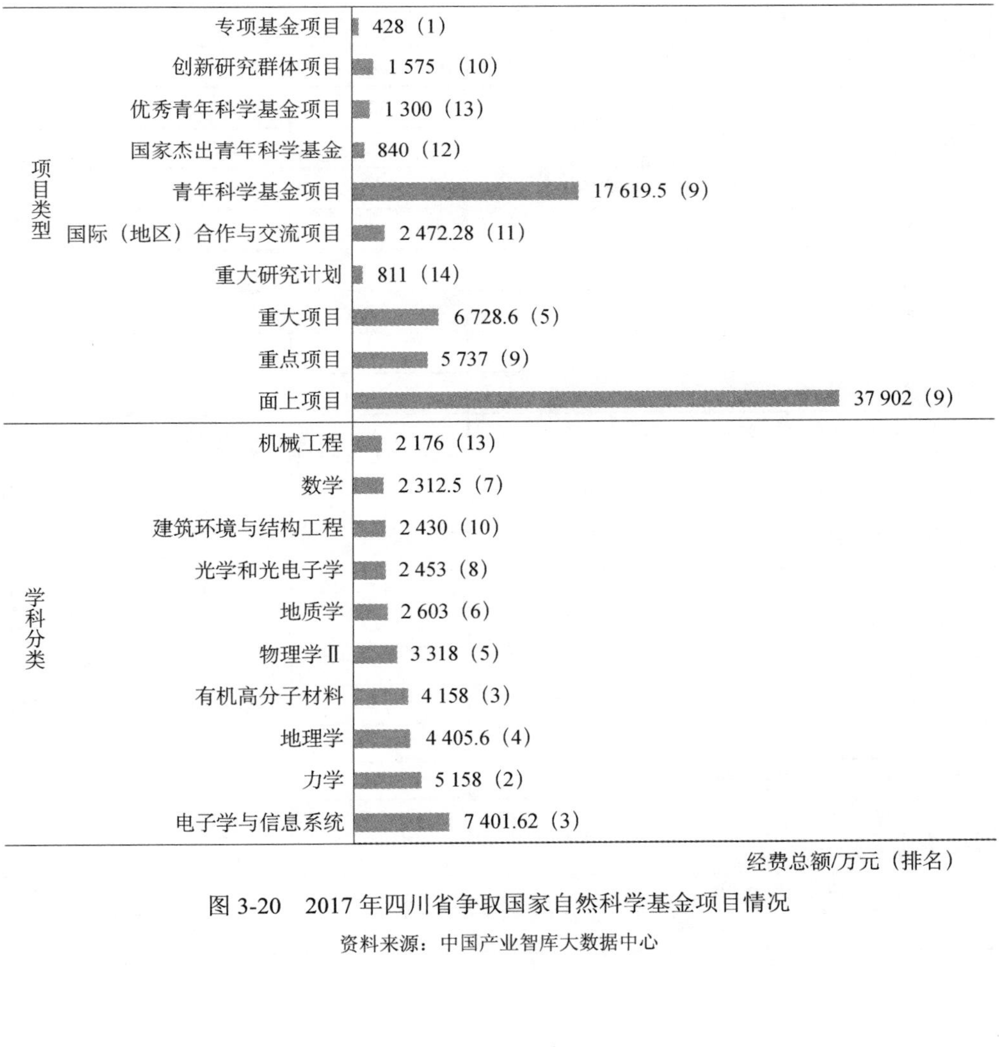

图 3-20　2017 年四川省争取国家自然科学基金项目情况

资料来源：中国产业智库大数据中心

前 1%行列（图 3-21）；四川省发明专利申请量 47 333 件，全国排名第 6，主要专利权人和技术领域如表 3-46、表 3-47 所示。

综合分析得知，四川省的优势学科为物理学、材料科学、电子电气工程、计算机科学、石油工程、农学、地理学与地质学、临床医学、中医学与中药学等；四川省基础研究的重点机构为四川大学、电子科技大学、西南交通大学、中国工程物理研究院、四川农业大学、中国科学院成都生物研究所等。

表 3-44　2017 年四川省争取国家自然科学基金项目经费三十强机构

序号	机构名称	项目数量/项	项目经费/万元	全国排名
1	四川大学	465	23 956.3	11
2	电子科技大学	194	12 623.42	39
3	西南交通大学	176	13 056	49
4	四川农业大学	66	3 049.1	155
5	西南石油大学	56	1 933	183
6	成都理工大学	49	2 436.8	208
7	成都中医药大学	47	1 892.1	216
8	西南科技大学	38	1 270.5	276
9	中国工程物理研究院流体物理研究所	32	1 575	315
10	西南财经大学	32	1 255.36	316
11	中国科学院、水利部成都山地灾害与环境研究所	26	4 287.6	357
12	中国工程物理研究院化工材料研究所	25	733	366
13	中国工程物理研究院材料研究所	25	716	367
14	成都信息工程大学	25	941	368
15	西南医科大学	24	767	378
16	中国科学院成都生物研究所	23	1 337	391
17	中国工程物理研究院激光聚变研究中心	21	1 072	417
18	四川师范大学	21	803	418
19	成都大学	19	520.7	448
20	中国工程物理研究院核物理与化学研究所	17	742	482
21	中国空气动力研究与发展中心	17	760	483
22	西华师范大学	16	597	500
23	中国人民解放军成都军区总医院	14	351	532
24	成都医学院	13	469	548
25	西南民族大学	12	415	563
26	中国工程物理研究院总体工程研究所	11	278	581
27	四川理工学院	11	297	582
28	核工业西南物理研究院	11	591	583
29	中国地质调查局成都地质调查中心	9	461	641
30	中国工程物理研究院电子工程研究所	9	206	642

资料来源：中国产业智库大数据中心

表 3-45　2017 年四川省发表 SCI 论文二十强学科

序号	研究领域	发文量全国排名	发文量/篇	被引次数/次	篇均被引/次
1	材料科学综合	9	1 553	2 369	1.53
2	电子电气工程	6	1 549	859	0.55
3	应用物理	7	1 115	1 313	1.18
4	化学综合	10	799	1 666	2.09
5	物理化学	11	790	1 899	2.40
6	光学	7	641	321	0.50
7	电信	4	562	251	0.45
8	肿瘤学	11	547	312	0.57
9	能源燃料	10	522	759	1.45
10	综合科学	9	509	280	0.55
11	纳米科技	11	496	1 218	2.46
12	工程化学	10	442	569	1.29
13	凝聚态物理	7	428	736	1.72
14	环境科学	9	418	366	0.88
15	高分子科学	4	410	374	0.91
16	机械工程	9	392	306	0.78
17	细胞生物学	10	377	306	0.81
18	研究与实验医学	11	367	151	0.41
19	计算机人工智能	6	362	561	1.55
20	计算机科学信息系统	8	350	209	0.60
全部		9	14 890	12 325	0.83

资料来源：中国产业智库大数据中心

	综合	农业科学	生物与生化	化学	临床医学	计算机科学	经济与商学	工程科学	环境/生态学	地球科学	免疫学	材料科学	数学	微生物学	分子生物与遗传学	综合交叉学科	神经科学与行为	药理学与毒物学	物理学	植物与动物科学	精神病学/心理学	一般社会科学	空间科学	进入ESI学科数
四川大学	321	428	367	72	411	248	0	282	0	0	0	77	213	0	390	0	420	140	603	947	624	1105	0	15
电子科技大学	909	0	0	1058	0	88	0	94	0	0	0	319	0	0	0	0	707	0	502	0	0	0	0	6
西南交通大学	1694	0	0	0	0	221	0	354	0	0	0	387	0	0	0	0	0	0	0	0	0	0	0	3
中国工程物理研究院	2213	0	0	1115	0	0	0	1043	0	0	0	609	0	0	0	0	0	0	0	0	0	0	0	3
四川农业大学	2223	452	0	0	0	0	0	0	0	0	0	0	0	0	0	0	0	0	0	484	0	0	0	2
中国科学院成都生物研究所	2808	0	0	1167	0	0	0	0	0	0	0	0	0	0	0	0	0	0	0	927	0	0	0	2
成都理工大学	3169	0	0	0	0	0	0	0	0	587	0	0	0	0	0	0	0	0	0	0	0	0	0	1
西南石油大学	3415	0	0	0	0	0	0	1198	0	0	0	0	0	0	0	0	0	0	0	0	0	0	0	1
四川省人民医院	4083	0	0	0	2593	0	0	0	0	0	0	0	0	0	0	0	0	0	0	0	0	0	0	1
西南医科大学	4114	0	0	0	2834	0	0	0	0	0	0	0	0	0	0	0	0	0	0	0	0	0	0	1
川北医学院	4648	0	0	0	4045	0	0	0	0	0	0	0	0	0	0	0	0	0	0	0	0	0	0	1

图 3-21　2017 年四川省高校和研究机构 ESI 前 1%学科分布

资料来源：中国产业智库大数据中心

表 3-46　2017 年四川省在华发明专利申请量二十强企业和科研机构列表

序号	二十强企业	发明专利申请量/件	二十强科研机构	发明专利申请量/件
1	四川长虹电器股份有限公司	564	电子科技大学	2 091

续表

序号	二十强企业	发明专利申请量/件	二十强科研机构	发明专利申请量/件
2	成都新柯力化工科技有限公司	445	四川大学	969
3	四川弘毅智慧知识产权运营有限公司	381	西南交通大学	763
4	攀钢集团攀枝花钢铁研究院有限公司	243	西南石油大学	616
5	四川力智久创知识产权运营有限公司	204	四川师范大学	435
6	成都金川田农机制造有限公司	192	四川农业大学	299
7	成都蒲江珂贤科技有限公司	165	西华大学	272
8	成都言行果科技有限公司	145	成都理工大学	251
9	中国五冶集团有限公司	141	西南科技大学	211
10	成都益睿信科技有限公司	137	中国工程物理研究院激光聚变研究中心	181
11	四川聚豪生物科技有限公司	133	四川理工学院	166
12	成都科创城科技有限公司	131	成都信息工程大学	150
13	成都尚智恒达科技有限公司	130	成都市飞龙水处理技术研究所	121
14	攀钢集团研究院有限公司	130	四川金堂海纳生物医药技术研究所	116
15	成都融创智谷科技有限公司	126	四川建筑职业技术学院	114
16	四川兴聚焦医药科技有限责任公司	125	攀枝花学院	106
17	四川易创生物科技有限公司	125	中国工程物理研究院化工材料研究所	104
18	中国电建集团成都勘测设计研究院有限公司	121	中国工程物理研究院材料研究所	95
19	成都亨通兆业精密机械有限公司	121	中国工程物理研究院核物理与化学研究所	89
20	成都君华睿道科技有限公司	117	成都大学	88

资料来源：中国产业智库大数据中心

表 3-47　2017 年四川省在华发明专利申请量十强技术领域

序号	IPC 号	分类号含义	专利数量/件
1	A61K	医用、牙科用或梳妆用的配制品	2 165
2	G06F	电数字数据处理	1 912
3	G01N	借助于测定材料的化学或物理性质来测试或分析材料	1 139
4	H04L	数字信息的传输，例如电报通信	1 103
5	A01G	园艺；蔬菜、花卉、稻、果树、葡萄、啤酒花或海菜的栽培；林业；浇水	954
6	G06Q	专门适用于行政、商业、金融、管理、监督或预测目的的数据处理系统或方法；其他类目不包含的专门适用于行政、商业、金融、管理、监督或预测目的的处理系统或方法	826
7	A23L	不包含在 A21D 或 A23B 至 A23J 小类中的食品、食料或非酒精饮料；它们的制备或处理，例如烹调、营养品质的改进、物理处理	811
8	B01D	分离	741
9	B01J	化学或物理方法，例如，催化作用、胶体化学；其有关设备	740
10	C08L	高分子化合物的组合物	644

资料来源：中国产业智库大数据中心

3.2.10　安徽省

2016 年，安徽省常住人口 6196 万人，地区生产总值 24 407.62 亿元，人均地区生产总值

39 561 元；普通高等学校 119 所，普通高等学校招生 30.74 万人，普通高等学校教职工总数 8.04 万人；研究与试验发展经费支出 475.13 亿元，研究与试验发展人员 211 053 人，研究与试验发展经费投入强度 1.97%。

2017 年，安徽省基础研究竞争力 BRCI 为 0.9456，排名第 10 位，比 2016 年的排名上升 2 位（表 3-48）。安徽省国家自然科学基金项目总数为 1102 项，全国排名第 12；项目经费总额为 77 113.12 万元，全国排名第 11；安徽省国家自然科学基金项目经费金额大于 3000 万元的学科有 6 个（图 3-22）；争取国家自然科学基金经费超过 1 亿元的有 1 家机构（表 3-49）；安

表 3-48　2017 年安徽省基础研究竞争力整体情况

指标	数据	排名	指标	数据	排名
国家自然科学基金项目数/项	1 102	12	SCI 论文数/篇	8 913	14
国家自然科学基金项目经费/万元	77 113.12	11	SCI 论文被引频次/次	8 546	13
国家自然科学基金机构数/个	33	18	发明专利申请量/件	77 394	3
国家自然科学基金主持人数/人	1 078	12	基础研究竞争力指数	0.945 6	10

资料来源：中国产业智库大数据中心

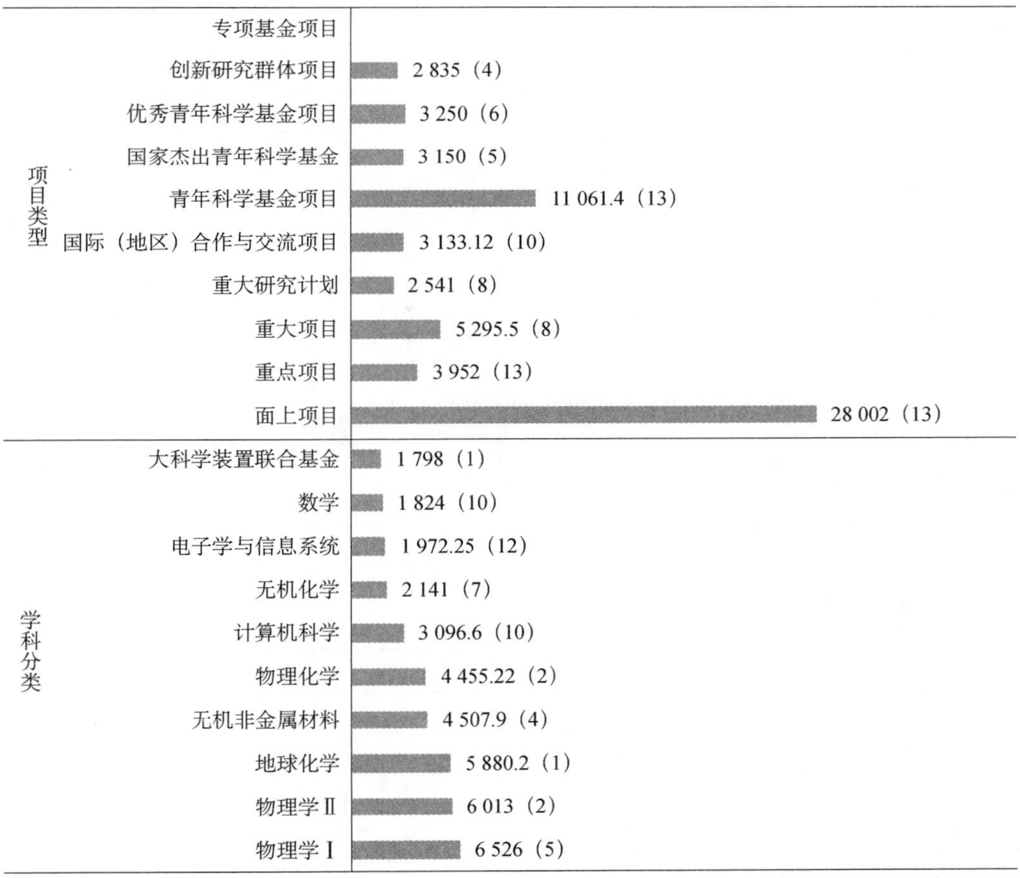

图 3-22　2017 年安徽省争取国家自然科学基金项目情况

资料来源：中国产业智库大数据中心

徽省共发表 SCI 论文 8913 篇，全国排名第 14（表 3-50）；共有 9 家机构进入相关学科的 ESI 全球前 1%行列（图 3-23）；安徽省发明专利申请量 77 394 件，全国排名第 3，主要专利权人和技术领域如表 3-51、表 3-52 所示。

综合分析得知，安徽省的优势学科为物理学、天文学、物理化学、材料科学、地球科学、核科学技术、免疫学等；安徽省基础研究的重点机构为中国科学技术大学、合肥工业大学、中国科学院合肥物质科学研究院、安徽医科大学、安徽大学等。

表 3-49　2017 年安徽省争取国家自然科学基金项目经费三十强机构

序号	机构名称	项目数量/项	项目经费/万元	全国排名
1	中国科学技术大学	426	45 932.3	14
2	合肥工业大学	140	6 769.1	69
3	中国科学院合肥物质科学研究院	124	7 598	85
4	安徽医科大学	78	3 668.62	130
5	安徽大学	60	2 438	170
6	安徽农业大学	48	2 096	212
7	安徽工业大学	44	1 691	238
8	安徽师范大学	29	1 203	332
9	安徽理工大学	29	1 068	333
10	安徽中医药大学	21	871	414
11	蚌埠医学院	15	482.1	512
12	安徽工程大学	11	332	575
13	皖南医学院	10	233	607
14	安徽建筑大学	9	373	629
15	淮北师范大学	7	258	706
16	安徽省农业科学院	6	143	742
17	阜阳师范学院	6	178	743
18	安庆师范大学	5	113	790
19	安徽财经大学	5	136	791
20	安徽科技学院	4	95	851
21	清华大学合肥公共安全研究院	4	101	852
22	滁州学院	4	93	853
23	中国人民解放军陆军炮兵防空兵学院	2	51	1 091
24	合肥学院	2	49	1 092
25	安徽省气象科学研究所	2	48	1 093
26	宿州学院	2	90	1 094
27	皖西学院	2	45	1 095
28	铜陵学院	2	51	1 096
29	中国电子科技集团公司第四十一研究所	1	815	1 375
30	合肥师范学院	1	20	1 376

资料来源：中国产业智库大数据中心

表 3-50　2017 年安徽省发表 SCI 论文二十强学科

序号	研究领域	发文量全国排名	发文量/篇	被引次数/次	篇均被引/次
1	材料科学综合	15	1 102	1 551	1.41
2	化学综合	13	713	1 679	2.35
3	物理化学	13	681	1 412	2.07
4	应用物理	12	669	801	1.20
5	电子电气工程	15	613	423	0.69
6	纳米科技	13	437	885	2.03
7	光学	13	364	209	0.57
8	能源燃料	14	348	548	1.57
9	凝聚态物理	10	303	520	1.72
10	工程化学	14	300	519	1.73
11	综合科学	15	277	275	0.99
12	环境科学	16	262	321	1.23
13	肿瘤学	19	257	153	0.60
14	机械工程	15	251	212	0.84
15	物理综合	6	250	175	0.70
16	计算机科学信息系统	12	232	99	0.43
17	原子、分子和化学物理	3	214	113	0.53
18	电信	13	208	69	0.33
19	流体物理	2	204	146	0.72
20	研究与实验医学	19	203	89	0.44
全部		14	8 913	8 546	0.96

资料来源：中国产业智库大数据中心

	综合	农业科学	生物与生化	化学	临床医学	计算机科学	经济与商学	工程科学	环境/生态学	地球科学	免疫学	材料科学	数学	微生物学	分子生物与遗传学	综合交叉学科	神经科学与行为	药理学与毒物学	物理学	植物与动物科学	精神病学/心理学	一般社会科学	空间科学	进入ESI学科数
中国科学技术大学	225	0	422	33	2152	90	0	68	580	236	0	36	121	0	748	0	0	0	60	1161	0	1306	0	13
合肥工业大学	1435	0	0	716	0	381	0	409	0	0	0	341	0	0	0	0	0	0	0	0	0	0	0	4
安徽医科大学	1519	0	0	0	982	0	0	0	0	0	0	0	0	0	0	0	0	558	0	0	0	0	0	2
安徽大学	1808	0	0	825	0	0	0	1053	0	0	0	512	0	0	0	0	0	0	0	0	0	0	0	3
安徽师范大学	1938	0	0	532	0	0	0	0	0	0	0	0	0	0	0	0	0	0	0	0	0	0	0	1
安徽工业大学	2695	0	0	1203	0	0	0	1243	0	0	0	506	0	0	0	0	0	0	0	0	0	0	0	3
淮北师范大学	3356	0	0	1144	0	0	0	0	0	0	0	0	0	0	0	0	0	0	0	0	0	0	0	1
安徽农业大学	3580	0	0	0	0	0	0	0	0	0	0	0	0	0	0	0	0	0	0	1076	0	0	0	1
蚌埠医学院	4519	0	0	0	3614	0	0	0	0	0	0	0	0	0	0	0	0	0	0	0	0	0	0	1

图 3-23　2017 年安徽省高校和研究机构 ESI 前 1%学科分布

资料来源：中国产业智库大数据中心

表 3-51　2017 年安徽省在华发明专利申请量二十强企业和科研机构列表

序号	二十强企业	发明专利申请量/件	二十强科研机构	发明专利申请量/件
1	安徽江淮汽车集团股份有限公司	919	合肥工业大学	998
2	美的集团股份有限公司	496	安徽理工大学	690

续表

序号	二十强企业	发明专利申请量/件	二十强科研机构	发明专利申请量/件
3	奇瑞汽车股份有限公司	465	安徽工程大学	465
4	合肥华凌股份有限公司	379	中国科学技术大学	446
5	合肥美的电冰箱有限公司	379	中国科学院合肥物质科学研究院	422
6	中国十七冶集团有限公司	318	安徽大学	300
7	合肥惠科金扬科技有限公司	318	安徽师范大学	274
8	合肥国轩高科动力能源有限公司	201	安徽工业大学	269
9	合肥市惠科精密模具有限公司	195	安徽机电职业技术学院	262
10	国家电网公司	189	安徽信息工程学院	242
11	马鞍山钢铁股份有限公司	162	安徽农业大学	180
12	中冶华天工程技术有限公司	161	合肥学院	137
13	合肥智慧龙图腾知识产权股份有限公司	161	安庆师范大学	101
14	京东方科技集团股份有限公司	159	安徽建筑大学	84
15	芜湖航天特种电缆厂股份有限公司	155	安徽科技学院	76
16	安徽未名鼎和环保有限公司	134	皖西学院	75
17	中国电子科技集团公司第三十八研究所	126	芜湖职业技术学院	72
18	睿力集成电路有限公司	111	巢湖学院	67
19	淮南矿业（集团）有限责任公司	108	阜阳师范学院	61
20	华霆（合肥）动力技术有限公司	107	滁州学院	60

资料来源：中国产业智库大数据中心

表 3-52　2017 年安徽省在华发明专利申请量十强技术领域

序号	IPC 号	分类号含义	专利数量/件
1	C08L	高分子化合物的组合物	3 371
2	A61K	医用、牙科用或梳妆用的配制品	2 561
3	A23L	不包含在 A21D 或 A23B 至 A23J 小类中的食品、食料或非酒精饮料；它们的制备或处理，例如烹调、营养品质的改进、物理处理	2 525
4	A01G	园艺；蔬菜、花卉、稻、果树、葡萄、啤酒花或海菜的栽培；林业；浇水	2 368
5	C05G	分属于 C05 大类下各小类中肥料的混合物；由一种或多种肥料与无特殊肥效的物质，例如农药、土壤调理剂、润湿剂所组成的混合物	1 784
6	C09D	涂料组合物，例如色漆、清漆或天然漆；填充浆料；化学涂料或油墨的去除剂；油墨；改正液；木材着色剂；用于着色或印刷的浆料或固体；原料为此的应用	1 734
7	A23K	专门适用于动物的喂养饲料；其生产方法	1 495
8	C04B	石灰；氧化镁；矿渣；水泥；其组合物，例如：砂浆、混凝土或类似的建筑材料；人造石；陶瓷	1 482
9	G06F	电数字数据处理	1 256
10	G01N	借助于测定材料的化学或物理性质来测试或分析材料	1 143

资料来源：中国产业智库大数据中心

3.2.11　辽宁省

2016年，辽宁省常住人口4378万人，地区生产总值22 246.9亿元，人均地区生产总值50 791

元；普通高等学校 116 所，普通高等学校招生 25.57 万人，普通高等学校教职工总数 9.85 万人；研究与试验发展经费支出 372.72 亿元，研究与试验发展人员 139 961 人，研究与试验发展经费投入强度 1.69%。

2017 年，辽宁省基础研究竞争力 BRCI 为 0.9228，排名第 11 位，比 2016 年的排名下降 2 位（表 3-53）。辽宁省国家自然科学基金项目总数为 1422 项，项目经费总额为 79 163.25 万元，全国排名均为第 10；辽宁省国家自然科学基金项目经费金额大于 3000 万元的学科有 5 个（图 3-24）；辽宁省争取国家自然科学基金经费超过 1 亿元的有 2 家机构（表 3-54）；辽宁省共

表 3-53　2017 年辽宁省基础研究竞争力整体情况

指标	数据	排名	指标	数据	排名
国家自然科学基金项目数/项	1 422	10	SCI 论文数/篇	12 563	10
国家自然科学基金项目经费/万元	79 163.25	10	SCI 论文被引频次/次	11 313	11
国家自然科学基金机构数/个	55	11	发明专利申请量/件	12 149	17
国家自然科学基金主持人数/人	1 405	10	基础研究竞争力指数	0.922 8	11

资料来源：中国产业智库大数据中心

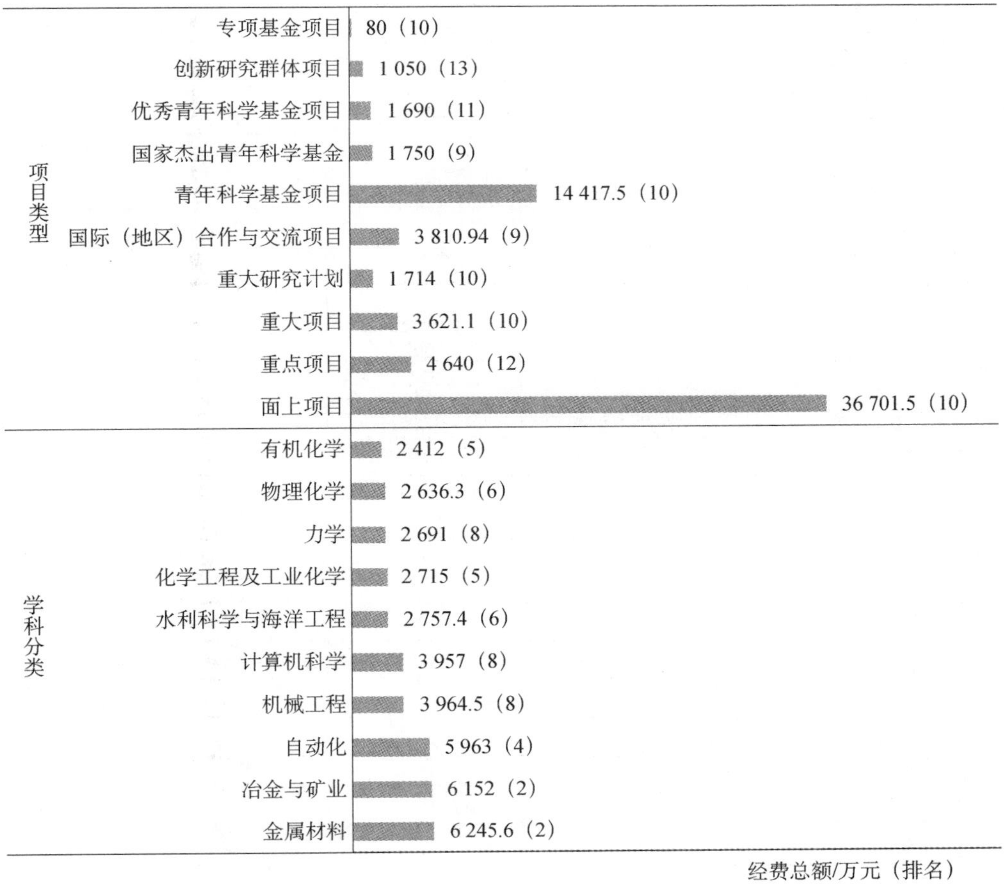

图 3-24　2017 年辽宁省争取国家自然科学基金项目情况

资料来源：中国产业智库大数据中心

发表SCI论文12 563篇，全国排名第10（表3-55）；共有15家机构进入相关学科的ESI全球前1%行列（图3-25）；辽宁省发明专利申请量12 149件，全国排名第17，主要专利权人和技术领域如表3-56、表3-57所示。

综合分析得知，辽宁省的优势学科为化学、金属材料、冶金与矿业、自动化、计算机控制论、海洋工程、航空工程、林学、水产科学、药物学等；辽宁省基础研究的重点机构为中国科学院大连化学物理研究所、大连理工大学、东北大学、中国医科大学、中国科学院金属研究所等。

表3-54　2017年辽宁省争取国家自然科学基金项目经费三十强机构

序号	机构名称	项目数量/项	项目经费/万元	全国排名
1	大连理工大学	295	18 122.71	22
2	东北大学	197	15 595.29	38
3	中国医科大学	128	5 108.78	81
4	中国科学院大连化学物理研究所	95	7 293.6	103
5	大连医科大学	77	2 772.2	132
6	中国科学院金属研究所	65	4 086.1	156
7	沈阳农业大学	51	2 874	199
8	大连海事大学	39	1 692	265
9	中国科学院沈阳应用生态研究所	35	2 562.17	289
10	辽宁工程技术大学	32	1 333	313
11	沈阳药科大学	31	1 302.5	320
12	辽宁师范大学	30	1 149	324
13	大连民族大学	26	876.1	351
14	东北财经大学	22	810.6	395
15	渤海大学	20	606	422
16	辽宁大学	20	1 000	423
17	大连工业大学	19	813	440
18	辽宁科技大学	19	856	441
19	中国科学院沈阳自动化研究所	18	2 183	454
20	大连大学	16	537	492
21	沈阳建筑大学	16	1 057	493
22	沈阳航空航天大学	14	416	525
23	辽宁中医药大学	14	570	526
24	锦州医科大学	14	399	527
25	大连海洋大学	12	583	552
26	沈阳化工大学	12	555.2	553
27	沈阳工业大学	12	575	554
28	辽宁石油化工大学	12	366	555
29	大连交通大学	10	391	600
30	中国人民解放军沈阳军区总医院	7	213	700

资料来源：中国产业智库大数据中心

表 3-55　2017 年辽宁省发表 SCI 论文二十强学科

序号	研究领域	发文量全国排名	发文量/篇	被引次数/次	篇均被引/次
1	材料科学综合	7	1 751	1 902	1.09
2	物理化学	9	961	1 725	1.80
3	电子电气工程	10	824	901	1.09
4	冶金工程	2	801	639	0.80
5	化学综合	11	781	1 152	1.48
6	应用物理	13	658	845	1.28
7	肿瘤学	8	640	492	0.77
8	自动化控制系统	3	550	985	1.79
9	纳米科技	9	538	941	1.75
10	机械工程	6	505	274	0.54
11	工程化学	9	503	686	1.36
12	药理学	7	464	420	0.91
13	能源燃料	11	462	506	1.10
14	细胞生物学	9	393	402	1.02
15	环境科学	10	380	366	0.96
16	研究与实验医学	10	370	162	0.44
17	工程综合	5	354	142	0.40
18	分析化学	10	353	482	1.37
19	生物化学分子生物学	9	349	298	0.85
20	计算机人工智能	7	348	726	2.09
全部		10	12 563	11 313	0.90

资料来源：中国产业智库大数据中心

	综合	农业科学	生物与生化	化学	临床医学	计算机科学	经济与商学	工程科学	环境生态学	地球科学	免疫学	材料科学	数学	微生物学	分子生物与遗传学	综合交叉学科	神经科学与行为	药理学与毒物学	物理学	植物与动物科学	精神病学心理学	一般社会科学	空间科学	进入ESI学科数
大连化学物理研究所*	683	0	827	57	0	0	0	667	0	0	0	252	0	0	0	0	0	763	0	0	0	0	0	5
金属研究所*	855	0	0	329	0	0	0	1289	0	0	0	34	0	0	0	0	0	0	0	0	0	0	0	3
中国医科大学	1105	0	809	0	579	0	0	0	0	0	0	0	0	0	0	0	573	497	0	0	0	0	0	4
东北大学	1121	0	0	722	0	128	0	147	0	0	0	174	0	0	0	0	0	0	0	0	0	0	0	4
沈阳药科大学	1677	0	0	872	3655	0	0	0	0	0	0	0	0	0	0	0	0	80	0	0	0	0	0	3
大连医科大学	1979	0	0	0	1355	0	0	0	0	0	0	0	0	0	0	0	0	626	0	0	0	0	0	2
沈阳应用生态研究所*	2432	358	0	0	0	0	0	888	502	0	0	0	0	0	0	0	0	0	0	770	0	0	0	4
辽宁师范大学	2837	0	0	1033	0	0	0	0	0	0	0	0	0	0	0	0	0	0	0	0	0	0	0	1
大连海事大学	2861	0	0	0	0	0	0	614	0	0	0	0	0	0	0	0	0	0	0	0	0	0	0	1
渤海大学	2897	0	0	0	0	0	0	773	0	0	0	0	0	0	0	0	0	0	0	0	0	0	0	1
辽宁大学	3105	0	0	1127	0	0	0	0	0	0	0	0	0	0	0	0	0	0	0	0	0	0	0	1
辽宁工业大学	3655	0	0	0	0	0	0	565	0	0	0	0	0	0	0	0	0	0	0	0	0	0	0	1
沈阳航空航天大学	3883	0	0	0	0	0	0	981	0	0	0	0	0	0	0	0	0	0	0	0	0	0	0	1
沈阳农业大学	4036	749	0	0	0	0	0	0	0	0	0	0	0	0	0	0	0	0	0	0	0	0	0	1
锦州医科大学	4381	0	0	0	3815	0	0	0	0	0	0	0	0	0	0	0	0	0	0	0	0	0	0	1

图 3-25　2017 年辽宁省高校和研究机构 ESI 前 1%学科分布

* 为中国科学院下属研究所

资料来源：中国产业智库大数据中心

表 3-56　2017 年辽宁省在华发明专利申请量二十强企业和科研机构列表

序号	二十强企业	发明专利申请量/件	二十强科研机构	发明专利申请量/件
1	国家电网公司	296	大连理工大学	1 297
2	东软集团股份有限公司	163	东北大学	949
3	中冶焦耐（大连）工程技术有限公司	156	沈阳建筑大学	482
4	国网辽宁省电力有限公司电力科学研究院	116	辽宁工程技术大学	249
5	沈阳东软医疗系统有限公司	109	大连大学	248
6	国网辽宁省电力有限公司	98	沈阳工业大学	233
7	沈阳飞机工业（集团）有限公司	87	大连海事大学	197
8	中国三冶集团有限公司	67	辽宁大学	167
9	中国航空工业集团公司沈阳飞机设计研究所	66	辽宁科技大学	151
10	中冶北方（大连）工程技术有限公司	62	沈阳航空航天大学	114
11	中车大连机车车辆有限公司	59	大连交通大学	104
12	鞍钢集团矿业有限公司	59	沈阳理工大学	103
13	华晨汽车集团控股有限公司	40	中国航发沈阳发动机研究所	97
14	辽宁忠旺集团有限公司	38	沈阳农业大学	91
15	大连华锐重工集团股份有限公司	37	大连工业大学	88
16	中国航发沈阳黎明航空发动机有限责任公司	36	辽宁石油化工大学	86
17	沈阳透平机械股份有限公司	36	中国科学院金属研究所	85
18	中触媒新材料股份有限公司	32	大连民族大学	80
19	中车大连电力牵引研发中心有限公司	30	沈阳化工大学	79
20	辽宁中蓝电子科技有限公司	28	辽宁工业大学	79

资料来源：中国产业智库大数据中心

表 3-57　2017 年辽宁省在华发明专利申请量十强技术领域

序号	IPC 号	分类号含义	专利数量/件
1	G06F	电数字数据处理	505
2	G01N	借助于测定材料的化学或物理性质来测试或分析材料	459
3	A61K	医用、牙科用或梳妆用的配制品	383
4	C02F	水、废水、污水或污泥的处理	243
5	B01J	化学或物理方法，例如，催化作用、胶体化学；其有关设备	223
6	A23L	不包含在 A21D 或 A23B 至 A23J 小类中的食品、食料或非酒精饮料；它们的制备或处理，例如烹调、营养品质的改进、物理处理	213
7	C04B	石灰；氧化镁；矿渣；水泥；其组合物，例如：砂浆、混凝土或类似的建筑材料；人造石；陶瓷	213
8	G06Q	专门适用于行政、商业、金融、管理、监督或预测目的的数据处理系统或方法；其他类目不包含的专门适用于行政、商业、金融、管理、监督或预测目的的处理系统或方法	211
9	B01D	分离	205
10	C22C	合金	185

资料来源：中国产业智库大数据中心

3.2.12　湖南省

2016 年，湖南省常住人口 6822 万人，地区生产总值 31 551.37 亿元，人均地区生产总值

46 382元；普通高等学校123所，普通高等学校招生34.94万人，普通高等学校教职工总数10.05万人；研究与试验发展经费支出468.84亿元，研究与试验发展人员191 125人，研究与试验发展经费投入强度1.5%。

2017年，湖南省基础研究竞争力BRCI为0.8957，排名第12位，比2016年的排名下降1位（表3-58）。湖南省国家自然科学基金项目总数为1315项，全国排名第11；项目经费总额为63 069.1万元，全国排名第12；湖南省国家自然科学基金项目经费金额大于3000万元的学科有4个（图3-26）；湖南省争取国家自然科学基金经费超过1亿元的有2家机构（表3-59）；

表3-58　2017年湖南省基础研究竞争力整体情况

指标	数据	排名	指标	数据	排名
国家自然科学基金项目数/项	1 315	11	SCI论文数/篇	11 424	11
国家自然科学基金项目经费/万元	63 069.1	12	SCI论文被引频次/次	12 371	9
国家自然科学基金机构数/个	39	14	发明专利申请量/件	20 522	12
国家自然科学基金主持人数/人	1 300	11	基础研究竞争力指数	0.895 7	12

资料来源：中国产业智库大数据中心

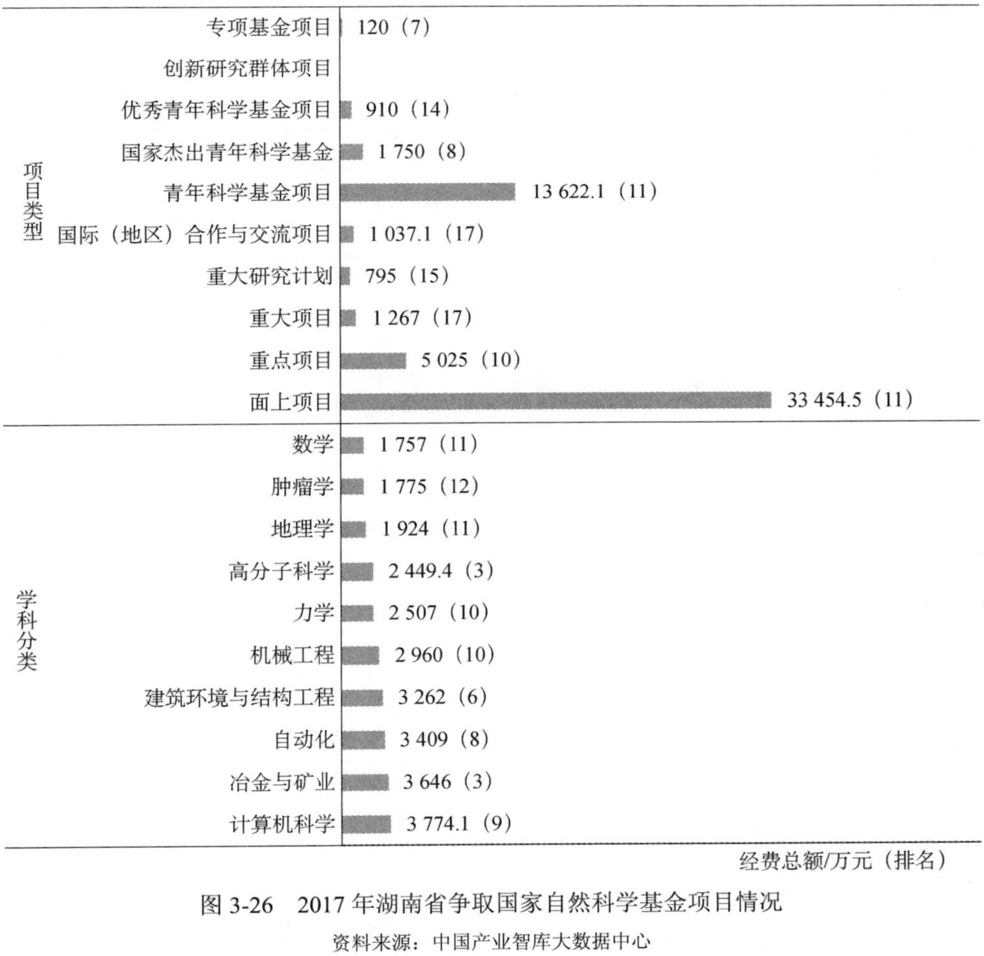

图3-26　2017年湖南省争取国家自然科学基金项目情况

资料来源：中国产业智库大数据中心

湖南省共发表 SCI 论文 11 424 篇，全国排名第 11（表 3-60）；共有 8 家机构进入相关学科的 ESI 全球前 1%行列（图 3-27）；湖南省发明专利申请量 20 522 件，全国排名第 12，主要专利权人和技术领域如表 3-61、表 3-62 所示。

综合分析得知，湖南省的优势学科为物理学、冶金与矿业、建筑环境与结构工程、高分子科学、遥感、化学生物学、水产学、临床医学、法医学等；湖南省基础研究的重点机构为中南大学、湖南大学、国防科技大学、湘潭大学、湖南师范大学等。

表 3-59　2017 年湖南省争取国家自然科学基金项目经费三十强机构

序号	机构名称	项目数量/项	项目经费/万元	全国排名
1	中南大学	442	22 669.7	13
2	湖南大学	176	10 747	48
3	中国人民解放军国防科学技术大学	135	6 997.3	75
4	湖南师范大学	71	3 152.5	141
5	湘潭大学	70	2 746.5	143
6	湖南科技大学	66	2 302	154
7	长沙理工大学	52	2 698	197
8	湖南农业大学	40	1 781	261
9	南华大学	38	1 268.1	275
10	湖南中医药大学	35	1 263	298
11	湖南工业大学	29	856	336
12	吉首大学	24	841	375
13	中国科学院亚热带农业生态研究所	22	1 444	402
14	中南林业科技大学	21	991	415
15	湖南省农业科学院	11	335	579
16	中国农业科学院麻类研究所	9	358	636
17	湖南商学院	9	486	637
18	湖南理工学院	9	290	638
19	湖南工程学院	7	281	713
20	湖南文理学院	7	174	714
21	衡阳师范学院	6	336	747
22	长沙学院	6	226	748
23	湖南第一师范学院	4	142	870
24	湖南人文科技学院	3	67	961
25	湖南工学院	3	90	962
26	湖南科技学院	3	93	963
27	怀化学院	2	41	1120
28	湖南省中医药研究院	2	110	1121
29	湘南学院	2	44	1122
30	长沙矿冶研究院有限责任公司	2	49	1123

资料来源：中国产业智库大数据中心

表 3-60　2017 年湖南省发表 SCI 论文二十强学科

序号	研究领域	发文量全国排名	发文量/篇	被引次数/次	篇均被引/次
1	材料科学综合	11	1 405	2 516	1.79
2	电子电气工程	9	968	701	0.72
3	应用物理	11	729	1 190	1.63
4	物理化学	14	676	2 073	3.07
5	冶金工程	4	614	546	0.89
6	化学综合	15	549	1 343	2.45
7	肿瘤学	12	525	602	1.15
8	光学	9	461	311	0.67
9	纳米科技	14	428	1 227	2.87
10	分析化学	8	387	692	1.79
11	能源燃料	13	370	908	2.45
12	环境科学	11	366	716	1.96
13	机械工程	10	360	256	0.71
14	综合科学	10	359	289	0.81
15	工程化学	12	334	886	2.65
16	细胞生物学	12	329	357	1.09
17	应用数学	7	327	278	0.85
18	电化学	9	326	685	2.10
19	研究与实验医学	13	326	146	0.45
20	电信	8	313	240	0.77
全部		11	11 424	12 371	1.08

资料来源：中国产业智库大数据中心

	综合	农业科学	生物与生化	化学	临床医学	计算机科学	经济与商学	工程科学	环境/生态学	地球科学	免疫学	材料科学	数学	微生物学	分子生物与遗传学	综合交叉学科	神经科学与行为	药理学与毒物学	物理学	植物与动物科学	精神病学/心理学	一般社会科学	空间科学	进入ESI学科数
中南大学	436	0	508	312	488	162	0	179	0	616	626	50	132	0	547	0	487	314	0	0	577	1051	0	14
湖南大学	672	0	787	132	0	211	0	125	678	0	0	186	0	0	0	0	0	0	649	0	0	0	0	7
国防科技大学	1491	0	0	0	0	185	0	273	0	0	0	586	0	0	0	0	0	0	669	0	0	0	0	4
湘潭大学	1553	0	0	574	0	0	0	1018	0	0	0	382	231	0	0	0	0	0	0	0	0	0	0	4
湖南师范大学	1796	0	0	727	3594	0	0	0	0	0	0	0	0	0	0	0	0	0	0	0	0	0	0	2
南华大学	2598	0	0	0	2353	0	0	0	0	0	0	0	0	0	0	0	0	0	0	0	0	0	0	1
湖南农业大学	2820	512	0	0	0	0	0	0	0	0	0	0	0	0	0	0	0	0	0	840	0	0	0	2
长沙理工大学	3111	0	0	0	0	0	0	1068	0	0	0	0	0	0	0	0	0	0	0	0	0	0	0	1

图 3-27　2017 年湖南省高校和研究机构 ESI 前 1%学科分布

资料来源：中国产业智库大数据中心

表 3-61　2017 年湖南省在华发明专利申请量二十强企业和科研机构列表

序号	二十强企业	发明专利申请量/件	二十强科研机构	发明专利申请量/件
1	长沙协浩吉生物工程有限公司	831	中南大学	1 412
2	长沙瑞多康生物科技有限公司	411	湖南大学	452

续表

序号	二十强企业	发明专利申请量/件	二十强科研机构	发明专利申请量/件
3	国家电网公司	170	湘潭大学	409
4	国网湖南省电力公司	153	中国人民解放军国防科学技术大学	348
5	中车株洲电力机车有限公司	145	长沙理工大学	325
6	株洲时代新材料科技股份有限公司	131	湖南农业大学	258
7	长沙远达华信息科技有限公司	120	湖南科技大学	189
8	长沙准光里电子科技有限公司	118	中国人民解放军国防科技大学	178
9	长沙科悦企业管理咨询有限公司	96	湖南工业大学	162
10	长沙紫宸科技开发有限公司	86	中南林业科技大学	143
11	中国航发南方工业有限公司	79	湖南文理学院	121
12	国网湖南省电力公司防灾减灾中心	79	南华大学	102
13	中国铁建重工集团有限公司	75	湖南师范大学	89
14	长沙展朔轩兴信息科技有限公司	74	中国航发湖南动力机械研究所	77
15	郴州金通信息科技有限公司	66	湖南城市学院	71
16	长沙无道工业设计有限公司	61	湖南理工学院	65
17	湖南匡楚科技有限公司	59	中南大学湘雅医院	63
18	株洲中车时代电气股份有限公司	55	吉首大学	63
19	长沙爱扬医药科技有限公司	55	中国农业科学院麻类研究所	57
20	湖南易科生物工程有限公司	54	湖南工程学院	56

资料来源：中国产业智库大数据中心

表 3-62　2017 年湖南省在华发明专利申请量十强技术领域

序号	IPC 号	分类号含义	专利数量/件
1	A61K	医用、牙科用或梳妆用的配制品	1 089
2	G06F	电数字数据处理	704
3	A23K	专门适用于动物的喂养饲料；其生产方法	490
4	A23L	不包含在 A21D 或 A23B 至 A23J 小类中的食品、食料或非酒精饮料；它们的制备或处理，例如烹调、营养品质的改进、物理处理	465
5	G01N	借助于测定材料的化学或物理性质来测试或分析材料	424
6	A01G	园艺；蔬菜、花卉、稻、果树、葡萄、啤酒花或海菜的栽培；林业；浇水	410
7	C11D	洗涤剂组合物；用单一物质作为洗涤剂；皂或制皂；树脂皂；甘油的回收	398
8	C02F	水、废水、污水或污泥的处理	383
9	H01M	用于直接转变化学能为电能的方法或装置，例如电池组	357
10	B01D	分离	298

资料来源：中国产业智库大数据中心

3.2.13　天津市

2016 年，天津市常住人口 1562 万人，地区生产总值 17 885.39 亿元，人均地区生产总值 115 053 元；普通高等学校 55 所，普通高等学校招生 13.9 万人，普通高等学校教职工总数 4.62 万人；研究与试验发展经费支出 537.32 亿元，研究与试验发展人员 177 165 人，研究与试验发展经费投入强度 3%。

2017 年，天津市基础研究竞争力 BRCI 为 0.768，排名第 13 位（表 3-63），与 2016 年的排名相同。天津市国家自然科学基金项目总数为 1088 项，项目经费总额为 61 244.43 万元，全国排名均为第 13；天津市国家自然科学基金项目经费金额大于 2000 万元的学科有 9 个（图 3-28）；天津市争取国家自然科学基金经费超过 1 亿元的有 2 家机构（表 3-64）；天津市共发表 SCI 论文 10 244 篇，全国排名第 12（表 3-65）；共有 8 家机构进入相关学科的 ESI 全球前 1%行列（图 3-29）；天津市发明专利申请量 14 072 件，全国排名第 15，主要专利权人和技

表 3-63　2017 年天津市基础研究竞争力整体情况

指标	数据	排名	指标	数据	排名
国家自然科学基金项目数/项	1 088	13	SCI 论文数/篇	10 244	12
国家自然科学基金项目经费/万元	61 244.43	13	SCI 论文被引频次/次	9 894	12
国家自然科学基金机构数/个	41	12	发明专利申请量/件	14 072	15
国家自然科学基金主持人数/人	10 66	13	基础研究竞争力指数	0.768	13

资料来源：中国产业智库大数据中心

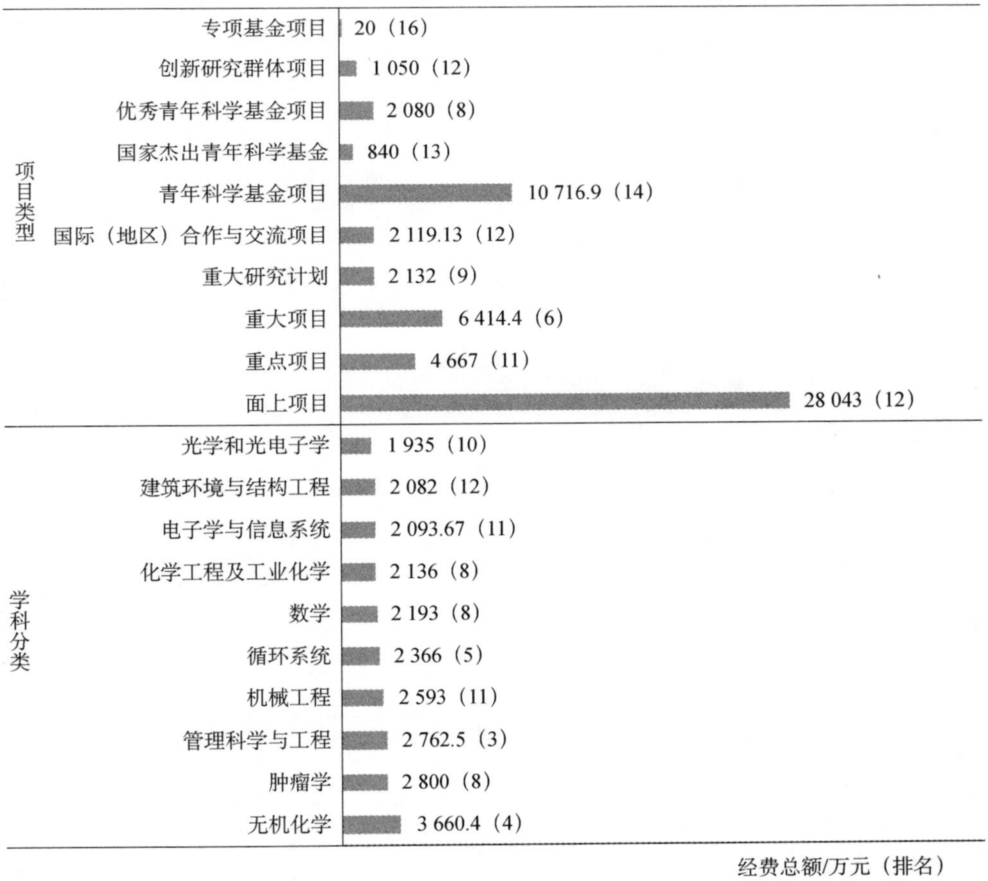

图 3-28　2017 年天津市争取国家自然科学基金项目情况

资料来源：中国产业智库大数据中心

术领域如表3-66、表3-67所示。

综合分析得知，天津市的优势学科为化学与化学工程、物理学、材料科学、电气科学与工程、环境工程、海洋工程、微生物学、特种医学、中西医结合等；天津市基础研究的重点机构为南开大学、天津大学、天津工业大学、天津科技大学、天津理工大学等。

表3-64　2017年天津市争取国家自然科学基金项目经费三十强机构

序号	机构名称	项目数量/项	项目经费/万元	全国排名
1	天津大学	345	23 862.7	18
2	南开大学	189	13 415	40
3	天津医科大学	161	9 132.2	55
4	河北工业大学	57	2 782	174
5	天津理工大学	45	1 818	228
6	天津中医药大学	44	1 352.26	237
7	天津工业大学	41	1 515.5	249
8	天津师范大学	36	1 246.67	281
9	天津科技大学	31	1 116.5	319
10	中国科学院天津工业生物技术研究所	26	1 070.5	350
11	中国民航大学	19	754	438
12	天津城建大学	16	469	490
13	天津财经大学	12	331	551
14	天津农学院	11	408	568
15	天津职业技术师范大学	9	300	626
16	天津商业大学	6	252	733
17	农业部环境保护科研监测所	5	238	769
18	中国人民武装警察部队后勤学院	4	183	831
19	天津市农业科学院	3	110	910
20	天津津航技术物理研究所	3	112	911
21	中国地震局第一监测中心	2	48	1048
22	天津市天津医院	2	86	1049
23	天津市海河医院	2	68	1050
24	清华大学天津高端装备研究院	2	52	1051
25	中国人民解放军92859部队	1	22	1261
26	中国电子科技集团公司第四十六研究所	1	24	1262
27	交通运输部天津水运工程科学研究所	1	60	1263
28	公安部天津消防研究所	1	25	1264
29	国家海洋信息中心	1	24	1265
30	国家海洋局天津海水淡化与综合利用研究所	1	21	1266

资料来源：中国产业智库大数据中心

表 3-65　2017 年天津市发表 SCI 论文二十强学科

序号	研究领域	发文量全国排名	发文量/篇	被引次数/次	篇均被引/次
1	材料科学综合	12	1 208	1 911	1.58
2	物理化学	10	853	1 885	2.21
3	化学综合	9	840	1 522	1.81
4	应用物理	9	787	1 151	1.46
5	电子电气工程	14	669	399	0.60
6	工程化学	4	665	1 073	1.61
7	能源燃料	8	603	921	1.53
8	肿瘤学	13	505	342	0.68
9	纳米科技	12	472	928	1.97
10	光学	11	417	357	0.86
11	环境科学	12	349	391	1.12
12	生物化学分子生物学	11	323	309	0.96
13	机械工程	13	308	153	0.50
14	生物工程与应用微生物学	11	307	235	0.77
15	细胞生物学	14	305	284	0.93
16	凝聚态物理	11	289	660	2.28
17	研究与实验医学	15	285	115	0.40
18	综合科学	17	271	238	0.88
19	高分子科学	10	264	342	1.30
20	热力学	6	244	248	1.02
全部		12	10 244	9 894	0.97

资料来源：中国产业智库大数据中心

	综合	农业科学	生物与生化	化学	临床医学	计算机科学	经济与商学	工程科学	环境/生态学	地球科学	免疫学	材料科学	数学	微生物学	分子生物与遗传学	综合交叉学科	神经科学与行为	药理学与毒物学	物理学	植物与动物科学	精神病学/心理学	一般社会科学	空间科学	进入ESI学科数
南开大学	398	506	456	44	1893	0	0	445	328	0	0	107	90	0	0	0	0	555	414	0	0	0	0	10
天津大学	517	587	628	107	0	300	0	48	0	0	0	73	0	0	0	0	0	828	593	0	0	0	0	8
天津工业大学	2415	0	0	993	0	0	0	1017	0	0	0	740	246	0	0	0	0	0	0	0	0	0	0	4
天津科技大学	2529	400	0	1205	0	0	0	0	0	0	0	0	0	0	0	0	0	0	0	0	0	0	0	2
天津理工大学	2900	0	0	1200	0	0	0	0	0	0	0	0	0	0	0	0	0	0	0	0	0	0	0	1
天津师范大学	2662	0	0	889	0	0	0	0	0	0	0	0	0	0	0	0	0	0	0	0	0	0	0	1
天津医科大学	1065	0	770	0	575	0	0	0	0	0	0	0	0	0	673	0	630	587	0	0	0	0	0	5
中国医学科学院血液病医院	4046	0	0	0	2346	0	0	0	0	0	0	0	0	0	0	0	0	0	0	0	0	0	0	1

图 3-29　2017 年天津市高校和研究机构 ESI 前 1%学科分布

资料来源：中国产业智库大数据中心

表 3-66　2017 年天津市在华发明专利申请量二十强企业和科研机构列表

序号	二十强企业	发明专利申请量/件	二十强科研机构	发明专利申请量/件
1	国家电网公司	329	天津大学	2 199
2	国网天津市电力公司	309	河北工业大学	483

续表

序号	二十强企业	发明专利申请量/件	二十强科研机构	发明专利申请量/件
3	中国石油集团渤海钻探工程有限公司	137	天津工业大学	394
4	国网天津市电力公司电力科学研究院	114	天津科技大学	274
5	天津市善济宏兴科技发展有限公司	85	南开大学	249
6	中交第一航务工程局有限公司	73	天津理工大学	160
7	中铁隧道勘测设计院有限公司	52	中国民航大学	155
8	中国铁路设计集团有限公司	50	天津城建大学	146
9	中国建筑第六工程局有限公司	46	天津商业大学	142
10	天津光电通信技术有限公司	46	天津农学院	102
11	天津市晨辉饲料有限公司	40	天津职业技术师范大学	88
12	天津金匮堂生物科技有限公司	39	中国北方发动机研究所（天津）	76
13	中铁第六勘察设计院集团有限公司	37	天津师范大学	62
14	天津科创复兴科技咨询有限公司	36	交通运输部天津水运工程科学研究所	57
15	中海油天津化工研究设计院有限公司	35	核工业理化工程研究院	57
16	中海油能源发展股份有限公司	35	天津中德应用技术大学	54
17	中核（天津）科技发展有限公司	34	天津津航技术物理研究所	52
18	中国天辰工程有限公司	33	清华大学天津高端装备研究院	43
19	天津天辰绿色能源工程技术研发有限公司	32	中国医学科学院生物医学工程研究所	40
20	中交一航局安装工程有限公司	31	中国科学院天津工业生物技术研究所	29

资料来源：中国产业智库大数据中心

表 3-67　2017 年天津市在华发明专利申请量十强技术领域

序号	IPC 号	分类号含义	专利数量/件
1	G01N	借助于测定材料的化学或物理性质来测试或分析材料	643
2	G06F	电数字数据处理	436
3	A61K	医用、牙科用或梳妆用的配制品	418
4	B01D	分离	293
5	C02F	水、废水、污水或污泥的处理	285
6	B01J	化学或物理方法，例如，催化作用、胶体化学；其有关设备	236
7	G06Q	专门适用于行政、商业、金融、管理、监督或预测目的的数据处理系统或方法；其他类目不包含的专门适用于行政、商业、金融、管理、监督或预测目的的处理系统或方法	236
8	H01M	用于直接转变化学能为电能的方法或装置，例如电池组	209
9	G06K	数据识别；数据表示；记录载体；记录载体的处理	206
10	A23L	不包含在 A21D 或 A23B 至 A23J 小类中的食品、食料或非酒精饮料；它们的制备或处理，例如烹调、营养品质的改进、物理处理	199

资料来源：中国产业智库大数据中心

3.2.14　河南省

2016 年，河南省常住人口 9532 万人，地区生产总值 40 471.79 亿元，人均地区生产总值 42 575 元；普通高等学校 129 所，普通高等学校招生 55.01 万人，普通高等学校教职工总数 13.88

万人；研究与试验发展经费支出494.19亿元，研究与试验发展人员249 876人，研究与试验发展经费投入强度1.23%。

2017年，河南省基础研究竞争力BRCI为0.7309，排名第14位，与2016年的排名相同（表3-68）。河南省国家自然科学基金项目总数为1008项，全国排名第14；项目经费总额为39 048.52万元，全国排名第18；河南省国家自然科学基金项目经费金额大于1000万元的学科有8个（图3-30）；河南省争取国家自然科学基金经费超过1亿元的有1个机构（表3-69）；河南省共发表SCI论文7874篇，全国排名第17（表3-70）；共有8家机构进入相关学科的ESI

表3-68　2017年河南省基础研究竞争力整体情况

指标	数据	排名	指标	数据	排名
国家自然科学基金项目数/项	1 008	14	SCI论文数/篇	7 874	17
国家自然科学基金项目经费/万元	39 048.52	18	SCI论文被引频次/次	6 096	18
国家自然科学基金机构数/个	56	10	发明专利申请量/件	27 888	10
国家自然科学基金主持人数/人	996	14	基础研究竞争力指数	0.730 9	14

资料来源：中国产业智库大数据中心

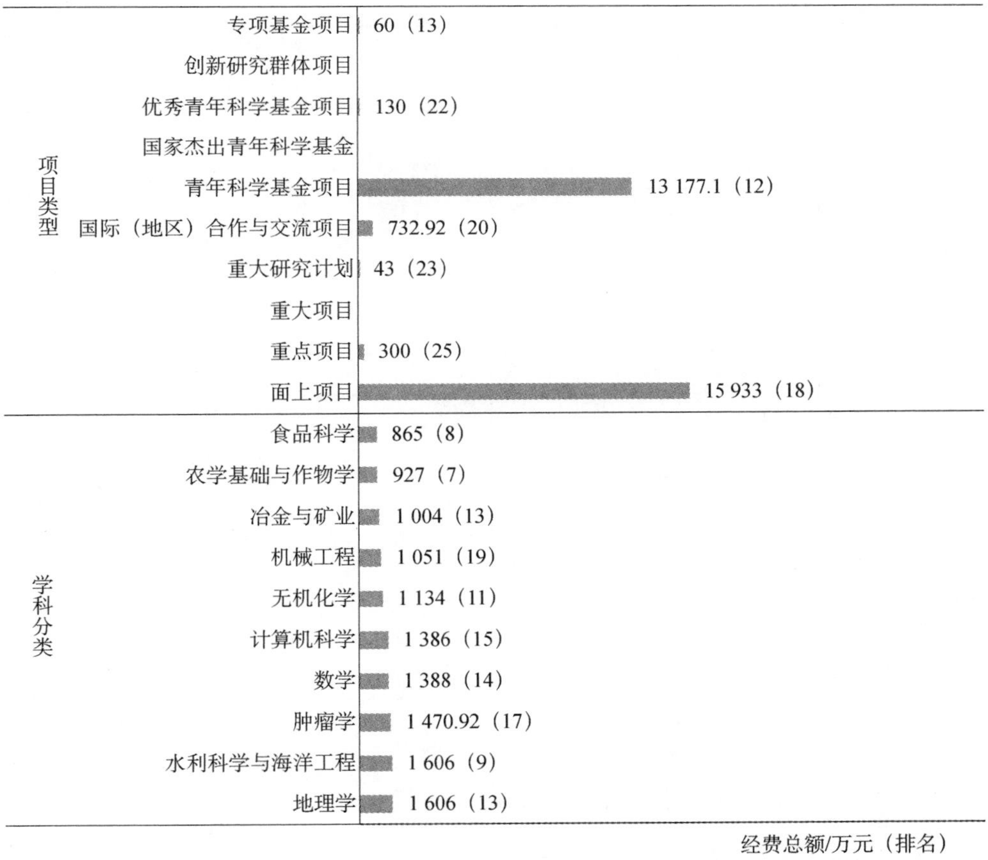

图3-30　2017年河南省争取国家自然科学基金项目情况

资料来源：中国产业智库大数据中心

全球前1%行列（图3-31）；河南省发明专利申请量27 888件，全国排名第10，主要专利权人和技术领域如表3-71、表3-72所示。

综合分析得知，河南省的优势学科为农学、食品科学、地球物理学和空间物理学、兽医学、水利科学、半导体科学与信息器件、晶体学、病理学等；河南省基础研究的重点机构为郑州大学、河南师范大学、河南大学、河南理工大学、河南工业大学等。

表3-69　2017年河南省争取国家自然科学基金项目经费三十强机构

序号	机构名称	项目数量/项	项目经费/万元	全国排名
1	郑州大学	250	10 381.8	29
2	河南大学	91	3 387	110
3	河南师范大学	73	3 003	139
4	河南理工大学	62	3 129	164
5	河南农业大学	61	2 940	168
6	河南科技大学	56	2 062.1	181
7	河南工业大学	43	1 634	243
8	新乡医学院	37	1 331.1	277
9	郑州轻工业学院	36	1 343	284
10	华北水利水电大学	30	1 079	329
11	信阳师范学院	26	758	354
12	中原工学院	18	464	463
13	中国人民解放军战略支援部队信息工程大学	18	908	464
14	河南中医药大学	17	580	480
15	河南财经政法大学	15	541	513
16	河南科技学院	13	422	543
17	河南工程学院	10	213.5	609
18	中国农业科学院农田灌溉研究所	9	299	631
19	周口师范学院	9	173.5	632
20	洛阳师范学院	9	328	633
21	郑州航空工业管理学院	9	242	634
22	南阳师范学院	8	181	668
23	新乡学院	8	163	669
24	河南省农业科学院	8	387	670
25	许昌学院	8	281	671
26	黄河水利委员会黄河水利科学研究院	7	281	712
27	商丘师范学院	6	225	744
28	安阳师范学院	6	151.1	745
29	中国农业科学院郑州果树研究所	5	148	797
30	中国地震局地球物理勘探中心	5	304	798

资料来源：中国产业智库大数据中心

表 3-70　2017 年河南省发表 SCI 论文二十强学科

序号	研究领域	发文量全国排名	发文量/篇	被引次数/次	篇均被引/次
1	材料科学综合	18	706	988	1.40
2	肿瘤学	9	606	505	0.83
3	化学综合	17	487	639	1.31
4	物理化学	17	479	914	1.91
5	应用物理	18	413	680	1.65
6	研究与实验医学	8	401	207	0.52
7	生物工程与应用微生物学	8	399	226	0.57
8	药理学	9	379	211	0.56
9	食品科学技术	5	374	126	0.34
10	电子电气工程	19	327	126	0.39
11	细胞生物学	15	301	264	0.88
12	生物化学分子生物学	15	284	194	0.68
13	应用数学	10	280	109	0.39
14	纳米科技	19	256	420	1.64
15	综合科学	18	251	165	0.66
16	数学	8	220	44	0.20
17	能源燃料	19	213	305	1.43
18	电化学	16	202	440	2.18
19	环境科学	20	200	150	0.75
20	有机化学	12	191	257	1.35
全部		17	7 874	6 096	0.77

资料来源：中国产业智库大数据中心

	综合	农业科学	生物与生化	化学	临床医学	计算机科学	经济与商学	工程科学	环境/生态学	地球科学	免疫学	材料科学	数学	微生物学	分子生物与遗传学	综合交叉学科	神经科学与行为	药理学与毒物学	物理学	植物与动物科学	精神病学/心理学	一般社会科学	空间科学	进入ESI学科数
郑州大学	910	0	978	327	886	0	0	646	0	0	0	389	0	0	0	0	0	751	0	0	0	0	0	6
河南师范大学	1764	0	0	607	0	0	0	1265	0	0	0	0	0	0	0	0	0	0	0	0	0	0	0	2
河南大学	1813	0	0	653	0	0	0	0	0	0	0	601	0	0	0	0	0	0	0	0	0	0	0	2
河南理工大学	3065	0	0	0	0	0	0	1085	0	0	0	0	0	0	0	0	0	0	0	0	0	0	0	1
河南工业大学	3166	768	0	0	0	0	0	0	0	0	0	0	0	0	0	0	0	0	0	0	0	0	0	1
河南农业大学	3238	686	0	0	0	0	0	0	0	0	0	0	0	0	0	0	0	0	0	999	0	0	0	2
洛阳师范大学	3425	0	0	1087	0	0	0	0	0	0	0	0	0	0	0	0	0	0	0	0	0	0	0	1
新乡医学院	3779	0	0	0	3349	0	0	0	0	0	0	0	0	0	0	0	0	0	0	0	0	0	0	1

图 3-31　2017 年河南省高校和研究机构 ESI 前 1%学科分布

资料来源：中国产业智库大数据中心

表 3-71　2017 年河南省在华发明专利申请量二十强企业和科研机构列表

序号	二十强企业	发明专利申请量/件	二十强科研机构	发明专利申请量/件
1	郑州云海信息技术有限公司	4 214	郑州大学	533
2	国家电网公司	675	河南理工大学	475

续表

序号	二十强企业	发明专利申请量/件	二十强科研机构	发明专利申请量/件
3	许继集团有限公司	272	河南科技大学	457
4	许继电气股份有限公司	203	河南师范大学	429
5	河南中烟工业有限责任公司	167	河南工业大学	253
6	郑州启硕电子科技有限公司	122	河南工程学院	242
7	中国烟草总公司郑州烟草研究院	103	黄河科技学院	227
8	河南森源电气股份有限公司	102	许昌学院	195
9	平高集团有限公司	96	华北水利水电大学	193
10	国网河南省电力公司电力科学研究院	95	洛阳理工学院	167
11	舞阳钢铁有限责任公司	85	中原工学院	160
12	中航光电科技股份有限公司	82	郑州轻工业学院	147
13	许昌许继软件技术有限公司	82	河南中医药大学	145
14	中铁工程装备集团有限公司	80	河南农业大学	138
15	郑州贝亚特电子科技有限公司	80	河南大学	128
16	河南地之绿环保科技有限公司	60	中国人民解放军信息工程大学	126
17	新乡市振英机械设备有限公司	57	河南科技学院	112
18	禹州市昆仑模具有限公司	55	信阳师范学院	103
19	国网河南省电力公司检修公司	52	郑州航空工业管理学院	101
20	登封市老拴保肥料有限公司	52	郑州大学第一附属医院	99

资料来源：中国产业智库大数据中心

表 3-72　2017 年河南省在华发明专利申请量十强技术领域

序号	IPC 号	分类号含义	专利数量/件
1	G06F	电数字数据处理	3 044
2	A61K	医用、牙科用或梳妆用的配制品	1 435
3	H04L	数字信息的传输，例如电报通信	1 092
4	G01N	借助于测定材料的化学或物理性质来测试或分析材料	716
5	A23L	不包含在 A21D 或 A23B 至 A23J 小类中的食品、食料或非酒精饮料；它们的制备或处理，例如烹调、营养品质的改进、物理处理	582
6	C04B	石灰；氧化镁；矿渣；水泥；其组合物，例如：砂浆、混凝土或类似的建筑材料；人造石；陶瓷	476
7	B01D	分离	392
8	A01G	园艺；蔬菜、花卉、稻、果树、葡萄、啤酒花或海菜的栽培；林业；浇水	381
9	C07D	杂环化合物	351
10	C02F	水、废水、污水或污泥的处理	323

资料来源：中国产业智库大数据中心

3.2.15　福建省

2016 年，福建省常住人口 3874 万人，地区生产总值 28 810.58 亿元，人均地区生产总值 74 707 元；普通高等学校 88 所，普通高等学校招生 19.77 万人，普通高等学校教职工总数 6.75

万人；研究与试验发展经费支出454.29亿元，研究与试验发展人员201 090人，研究与试验发展经费投入强度1.59%。

2017年，福建省基础研究竞争力BRCI为0.6466，排名第15位，比2016年的排名上升1位（表3-73）。福建省国家自然科学基金项目总数为930项，项目经费总额为51 533.03万元，全国排名均为第15；福建省国家自然科学基金项目经费金额大于2000万元的学科有6个（图3-32）；福建省争取国家自然科学基金经费超过1亿元的有1家机构（表3-74）；福建省共发表SCI论文7080篇，全国排名第18（表3-75）；共有9家机构进入相关学科的ESI全球

表3-73 2017年福建省基础研究竞争力整体情况

指标	数据	排名	指标	数据	排名
国家自然科学基金项目数/项	930	15	SCI论文数/篇	7 080	18
国家自然科学基金项目经费/万元	51 533.03	15	SCI论文被引频次/次	7 067	17
国家自然科学基金机构数/个	28	20	发明专利申请量/件	20 229	13
国家自然科学基金主持人数/人	917	15	基础研究竞争力指数	0.646 6	15

资料来源：中国产业智库大数据中心

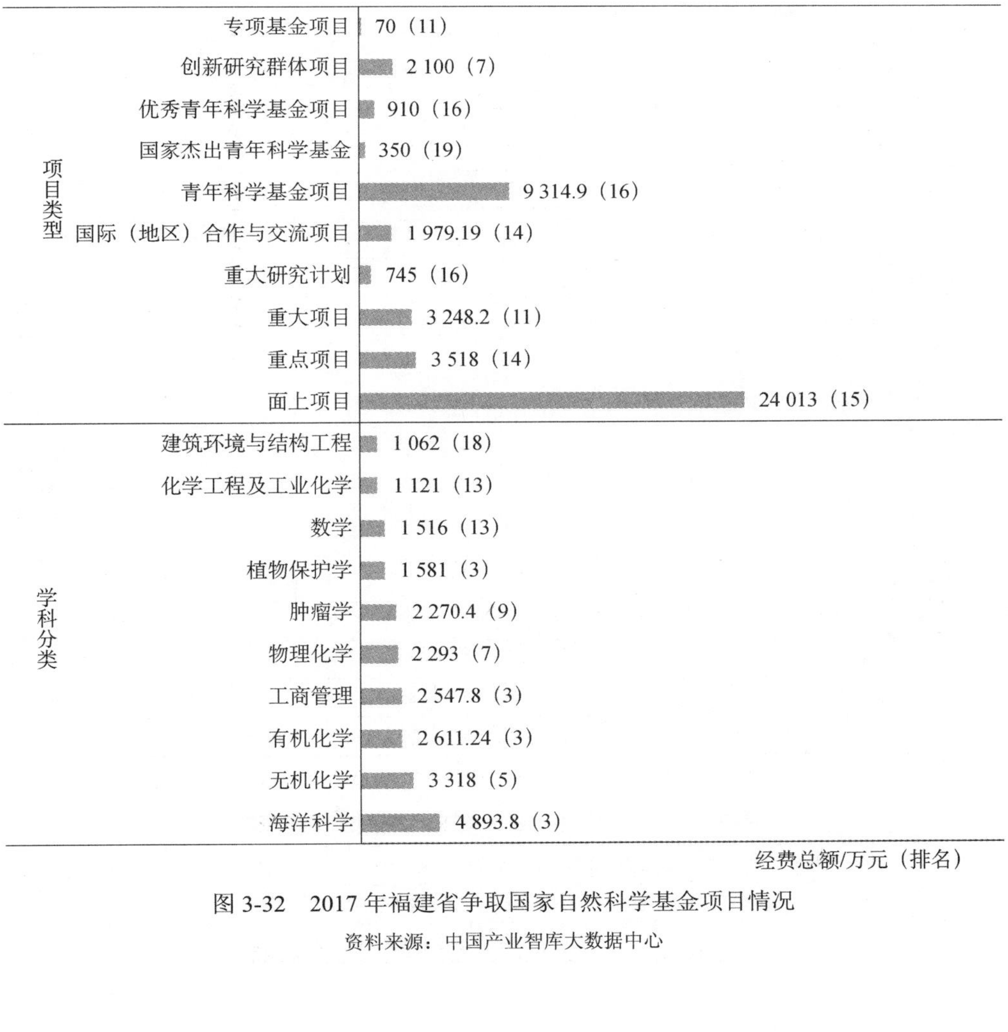

图3-32 2017年福建省争取国家自然科学基金项目情况

资料来源：中国产业智库大数据中心

前 1%行列（图 3-33）；福建省发明专利申请量 20 229 件，全国排名第 13，主要专利权人和技术领域如表 3-76、表 3-77 所示。

综合分析得知，福建省的优势学科为化学与化学工程、生物学、植物保护学、水产学、环境科学、肿瘤学、检验医学、中医学等；福建省基础研究的重点机构为厦门大学、福州大学、中国科学院福建物质结构研究所、福建中医药大学等。

表 3-74　2017 年福建省争取国家自然科学基金项目经费机构排行

序号	机构名称	项目数量/项	项目经费/万元	全国排名
1	厦门大学	317	25 195.09	20
2	福建农林大学	137	5 982.5	72
3	福州大学	112	4 668.7	89
4	中国科学院福建物质结构研究所	56	2 720	180
5	华侨大学	55	2 429.1	187
6	福建医科大学	47	1 594	215
7	福建师范大学	35	1 541	295
8	福建中医药大学	31	1 438	322
9	中国科学院城市环境研究所	30	1 340.44	328
10	集美大学	20	934.1	427
11	厦门理工学院	16	575	494
12	国家海洋局第三海洋研究所	12	550	557
13	中国人民解放军南京军区福州总医院	9	353	630
14	福建工程学院	8	222	666
15	泉州师范学院	7	196	707
16	福建省农业科学院	7	240	708
17	龙岩学院	5	198	792
18	福建省中医药研究院	4	149	854
19	福建省立医院	4	184	855
20	闽南师范大学	4	89	856
21	闽江学院	4	86	857
22	福建省地震局	3	438	944
23	莆田学院	2	82.1	1 097
24	三明学院	1	25	1 380
25	厦门市儿童医院	1	20	1 381
26	厦门市气象局	1	19	1 382
27	福建海洋研究所	1	240	1 383
28	福建省亚热带植物研究所	1	24	1 384

资料来源：中国产业智库大数据中心

表 3-75　2017 年福建省发表 SCI 论文二十强学科

序号	研究领域	发文量全国排名	发文量/篇	被引次数/次	篇均被引/次
1	材料科学综合	17	749	1 146	1.53
2	化学综合	14	617	1 590	2.58

续表

序号	研究领域	发文量全国排名	发文量/篇	被引次数/次	篇均被引/次
3	物理化学	16	503	1 122	2.23
4	应用物理	17	423	583	1.38
5	肿瘤学	16	408	174	0.43
6	电子电气工程	18	358	133	0.37
7	环境科学	14	318	325	1.02
8	纳米科技	17	317	717	2.26
9	光学	15	278	199	0.72
10	能源燃料	17	254	385	1.52
11	分析化学	15	232	489	2.11
12	综合科学	19	232	256	1.10
13	工程化学	16	218	437	2.00
14	研究与实验医学	18	212	97	0.46
15	生物化学分子生物学	17	208	180	0.87
16	无机化学与核化学	4	201	163	0.81
17	电化学	17	200	390	1.95
18	细胞生物学	17	195	145	0.74
19	计算机人工智能	12	192	114	0.59
20	生物工程与应用微生物学	18	191	273	1.43
全部		18	7 080	7 067	1.00

资料来源：中国产业智库大数据中心

	综合	农业科学	生物与生化	化学	临床医学	计算机科学	经济与商学	工程科学	环境/生态学	地球科学	免疫学	材料科学	数学	微生物学	分子生物与遗传学	综合交叉学科	神经科学与行为	药理学与毒物学	物理学	植物与动物科学	精神病学/心理学	一般社会科学	空间科学	进入ESI学科数
厦门大学	483	719	556	76	1343	306	0	326	550	0	0	140	114	0	0	0	0	0	692	613	0	1068	0	12
福州大学	942	0	0	161	0	0	0	585	0	0	0	244	0	0	0	0	0	0	0	0	0	0	0	3
福建物质结构研究所*	1068	0	0	150	0	0	0	0	0	0	0	304	0	0	0	0	0	0	0	0	0	0	0	2
福建医科大学	2193	0	0	0	1258	0	0	0	0	0	0	0	0	0	0	0	0	0	0	0	0	0	0	1
福建师范大学	2392	0	0	1089	0	0	0	0	0	0	0	0	0	0	0	0	0	0	0	0	0	0	0	1
华侨大学	2417	0	0	908	0	0	0	1065	0	0	0	718	0	0	0	0	0	0	0	0	0	0	0	3
福建农林大学	2943	763	0	0	0	0	0	0	0	0	0	0	0	0	0	0	0	0	0	793	0	0	0	2
城市环境研究所*	2950	0	0	0	0	0	0	0	542	0	0	0	0	0	0	0	0	0	0	0	0	0	0	1
福建中医药大学	3997	0	0	0	3404	0	0	0	0	0	0	0	0	0	0	0	0	0	0	0	0	0	0	1

图 3-33　2017 年福建省高校和研究机构 ESI 前 1%学科分布

* 为中国科学院下属研究所

资料来源：中国产业智库大数据中心

表 3-76　2017 年福建省在华发明专利申请量二十强企业和科研机构列表

序号	二十强企业	发明专利申请量/件	二十强科研机构	发明专利申请量/件
1	厦门天马微电子有限公司	346	福州大学	991
2	国家电网公司	321	厦门大学	606

续表

序号	二十强企业	发明专利申请量/件	二十强科研机构	发明专利申请量/件
3	国网福建省电力有限公司	308	福建农林大学	456
4	福建中金在线信息科技有限公司	158	华侨大学	296
5	福州台江区超人电子有限公司	91	福建师范大学	221
6	宁德时代新能源科技股份有限公司	74	厦门理工学院	166
7	锐捷网络股份有限公司	70	集美大学	128
8	九牧厨卫股份有限公司	67	福建工程学院	114
9	国网福建省电力有限公司电力科学研究院	57	中国科学院福建物质结构研究所	109
10	漳州立达信光电子科技有限公司	54	厦门大学嘉庚学院	94
11	福建福光股份有限公司	49	福建省农业科学院畜牧兽医研究所	60
12	国网福建省电力有限公司检修分公司	46	闽南师范大学	60
13	福建天泉教育科技有限公司	46	中国科学院城市环境研究所	59
14	武夷山市金贝茶元素新材料科技发展有限责任公司	44	宁德师范学院	48
15	国网信通亿力科技有限责任公司	42	福建医科大学	48
16	厦门建霖工业有限公司	39	福建省农业科学院植物保护研究所	47
17	莆田市烛火信息技术有限公司	37	闽江学院	45
18	国网信息通信产业集团有限公司	36	泉州师范学院	37
19	福建联迪商用设备有限公司	36	国家海洋局第三海洋研究所	36
20	国网福建省电力有限公司经济技术研究院	34	龙岩学院	34

资料来源：中国产业智库大数据中心

表 3-77　2017 年福建省在华发明专利申请量十强技术领域

序号	IPC 号	分类号含义	专利数量/件
1	G06F	电数字数据处理	823
2	G01N	借助于测定材料的化学或物理性质来测试或分析材料	522
3	A61K	医用、牙科用或梳妆用的配制品	473
4	A23L	不包含在 A21D 或 A23B 至 A23J 小类中的食品、食料或非酒精饮料；它们的制备或处理，例如烹调、营养品质的改进、物理处理	460
5	H04L	数字信息的传输，例如电报通信	407
6	G06Q	专门适用于行政、商业、金融、管理、监督或预测目的的数据处理系统或方法；其他类目不包含的专门适用于行政、商业、金融、管理、监督或预测目的的处理系统或方法	385
7	A01G	园艺；蔬菜、花卉、稻、果树、葡萄、啤酒花或海菜的栽培；林业；浇水	380
8	C02F	水、废水、污水或污泥的处理	315
9	C08L	高分子化合物的组合物	291
10	C04B	石灰；氧化镁；矿渣；水泥；其组合物，例如：砂浆、混凝土或类似的建筑材料；人造石；陶瓷	272

资料来源：中国产业智库大数据中心

3.2.16　黑龙江省

2016 年，黑龙江省常住人口 3799 万人，地区生产总值 15 386.09 亿元，人均地区生产总值 40 432 元；普通高等学校 82 所，普通高等学校招生 19.78 万人，普通高等学校教职工总数 7.49 万人；研究与试验发展经费支出 152.50 亿元，研究与试验发展人员 80 651 人，研究与试验发展经费投入强度 0.99%。

2017 年，黑龙江省基础研究竞争力 BRCI 为 0.5823，排名第 16 位，比 2016 年的排名下降 1 位（表 3-78）。黑龙江国家自然科学基金项目总数为 908 项，项目经费总额为 48 380.78 万元，全国排名均为第 16；黑龙江省国家自然科学基金项目经费金额大于 2000 万元的学科有 6 个（图 3-34）；黑龙江省争取国家自然科学基金经费超过 1 亿元的有 1 家机构（表 3-79）；黑龙江省共发表 SCI 论文 9250 篇，全国排名第 13（表 3-80）；共有 8 家机构进入相关学科的 ESI

表 3-78　2017 年黑龙江省基础研究竞争力整体情况

指标	数据	排名	指标	数据	排名
国家自然科学基金项目数/项	908	16	SCI 论文数/篇	9 250	13
国家自然科学基金项目经费/万元	48 380.78	16	SCI 论文被引频次/次	7 985	14
国家自然科学基金机构数/个	26	22	发明专利申请量/件	7 875	21
国家自然科学基金主持人数/人	901	16	基础研究竞争力指数	0.582 3	16

资料来源：中国产业智库大数据中心

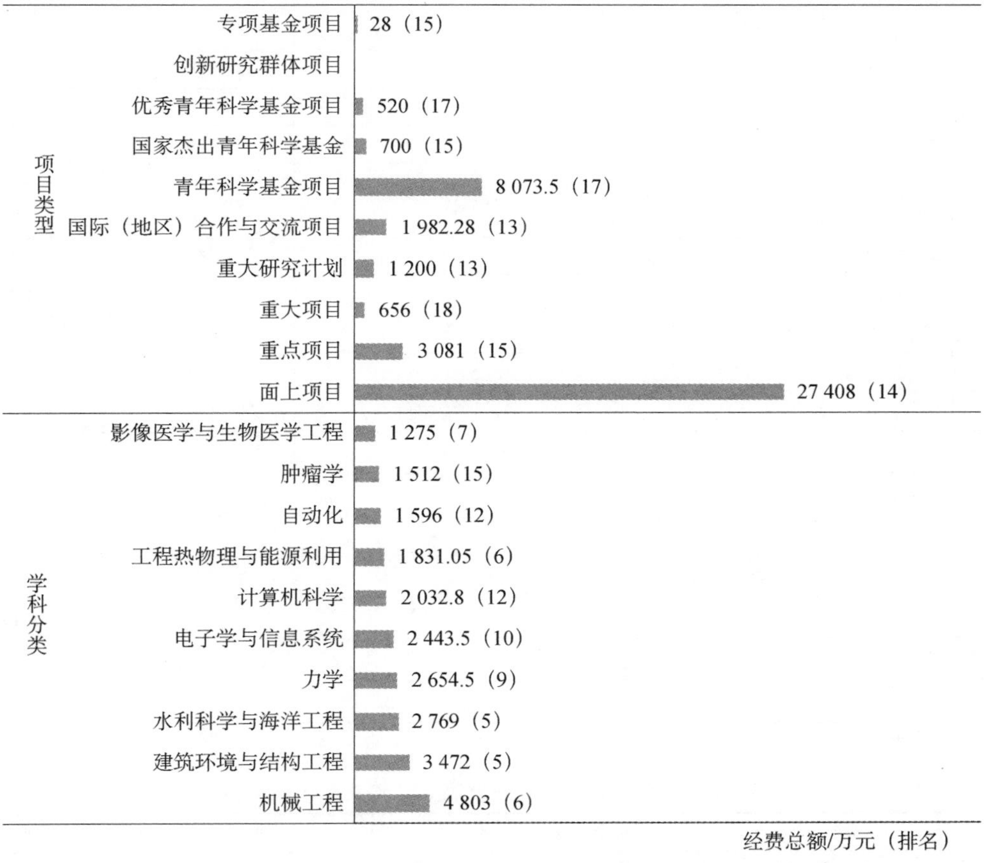

图 3-34　2017 年黑龙江省争取国家自然科学基金项目情况

资料来源：中国产业智库大数据中心

全球前 1%行列（图 3-35）；黑龙江省发明专利申请量 7875 件，全国排名第 21，主要专利权人和技术领域如表 3-81、表 3-82 所示。

综合分析得知，黑龙江省的优势学科为机械工程、航海船舶工程、电子电气工程、海洋工程、建筑环境与结构工程、工程热物理与能源利用、复合材料、机器人学、农学、林学、兽医学、病毒学、预防医学等；黑龙江省基础研究的重点机构为哈尔滨工业大学、哈尔滨医科大学、哈尔滨工程大学、东北林业大学、黑龙江大学、东北农业大学等。

表 3-79　2017 年黑龙江省争取国家自然科学基金项目经费机构排行

序号	机构名称	项目数量/项	项目经费/万元	全国排名
1	哈尔滨工业大学	344	23 134.15	19
2	哈尔滨医科大学	162	7 364.2	54
3	哈尔滨工程大学	101	5 774	94
4	东北农业大学	62	2 509	163
5	东北林业大学	41	1 846	250
6	哈尔滨理工大学	26	1 087	352
7	黑龙江中医药大学	24	794	373
8	黑龙江大学	21	999	410
9	中国农业科学院哈尔滨兽医研究所	20	709.6	425
10	东北石油大学	19	813	442
11	哈尔滨师范大学	15	621.5	507
12	黑龙江八一农垦大学	14	524.33	528
13	齐齐哈尔大学	10	370	602
14	黑龙江省农业科学院	8	296	659
15	黑龙江科技大学	8	359	660
16	牡丹江医学院	6	262	736
17	黑龙江工程学院	6	252	737
18	中国地震局工程力学研究所	5	155	779
19	哈尔滨商业大学	4	123	840
20	黑龙江省林业科学院	4	92	841
21	佳木斯大学	2	124	1070
22	黑龙江省科学院自然与生态研究所	2	82	1071
23	中国水产科学研究院黑龙江水产研究所	1	25	1316
24	牡丹江师范学院	1	20	1317
25	黑龙江省科学院微生物研究所	1	25	1318
26	齐齐哈尔医学院	1	20	1319

资料来源：中国产业智库大数据中心

表 3-80　2017 年黑龙江省发表 SCI 论文二十强学科

序号	研究领域	发文量全国排名	发文量/篇	被引次数/次	篇均被引/次
1	材料科学综合	13	1 198	1 637	1.37
2	电子电气工程	11	813	696	0.86

续表

序号	研究领域	发文量全国排名	发文量/篇	被引次数/次	篇均被引/次
3	物理化学	15	600	1 246	2.08
4	应用物理	15	592	600	1.01
5	化学综合	16	540	616	1.14
6	能源燃料	12	456	667	1.46
7	机械工程	7	453	273	0.60
8	肿瘤学	15	428	339	0.79
9	光学	14	352	194	0.55
10	纳米科技	15	345	617	1.79
11	自动化控制系统	9	339	435	1.28
12	细胞生物学	13	316	263	0.83
13	环境科学	15	310	377	1.22
14	工程化学	13	306	617	2.02
15	冶金工程	8	303	341	1.13
16	综合科学	13	293	241	0.82
17	电化学	10	292	352	1.21
18	仪器仪表	8	275	277	1.01
19	生物化学分子生物学	16	269	290	1.08
20	力学	10	251	292	1.16
全部		13	9 250	7 985	0.86

资料来源：中国产业智库大数据中心

	综合	农业科学	生物与生化	化学	临床医学	计算机科学	经济与商学	工程科学	环境/生态学	地球科学	免疫学	材料科学	数学	微生物学	分子生物与遗传学	综合交叉学科	神经科学与行为	药理学与毒物学	物理学	植物与动物科学	精神病学/心理学	一般社会科学	空间科学	进入ESI学科数
哈尔滨工业大学	389	725	512	195	3816	70	0	8	304	0	0	27	82	0	0	0	0	0	379	0	0	1314	0	11
哈尔滨医科大学	1119	0	645	0	623	0	0	0	0	0	0	0	0	0	633	0	0	515	0	0	0	0	0	4
哈尔滨工程大学	1390	0	0	592	0	0	0	457	0	0	0	201	0	0	0	0	0	0	0	0	0	0	0	3
东北林业大学	2166	655	0	1085	0	0	0	0	0	0	0	0	0	0	0	0	0	0	0	797	0	0	0	3
黑龙江大学	2192	0	0	731	0	0	0	1331	0	0	0	607	0	0	0	0	0	0	0	0	0	0	0	3
东北农业大学	2597	372	0	0	0	0	0	0	0	0	0	0	0	0	0	0	0	0	0	919	0	0	0	2
哈尔滨师范大学	3116	0	0	0	0	0	0	0	0	0	0	816	0	0	0	0	0	0	0	0	0	0	0	1
东北石油大学	4308	0	0	0	0	0	0	1230	0	0	0	0	0	0	0	0	0	0	0	0	0	0	0	1

图 3-35　2017 年黑龙江省高校和研究机构 ESI 前 1%学科分布

资料来源：中国产业智库大数据中心

表 3-81　2017 年黑龙江省在华发明专利申请量二十强企业和科研机构列表

序号	二十强企业	发明专利申请量/件	二十强科研机构	发明专利申请量/件
1	国家电网公司	100	哈尔滨工业大学	1 527
2	大庆东油睿佳石油科技有限公司	99	哈尔滨工程大学	953
3	航天科技控股集团股份有限公司	58	哈尔滨理工大学	749
4	哈尔滨汽轮机厂有限责任公司	56	东北农业大学	256

续表

序号	二十强企业	发明专利申请量/件	二十强科研机构	发明专利申请量/件
5	哈尔滨伟平科技开发有限公司	47	东北林业大学	224
6	哈尔滨电机厂有限责任公司	43	东北石油大学	135
7	中国船舶重工集团公司第七〇三研究所	33	齐齐哈尔大学	84
8	中国航发哈尔滨轴承有限公司	32	黑龙江大学	81
9	国网黑龙江省电力有限公司信息通信公司	30	牡丹江医学院	76
10	中车齐齐哈尔车辆有限公司	29	哈尔滨医科大学	70
11	哈尔滨锅炉厂有限责任公司	27	黑龙江八一农垦大学	51
12	中国电子科技集团公司第四十九研究所	25	黑龙江科技大学	51
13	国网黑龙江省电力有限公司电力科学研究院	24	中国地震局工程力学研究所	49
14	哈尔滨市一舍科技有限公司	22	哈尔滨学院	44
15	哈尔滨珍宝制药有限公司	22	牡丹江师范学院	40
16	哈尔滨电气动力装备有限公司	22	黑龙江工业学院	38
17	黑龙江珍宝岛药业股份有限公司	22	中国科学院东北地理与农业生态研究所	34
18	黑龙江圣邦投资咨询有限公司	19	佳木斯大学	33
19	哈尔滨东安汽车发动机制造有限公司	18	中国农业科学院哈尔滨兽医研究所	26
20	上海航士海洋科技有限公司	17	黑龙江工程学院	26

资料来源：中国产业智库大数据中心

表 3-82　2017 年黑龙江省在华发明专利申请量十强技术领域

序号	IPC 号	分类号含义	专利数量/件
1	G06F	电数字数据处理	311
2	G01N	借助于测定材料的化学或物理性质来测试或分析材料	305
3	A61K	医用、牙科用或梳妆用的配制品	293
4	A23L	不包含在 A21D 或 A23B 至 A23J 小类中的食品、食料或非酒精饮料；它们的制备或处理，例如烹调、营养品质的改进、物理处理	207
5	E21B	土层或岩石的钻进	149
6	G01M	机器或结构部件的静或动平衡的测试；其他类目中不包括的结构部件或设备的测试	143
7	C02F	水、废水、污水或污泥的处理	116
8	C12N	微生物或酶；其组合物	116
9	G06K	数据识别；数据表示；记录载体；记录载体的处理	109
10	A01G	园艺；蔬菜、花卉、稻、果树、葡萄、啤酒花或海菜的栽培；林业；浇水	105

资料来源：中国产业智库大数据中心

3.2.17　重庆市

2016 年，重庆市常住人口 3048 万人，地区生产总值 17 740.59 亿元，人均地区生产总值 58 502 元；普通高等学校 65 所，普通高等学校招生 20.49 万人，普通高等学校教职工总数 5.75 万人；研究与试验发展经费支出 302.18 亿元，研究与试验发展人员 111 943 人，研究与试验发展经费投入强度 1.72%。

2017 年，重庆市基础研究竞争力 BRCI 为 0.5796，排名第 17 位，与 2016 年的排名一致（表 3-83）。重庆市国家自然科学基金项目总数为 890 项，项目经费总额为 41 069.82 万元，全国排名均为第 17；重庆市国家自然科学基金项目经费金额大于 2000 万元的学科有 2 个（图 3-36）；重庆市争取国家自然科学基金经费超过 1 亿元的有 2 家机构（表 3-84）；重庆市共发表 SCI 论文 7948 篇，全国排名第 16（表 3-85）；共有 4 家机构进入相关学科的 ESI 全球前 1%行列（图 3-37）；重庆市发明专利申请量 13 294 件，全国排名第 16，主要专利权人和技术领域如表 3-86、表 3-87 所示。

表 3-83　2017 年重庆市基础研究竞争力整体情况

指标	数据	排名	指标	数据	排名
国家自然科学基金项目数/项	890	17	SCI 论文数/篇	7 948	16
国家自然科学基金项目经费/万元	41 069.82	17	SCI 论文被引频次/次	7 088	17
国家自然科学基金机构数/个	24	24	发明专利申请量/件	13 294	16
国家自然科学基金主持人数/人	882	17	基础研究竞争力指数	0.579 6	17

资料来源：中国产业智库大数据中心

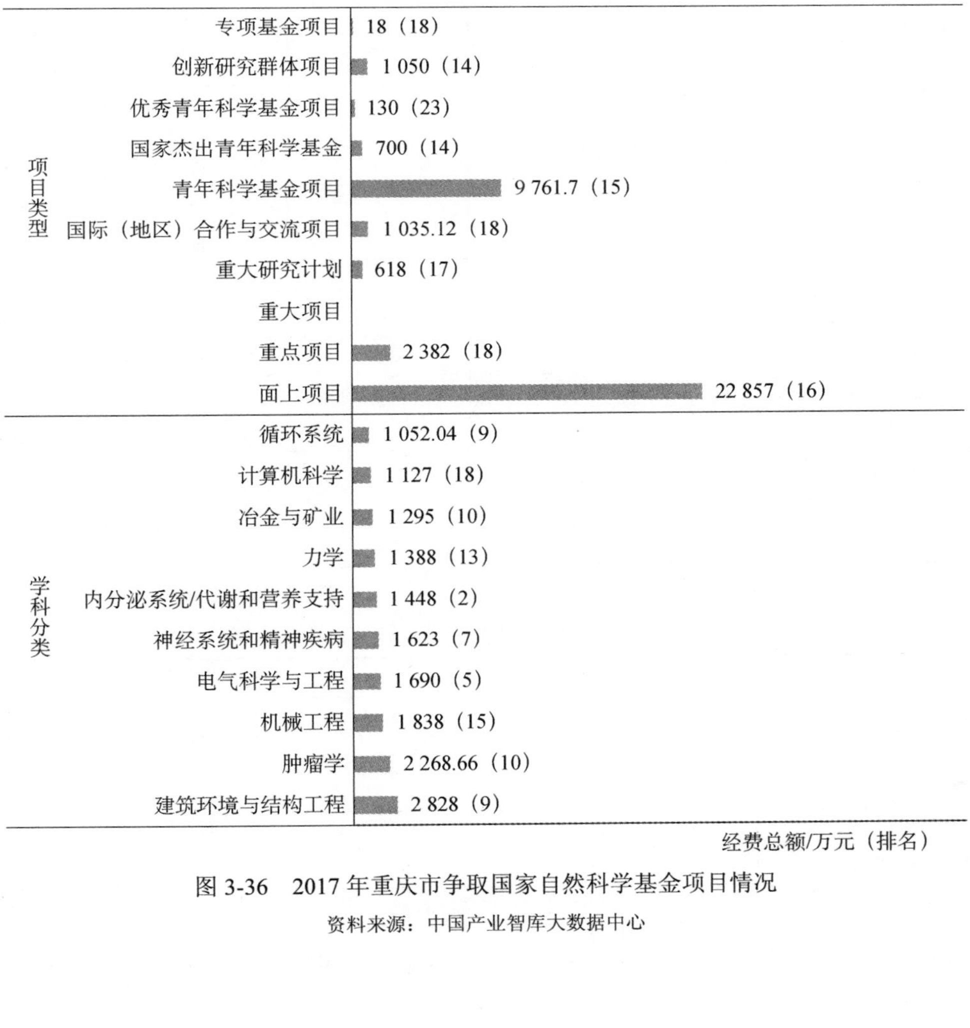

图 3-36　2017 年重庆市争取国家自然科学基金项目情况

资料来源：中国产业智库大数据中心

综合分析得知，重庆市的优势学科为生物学、电气科学与工程、建筑环境与结构工程、临床医学、放射医学、特种医学等；重庆市基础研究的重点机构为重庆大学、西南大学、中国人民解放军第三军医大学、重庆医科大学、重庆邮电大学、重庆交通大学、中国科学院重庆绿色智能技术研究院等。

表 3-84 2017 年重庆市争取国家自然科学基金项目经费机构排行

序号	机构名称	项目数量/项	项目经费/万元	全国排名
1	重庆大学	241	12 799.02	32
2	中国人民解放军第三军医大学	214	10 769.16	36
3	重庆医科大学	129	5 063.1	80
4	西南大学	120	5 868.94	87
5	重庆邮电大学	45	1 497	231
6	重庆交通大学	26	762.5	356
7	中国科学院重庆绿色智能技术研究院	20	1 265	433
8	重庆理工大学	19	691	447
9	重庆师范大学	17	569	481
10	重庆工商大学	10	361	615
11	重庆科技学院	10	344	616
12	长江师范学院	10	212	617
13	重庆文理学院	8	227	680
14	中国人民解放军陆军勤务学院	4	92	876
15	重庆三峡学院	3	105	978
16	西南政法大学	2	36	1 150
17	重庆市中医研究院	2	75	1 151
18	重庆市人民医院	2	76	1 152
19	重庆市农业科学院	2	47	1 153
20	重庆市畜牧科学院	2	85	1 154
21	中煤科工集团重庆研究院有限公司	1	59	1 492
22	招商局重庆交通科研设计院有限公司	1	25	1 493
23	重庆市科学技术研究院	1	21	1 494
24	重庆第二师范学院	1	20.1	1 495

资料来源：中国产业智库大数据中心

表 3-85 2017 年重庆市发表 SCI 论文二十强学科

序号	研究领域	发文量全国排名	发文量/篇	被引次数/次	篇均被引/次
1	材料科学综合	16	851	1 066	1.25
2	电子电气工程	16	573	377	0.66
3	肿瘤学	14	502	418	0.83
4	应用物理	16	441	537	1.22
5	细胞生物学	11	367	385	1.05
6	物理化学	19	363	755	2.08
7	综合科学	11	353	244	0.69

续表

序号	研究领域	发文量全国排名	发文量/篇	被引次数/次	篇均被引/次
8	纳米科技	16	332	565	1.70
9	化学综合	19	327	476	1.46
10	研究与实验医学	14	326	150	0.46
11	能源燃料	16	310	386	1.25
12	生物化学分子生物学	12	307	289	0.94
13	机械工程	14	297	191	0.64
14	分析化学	12	285	560	1.96
15	生物工程与应用微生物学	12	283	277	0.98
16	冶金工程	10	272	212	0.78
17	电化学	13	264	548	2.08
18	应用数学	12	236	146	0.62
19	神经科学	8	231	278	1.20
20	药理学	13	231	201	0.87
全部		16	7 948	7 088	0.89

资料来源：中国产业智库大数据中心

	综合	农业科学	生物与生化	化学	临床医学	计算机科学	经济与商学	工程科学	环境生态学	地球科学	免疫学	材料科学	数学	微生物学	分子生物与遗传学	综合交叉学科	神经科学与行为	药理学与毒物学	物理学	植物与动物科学	精神病学心理学	一般社会科学	空间科学	进入ESI学科数
重庆大学	880	0	0	523	4066	289	0	118	0	0	0	143	250	0	0	0	0	0	0	0	0	0	0	6
西南大学	1061	469	920	352	0	0	0	955	0	0	0	530	0	0	0	0	0	0	0	608	0	0	0	6
第三军医大学	1079	0	729	0	643	0	0	0	0	0	624	0	0	0	658	0	606	489	0	0	0	0	0	6
重庆医科大学	1301	0	995	0	721	0	0	0	0	0	0	0	0	0	0	0	780	639	0	0	0	0	0	4

图 3-37　2017 年重庆市高校和研究机构 ESI 前 1%学科分布

资料来源：中国产业智库大数据中心

表 3-86　2017 年重庆市在华发明专利申请量二十强企业和科研机构列表

序号	二十强企业	发明专利申请量/件	二十强科研机构	发明专利申请量/件
1	重庆长安汽车股份有限公司	240	重庆大学	1 070
2	中冶建工集团有限公司	106	重庆邮电大学	543
3	重庆辰央农业科技有限公司	92	西南大学	461
4	国家电网公司	84	重庆科技学院	215
5	中冶赛迪工程技术股份有限公司	81	重庆交通大学	181
6	力帆实业（集团）股份有限公司	74	重庆理工大学	137
7	中冶赛迪技术研究中心有限公司	73	重庆文理学院	122
8	国网重庆市电力公司电力科学研究院	71	重庆工业职业技术学院	107
9	中煤科工集团重庆研究院有限公司	60	长江师范学院	86
10	重庆市巫山县远孝机械有限责任公司	59	重庆工商大学	75
11	中国电子科技集团公司第二十四研究所	51	中国人民解放军第三军医大学第一附属医院	66
12	重庆长安新能源汽车有限公司	49	重庆三峡学院	62

续表

序号	二十强企业	发明专利申请量/件	二十强科研机构	发明专利申请量/件
13	重庆金山医疗器械有限公司	46	中国科学院重庆绿色智能技术研究院	59
14	重庆问天农业科技有限公司	45	重庆工程职业技术学院	59
15	新中天环保股份有限公司	42	重庆电子工程职业学院	58
16	重庆延锋安道拓汽车部件系统有限公司	39	重庆医科大学	50
17	重庆青山工业有限责任公司	38	重庆市农业科学院	46
18	重庆市臻憬科技开发有限公司	36	重庆师范大学	45
19	重庆微奥云生物技术有限公司	36	中国人民解放军第三军医大学第三附属医院	35
20	中国电子科技集团公司第四十四研究所	35	重庆第二师范学院	34

资料来源：中国产业智库大数据中心

表 3-87　2017 年重庆市在华发明专利申请量十强技术领域

序号	IPC 号	分类号含义	专利数量/件
1	G01N	借助于测定材料的化学或物理性质来测试或分析材料	437
2	A61K	医用、牙科用或梳妆用的配制品	387
3	G06F	电数字数据处理	372
4	A01K	畜牧业；禽类、鱼类、昆虫的管理；捕鱼；饲养或养殖其他类不包含的动物；动物的新品种	288
5	G06Q	专门适用于行政、商业、金融、管理、监督或预测目的的数据处理系统或方法；其他类目不包含的专门适用于行政、商业、金融、管理、监督或预测目的的处理系统或方法	254
6	A23L	不包含在 A21D 或 A23B 至 A23J 小类中的食品、食料或非酒精饮料；它们的制备或处理，例如烹调、营养品质的改进、物理处理	246
7	H04L	数字信息的传输，例如电报通信	226
8	A01G	园艺；蔬菜、花卉、稻、果树、葡萄、啤酒花或海菜的栽培；林业；浇水	219
9	A61B	诊断；外科；鉴定	214
10	C02F	水、废水、污水或污泥的处理	179

资料来源：中国产业智库大数据中心

3.2.18　吉林省

2016年，吉林省常住人口2733万人，地区生产总值14 776.8亿元，人均地区生产总值53 868元；普通高等学校 60 所，普通高等学校招生 17.32 万人，普通高等学校教职工总数 6.34 万人；研究与试验发展经费支出 139.67 亿元，研究与试验发展人员 80 018 人，研究与试验发展经费投入强度 0.94%。

2017 年，吉林省基础研究竞争力 BRCI 为 0.544，排名第 18 位，比 2016 年的排名上升 1 位（表 3-88）。吉林省国家自然科学基金项目总数为 797 项，全国排名第 20；项目经费总额为 54 014.94 万元，全国排名第 14；吉林省国家自然科学基金项目经费金额大于 2000 万元的学科有 8 个（图 3-38）；吉林省争取国家自然科学基金经费超过 1 亿元的有 2 家机构（表 3-89）；吉林省共发表 SCI 论文 8246 篇，全国排名第 15（表 3-90）；共有 6 家机构进入相关学科的 ESI 全球前 1%行列（图 3-39）；吉林省发明专利申请量 6444 件，全国排名第 22，主要专利权人和技术领域如表 3-91、表 3-92 所示。

综合分析得知，吉林省的优势学科为物理学、化学与化学工程、材料科学、农学、兽医学、地理学、半导体科学与信息器件、光学和光电子学、放射医学等；吉林省基础研究的重点机构为吉林大学、中国科学院长春应用化学研究所、中国科学院长春光学精密机械与物理研究所、中国科学院东北地理与农业生态研究所、东北师范大学、延边大学等。

表 3-88　2017 年吉林省基础研究竞争力整体情况

指标	数据	排名	指标	数据	排名
国家自然科学基金项目数/项	797	20	SCI 论文数/篇	8 246	15
国家自然科学基金项目经费/万元	54 014.94	14	SCI 论文被引频次/次	7 669	15
国家自然科学基金机构数/个	27	21	发明专利申请量/件	6 444	22
国家自然科学基金主持人数/人	785	20	基础研究竞争力指数	0.544	18

资料来源：中国产业智库大数据中心

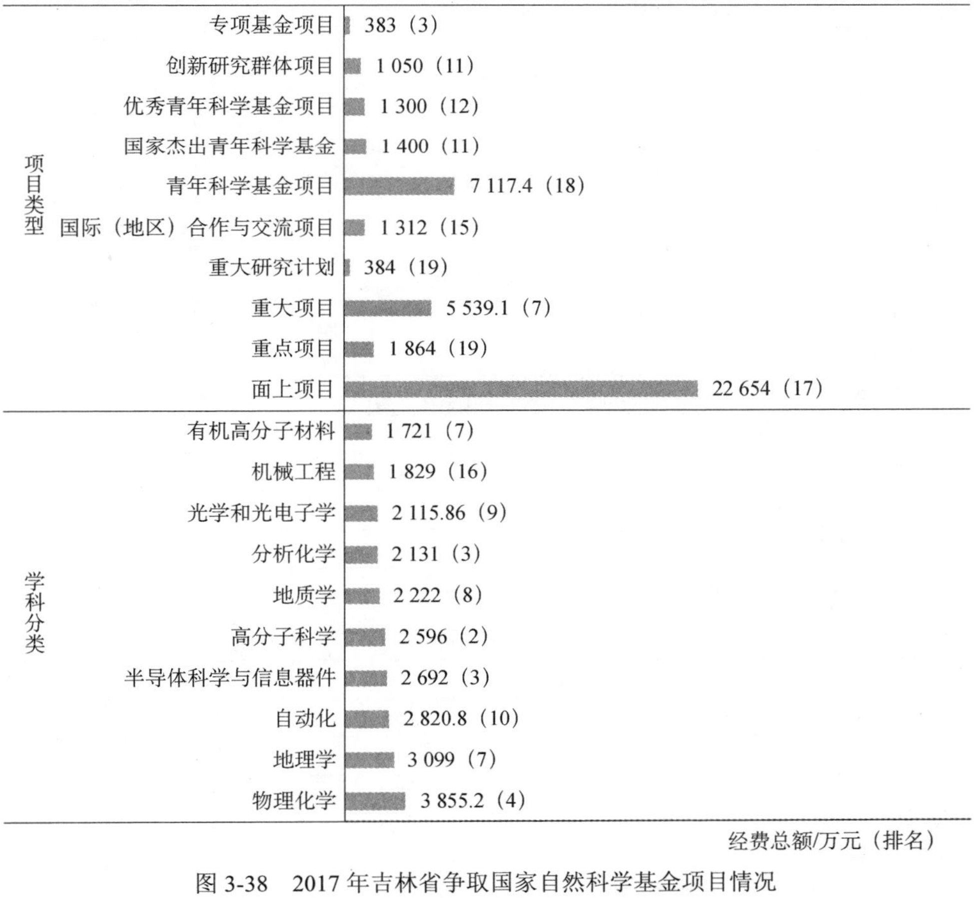

图 3-38　2017 年吉林省争取国家自然科学基金项目情况

资料来源：中国产业智库大数据中心

表 3-89　2017 年吉林省争取国家自然科学基金项目经费机构排行

序号	机构名称	项目数量/项	项目经费/万元	全国排名
1	吉林大学	357	20 878.1	17

续表

序号	机构名称	项目数量/项	项目经费/万元	全国排名
2	中国科学院长春应用化学研究所	82	8 937.2	120
3	东北师范大学	76	3 733	133
4	延边大学	49	1 800.5	207
5	中国科学院长春光学精密机械与物理研究所	46	10 371.44	220
6	中国科学院东北地理与农业生态研究所	43	3 078	241
7	长春理工大学	22	810	396
8	东北电力大学	20	623.3	424
9	吉林农业大学	18	712	455
10	吉林师范大学	18	715	456
11	长春工业大学	15	494	506
12	长春中医药大学	10	309	601
13	吉林建筑大学	8	268.4	658
14	北华大学	5	164	777
15	长春大学	5	123	778
16	吉林省农业科学院	4	133	839
17	中国科学院国家天文台长春人造卫星观测站	3	285	925
18	吉林医药学院	3	127	926
19	长春师范大学	3	86	927
20	吉林化工学院	2	51	1068
21	吉林财经大学	2	53	1069
22	中国人民解放军 63850 部队	1	26	1310
23	中国人民解放军空军航空大学	1	23	1311
24	中国农业科学院特产研究所	1	60	1312
25	吉林省人工影响天气办公室	1	75	1313
26	吉林省气象科学研究所	1	20	1314
27	长春工程学院	1	59	1315

资料来源：中国产业智库大数据中心

表 3-90　2017 年吉林省发表 SCI 论文二十强学科

序号	研究领域	发文量全国排名	发文量/篇	被引次数/次	篇均被引/次
1	材料科学综合	14	1 196	2 078	1.74
2	化学综合	8	920	1 655	1.80
3	物理化学	12	738	1 747	2.37
4	应用物理	14	637	991	1.56
5	纳米科技	8	552	1 318	2.39
6	光学	10	452	177	0.39
7	肿瘤学	17	376	292	0.78
8	电子电气工程	17	363	123	0.34
9	分析化学	11	335	657	1.96
10	研究与实验医学	12	331	149	0.45

续表

序号	研究领域	发文量全国排名	发文量/篇	被引次数/次	篇均被引/次
11	生物化学分子生物学	14	285	245	0.86
12	综合科学	16	274	170	0.62
13	高分子科学	9	268	303	1.13
14	药理学	12	256	191	0.75
15	能源燃料	18	252	462	1.83
16	凝聚态物理	14	242	591	2.44
17	电化学	15	240	596	2.48
18	生物工程与应用微生物学	17	218	203	0.93
19	细胞生物学	16	218	207	0.95
20	环境科学	19	214	158	0.74
全部		15	8 246	7 669	0.93

资料来源：中国产业智库大数据中心

	综合	农业科学	生物与生化	化学	临床医学	计算机科学	经济与商学	工程科学	环境生态学	地球科学	免疫学	材料科学	数学	微生物学	分子生物与遗传学	综合交叉学科	神经科学与行为	药理学与毒物学	物理学	植物与动物科学	精神病学心理学	一般社会科学	空间科学	进入ESI学科数
吉林大学	334	385	469	42	896	0	0	339	0	357	662	41	0	0	0	0	0	343	382	1107	0	0	0	11
长春应用化学研究所*	474	0	0	36	0	0	0	0	0	0	0	42	0	0	0	0	0	0	0	0	0	0	0	2
东北师范大学	986	0	0	170	0	0	0	1082	0	0	0	386	0	0	0	0	0	0	0	1094	0	0	0	4
长春光学精密机械与物理研究所*	2127	0	0	919	0	0	0	0	0	0	0	580	0	0	0	0	0	0	0	0	0	0	0	2
延边大学	3134	0	0	0	3002	0	0	0	0	0	0	0	0	0	0	0	0	0	0	0	0	0	0	1
东北地理与农业生态研究所*	3637	510	0	0	0	0	0	0	0	0	0	0	0	0	0	0	0	0	0	0	0	0	0	1

图 3-39　2017 年吉林省高校和研究机构 ESI 前 1%学科分布

* 为中国科学院下属研究所

资料来源：中国产业智库大数据中心

表 3-91　2017 年吉林省在华发明专利申请量二十强企业和科研机构列表

序号	二十强企业	发明专利申请量/件	二十强科研机构	发明专利申请量/件
1	中国第一汽车股份有限公司	295	吉林大学	1 776
2	长春海谱润斯科技有限公司	152	中国科学院长春光学精密机械与物理研究所	406
3	中车长春轨道客车股份有限公司	115	长春理工大学	200
4	大唐东北电力试验研究所有限公司	54	中国科学院长春应用化学研究所	168
5	长光卫星技术有限公司	51	长春工业大学	157
6	国家电网公司	42	东北师范大学	128
7	长春富维安道拓汽车饰件系统有限公司	31	东北电力大学	114
8	一汽–大众汽车有限公司	28	中国农业科学院特产研究所	80
9	国网吉林省电力有限公司电力科学研究院	27	吉林农业大学	80
10	吉林省电力科学研究院有限公司	25	吉林省农业科学院	76
11	白山市禄程农林科技有限公司	21	吉林化工学院	74
12	吉林省华纺静电材料科技有限公司	18	吉林师范大学	73

续表

序号	二十强企业	发明专利申请量/件	二十强科研机构	发明专利申请量/件
13	中国铁塔股份有限公司长春市分公司	16	吉林建筑大学	64
14	吉林修正药业新药开发有限公司	13	北华大学	56
15	吉林省众鑫汽车装备有限公司	13	长春工程学院	52
16	国网吉林省电力有限公司	10	吉林工程技术师范学院	41
17	长春中车轨道车辆有限公司	10	长春黄金研究院	39
18	长春光速科技有限公司	10	延边大学	32
19	吉林东光奥威汽车制动系统有限公司	9	通化师范学院	28
20	吉林奥来德光电材料股份有限公司	9	吉林农业科技学院	23

资料来源：中国产业智库大数据中心

表 3-92　2017 年吉林省在华发明专利申请量十强技术领域

序号	IPC 号	分类号含义	专利数量/件
1	A61K	医用、牙科用或梳妆用的配制品	334
2	G01N	借助于测定材料的化学或物理性质来测试或分析材料	300
3	C07D	杂环化合物	164
4	G06F	电数字数据处理	156
5	G01M	机器或结构部件的静或动平衡的测试；其他类目中不包括的结构部件或设备的测试	146
6	A23L	不包含在 A21D 或 A23B 至 A23J 小类中的食品、食料或非酒精饮料；它们的制备或处理，例如烹调、营养品质的改进、物理处理	143
7	G02B	光学元件、系统或仪器	143
8	C12N	微生物或酶；其组合物	106
9	B01J	化学或物理方法，例如，催化作用、胶体化学；其有关设备	94
10	H01M	用于直接转变化学能为电能的方法或装置，例如电池组	90

资料来源：中国产业智库大数据中心

3.2.19　江西省

2016 年，江西省常住人口 4592 万人，地区生产总值 18 499 亿元，人均地区生产总值 40 400 元；普通高等学校 98 所，普通高等学校招生 29.6 万人，普通高等学校教职工总数 7.7 万人；研究与试验发展经费支出 207.31 亿元，研究与试验发展人员 95 141 人，研究与试验发展经费投入强度 1.13%。

2017 年，江西省基础研究竞争力 BRCI 为 0.4458，排名第 19 位，比 2016 年的排名上升 1 位（表 3-93）。江西省国家自然科学基金项目总数为 873 项，全国排名第 18；项目经费总额为 35 043.98 万元，全国排名第 21；江西省国家自然科学基金项目经费金额大于 2000 万元的学科仅 1 个（图 3-40）；江西省争取国家自然科学基金经费超过 1 亿元的有 1 家机构（表 3-94）；江西省共发表 SCI 论文 3780 篇，全国排名第 21（表 3-95）；共有 3 家机构进入相关学科的 ESI 全球前 1%行列（图 3-41）；江西省发明专利申请量 8414 件，全国排名第 20，主要专利权人和技术领域如表 3-96、表 3-97 所示。

综合分析得知，江西省的优势学科为高分子科学、食品科学、生态学、畜牧学与草地科学、地球物理学和空间物理学、中药学等；江西省基础研究的重点机构为南昌大学、江西师范大学、南昌航空大学、华东交通大学、江西理工大学、江西农业大学、江西中医药大学等。

表 3-93　2017 年江西省基础研究竞争力整体情况

指标	数据	排名	指标	数据	排名
国家自然科学基金项目数/项	873	18	SCI 论文数/篇	3 780	21
国家自然科学基金项目经费/万元	35 043.98	21	SCI 论文被引频次/次	3 036	21
国家自然科学基金机构数/个	36	16	发明专利申请量/件	8 414	20
国家自然科学基金主持人数/人	868	18	基础研究竞争力指数	0.445 8	19

资料来源：中国产业智库大数据中心

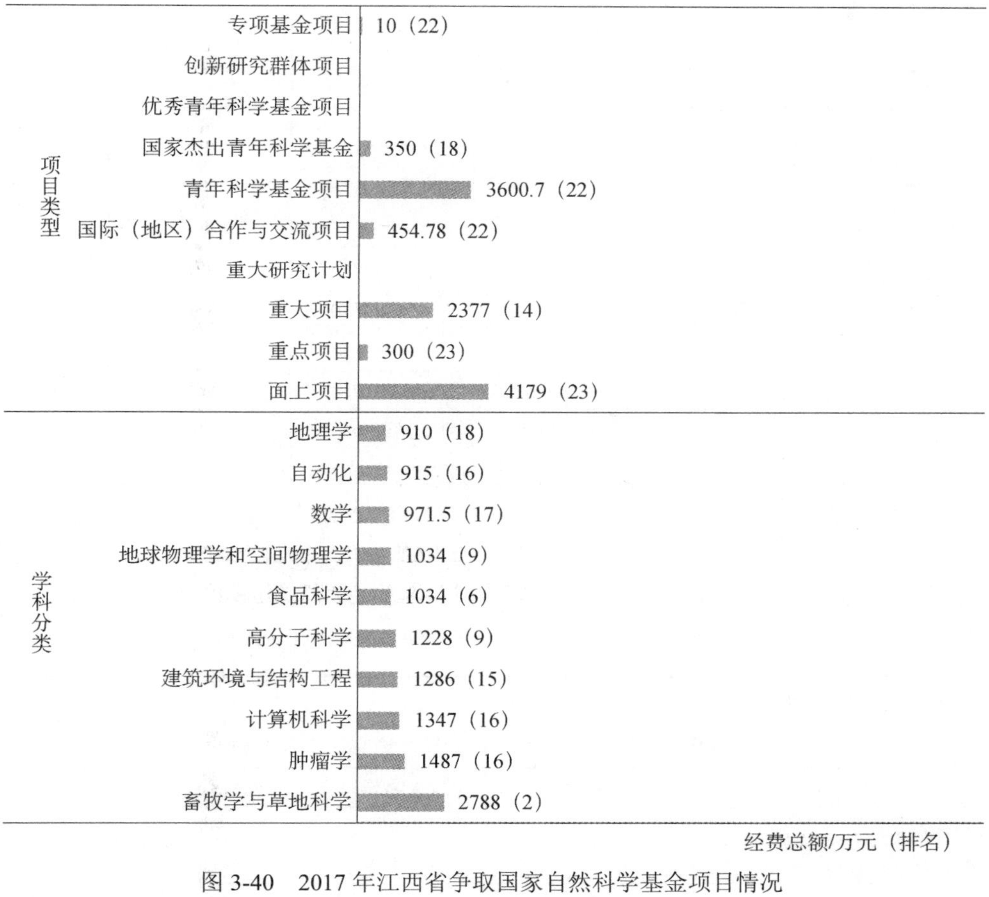

图 3-40　2017 年江西省争取国家自然科学基金项目情况

资料来源：中国产业智库大数据中心

表 3-94　2017 年江西省争取国家自然科学基金项目经费三十强机构

序号	机构名称	项目数量/项	项目经费/万元	全国排名
1	南昌大学	273	10 723.7	25
2	江西师范大学	67	2 463	150
3	华东交通大学	61	2 614.5	167
4	江西理工大学	54	1 863	191

续表

序号	机构名称	项目数量/项	项目经费/万元	全国排名
5	江西农业大学	53	4 188	193
6	东华理工大学	46	2 419	224
7	江西中医药大学	41	1 330.28	251
8	南昌航空大学	40	1 706	259
9	江西财经大学	39	1 207	266
10	江西科技师范大学	22	710	399
11	赣南师范大学	22	683	400
12	南昌工程学院	20	601	428
13	景德镇陶瓷大学	20	670	429
14	九江学院	18	575	461
15	井冈山大学	17	608	478
16	赣南医学院	13	439	542
17	宜春学院	10	345.5	608
18	江西省农业科学院	8	303	667
19	上饶师范学院	7	146	709
20	江西省科学院	7	249	710
21	江西省妇幼保健院	5	176	793
22	江西省人民医院	4	134	858
23	江西省水土保持科学研究院	4	152	859
24	江西省肿瘤医院	4	122	860
25	江西省水利科学研究院	3	116	945
26	萍乡学院	3	69	946
27	南昌市第三医院	2	68	1 098
28	江西科技学院	2	71	1 099
29	南昌市疾病预防控制中心	1	38	1 385
30	南昌市食品药品检验所	1	38	1 386

资料来源：中国产业智库大数据中心

表 3-95　2017 年江西省发表 SCI 论文二十强学科

序号	研究领域	发文量全国排名	发文量/篇	被引次数/次	篇均被引/次
1	材料科学综合	23	399	379	0.95
2	化学综合	22	251	260	1.04
3	物理化学	23	225	435	1.93
4	应用物理	23	203	183	0.90
5	肿瘤学	22	184	99	0.54
6	电子电气工程	22	181	105	0.58
7	食品科学技术	14	177	167	0.94
8	研究与实验医学	20	172	49	0.28
9	生物化学分子生物学	20	148	157	1.06
10	分析化学	21	129	247	1.91

续表

序号	研究领域	发文量全国排名	发文量/篇	被引次数/次	篇均被引/次
11	有机化学	16	124	153	1.23
12	应用数学	22	119	31	0.26
13	应用化学	16	116	170	1.47
14	光学	21	112	75	0.67
15	冶金工程	20	111	151	1.36
16	环境科学	24	109	104	0.95
17	药理学	22	106	85	0.80
18	生物工程与应用微生物学	21	105	83	0.79
19	综合科学	23	103	63	0.61
20	数学	17	102	8	0.08
全部		21	3 780	3 036	0.80

资料来源：中国产业智库大数据中心

	综合	农业科学	生物与生化	化学	临床医学	计算机科学	经济与商学	工程科学	环境/生态学	地球科学	免疫学	材料科学	数学	微生物学	分子生物与遗传学	综合交叉学科	神经科学与行为	药理学与毒物学	物理学	植物与动物科学	精神病学/心理学	一般社会科学	空间科学	进入ESI学科数
南昌大学	1284	210	0	665	1621	0	0	985	0	0	0	680	0	0	0	0	0	0	0	0	0	0	0	5
江西师范大学	2268	0	0	718	0	0	0	0	0	0	0	0	0	0	0	0	0	0	0	0	0	0	0	1
南昌航空大学	3087	0	0	0	0	0	0	0	0	0	0	824	0	0	0	0	0	0	0	0	0	0	0	1

图 3-41　2017 年江西省高校和研究机构 ESI 前 1%学科分布

资料来源：中国产业智库大数据中心

表 3-96　2017 年江西省在华发明专利申请量二十强企业和科研机构列表

序号	二十强企业	发明专利申请量/件	二十强科研机构	发明专利申请量/件
1	国家电网公司	214	南昌大学	549
2	江西洪都航空工业集团有限责任公司	131	南昌航空大学	237
3	国网江西省电力公司电力科学研究院	110	华东交通大学	222
4	江西博瑞彤芸科技有限公司	108	江西理工大学	207
5	全南县智护力工业产品设计有限公司	70	江西师范大学	124
6	全南县韬寻机械设备开发有限公司	67	景德镇陶瓷大学	83
7	全南县彩美达科技发展有限公司	62	东华理工大学	78
8	南昌浩牛科技有限公司	49	南昌工程学院	71
9	晶科能源有限公司	49	江西农业大学	71
10	浙江晶科能源有限公司	49	江西科技师范大学	53
11	南昌叁润科技有限公司	44	江西中医药大学	48
12	赣州清亦华科科技有限公司	44	江西电力职业技术学院	42
13	南昌诺义弘科技有限公司	42	赣南师范大学	28
14	赣州科源甬致科技有限公司	41	九江学院	25
15	南昌安润科技有限公司	40	江西省科学院应用化学研究所	24
16	江铃汽车股份有限公司	39	江西服装学院	19

续表

序号	二十强企业	发明专利申请量/件	二十强科研机构	发明专利申请量/件
17	南昌首叶科技有限公司	37	宜春学院	18
18	江西昌河航空工业有限公司	33	江西省科学院微生物研究所	14
19	江西中烟工业有限责任公司	32	井冈山大学	13
20	江西天祥通用航空股份有限公司	29	江西科技学院	13

资料来源：中国产业智库大数据中心

表 3-97　2017 年江西省在华发明专利申请量十强技术领域

序号	IPC 号	分类号含义	专利数量/件
1	A61K	医用、牙科用或梳妆用的配制品	240
2	G01N	借助于测定材料的化学或物理性质来测试或分析材料	226
3	A23L	不包含在 A21D 或 A23B 至 A23J 小类中的食品、食料或非酒精饮料；它们的制备或处理，例如烹调、营养品质的改进、物理处理	181
4	G06F	电数字数据处理	181
5	B01F	混合，例如，溶解、乳化、分散	158
6	B01D	分离	142
7	B02C	一般破碎、研磨或粉碎；碾磨谷物	136
8	B01J	化学或物理方法，例如，催化作用、胶体化学；其有关设备	130
9	C02F	水、废水、污水或污泥的处理	117
10	A01G	园艺；蔬菜、花卉、稻、果树、葡萄、啤酒花或海菜的栽培；林业；浇水	115

资料来源：中国产业智库大数据中心

3.2.20　云南省

2016 年，云南省常住人口 4771 万人，地区生产总值 14 788.42 亿元，人均地区生产总值 31 093 元；普通高等学校 72 所，普通高等学校招生 17.99 万人，普通高等学校教职工总数 5.26 万人；研究与试验发展经费支出 132.76 亿元，研究与试验发展人员 74 561 人，研究与试验发展经费投入强度 0.89%。

2017 年，云南省基础研究竞争力 BRCI 为 0.4058，排名第 20 位，比 2016 年的排名下降 2 位（表 3-98）。云南省国家自然科学基金项目总数为 809 项，项目经费总额为 37 009.18 万元，全国排名均为第 19；云南省国家自然科学基金项目经费金额大于 2000 万元的学科有 3 个（图 3-42）；云南省争取国家自然科学基金经费超过 5000 万的有 2 家机构（表 3-99）；云南省共发表 SCI 论文 3365 篇，全国排名第 23（表 3-100）；共有 6 家机构进入相关学科的 ESI 全球前 1%行列（图 3-43）；云南省发明专利申请量 6160 件，全国排名第 23，主要专利权人和技术领域如表 3-101、表 3-102 所示。

综合分析得知，云南省的优势学科为生物学、天文学、林学、医药化学、冶金与矿业、生态学、医学免疫学、药物学等；云南省基础研究的重点机构为云南大学、昆明理工大学、中国科学院昆明动物研究所、昆明医科大学、中国科学院西双版纳热带植物园等。

表3-98 2017年云南省基础研究竞争力整体情况

指标	数据	排名	指标	数据	排名
国家自然科学基金项目数/项	809	19	SCI论文数/篇	3 365	23
国家自然科学基金项目经费/万元	37 009.18	19	SCI论文被引频次/次	2 550	23
国家自然科学基金机构数/个	38	15	发明专利申请量/件	6 160	23
国家自然科学基金主持人数/人	795	19	基础研究竞争力指数	0.405 8	20

资料来源：中国产业智库大数据中心

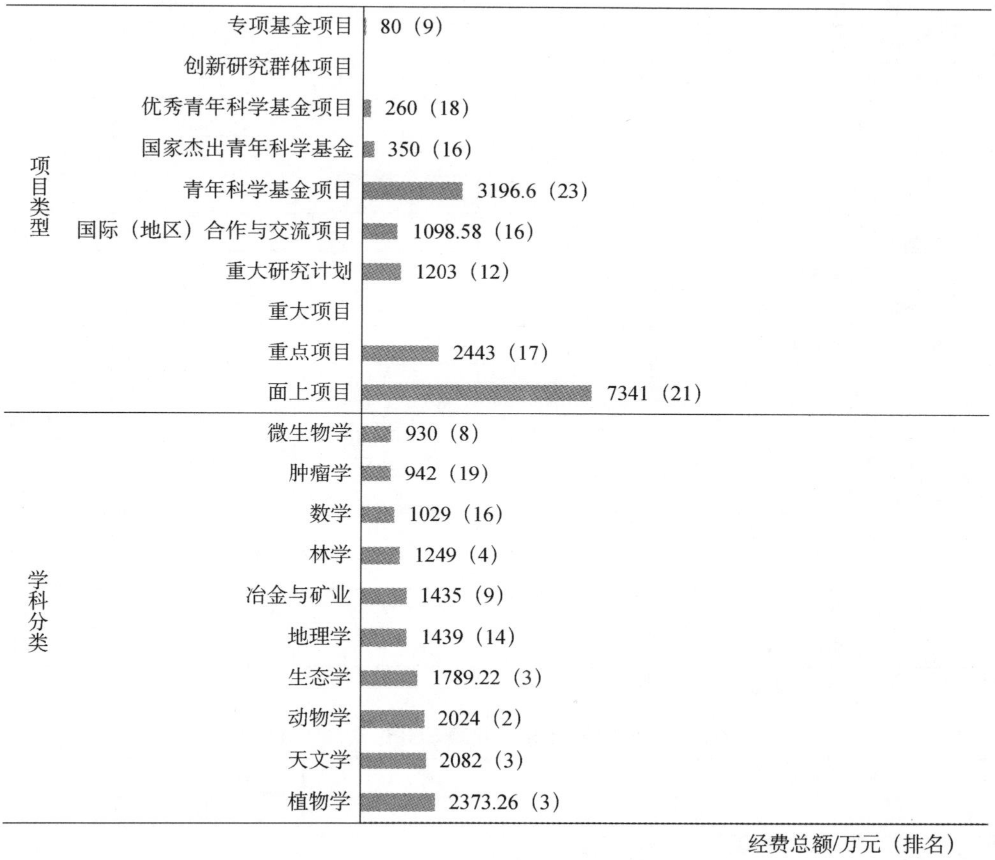

图3-42 2017年云南省争取国家自然科学基金项目情况

资料来源：中国产业智库大数据中心

表3-99 2017年云南省争取国家自然科学基金项目经费三十强机构

序号	机构名称	项目数量/项	项目经费/万元	全国排名
1	昆明理工大学	146	6464	65
2	云南大学	110	5848	91
3	昆明医科大学	80	2818	128
4	中国科学院昆明植物研究所	57	3233	178
5	云南农业大学	45	1798	232
6	中国科学院昆明动物研究所	43	4222.6	244
7	云南师范大学	41	1510.5	254

续表

序号	机构名称	项目数量/项	项目经费/万元	全国排名
8	西南林业大学	41	1504	255
9	中国科学院西双版纳热带植物园	35	1789.98	299
10	中国科学院云南天文台	31	1621	323
11	云南省农业科学院	25	929	369
12	云南省第一人民医院	21	665	419
13	云南中医学院	19	630	449
14	云南民族大学	18	612	468
15	大理大学	17	575.1	484
16	云南财经大学	15	472.5	516
17	昆明学院	11	378	585
18	红河学院	9	327.5	645
19	曲靖师范学院	7	222	720
20	中国医学科学院医学生物学研究所	4	127	880
21	中国林业科学研究院资源昆虫研究所	4	162	881
22	昆明贵金属研究所	4	139	882
23	云南中科灵长类生物医学重点实验室	3	105	985
24	云南省中医医院	3	129	986
25	云南省林业科学院	3	108	987
26	云南省烟草农业科学研究院	2	57	1165
27	云南省畜牧兽医科学院	2	75	1166
28	成都军区昆明总医院	2	75	1167
29	玉溪师范学院	2	70	1168
30	云南省中医中药研究院	1	34	1512

资料来源：中国产业智库大数据中心

表 3-100　2017 年云南省发表 SCI 论文二十强学科

序号	研究领域	发文量全国排名	发文量/篇	被引次数/次	篇均被引/次
1	材料科学综合	25	292	238	0.82
2	植物科学	9	237	144	0.61
3	综合科学	20	184	108	0.59
4	物理化学	24	173	252	1.46
5	化学综合	24	163	158	0.97
6	生物化学分子生物学	21	143	127	0.89
7	工程化学	21	130	143	1.10
8	冶金工程	19	129	99	0.77
9	应用物理	25	129	85	0.66
10	医药化学	8	123	68	0.55
11	环境科学	22	120	79	0.66
12	药理学	21	119	119	1.00
13	研究与实验医学	23	117	33	0.28

续表

序号	研究领域	发文量全国排名	发文量/篇	被引次数/次	篇均被引/次
14	肿瘤学	24	116	93	0.80
15	天文与天体物理	4	113	59	0.52
16	有机化学	18	113	72	0.64
17	能源燃料	23	111	120	1.08
18	生物工程与应用微生物学	23	88	84	0.95
19	细胞生物学	23	88	89	1.01
20	凝聚态物理	25	85	78	0.92
全部		23	3365	2550	0.76

资料来源：中国产业智库大数据中心

	综合	农业科学	生物与生化	化学	临床医学	计算机科学	经济与商学	工程科学	环境生态学	地球科学	免疫学	材料科学	数学	微生物学	分子生物与遗传学	综合交叉学科	神经科学与行为	药理学与毒物学	物理学	植物与动物科学	精神病学心理学	一般社会科学	空间科学	进入ESI学科数
云南大学	1744	0	0	972	0	0	0	0	0	0	0	0	0	421	0	0	0	0	0	1112	0	0	0	3
昆明理工大学	2095	0	0	0	0	0	0	836	0	0	0	574	0	0	0	0	0	0	0	0	0	0	0	2
昆明动物研究所*	2343	0	0	0	0	0	0	0	0	0	0	0	0	0	0	0	0	0	0	1048	0	0	0	1
昆明医科大学	2936	0	0	0	2047	0	0	0	0	0	0	0	0	0	0	0	0	0	0	0	0	0	0	1
西双版纳热带植物园*	2986	0	0	0	0	0	0	0	665	0	0	0	0	0	0	0	0	0	0	665	0	0	0	2
云南农业大学	3897	0	0	0	0	0	0	0	0	0	0	0	0	0	0	0	0	0	0	1107	0	0	0	1

图 3-43　2017 年云南省高校和研究机构 ESI 前 1%学科分布

* 为中国科学院下属研究所

资料来源：中国产业智库大数据中心

表 3-101　2017 年云南省在华发明专利申请量二十强企业和科研机构列表

序号	二十强企业	发明专利申请量/件	二十强科研机构	发明专利申请量/件
1	云南电网有限责任公司电力科学研究院	331	昆明理工大学	1 150
2	云南中烟工业有限责任公司	280	云南大学	175
3	云南电网有限责任公司	57	云南农业大学	127
4	红云红河烟草（集团）有限责任公司	50	中国科学院昆明植物研究所	84
5	云南靖创液态金属热控技术研发有限公司	44	云南省烟草农业科学研究院	53
6	云南肠和健康科技股份有限公司	34	西南林业大学	52
7	昆明能讯科技有限责任公司	25	云南民族大学	51
8	红塔烟草（集团）有限责任公司	23	云南师范大学	39
9	云南摩尔农庄生物科技开发有限公司	22	云南中医学院	36
10	云南中烟新材料科技有限公司	19	昆明学院	29
11	昆药集团股份有限公司	19	楚雄医药高等专科学校	29
12	云南云天化农业科技股份有限公司	18	昆明医科大学	22
13	云南工程建设总承包公司	18	大理大学	21
14	华能澜沧江水电股份有限公司	18	云南省农业科学院花卉研究所	18
15	云南电网有限责任公司信息中心	16	中国医学科学院医学生物学研究所	17

续表

序号	二十强企业	发明专利申请量/件	二十强科研机构	发明专利申请量/件
16	云南电力试验研究院（集团）有限公司	15	昆明医科大学第一附属医院	17
17	云南驰宏锌锗股份有限公司	15	昆明贵金属研究所	17
18	昆明赛诺制药股份有限公司	15	中国科学院昆明动物研究所	15
19	中国水利水电第十四工程局有限公司	14	云南省农业科学院农业环境资源研究所	15
20	云南电网有限责任公司红河供电局	14	曲靖师范学院	15

资料来源：中国产业智库大数据中心

表 3-102　2017 年云南省在华发明专利申请量十强技术领域

序号	IPC 号	分类号含义	专利数量/件
1	A61K	医用、牙科用或梳妆用的配制品	403
2	A01G	园艺；蔬菜、花卉、稻、果树、葡萄、啤酒花或海菜的栽培；林业；浇水	353
3	G01N	借助于测定材料的化学或物理性质来测试或分析材料	232
4	A23L	不包含在 A21D 或 A23B 至 A23J 小类中的食品、食料或非酒精饮料；它们的制备或处理，例如烹调、营养品质的改进、物理处理	223
5	G01R	测量电变量；测量磁变量	183
6	C12N	微生物或酶；其组合物	159
7	G06F	电数字数据处理	157
8	C02F	水、废水、污水或污泥的处理	124
9	G06Q	专门适用于行政、商业、金融、管理、监督或预测目的的数据处理系统或方法；其他类目不包含的专门适用于行政、商业、金融、管理、监督或预测目的的处理系统或方法	121
10	A01K	畜牧业；禽类、鱼类、昆虫的管理；捕鱼；饲养或养殖其他类不包含的动物；动物的新品种	118

资料来源：中国产业智库大数据中心

3.2.21　甘肃省

2016 年，甘肃省常住人口 2610 万人，地区生产总值 7200.37 亿元，人均地区生产总值 27 643 元；普通高等学校 49 所，普通高等学校招生 12.58 万人，普通高等学校教职工总数 3.93 万人；研究与试验发展经费支出 86.99 亿元，研究与试验发展人员 39 796 人，研究与试验发展经费投入强度 1.22%。

2017 年，甘肃省基础研究竞争力 BRCI 为 0.3953，排名第 21 位，与 2016 年的排名一致（表 3-103）。甘肃省国家自然科学基金项目总数为 688 项，全国排名第 21；项目经费总额为 35 708.1 万元，全国排名第 20；甘肃省国家自然科学基金项目经费金额大于 2000 万元的学科有 4 个（图 3-44）；甘肃省争取国家自然科学基金经费超过 1 亿元的有 1 家机构（表 3-104）。甘肃省共发表 SCI 论文 4312 篇，全国排名第 20（表 3-105）；共有 5 家机构进入相关学科的 ESI 全球前 1%行列（图 3-45）；甘肃省发明专利申请量 3767 件，全国排名第 25，主要专利权人和技术领域如表 3-106、表 3-107 所示。

综合分析得知，甘肃省的优势学科为物理学、地理学与地质学、大气科学、农学、生态学、机械工程、畜牧学与草地科学、兽医学、中西医结合等；甘肃省基础研究的重点机构为兰州大学、中国科学院寒区旱区环境与工程研究所、西北师范大学、中国科学院近代物理研究所、兰州理工大学等。

表 3-103 2017 年甘肃省基础研究竞争力整体情况

指标	数据	排名	指标	数据	排名
国家自然科学基金项目数/项	688	21	SCI 论文数/篇	4 312	20
国家自然科学基金项目经费/万元	35 708.1	20	SCI 论文被引频次/次	4 405	19
国家自然科学基金机构数/个	33	19	发明专利申请量/件	3 767	25
国家自然科学基金主持人数/人	685	21	基础研究竞争力指数	0.395 3	21

资料来源：中国产业智库大数据中心

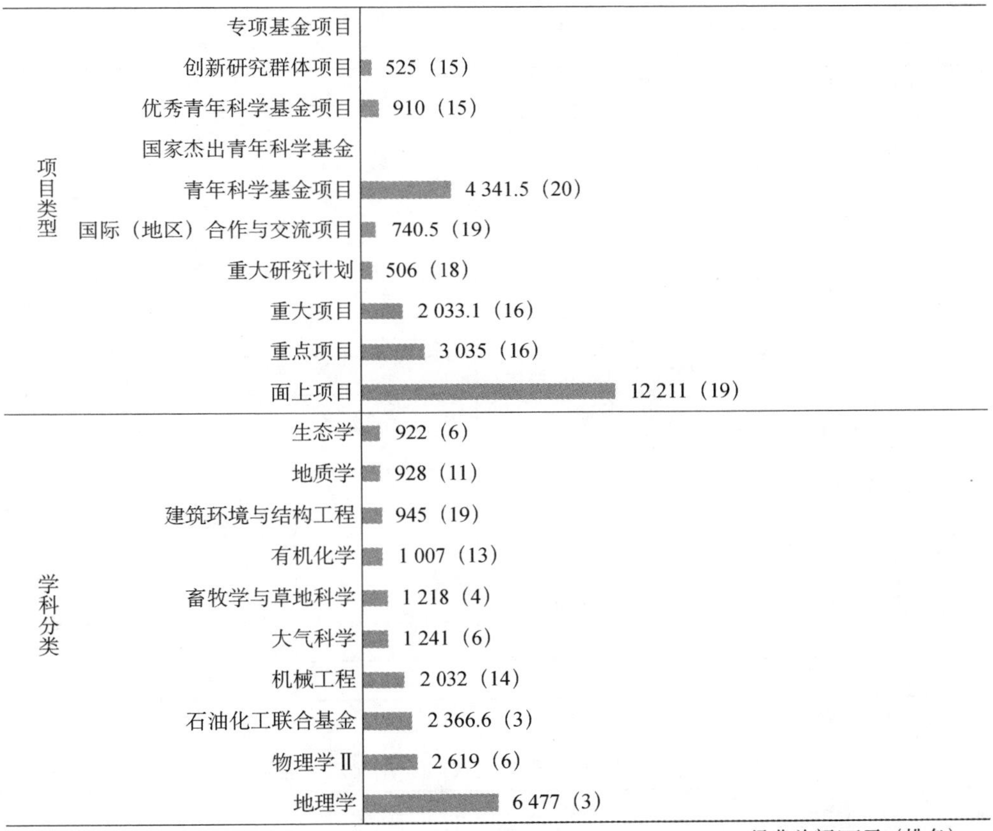

图 3-44 2017 年甘肃省争取国家自然科学基金项目情况

资料来源：中国产业智库大数据中心

表 3-104 2017 年甘肃省争取国家自然科学基金项目经费三十强机构

序号	机构名称	项目数量/项	项目经费/万元	全国排名
1	兰州大学	177	12 398.6	46
2	中国科学院寒区旱区环境与工程研究所	69	5 019	144
3	兰州理工大学	62	2 290	165

续表

序号	机构名称	项目数量/项	项目经费/万元	全国排名
4	西北师范大学	58	2 148	173
5	兰州交通大学	47	1 690	217
6	甘肃农业大学	46	1 943	226
7	中国科学院近代物理研究所	45	2 595	233
8	中国科学院兰州化学物理研究所	43	2 431	245
9	甘肃省农业科学院	21	796	420
10	甘肃中医药大学	19	640	451
11	西北民族大学	15	546	519
12	中国农业科学院兰州兽医研究所	13	532	549
13	天水师范学院	9	327	647
14	甘肃省人民医院	9	297	648
15	甘肃省治沙研究所	8	290	685
16	中国科学院地质与地球物理研究所兰州油气资源研究中心	6	303	754
17	兰州空间技术物理研究所	6	174.5	755
18	中国气象局兰州干旱气象研究所	5	236	815
19	中国地震局兰州地震研究所	4	163	884
20	兰州城市学院	4	162	885
21	中国人民解放军兰州军区兰州总医院	3	96	995
22	中国农业科学院兰州畜牧与兽药研究所	3	111	996
23	甘肃省中医院	3	88	997
24	兰州财经大学	2	49	1 174
25	河西学院	2	76	1 175
26	甘肃省疾病预防控制中心	2	64	1 176
27	兰州工业学院	1	37	1 534
28	甘肃政法学院	1	38	1 535
29	甘肃民族师范学院	1	37	1 536
30	甘肃省水利科学研究院	1	37	1 537

资料来源：中国产业智库大数据中心

表 3-105　2017 年甘肃省发表 SCI 论文二十强学科

序号	研究领域	发文量全国排名	发文量/篇	被引次数/次	篇均被引/次
1	材料科学综合	22	478	733	1.53
2	物理化学	20	354	881	2.49
3	化学综合	20	303	439	1.45
4	应用物理	20	289	339	1.17
5	环境科学	17	244	223	0.91
6	有机化学	11	197	313	1.59
7	应用数学	17	163	76	0.47
8	地球科学综合	9	154	101	0.66

续表

序号	研究领域	发文量全国排名	发文量/篇	被引次数/次	篇均被引/次
9	纳米科技	22	140	341	2.44
10	工程化学	20	136	361	2.65
11	分析化学	20	134	302	2.25
12	凝聚态物理	19	133	191	1.44
13	能源燃料	22	132	217	1.64
14	综合科学	21	132	127	0.96
15	数学	16	126	34	0.27
16	气象与大气科学	3	125	135	1.08
17	机械工程	20	119	144	1.21
18	电化学	20	118	295	2.50
19	核物理	3	109	142	1.30
20	植物科学	16	109	65	0.60
全部		20	4 312	4 405	1.02

资料来源：中国产业智库大数据中心

	综合	农业科学	生物与生化	化学	临床医学	计算机科学	经济与商学	工程科学	环境/生态学	地球科学	免疫学	材料科学	数学	微生物学	分子生物与遗传学	综合交叉学科	神经科学与行为	药理学与毒物学	物理学	植物与动物科学	精神病学/心理学	一般社会科学	空间科学	进入ESI学科数
兰州大学	510	316	813	99	1695	0	0	463	506	241	0	163	74	0	0	0	0	624	467	483	0	0	0	12
寒区旱区环境与工程研究所*	2137	668	0	0	0	0	0	1155	558	310	0	0	0	0	0	0	0	0	0	0	0	0	0	4
西北师范大学	2228	0	0	795	0	0	0	0	0	0	0	0	0	0	0	0	0	0	0	0	0	0	0	1
近代物理研究所*	2595	0	0	0	0	0	0	0	0	0	0	0	0	0	0	0	0	0	661	0	0	0	0	1
兰州理工大学	2957	0	0	0	0	0	0	1232	0	0	0	725	0	0	0	0	0	0	0	0	0	0	0	2

图 3-45　2017 年甘肃省高校和研究机构 ESI 前 1%学科分布

*为中国科学院下属研究所

资料来源：中国产业智库大数据中心

表 3-106　2017 年甘肃省在华发明专利申请量二十强企业和科研机构列表

序号	二十强企业	发明专利申请量/件	二十强科研机构	发明专利申请量/件
1	贵州电网有限责任公司电力科学研究院	122	贵州大学	1 200
2	中国电建集团贵阳勘测设计研究院有限公司	101	遵义医学院	136
3	贵州电网有限责任公司	95	贵阳中医学院	63
4	贵州云侠科技有限公司	39	贵州师范大学	62
5	中国振华集团云科电子有限公司	34	贵州理工学院	58
6	贵州健瑞安药业有限公司	31	遵义医学院附属医院	56
7	龙里县兴溢诚豆制品有限公司	29	遵义师范学院	40
8	贵州眯果创意科技有限公司	28	中国科学院地球化学研究所	39
9	贵州苗都现代医药物流经营有限公司	28	贵阳学院	35
10	贵州都匀市剑江药业有限公司	27	贵州医科大学	33
11	贵阳开磷化肥有限公司	27	贵州工程应用技术学院	33

续表

序号	二十强企业	发明专利申请量/件	二十强科研机构	发明专利申请量/件
12	贵州百科薏仁生物科技有限公司	25	黔东南苗族侗族自治州农业科学院	27
13	贵州盛茂白芨开发有限公司	25	铜仁学院	26
14	贵州航天天马机电科技有限公司	24	余庆县人民医院	23
15	贵州安大航空锻造有限责任公司	23	贵州省材料产业技术研究院	22
16	贵州开磷磷石膏综合利用有限公司	23	贵州省烟草科学研究院	21
17	贵阳朗玛信息技术股份有限公司	23	贵州财经大学	20
18	桐梓县德毓蜂业发展有限公司	22	六盘水师范学院	19
19	中国航发贵州黎阳航空动力有限公司	21	贵州省人民医院	19
20	中国航空工业标准件制造有限责任公司	21	贵阳中医学院第二附属医院	13

资料来源：中国产业智库大数据中心

表 3-107　2017 年甘肃省在华发明专利申请量十强技术领域

序号	IPC 号	分类号含义	专利数量/件
1	A61K	医用、牙科用或梳妆用的配制品	294
2	A01G	园艺；蔬菜、花卉、稻、果树、葡萄、啤酒花或海菜的栽培；林业；浇水	198
3	G01N	借助于测定材料的化学或物理性质来测试或分析材料	186
4	A23L	不包含在 A21D 或 A23B 至 A23J 小类中的食品、食料或非酒精饮料；它们的制备或处理，例如烹调、营养品质的改进、物理处理	162
5	A47K	未列入其他类目的卫生设备	71
6	C05G	分属于 C05 大类下各小类中肥料的混合物；由一种或多种肥料与无特殊肥效的物质，例如农药、土壤调理剂、润湿剂所组成的混合物	65
7	C22B	金属的生产或精炼	63
8	B01J	化学或物理方法，例如，催化作用、胶体化学；其有关设备	60
9	C12N	微生物或酶；其组合物	59
10	E02D	基础；挖方；填方	54

资料来源：中国产业智库大数据中心

3.2.22　广西壮族自治区

2016 年，广西壮族自治区常住人口 4838 万人，地区生产总值 18 317.64 亿元，人均地区生产总值 38 027 元；普通高等学校 73 所，普通高等学校招生 24.84 万人，普通高等学校教职工总数 6.37 万人；研究与试验发展经费支出 117.75 亿元，研究与试验发展人员 69 091 人，研究与试验发展经费投入强度 0.65%。

2017 年，广西壮族自治区基础研究竞争力 BRCI 为 0.3798，排名第 22 位，与 2016 年的排名一致（表 3-108）。广西壮族自治区国家自然科学基金项目总数为 568 项，项目经费总额为 20 735.3 万元，全国排名均为第 22；广西壮族自治区国家自然科学基金项目经费金额大于 1000 万元的学科有 3 个（图 3-46）；广西壮族自治区争取国家自然科学基金经费超过 5000 万元的有 1 家机构（表 3-109）；广西壮族自治区共发表 SCI 论文 2827 篇，全国排名第 24（表 3-110）；共有 3 家机构进入相关学科的 ESI 全球前 1%行列（图 3-47）；广西壮族自治区发明专利申请量 26 067 件，全国排名第 11，主要专利权人和技术领域如表 3-111、表 3-112 所示。

综合分析得知，广西壮族自治区的优势学科为天文学、环境化学、海洋科学、呼吸系统、预防医学、中医学、中药学等；广西壮族自治区基础研究的重点机构为广西大学、广西师范大学、广西医科大学、桂林电子科技大学、桂林理工大学、广西中医药大学等。

表 3-108　2017 年广西壮族自治区基础研究竞争力整体情况

指标	数据	排名	指标	数据	排名
国家自然科学基金项目数/项	568	22	SCI 论文数/篇	2 827	24
国家自然科学基金项目经费/万元	20 735.3	22	SCI 论文被引频次/次	1 705	24
国家自然科学基金机构数/个	36	17	发明专利申请量/件	26 067	11
国家自然科学基金主持人数/人	564	22	基础研究竞争力指数	0.379 8	22

资料来源：中国产业智库大数据中心

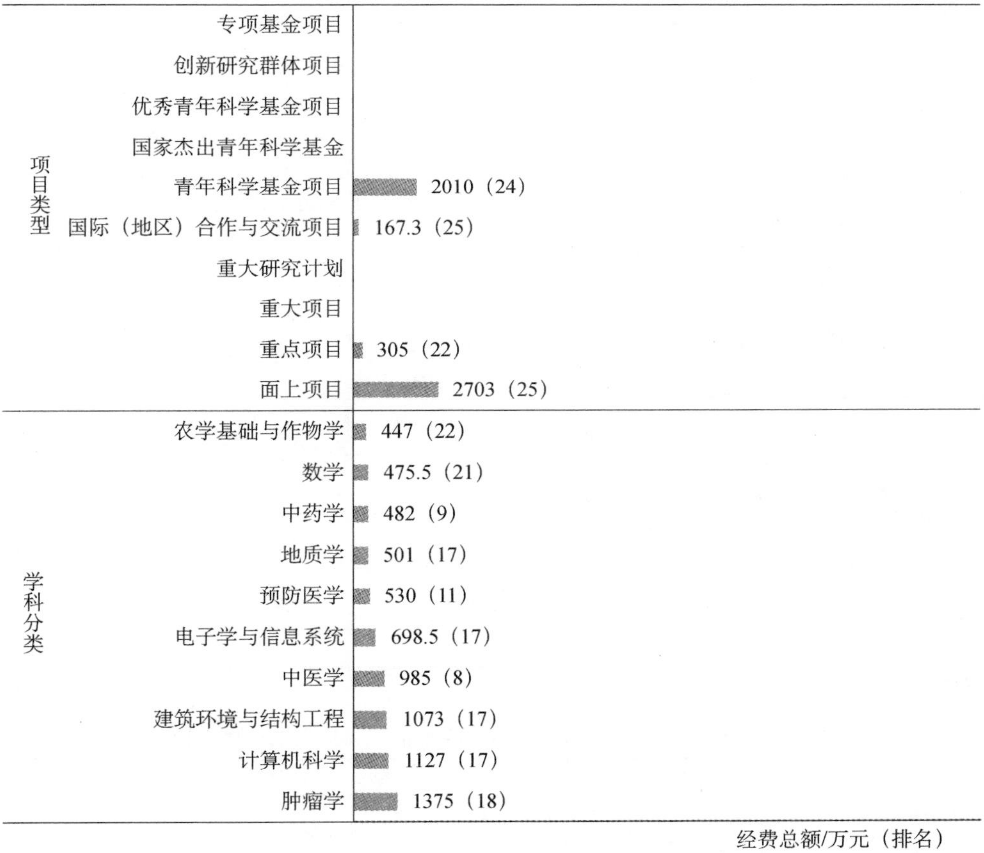

图 3-46　2017 年广西壮族自治区争取国家自然科学基金项目情况

资料来源：中国产业智库大数据中心

表 3-109　2017 年广西壮族自治区争取国家自然科学基金项目经费三十强机构

序号	机构名称	项目数量/项	项目经费/万元	全国排名
1	广西大学	129	5 224	79
2	广西医科大学	82	2 859	122

续表

序号	机构名称	项目数量/项	项目经费/万元	全国排名
3	桂林电子科技大学	56	2 093.5	182
4	桂林理工大学	50	1 694	205
5	广西中医药大学	37	1 327	279
6	广西师范大学	36	1 406	285
7	桂林医学院	33	1 170	311
8	广西师范学院	19	605	445
9	广西壮族自治区农业科学院	16	570	499
10	右江民族医学院	12	430	562
11	广西科技大学	11	318.5	580
12	中国地质科学院岩溶地质研究所	10	357	613
13	广西壮族自治区人民医院	8	257	676
14	广西民族大学	8	271	677
15	广西壮族自治区中国科学院广西植物研究所	7	252	717
16	玉林师范学院	7	251	718
17	钦州学院	6	209	752
18	广西壮族自治区疾病预防控制中心	5	284.3	807
19	广西壮族自治区肿瘤防治研究所	5	169	808
20	桂林航天工业学院	4	88	874
21	广西壮族自治区妇幼保健院	3	89	971
22	广西壮族自治区药用植物园	3	87	972
23	广西财经学院	3	113	973
24	百色学院	3	114	974
25	广西壮族自治区水产科学研究院	2	78	1 146
26	广西科学院	2	60	1 147
27	贺州学院	2	73	1 148
28	广西国际壮医医院	1	34	1 482
29	广西壮族自治区中医药研究院	1	20	1 483
30	广西壮族自治区林业科学研究院	1	35	1 484

资料来源：中国产业智库大数据中心

表 3-110　2017 年广西壮族自治区发表 SCI 论文二十强学科

序号	研究领域	发文量全国排名	发文量/篇	被引次数/次	篇均被引/次
1	材料科学综合	24	313	248	0.79
2	肿瘤学	18	300	176	0.59
3	电子电气工程	21	197	117	0.59
4	研究与实验医学	21	166	49	0.30
5	应用物理	24	166	92	0.55
6	细胞生物学	19	155	125	0.81
7	生物工程与应用微生物学	20	121	57	0.47
8	物理化学	25	116	176	1.52

续表

序号	研究领域	发文量全国排名	发文量/篇	被引次数/次	篇均被引/次
9	综合科学	22	107	70	0.65
10	化学综合	27	104	80	0.77
11	生物化学分子生物学	23	103	65	0.63
12	凝聚态物理	22	101	66	0.65
13	工程综合	20	90	15	0.17
14	能源燃料	24	86	80	0.93
15	药理学	23	82	71	0.87
16	电化学	23	79	90	1.14
17	食品科学技术	22	71	26	0.37
18	环境科学	27	68	31	0.46
19	应用数学	25	67	21	0.31
20	病理学	11	65	9	0.14
全部		24	2 827	1 705	0.60

资料来源：中国产业智库大数据中心

	综合	农业科学	生物与生化	化学	临床医学	计算机科学	经济与商学	工程科学	环境/生态学	地球科学	免疫学	材料科学	数学	微生物学	分子生物与遗传学	综合交叉学科	神经科学与行为	药理学与毒物学	物理学	植物与动物科学	精神病学/心理学	一般社会科学	空间科学	进入ESI学科数
广西大学	1918	673	0	0	0	0	0	964	0	0	0	667	0	0	0	0	0	0	0	1195	0	0	0	4
广西医科大学	2160	0	0	0	1109	0	0	0	0	0	0	0	0	0	0	0	0	0	0	0	0	0	0	1
广西师范大学	2485	0	0	836	0	0	0	0	0	0	0	0	0	0	0	0	0	0	0	0	0	0	0	1

图 3-47　2017 年广西壮族自治区高校和研究机构 ESI 前 1%学科分布

资料来源：中国产业智库大数据中心

表 3-111　2017 年广西壮族自治区在华发明专利申请量二十强企业和科研机构列表

序号	二十强企业	发明专利申请量/件	二十强科研机构	发明专利申请量/件
1	广西玉柴机器股份有限公司	237	广西大学	715
2	广西电网有限责任公司电力科学研究院	193	桂林理工大学	511
3	上汽通用五菱汽车股份有限公司	144	桂林电子科技大学	509
4	广西沙田仙人滩农业投资有限公司	131	钦州学院	327
5	广西吉朋投资有限公司	120	广西民族大学	215
6	广西驰胜农业科技有限公司	94	广西师范大学	199
7	广西浙缘农业科技有限公司	91	南宁学院	143
8	广西柳工机械股份有限公司	85	广西科技大学	137
9	广西小草信息产业有限责任公司	79	贺州学院	126
10	广西丰达三维科技有限公司	77	广西师范学院	98
11	桂林浩新科技服务有限公司	75	百色学院	85
12	桂林市春晓环保科技有限公司	70	桂林师范高等专科学校	60
13	岑溪市东正动力科技开发有限公司	69	广西壮族自治区农业科学院农产品加工研究所	58

续表

序号	二十强企业	发明专利申请量/件	二十强科研机构	发明专利申请量/件
14	广西顺帆投资有限公司	63	桂林航天工业学院	53
15	桂林市味美园餐饮管理有限公司	62	广西壮族自治区林业科学研究院	50
16	桂林市漓江机电制造有限公司	62	桂林医学院	50
17	南宁市生润科技有限公司	61	广西科技大学鹿山学院	48
18	广西鑫雅皇庭园林工程有限责任公司	58	广西中医药大学	45
19	广西南宁栩兮科技有限公司	57	象州县科学技术情报研究所	44
20	广西南宁益土生物科技有限责任公司	56	柳州市人民医院	43

资料来源：中国产业智库大数据中心

表 3-112　2017 年广西壮族自治区在华发明专利申请量十强技术领域

序号	IPC 号	分类号含义	专利数量/件
1	A01G	园艺；蔬菜、花卉、稻、果树、葡萄、啤酒花或海菜的栽培；林业；浇水	1 916
2	A61K	医用、牙科用或梳妆用的配制品	1 673
3	A23L	不包含在 A21D 或 A23B 至 A23J 小类中的食品、食料或非酒精饮料；它们的制备或处理，例如烹调、营养品质的改进、物理处理	1 368
4	C05G	分属于 C05 大类下各小类中肥料的混合物；由一种或多种肥料与无特殊肥效的物质，例如农药、土壤调理剂、润湿剂所组成的混合物	1 017
5	A01K	畜牧业；禽类、鱼类、昆虫的管理；捕鱼；饲养或养殖其他类不包含的动物；动物的新品种	989
6	A23K	专门适用于动物的喂养饲料；其生产方法	651
7	G01N	借助于测定材料的化学或物理性质来测试或分析材料	521
8	A23F	咖啡；茶；其代用品；它们的制造、配制或泡制	490
9	C04B	石灰；氧化镁；矿渣；水泥；其组合物，例如：砂浆、混凝土或类似的建筑材料；人造石；陶瓷	477
10	A01N	人体、动植物体或其局部的保存	476

资料来源：中国产业智库大数据中心

3.2.23　河北省

2016 年，河北省常住人口 7470 万人，地区生产总值 32 070.45 亿元，人均地区生产总值 43 062 元；普通高等学校 120 所，普通高等学校招生 35.79 万人，普通高等学校教职工总数 10.38 万人；研究与试验发展经费支出 383.43 亿元，研究与试验发展人员 175 591 人，研究与试验发展经费投入强度 1.2%。

2017 年，河北省基础研究竞争力 BRCI 为 0.3342，排名第 23 位，比 2016 年的排名上升 3 位（表 3-113）。河北省国家自然科学基金项目总数为 358 项，项目经费总额为 148 78.4 万元，全国排名均为第 26；河北省国家自然科学基金项目经费金额大于 1000 万元的学科有 2 个（图 3-48）；河北省争取国家自然科学基金经费超过 1000 万元的有 4 家机构（表 3-114）；河北省共发表 SCI 论文 4676 篇，全国排名第 19（表 3-115）；共有 8 家机构进入相关学科的 ESI 全球前 1%行列（图 3-49）；河北省发明专利申请量 10 877 件，全国排名第 19，主要专利权人和技术领域如表 3-116、表 3-117 所示。

综合分析得知，河北省的优势学科为生物工程与应用微生物学、无机非金属材料、电气科学与工程、石油工程、动物学、食品科学技术、免疫学、循环系统等；河北省基础研究的重点机构为燕山大学、河北医科大学、河北大学、河北师范大学、河北工业大学、华北理工大学等。

表 3-113 2017 年河北省基础研究竞争力整体情况

指标	数据	排名	指标	数据	排名
国家自然科学基金项目数/项	358	26	SCI 论文数/篇	4 676	19
国家自然科学基金项目经费/万元	14 878.4	26	SCI 论文被引频次/次	3 120	20
国家自然科学基金机构数/个	41	13	发明专利申请量/件	10 877	19
国家自然科学基金主持人数/人	354	26	基础研究竞争力指数	0.334 2	23

资料来源：中国产业智库大数据中心

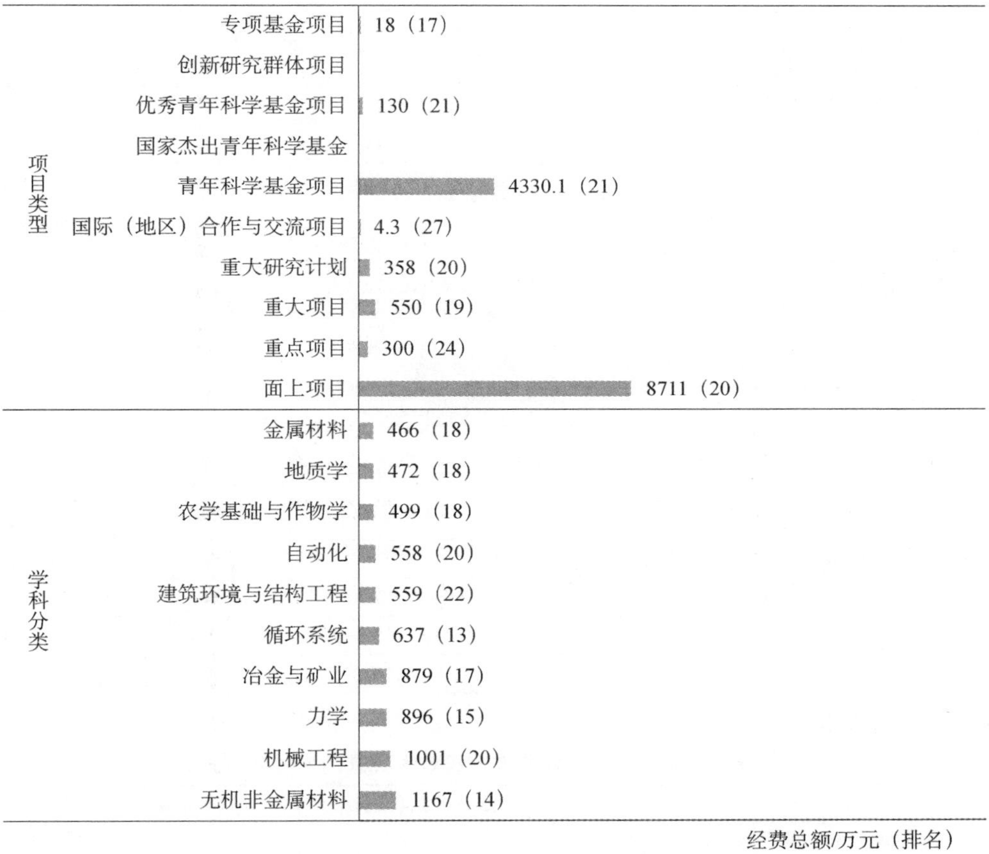

图 3-48 2017 年河北省争取国家自然科学基金项目情况

资料来源：中国产业智库大数据中心

表 3-114 2017 年河北省争取国家自然科学基金项目经费三十强机构

序号	机构名称	项目数量/项	项目经费/万元	全国排名
1	燕山大学	61	3 316	166
2	河北医科大学	57	2 378	175

续表

序号	机构名称	项目数量/项	项目经费/万元	全国排名
3	河北大学	39	1 446	264
4	河北师范大学	25	996	361
5	华北理工大学	23	987	385
6	石家庄铁道大学	22	1 326	393
7	华北电力大学（保定）	17	769	474
8	河北科技大学	13	475	537
9	河北农业大学	10	375	598
10	河北工程大学	10	277	599
11	中国地质科学院水文地质环境地质研究所	7	205	698
12	中国科学院遗传与发育生物学研究所农业资源研究中心	7	256.3	699
13	河北地质大学	6	142	734
14	防灾科技学院	5	209	770
15	华北科技学院	4	132	832
16	承德医学院	4	79	833
17	河北中医学院	4	142	834
18	中国人民武装警察部队学院	3	111	912
19	中国人民解放军军械工程学院	3	105	913
20	河北北方学院	3	100.1	914
21	河北省人民医院	3	59	915
22	河北省农林科学院粮油作物研究所	3	141	916
23	河北科技师范学院	3	105	917
24	邯郸学院	3	73	918
25	中国地质调查局水文地质环境地质调查中心	2	39	1 052
26	中国电子科技集团公司第十三研究所	2	36	1 053
27	河北省农林科学院	2	85	1 054
28	河北省农林科学院谷子研究所	2	80	1 055
29	河北经贸大学	2	79	1 056
30	衡水学院	2	52	1 057

资料来源：中国产业智库大数据中心

表 3-115　2017 年河北省发表 SCI 论文二十强学科

序号	研究领域	发文量全国排名	发文量/篇	被引次数/次	篇均被引/次
1	材料科学综合	19	611	536	0.88
2	工程综合	7	331	12	0.04
3	电子电气工程	20	290	118	0.41
4	应用物理	21	278	196	0.71
5	研究与实验医学	16	274	119	0.43
6	生物工程与应用微生物学	14	258	40	0.16
7	肿瘤学	20	246	170	0.69

续表

序号	研究领域	发文量全国排名	发文量/篇	被引次数/次	篇均被引/次
8	物理化学	22	232	627	2.70
9	食品科学技术	10	226	52	0.23
10	能源燃料	20	208	243	1.17
11	化学综合	23	183	222	1.21
12	冶金工程	16	169	147	0.87
13	药理学	18	160	83	0.52
14	机械工程	17	149	41	0.28
15	纳米科技	21	147	131	0.89
16	细胞生物学	21	142	157	1.11
17	生物化学分子生物学	22	121	97	0.80
18	自动化控制系统	17	109	80	0.73
19	计算机人工智能	18	107	76	0.71
20	工程化学	23	104	350	3.37
全部		19	4 676	3 120	0.67

资料来源：中国产业智库大数据中心

	综合	农业科学	生物与生化	化学	临床医学	计算机科学	经济与商学	工程科学	环境/生态学	地球科学	免疫学	材料科学	数学	微生物学	分子生物与遗传学	综合交叉学科	神经科学与行为	药理学与毒物学	物理学	植物与动物科学	精神病学/心理学	一般社会科学	空间科学	进入ESI学科数
燕山大学	2000	0	0	0	0	0	0	590	0	0	0	402	0	0	0	0	0	0	0	0	0	0	0	2
河北医科大学	2059	0	0	0	1333	0	0	0	0	0	0	0	0	0	0	0	0	0	0	0	0	0	0	1
河北大学	2235	0	0	886	0	0	0	0	0	0	0	0	0	0	0	0	0	0	0	0	0	0	0	1
河北师范大学	2421	0	0	1080	0	0	0	0	0	0	0	0	0	0	0	0	0	0	0	1155	0	0	0	2
河北工业大学	2665	0	0	1148	0	0	0	0	0	0	0	665	0	0	0	0	0	0	0	0	0	0	0	2
华北理工大学	2756	0	0	0	3710	0	0	0	0	0	0	0	0	0	0	0	0	0	0	0	0	0	0	1
河北农业大学	3307	636	0	0	0	0	0	0	0	0	0	0	0	0	0	0	0	0	0	0	0	0	0	1
河北科技大学	3565	0	0	0	0	0	0	1363	0	0	0	0	0	0	0	0	0	0	0	0	0	0	0	1

图 3-49　2017 年河北省高校和研究机构 ESI 前 1%学科分布

资料来源：中国产业智库大数据中心

表 3-116　2017 年河北省在华发明专利申请量二十强企业和科研机构列表

序号	二十强企业	发明专利申请量/件	二十强科研机构	发明专利申请量/件
1	河北晨阳工贸集团有限公司	190	燕山大学	531
2	中国电子科技集团公司第五十四研究所	145	华北理工大学	258
3	国家电网公司	143	华北电力大学（保定）	228
4	中信戴卡股份有限公司	140	河北科技大学	157
5	首钢京唐钢铁联合有限责任公司	133	河北农业大学	134
6	河钢股份有限公司承德分公司	120	石家庄铁道大学	109
7	唐山钢铁集团有限责任公司	105	河北工程大学	98
8	唐山十三肽保生物工程技术有限公司	91	河北大学	81
9	河钢股份有限公司唐山分公司	90	河北建筑工程学院	66

续表

序号	二十强企业	发明专利申请量/件	二十强科研机构	发明专利申请量/件
10	河钢股份有限公司邯郸分公司	90	东北大学秦皇岛分校	57
11	中车唐山机车车辆有限公司	80	石家庄学院	54
12	中国电子科技集团公司第十三研究所	72	中国人民解放军军械工程学院	51
13	河北卓达建材研究院有限公司	69	北华航天工业学院	44
14	新奥科技发展有限公司	59	华北科技学院	39
15	中国二十二冶集团有限公司	58	邯郸学院	37
16	国网冀北电力有限公司唐山供电公司	41	河北师范大学	30
17	国网河北省电力公司	41	河北科技师范学院	24
18	河钢股份有限公司	41	河北省农林科学院经济作物研究所	18
19	国网河北省电力公司衡水供电分公司	34	河北医科大学第三医院	16
20	宣化钢铁集团有限责任公司	31	河北省农林科学院旱作农业研究所	16

资料来源：中国产业智库大数据中心

表 3-117　2017 年河北省在华发明专利申请量十强技术领域

序号	IPC 号	分类号含义	专利数量/件
1	A61K	医用、牙科用或梳妆用的配制品	352
2	G01N	借助于测定材料的化学或物理性质来测试或分析材料	340
3	A23L	不包含在 A21D 或 A23B 至 A23J 小类中的食品、食料或非酒精饮料；它们的制备或处理，例如烹调、营养品质的改进、物理处理	284
4	C09D	涂料组合物，例如色漆、清漆或天然漆；填充浆料；化学涂料或油墨的去除剂；油墨；改正液；木材着色剂；用于着色或印刷的浆料或固体；原料为此的应用	265
5	G06F	电数字数据处理	204
6	C22C	合金	202
7	C04B	石灰；氧化镁；矿渣；水泥；其组合物，例如：砂浆、混凝土或类似的建筑材料；人造石；陶瓷	200
8	G06Q	专门适用于行政、商业、金融、管理、监督或预测目的的数据处理系统或方法；其他类目不包含的专门适用于行政、商业、金融、管理、监督或预测目的的处理系统或方法	167
9	B01D	分离	161
10	C02F	水、废水、污水或污泥的处理	152

资料来源：中国产业智库大数据中心

3.2.24　山西省

2016 年，山西省常住人口 3682 万人，地区生产总值 13 050.41 亿元，人均地区生产总值 35 532 元；普通高等学校 80 所，普通高等学校招生 20.37 万人，普通高等学校教职工总数 5.98 万人；研究与试验发展经费支出 132.62 亿元，研究与试验发展人员 68 669 人，研究与试验发展经费投入强度 1.03%。

2017 年，山西省基础研究竞争力 BRCI 为 0.2777，排名第 24 位，比 2016 年的排名上升 1 位（表 3-118）。山西省国家自然科学基金项目总数为 392 项，全国排名 25 位；项目经费总额为 17 365.2 万元，全国排名第 24；山西省国家自然科学基金项目经费金额大于 1000 万元的学科有 3 个（图 3-50）；山西省争取国家自然科学基金经费超过 1000 万元的有 5 个机构（表 3-119）；山西省共发表 SCI 论文 3490 篇，全国排名第 22（表 3-120）；共有 4 家机构进入相关学科的 ESI 全球前 1%行列（图 3-51）；山西省发明专利申请量 6138 件，全国排名第 24，主要专利权人和技术领域如表 3-121、表 3-122 所示。

综合分析得知，山西省的优势学科为化学工程、冶金与矿业、化学生物学、光学和光电子学、植物保护学、动物学等；山西省基础研究的重点机构为山西大学、太原理工大学、中国科学院山西煤炭化学研究所、山西医科大学等。

表 3-118　2017 年山西省基础研究竞争力整体情况

指标	数据	排名	指标	数据	排名
国家自然科学基金项目数/项	392	25	SCI 论文数/篇	3 490	22
国家自然科学基金项目经费/万元	17 365.2	24	SCI 论文被引频次/次	2 947	22
国家自然科学基金机构数/个	20	27	发明专利申请量/件	6 138	24
国家自然科学基金主持人数/人	391	25	基础研究竞争力指数	0.277 7	24

资料来源：中国产业智库大数据中心

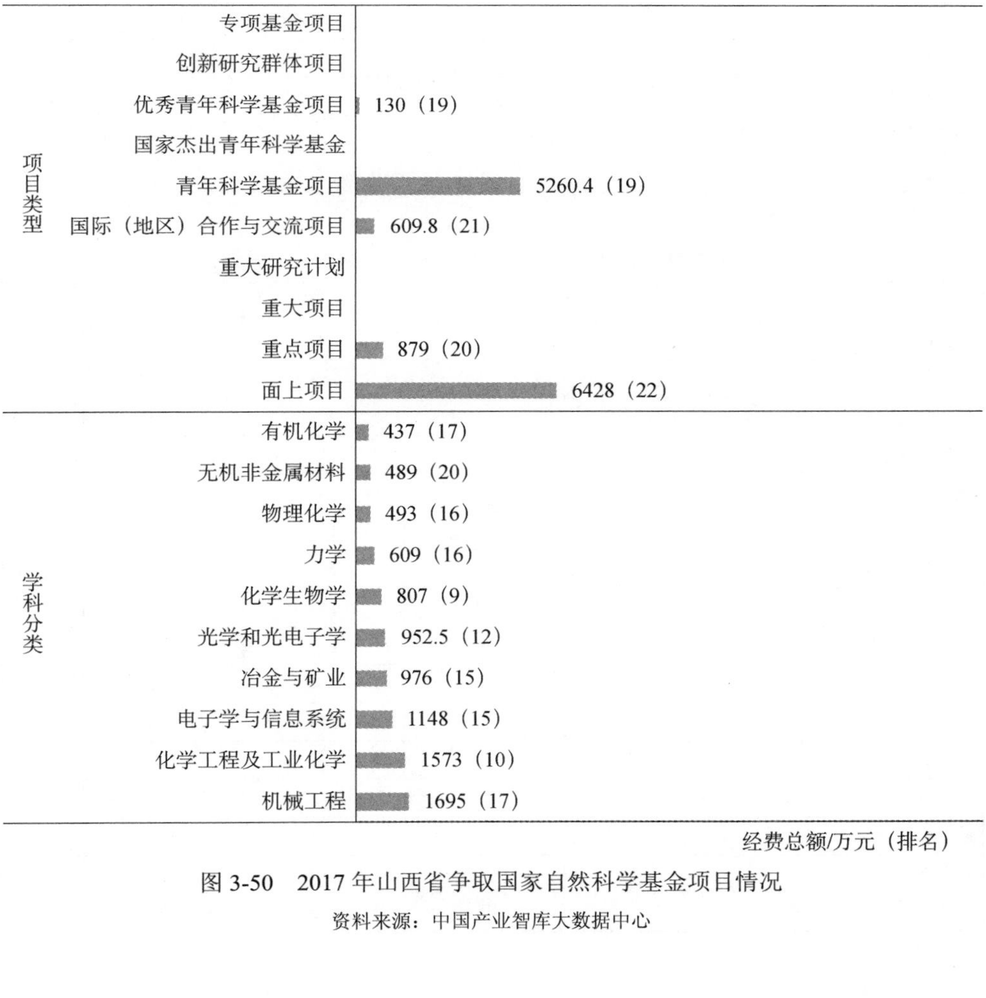

图 3-50　2017 年山西省争取国家自然科学基金项目情况

资料来源：中国产业智库大数据中心

表 3-119　2017 年山西省争取国家自然科学基金项目经费机构排名

序号	机构名称	项目数量/项	项目经费/万元	全国排名
1	太原理工大学	123	5 795	86
2	山西大学	77	3 553.5	131
3	中北大学	46	2 935.5	219
4	山西医科大学	38	1 238.8	272
5	山西师范大学	22	488	394
6	中国科学院山西煤炭化学研究所	21	1 560	409
7	山西农业大学	19	623	439
8	太原科技大学	16	410.4	491
9	太原师范学院	8	190	657
10	山西财经大学	5	131	771
11	山西中医药大学	4	86	835
12	太原工业学院	2	30	1 058
13	山西大同大学	2	39	1 059
14	忻州师范学院	2	50	1 060
15	长治学院	2	55	1 061
16	中国辐射防护研究院	1	66	1 289
17	太原市中心医院	1	50	1 290
18	山西省交通科学研究院	1	22	1 291
19	山西省气象台	1	20	1 292
20	运城学院	1	22	1 293

资料来源：中国产业智库大数据中心

表 3-120　2017 年山西省发表 SCI 论文二十强学科

序号	研究领域	发文量全国排名	发文量/篇	被引次数/次	篇均被引/次
1	材料科学综合	21	502	616	1.23
2	物理化学	18	368	567	1.54
3	化学综合	21	253	256	1.01
4	工程化学	15	253	346	1.37
5	应用物理	22	245	270	1.10
6	能源燃料	21	189	215	1.14
7	电子电气工程	23	147	56	0.38
8	纳米科技	20	147	220	1.50
9	光学	20	147	97	0.66
10	分析化学	19	144	261	1.81
11	冶金工程	17	144	186	1.29
12	电化学	19	132	279	2.11
13	环境科学	21	131	99	0.76
14	应用数学	20	123	111	0.90
15	凝聚态物理	21	110	114	1.04
16	物理综合	17	105	33	0.31

续表

序号	研究领域	发文量全国排名	发文量/篇	被引次数/次	篇均被引/次
17	综合科学	24	102	50	0.49
18	机械工程	22	98	76	0.78
19	应用化学	19	96	161	1.68
20	仪器仪表	19	95	159	1.67
全部		22	3490	2947	0.84

资料来源：中国产业智库大数据中心

	综合	农业科学	生物与生化	化学	临床医学	计算机科学	经济与商学	工程科学	环境/生态学	地球科学	免疫学	材料科学	数学	微生物学	分子生物与遗传学	综合交叉学科	神经科学与行为	药理学与毒物学	物理学	植物与动物科学	精神病学/心理学	一般社会科学	空间科学	进入ESI学科数
山西大学	1710	0	0	728	0	0	0	1188	0	0	0	0	0	0	0	0	0	0	0	0	0	0	0	2
太原理工大学	2046	0	0	957	0	0	0	720	0	0	0	418	0	0	0	0	0	0	0	0	0	0	0	3
山西煤炭化学研究所*	2161	0	0	625	0	0	0	1037	0	0	0	575	0	0	0	0	0	0	0	0	0	0	0	3
山西医科大学	3133	0	0	0	2164	0	0	0	0	0	0	0	0	0	0	0	0	0	0	0	0	0	0	1

图 3-51　2017 年山西省高校和研究机构 ESI 前 1%学科分布

*为中国科学院下属研究所

资料来源：中国产业智库大数据中心

表 3-121　2017 年山西省在华发明专利申请量二十强企业和科研机构列表

序号	二十强企业	发明专利申请量/件	二十强科研机构	发明专利申请量/件
1	山西太钢不锈钢股份有限公司	75	太原理工大学	733
2	中车永济电机有限公司	51	中北大学	405
3	国网山西省电力公司电力科学研究院	47	山西大学	338
4	山西高扬卫生设备同层安装工程有限公司	40	太原科技大学	168
5	山西晋城无烟煤矿业集团有限责任公司	38	中国科学院山西煤炭化学研究所	74
6	中国煤炭科工集团太原研究院有限公司	32	山西农业大学	59
7	山西天地煤机装备有限公司	32	山西省交通科学研究院	43
8	太原瑞盛生物科技有限公司	31	山西医科大学	30
9	山西长征动力科技有限公司	31	中国运载火箭技术研究院	26
10	国家电网公司	28	太原工业学院	22
11	山西新华化工有限责任公司	28	山西师范大学	21
12	太原科瑞康洁净能源有限公司	26	运城学院	21
13	长治清华机械厂	26	太原师范学院	18
14	大同新成新材料股份有限公司	25	山西省农业科学院农产品加工研究所	17
15	中铁三局集团有限公司	23	中国日用化学工业研究院	12
16	中铁十二局集团有限公司	23	山西大同大学	12
17	山西沃特海默新材料科技股份有限公司	23	山西省农业科学院食用菌研究所	12
18	经纬纺织机械股份有限公司	22	山西省农业科学院果树研究所	11
19	侯马高知新生物科技有限公司	20	吕梁学院	10
20	太原钢铁（集团）有限公司	20	山西省农业科学院农业资源与经济研究所	9

资料来源：中国产业智库大数据中心

表 3-122 2017 年山西省在华发明专利申请量十强技术领域

序号	IPC 号	分类号含义	专利数量/件
1	A61K	医用、牙科用或梳妆用的配制品	367
2	G01N	借助于测定材料的化学或物理性质来测试或分析材料	274
3	C04B	石灰；氧化镁；矿渣；水泥；其组合物，例如：砂浆、混凝土或类似的建筑材料；人造石；陶瓷	160
4	B01J	化学或物理方法，例如，催化作用、胶体化学；其有关设备	142
5	A23L	不包含在 A21D 或 A23B 至 A23J 小类中的食品、食料或非酒精饮料；它们的制备或处理，例如烹调、营养品质的改进、物理处理	140
6	A01G	园艺；蔬菜、花卉、稻、果树、葡萄、啤酒花或海菜的栽培；林业；浇水	135
7	C01B	非金属元素；其化合物	95
8	G06F	电数字数据处理	85
9	B01D	分离	76
10	C22C	合金	72

资料来源：中国产业智库大数据中心

3.2.25 贵州省

2016 年，贵州省常住人口 3555 万人，地区生产总值 11 776.73 亿元，人均地区生产总值 33 246 元；普通高等学校 64 所，普通高等学校招生 18.7 万人，普通高等学校教职工总数 4.5 万人；研究与试验发展经费支出 73.40 亿元，研究与试验发展人员 45 222 人，研究与试验发展经费投入强度 0.63%。

2017 年，贵州省基础研究竞争力 BRCI 为 0.234，排名第 25 位，比 2016 年的排名下降 1 位（表 3-123）。贵州省国家自然科学基金项目总数为 427 项，全国排名第 24；项目经费总额为 15 935.8 万元，全国排名第 25；贵州省国家自然科学基金项目经费金额大于 1000 万元的学科有 1 个（图 3-52）；贵州省争取国家自然科学基金经费超过 1000 万元的有 6 家机构（表 3-124）；贵州省共发表 SCI 论文 1507 篇，全国排名第 26（表 3-125）；共有 1 家机构进入相关学科的 ESI 全球前 1%行列（图 3-53）；贵州省发明专利申请量 10 894 件，全国排名第 18，主要专利权人和技术领域如表 3-126、表 3-127 所示。

综合分析得知，贵州省的优势学科为地球化学、冶金与矿业、有机化学、动物学、细胞生物学、植物保护学、中药学、中医学、药物学、药理学等；贵州省基础研究的重点机构为贵州大学、遵义医学院、贵州医科大学、贵州师范大学、中国科学院地球化学研究所等。

表 3-123 2017 年贵州省基础研究竞争力整体情况

指标	数据	排名	指标	数据	排名
国家自然科学基金项目数/项	427	24	SCI 论文数/篇	1 507	26
国家自然科学基金项目经费/万元	15 935.8	25	SCI 论文被引频次/次	935	26
国家自然科学基金机构数/个	23	25	发明专利申请量/件	10 894	18
国家自然科学基金主持人数/人	421	24	基础研究竞争力指数	0.234	25

资料来源：中国产业智库大数据中心

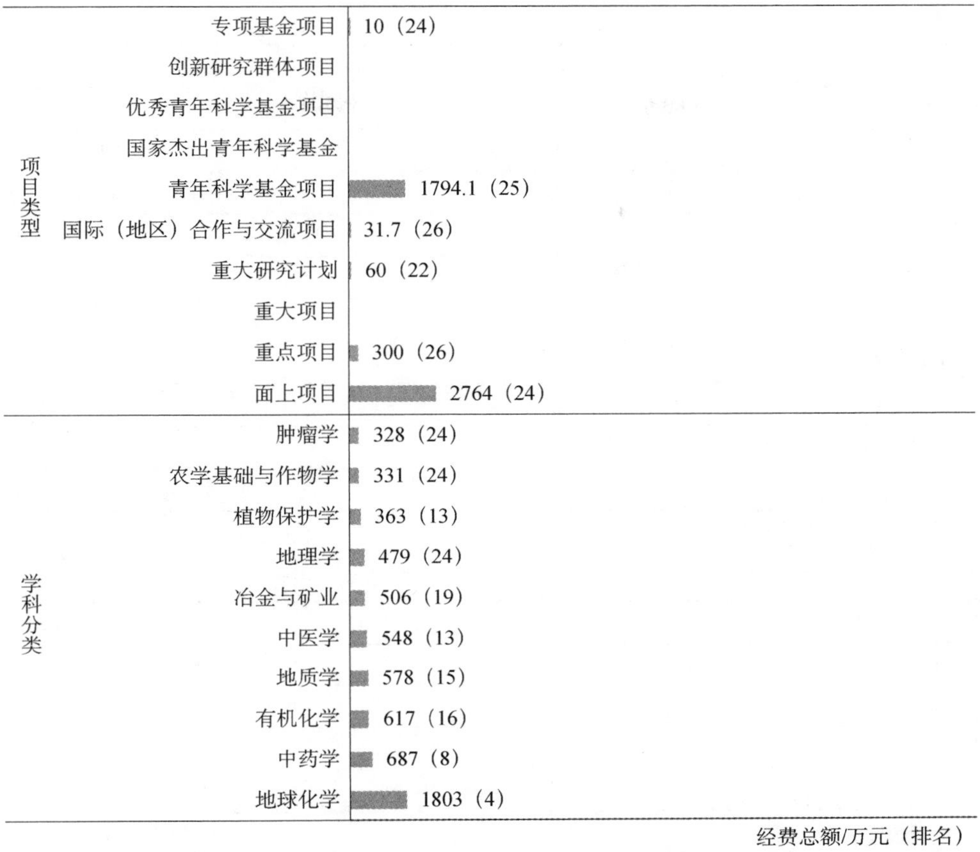

图 3-52　2017 年贵州省争取国家自然科学基金项目情况

资料来源：中国产业智库大数据中心

表 3-124　2017 年贵州省争取国家自然科学基金项目经费机构排名

序号	机构名称	项目数量/项	项目经费/万元	全国排名
1	贵州大学	97	3 659.5	98
2	遵义医学院	64	2 155	159
3	贵州医科大学	56	1 890.1	184
4	贵州师范大学	40	1 643	262
5	中国科学院地球化学研究所	39	2 337.2	267
6	贵阳中医学院	36	1 229	286
7	贵州理工学院	16	532	501
8	贵州省农业科学院	12	415	564
9	贵州省人民医院	11	339	584
10	贵州民族大学	10	333	618
11	遵义师范学院	9	259	644
12	铜仁学院	8	177	682
13	贵州师范学院	7	213	719

续表

序号	机构名称	项目数量/项	项目经费/万元	全国排名
14	贵州财经大学	5	176.5	814
15	贵阳学院	4	121.5	879
16	凯里学院	3	111	983
17	黔南民族师范学院	3	83	984
18	六盘水师范学院	2	78	1 164
19	安顺学院	1	37	1 507
20	贵州省林业科学研究院	1	37	1 508
21	贵州省烟草科学研究院	1	37	1 509
22	贵州省疾病预防控制中心	1	34	1 510
23	贵州科学院	1	39	1 511

资料来源：中国产业智库大数据中心

表 3-125　2017 年贵州省发表 SCI 论文二十强学科

序号	研究领域	发文量全国排名	发文量/篇	被引次数/次	篇均被引/次
1	化学综合	25	131	100	0.76
2	材料科学综合	28	105	62	0.59
3	研究与实验医学	24	103	28	0.27
4	肿瘤学	25	89	48	0.54
5	环境科学	26	77	50	0.65
6	有机化学	21	68	32	0.47
7	应用数学	26	60	89	1.48
8	生物化学分子生物学	27	56	16	0.29
9	物理化学	28	55	75	1.36
10	综合科学	27	51	40	0.78
11	药理学	28	51	26	0.51
12	植物科学	24	51	17	0.33
13	数学	26	48	18	0.38
14	应用物理	28	46	42	0.91
15	电子电气工程	29	43	17	0.40
16	生物工程与应用微生物学	28	38	8	0.21
17	物理综合	26	37	12	0.32
18	细胞生物学	28	35	39	1.11
19	能源燃料	27	35	28	0.80
20	地球化学与地球物理	14	35	41	1.17
全部		26	1 507	935	0.62

资料来源：中国产业智库大数据中心

	综合	农业科学	生物与生化	化学	临床医学	计算机科学	经济与商学	工程科学	环境/生态学	地球科学	免疫学	材料科学	数学	微生物学	分子生物与遗传学	综合交叉学科	神经科学与行为	药理学与毒物学	物理学	植物与动物科学	精神病学/心理学	一般社会科学	空间科学	进入ESI学科数
贵州大学	2593	0	0	1077	0	0	0	0	0	0	0	0	0	0	0	0	0	0	0	966	0	0	0	2

图 3-53　2017 年贵州省高校和研究机构 ESI 前 1%学科分布

资料来源：中国产业智库大数据中心

表 3-126　2017 年贵州省在华发明专利申请量二十强企业和科研机构列表

序号	二十强企业	发明专利申请量/件	二十强科研机构	发明专利申请量/件
1	贵州电网有限责任公司电力科学研究院	122	贵州大学	1 200
2	中国电建集团贵阳勘测设计研究院有限公司	101	遵义医学院	136
3	贵州电网有限责任公司	95	贵阳中医学院	63
4	贵州云侠科技有限公司	39	贵州师范大学	62
5	中国振华集团云科电子有限公司	34	贵州理工学院	58
6	贵州健瑞安药业有限公司	31	遵义医学院附属医院	56
7	龙里县兴溢诚豆制品有限公司	29	遵义师范学院	40
8	贵州眯果创意科技有限公司	28	中国科学院地球化学研究所	39
9	贵州苗都现代医药物流经营有限公司	28	贵阳学院	35
10	贵州都匀市剑江药业有限公司	27	贵州医科大学	33
11	贵阳开磷化肥有限公司	27	贵州工程应用技术学院	33
12	贵州百科薏仁生物科技有限公司	25	黔东南苗族侗族自治州农业科学院	27
13	贵州盛茂白芨开发有限公司	25	铜仁学院	26
14	贵州航天天马机电科技有限公司	24	余庆县人民医院	23
15	贵州安大航空锻造有限责任公司	23	贵州省材料产业技术研究院	22
16	贵州开磷磷石膏综合利用有限公司	23	贵州省烟草科学研究院	21
17	贵阳朗玛信息技术股份有限公司	23	贵州财经大学	20
18	桐梓县德毓蜂业发展有限公司	22	六盘水师范学院	19
19	中国航发贵州黎阳航空动力有限公司	21	贵州省人民医院	19
20	中国航空工业标准件制造有限责任公司	21	贵阳中医学院第二附属医院	13

资料来源：中国产业智库大数据中心

表 3-127　2017 年贵州省在华发明专利申请量十强技术领域

序号	IPC 号	分类号含义	专利数量/件
1	A01G	园艺；蔬菜、花卉、稻、果树、葡萄、啤酒花或海菜的栽培；林业；浇水	844
2	A23L	不包含在 A21D 或 A23B 至 A23J 小类中的食品、食料或非酒精饮料；它们的制备或处理，例如烹调、营养品质的改进、物理处理	685
3	A61K	医用、牙科用或梳妆用的配制品	682

续表

序号	IPC 号	分类号含义	专利数量/件
4	A01K	畜牧业；禽类、鱼类、昆虫的管理；捕鱼；饲养或养殖其他类不包含的动物；动物的新品种	448
5	A23F	咖啡；茶；其代用品；它们的制造、配制或泡制	420
6	A23K	专门适用于动物的喂养饲料；其生产方法	344
7	C05G	分属于 C05 大类下各小类中肥料的混合物；由一种或多种肥料与无特殊肥效的物质，例如农药、土壤调理剂、润湿剂所组成的混合物	297
8	C12G	果汁酒；其他含酒精饮料；其制备	240
9	G01N	借助于测定材料的化学或物理性质来测试或分析材料	231
10	C04B	石灰；氧化镁；矿渣；水泥；其组合物，例如：砂浆、混凝土或类似的建筑材料；人造石；陶瓷	177

资料来源：中国产业智库大数据中心

3.2.26 新疆维吾尔自治区

2016 年，新疆维吾尔自治区常住人口 2398 万人，地区生产总值 9649.7 亿元，人均地区生产总值 40 564 元；普通高等学校 46 所，普通高等学校招生 9.22 万人，普通高等学校教职工总数 2.98 万人；研究与试验发展经费支出 56.63 亿元，研究与试验发展人员 31 651 人，研究与试验发展经费投入强度 0.59%。

2017 年，新疆维吾尔自治区基础研究竞争力 BRCI 为 0.217，排名第 26 位，比 2016 年的排名下降 2 位（表 3-128）。新疆维吾尔自治区国家自然科学基金项目总数为 467 项，项目经费总额为 19 902 万元，全国排名均为第 23；新疆维吾尔自治区国家自然科学基金项目经费金额大于 1000 万元的学科有 1 个（图 3-54）；新疆维吾尔自治区争取国家自然科学基金经费超过 1000 万元的有 7 家机构（表 3-129）；新疆维吾尔自治区共发表 SCI 论文 1779 篇，全国排名第 25（表 3-130）；共有 3 家机构进入相关学科的 ESI 全球前 1%行列（图 3-55）；新疆维吾尔自治区发明专利申请量 2307 件，全国排名第 26，主要专利权人和技术领域如表 3-131、表 3-132 所示。

综合分析得知，新疆维吾尔自治区的优势学科为天文学、农学、大气科学、植物学、微生物学、生态学、畜牧学与草地科学、兽医学等；新疆维吾尔自治区基础研究的重点机构为新疆大学、新疆医科大学、石河子大学、新疆农业大学、中国科学院新疆生态与地理研究所、中国科学院新疆理化技术研究所等。

表 3-128　2017 年新疆维吾尔自治区基础研究竞争力整体情况

指标	数据	排名	指标	数据	排名
国家自然科学基金项目数/项	467	23	SCI 论文数/篇	1 779	25
国家自然科学基金项目经费/万元	19 902	23	SCI 论文被引频次/次	1 314	25
国家自然科学基金机构数/个	26	23	发明专利申请量/件	2 307	26
国家自然科学基金主持人数/人	459	23	基础研究竞争力指数	0.217	26

资料来源：中国产业智库大数据中心

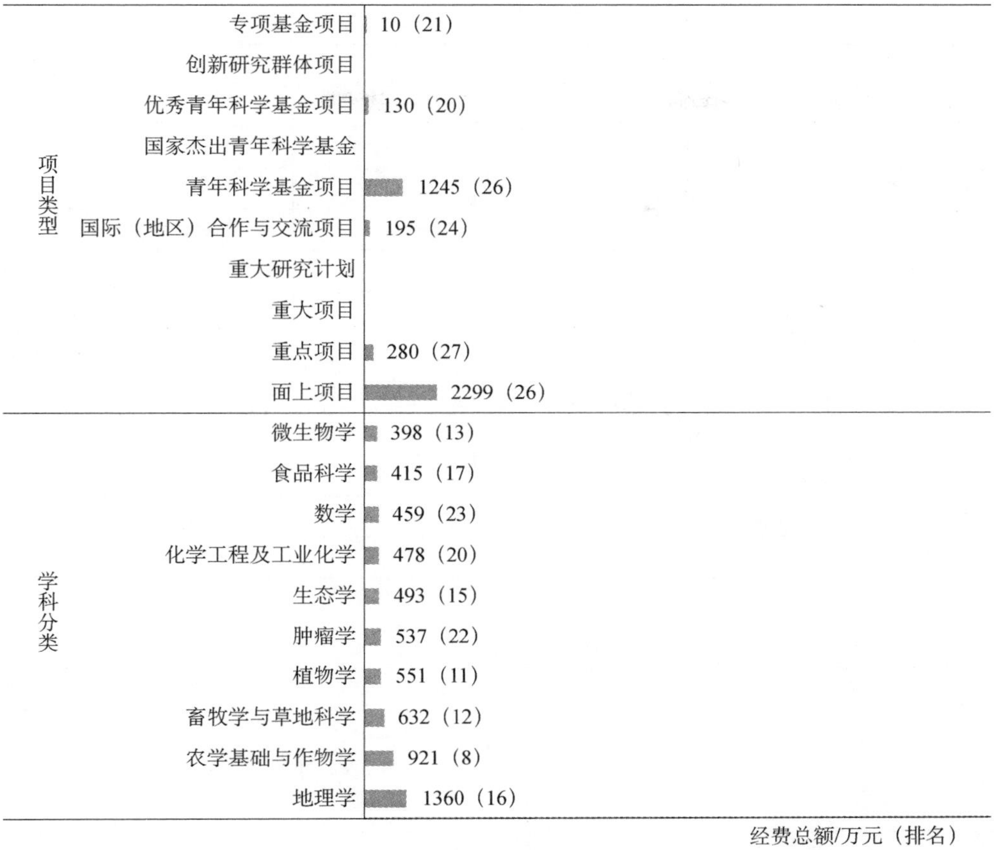

图 3-54　2017 年新疆维吾尔自治区争取国家自然科学基金项目情况

资料来源：中国产业智库大数据中心

表 3-129　2017 年新疆维吾尔自治区争取国家自然科学基金项目经费机构排名

序号	机构名称	项目数量/项	项目经费/万元	全国排名
1	新疆大学	92	4 134	108
2	新疆医科大学	86	3 001	117
3	石河子大学	85	3 515	119
4	新疆农业大学	45	1 658	234
5	塔里木大学	28	1 287	343
6	新疆师范大学	26	931	359
7	中国科学院新疆生态与地理研究所	24	1 650	379
8	中国科学院新疆理化技术研究所	15	1 038	520
9	新疆农业科学院	14	791	533
10	新疆维吾尔自治区人民医院	8	252	686
11	中国科学院新疆天文台	7	285	723
12	新疆农垦科学院	7	246	724
13	新疆财经大学	6	158	756
14	中国气象局乌鲁木齐沙漠气象研究所	4	253	889

续表

序号	机构名称	项目数量/项	项目经费/万元	全国排名
15	新疆畜牧科学院	4	162	890
16	新疆维吾尔自治区药物研究所	3	100	1 002
17	伊犁师范学院	2	68	1 178
18	喀什地区第一人民医院	2	68	1 179
19	喀什大学	2	62	1 180
20	新疆工程学院	1	41	1 544
21	新疆林业科学院	1	41	1 545
22	新疆生产建设兵团第六师农业科学研究所	1	38	1 546
23	新疆维吾尔自治区产品质量监督检验研究院	1	37	1 547
24	新疆维吾尔自治区水产科学研究所	1	22	1 548
25	新疆警察学院	1	39	1 549
26	昌吉学院	1	25	1 550

资料来源：中国产业智库大数据中心

表 3-130 2017 年新疆维吾尔自治区发表 SCI 论文二十强学科

序号	研究领域	发文量全国排名	发文量/篇	被引次数/次	篇均被引/次
1	研究与实验医学	22	143	32	0.22
2	化学综合	26	128	206	1.61
3	肿瘤学	23	128	62	0.48
4	材料科学综合	27	118	188	1.59
5	环境科学	23	116	71	0.61
6	物理化学	27	95	215	2.26
7	植物科学	20	79	35	0.44
8	综合科学	25	75	30	0.40
9	药理学	26	67	54	0.81
10	生物化学分子生物学	26	60	44	0.73
11	应用物理	27	55	74	1.35
12	电子电气工程	28	54	15	0.28
13	细胞生物学	24	51	29	0.57
14	应用数学	27	50	14	0.28
15	分析化学	26	48	58	1.21
16	有机化学	24	48	33	0.69
17	生物工程与应用微生物学	27	47	10	0.21
18	数学	27	41	10	0.24
19	凝聚态物理	27	41	45	1.10
20	水资源科学	21	39	22	0.56
全部		25	1 779	1 314	0.74

资料来源：中国产业智库大数据中心

	综合	农业科学	生物与生化	化学	临床医学	计算机科学	经济与商学	工程科学	环境/生态学	地球科学	免疫学	材料科学	数学	微生物学	分子生物与遗传学	综合交叉学科	神经科学与行为	药理学与毒物学	物理学	植物与动物科学	精神病学/心理学	一般社会科学	空间科学	进入ESI学科数
新疆大学	2502	0	0	1146	0	0	0	0	0	0	0	0	0	0	0	0	0	0	0	0	0	0	0	1
新疆生态与地理研究所*	3072	0	0	0	0	0	0	0	674	0	0	0	0	0	0	0	0	0	0	0	0	0	0	1
新疆医科大学	3591	0	0	0	2113	0	0	0	0	0	0	0	0	0	0	0	0	0	0	0	0	0	0	1

图 3-55　2017 年新疆维吾尔自治区高校和研究机构 ESI 前 1%学科分布

*为中国科学院下属研究所

资料来源：中国产业智库大数据中心

表 3-131　2017 年新疆维吾尔自治区在华发明专利申请量二十强企业和科研机构列表

序号	二十强企业	发明专利申请量/件	二十强科研机构	发明专利申请量/件
1	国家电网公司	169	石河子大学	138
2	中国石油集团西部钻探工程有限公司	58	新疆大学	117
3	新疆金风科技股份有限公司	43	中国科学院新疆理化技术研究所	85
4	新疆国利衡清洁能源科技有限公司	42	塔里木大学	63
5	国网新疆电力公司电力科学研究院	39	新疆农垦科学院	47
6	新疆天业（集团）有限公司	27	新疆农业大学	46
7	宝钢集团新疆八一钢铁有限公司	23	中国科学院新疆生态与地理研究所	26
8	新疆八一钢铁股份有限公司	18	新疆医科大学	14
9	国网新疆电力公司昌吉供电公司	17	新疆林业科学院	12
10	国网新疆电力公司经济技术研究院	17	伊犁师范学院	11
11	新疆北方建设集团有限公司	16	新疆畜牧科学院畜牧研究所	10
12	新疆心连心能源化工有限公司	15	新疆农业科学院农业机械化研究所	9
13	国网新疆电力公司	13	新疆农业科学院经济作物研究所	9
14	国网新疆电力公司信息通信公司	13	新疆生产建设兵团第六师农业科学研究所	9
15	特变电工新疆新能源股份有限公司	12	伊犁职业技术学院	8
16	国网新疆电力公司检修公司	11	新疆工程学院	8
17	国网新疆电力有限公司电力科学研究院	11	新疆维吾尔自治区产品质量监督检验研究院	7
18	国网新疆电力公司疆南供电公司	10	新疆维吾尔自治区计量测试研究院	7
19	石河子开发区天业化工有限责任公司	10	华北电力大学	6
20	国网新疆电力公司阿克苏供电公司	9	吐鲁番市农业科学研究院（新疆农业科学院吐鲁番农业科学研究所）	6

资料来源：中国产业智库大数据中心

表 3-132　2017 年新疆维吾尔自治区在华发明专利申请量十强技术领域

序号	IPC 号	分类号含义	专利数量/件
1	A61K	医用、牙科用或梳妆用的配制品	138
2	A01G	园艺；蔬菜、花卉、稻、果树、葡萄、啤酒花或海菜的栽培；林业；浇水	123
3	E21B	土层或岩石的钻进	109
4	G01N	借助于测定材料的化学或物理性质来测试或分析材料	108
5	A23L	不包含在 A21D 或 A23B 至 A23J 小类中的食品、食料或非酒精饮料；它们的制备或处理，例如烹调、营养品质的改进、物理处理	85
6	A01D	收获；割草	50
7	C05G	分属于 C05 大类下各小类中肥料的混合物；由一种或多种肥料与无特殊肥效的物质，例如农药、土壤调理剂、润湿剂所组成的混合物	48
8	G06F	电数字数据处理	47
9	A01C	种植；播种；施肥	44
10	G06Q	专门适用于行政、商业、金融、管理、监督或预测目的的数据处理系统或方法；其他类目不包含的专门适用于行政、商业、金融、管理、监督或预测目的的处理系统或方法	40

资料来源：中国产业智库大数据中心

3.2.27　内蒙古自治区

2016 年，内蒙古自治区常住人口 2520 万人，地区生产总值 18 128.1 亿元，人均地区生产总值 72 064 元；普通高等学校 53 所，普通高等学校招生 12.19 万人，普通高等学校教职工总数 3.93 万人；研究与试验发展经费支出 147.51 亿元，研究与试验发展人员 54 641 人，研究与试验发展经费投入强度 0.79%。

2017 年，内蒙古自治区基础研究竞争力 BRCI 为 0.1406，排名第 27 位，与 2016 年的排名一致（表 3-133）。内蒙古自治区国家自然科学基金项目总数为 296 项，项目经费总额为 11 004.1 万元，全国排名均为第 27；内蒙古自治区国家自然科学基金项目经费金额大于 500 万元的学科有 4 个（图 3-56）；内蒙古自治区争取国家自然科学基金经费超过 1000 万元的有 4 家机构（表 3-134）；内蒙古自治区共发表 SCI 论文 1157 篇，全国排名第 27（表 3-135）；共有 2 家机构进入相关学科的 ESI 全球前 1%行列（图 3-57）；内蒙古自治区发明专利申请量 1903 件，全国排名第 27，主要专利权人和技术领域如表 3-136、表 3-137 所示。

综合分析得知，内蒙古自治区的优势学科为畜牧学与草地科学、兽医学、食品科学、工程热物理与能源利用、中药学等；内蒙古自治区基础研究的重点机构为内蒙古农业大学、内蒙古大学、内蒙古工业大学、内蒙古科技大学、内蒙古医科大学等。

表 3-133　2017 年内蒙古自治区基础研究竞争力整体情况

指标	数据	排名	指标	数据	排名
国家自然科学基金项目数/项	296	27	SCI 论文数/篇	1 157	27
国家自然科学基金项目经费/万元	11 004.1	27	SCI 论文被引频次/次	631	27
国家自然科学基金机构数/个	22	26	发明专利申请量/件	1 903	27
国家自然科学基金主持人数/人	287	27	基础研究竞争力指数	0.140 6	27

资料来源：中国产业智库大数据中心

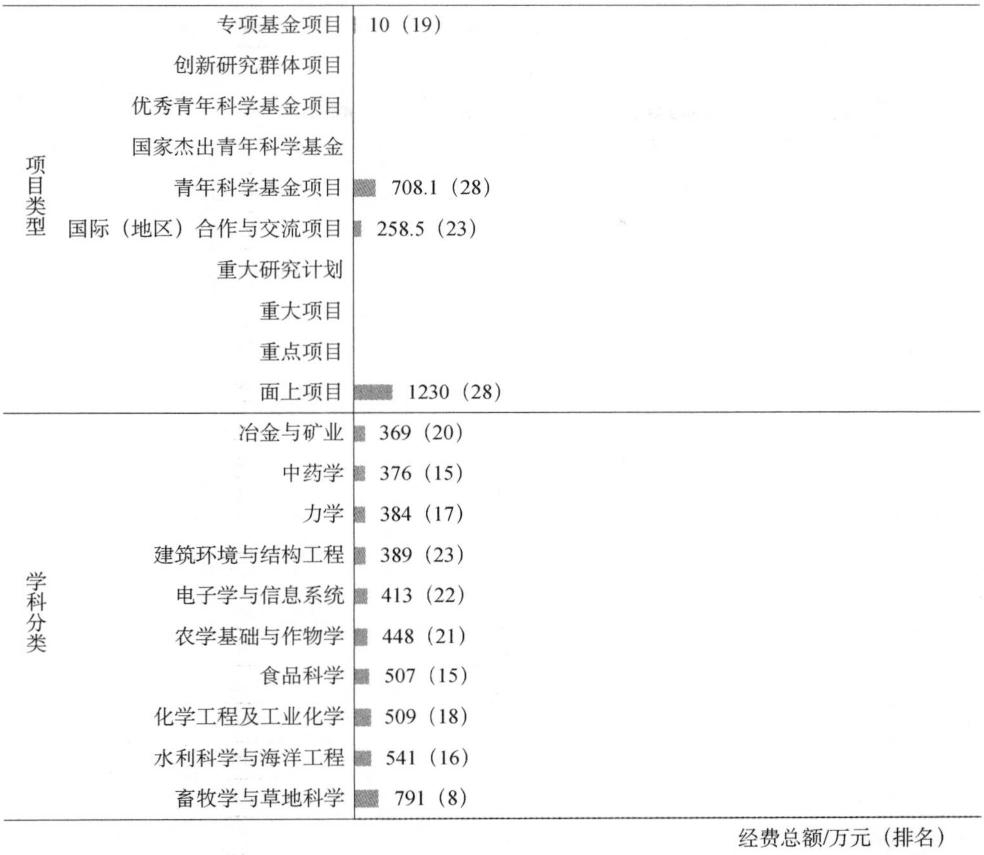

图 3-56　2017 年内蒙古自治区争取国家自然科学基金项目情况

资料来源：中国产业智库大数据中心

表 3-134　2017 年内蒙古自治区争取国家自然科学基金项目经费机构排名

序号	机构名称	项目数量/项	项目经费/万元	全国排名
1	内蒙古农业大学	66	2 710	152
2	内蒙古大学	54	1 901	189
3	内蒙古工业大学	38	1 381	273
4	内蒙古科技大学	34	1 337	304
5	内蒙古医科大学	24	800.6	372
6	内蒙古民族大学	17	584	475
7	内蒙古科技大学包头医学院	13	460	538
8	内蒙古师范大学	11	438	569
9	内蒙古科技大学包头师范学院	6	222.5	735
10	内蒙古财经大学	5	147	772
11	奈曼旗扶贫开发领导小组办公室	5	200	773
12	赤峰学院	5	182	774
13	内蒙古自治区农牧业科学院	4	177	836
14	中国农业科学院草原研究所	3	98	919

续表

序号	机构名称	项目数量/项	项目经费/万元	全国排名
15	内蒙古自治区人民医院	3	100	920
16	水利部牧区水利科学研究所	2	80	1 062
17	内蒙古自治区国际蒙医医院	1	36	1 294
18	内蒙古自治区妇幼保健院	1	11	1 295
19	内蒙古自治区林业科学研究院	1	40	1 296
20	呼伦贝尔学院	1	23	1 297
21	呼和浩特民族学院	1	36	1 298
22	河套学院	1	40	1 299

资料来源：中国产业智库大数据中心

表 3-135　2017 年内蒙古自治区发表 SCI 论文二十强学科

序号	研究领域	发文量全国排名	发文量/篇	被引次数/次	篇均被引/次
1	材料科学综合	26	140	138	0.99
2	物理化学	26	99	113	1.14
3	化学综合	28	74	57	0.77
4	应用物理	26	68	47	0.69
5	生物工程与应用微生物学	26	61	17	0.28
6	电子电气工程	27	61	38	0.62
7	食品科学技术	24	61	16	0.26
8	肿瘤学	28	59	29	0.49
9	能源燃料	26	52	46	0.88
10	应用数学	28	47	30	0.64
11	凝聚态物理	26	47	40	0.85
12	环境科学	28	45	16	0.36
13	冶金工程	24	44	25	0.57
14	细胞生物学	27	42	22	0.52
15	生物化学分子生物学	30	34	22	0.65
16	数学	28	34	12	0.35
17	综合科学	30	34	12	0.35
18	研究与实验医学	30	32	14	0.44
19	工程化学	27	30	26	0.87
20	工程、化学	27	31	35	1.13
全部		27	1157	631	0.55

资料来源：中国产业智库大数据中心

	综合	农业科学	生物与生化	化学	临床医学	计算机科学	经济与商学	工程科学	环境/生态学	地球科学	免疫学	材料科学	数学	微生物学	分子生物与遗传学	综合交叉学科	神经科学与行为	药理学与毒物学	物理学	植物与动物科学	精神病学/心理学	一般社会科学	空间科学	进入ESI学科数
内蒙古农业大学	3996	675	0	0	0	0	0	0	0	0	0	0	0	0	0	0	0	0	0	0	0	0	0	1
内蒙古医科大学	4533	0	0	0	3426	0	0	0	0	0	0	0	0	0	0	0	0	0	0	0	0	0	0	1

图 3-57　2017 年内蒙古自治区高校和研究机构 ESI 前 1%学科分布

资料来源：中国产业智库大数据中心

表 3-136　2017 年内蒙古自治区在华发明专利申请量二十强企业和科研机构列表

序号	二十强企业	发明专利申请量/件	二十强科研机构	发明专利申请量/件
1	内蒙古包钢钢联股份有限公司	64	内蒙古科技大学	109
2	内蒙古蒙牛乳业（集团）股份有限公司	56	内蒙古农业大学	69
3	包头钢铁（集团）有限责任公司	53	内蒙古大学	63
4	中国二冶集团有限公司	24	内蒙古工业大学	46
5	鄂尔多斯市普渡科技有限公司	18	包头稀土研究院	24
6	国家电网公司	17	内蒙古民族大学	23
7	国网内蒙古东部电力有限公司	17	内蒙古自治区农牧业科学院	19
8	内蒙古智牧溯源技术开发有限公司	16	内蒙古医科大学	17
9	瑞科稀土冶金及功能材料国家工程研究中心有限公司	16	中国农业科学院草原研究所	12
10	中冶华天南京工程技术有限公司	14	内蒙古东达獭兔循环产业研究院	10
11	大唐国际发电股份有限公司高铝煤炭资源开发利用研发中心	14	内蒙古师范大学	10
12	内蒙古北方重型汽车股份有限公司	13	内蒙古民族大学附属医院	10
13	内蒙古达尔科技有限公司	13	中国科学院包头稀土研发中心	8
14	内蒙古佳瑞米精细化工有限公司	12	中国科学院合肥技术创新工程院	7
15	国网内蒙古东部电力有限公司电力科学研究院	12	内蒙动力机械研究所	7
16	内蒙古昶辉生物科技股份有限公司	10	包头轻工职业技术学院	6
17	乌兰察布市大盛石墨新材料股份有限公司	8	赤峰学院	6
18	内蒙古第一机械集团有限公司	8	水利部牧区水利科学研究所	5
19	赤峰赛佰诺制药有限公司	7	锡林郭勒职业学院	5
20	鄂尔多斯市瀚博科技有限公司	7	东北电力大学	4

资料来源：中国产业智库大数据中心

表 3-137　2017 年内蒙古自治区在华发明专利申请量十强技术领域

序号	IPC 号	分类号含义	专利数量/件
1	A61K	医用、牙科用或梳妆用的配制品	112
2	G01N	借助于测定材料的化学或物理性质来测试或分析材料	74
3	C22C	合金	60
4	A01G	园艺；蔬菜、花卉、稻、果树、葡萄、啤酒花或海菜的栽培；林业；浇水	51
5	A23L	不包含在 A21D 或 A23B 至 A23J 小类中的食品、食料或非酒精饮料；它们的制备或处理，例如烹调、营养品质的改进、物理处理	51
6	C04B	石灰；氧化镁；矿渣；水泥；其组合物，例如：砂浆、混凝土或类似的建筑材料；人造石；陶瓷	47
7	G06Q	专门适用于行政、商业、金融、管理、监督或预测目的的数据处理系统或方法；其他类目不包含的专门适用于行政、商业、金融、管理、监督或预测目的的处理系统或方法	47
8	C12N	微生物或酶；其组合物	46
9	C02F	水、废水、污水或污泥的处理	39
10	G06F	电数字数据处理	36

资料来源：中国产业智库大数据中心

3.2.28 海南省

2016 年，海南省常住人口 917 万人，地区生产总值 4053.2 亿元，人均地区生产总值 44 347 元；普通高等学校 18 所，普通高等学校招生 5.32 万人，普通高等学校教职工总数 1.47 万人；研究与试验发展经费支出 21.71 亿元，研究与试验发展人员 13 484 人，研究与试验发展经费投入强度 0.54%。

2017 年，海南省基础研究竞争力 BRCI 为 0.096，排名第 28 位，与 2016 年的排名一致（表 3-138）。海南省国家自然科学基金项目总数为 192 项，项目经费总额为 7295.9 万元，全国排名均为第 28；海南省国家自然科学基金项目经费金额大于 500 万元的学科有 1 个（图 3-58）；

表 3-138　2017 年海南省基础研究竞争力整体情况

指标	数据	排名	指标	数据	排名
国家自然科学基金项目数/项	192	28	SCI 论文数/篇	793	28
国家自然科学基金项目经费/万元	7 295.9	28	SCI 论文被引频次/次	465	28
国家自然科学基金机构数/个	16	28	发明专利申请量/件	1 260	29
国家自然科学基金主持人数/人	190	28	基础研究竞争力指数	0.096	28

资料来源：中国产业智库大数据中心

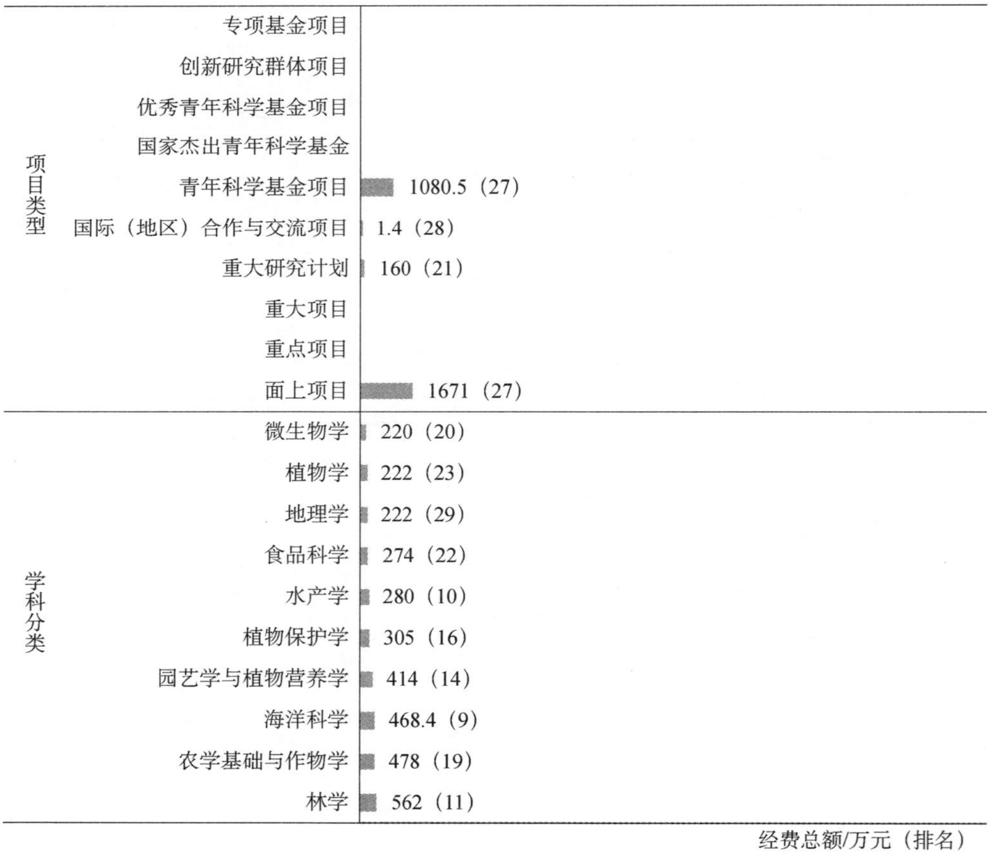

图 3-58　2017 年海南省争取国家自然科学基金项目情况

资料来源：中国产业智库大数据中心

海南省争取国家自然科学基金经费超过1000万元的有1家机构（表3-139）；海南省共发表SCI论文793篇，全国排名第28（表3-140）；共有2家机构进入相关学科的ESI全球前1%行列（图3-59）；海南省发明专利申请量1260件，全国排名第29，主要专利权人和技术领域如表3-141、表3-142所示。

综合分析得知，海南省的优势学科为海洋科学、水产学、大气科学、林学、园艺学与植物营养学、耳鼻咽喉头颈科学等；海南省基础研究的重点机构为海南大学、海南医学院、海南师范大学、中国热带农业科学院热带生物技术研究所、中国热带农业科学院橡胶研究所、中国科学院深海科学与工程研究所等。

表3-139　2017年海南省争取国家自然科学基金项目经费机构排名

序号	机构名称	项目数量/项	项目经费/万元	全国排名
1	海南大学	80	2 922.5	127
2	海南医学院	23	830	390
3	海南师范大学	19	707	446
4	中国热带农业科学院热带生物技术研究所	13	589	547
5	中国热带农业科学院橡胶研究所	10	413	614
6	中国科学院深海科学与工程研究所	8	574.4	678
7	海南省人民医院	8	272	679
8	中国热带农业科学院海口实验站	5	157	809
9	中国热带农业科学院热带作物品种资源研究所	5	120	810
10	海口市人民医院	5	170	811
11	中国热带农业科学院环境与植物保护研究所	4	131	875
12	海南热带海洋学院	3	100	975
13	海南省农业科学院	3	88	976
14	海南省气象科学研究所	3	140	977
15	中国热带农业科学院香料饮料研究所	2	44	1 149
16	海南省气候中心	1	38	1 491

资料来源：中国产业智库大数据中心

表3-140　2017年海南省发表SCI论文二十强学科

序号	研究领域	发文量全国排名	发文量/篇	被引次数/次	篇均被引/次
1	植物科学	21	76	36	0.47
2	材料科学综合	29	56	54	0.96
3	综合科学	28	47	32	0.68
4	食品科学技术	26	43	25	0.58
5	生物化学分子生物学	28	42	25	0.60
6	肿瘤学	29	41	20	0.49
7	药理学	29	38	48	1.26
8	化学综合	29	36	26	0.72
9	研究与实验医学	29	33	8	0.24
10	医药化学	25	31	18	0.58

续表

序号	研究领域	发文量全国排名	发文量/篇	被引次数/次	篇均被引/次
11	环境科学	29	28	22	0.79
12	生物工程与应用微生物学	29	27	13	0.48
13	细胞生物学	30	27	15	0.56
14	纳米科技	28	25	54	2.16
15	海洋与淡水生物学	13	24	23	0.96
16	应用物理	29	24	23	0.96
17	数学	29	23	1	0.04
18	电化学	29	22	25	1.14
19	应用化学	28	21	32	1.52
20	分析化学	28	20	27	1.35
全部		28	793	465	0.59

资料来源：中国产业智库大数据中心

	综合	农业科学	生物与生化	化学	临床医学	计算机科学	经济与商学	工程科学	环境生态学	地球科学	免疫学	材料科学	数学	微生物学	分子生物与遗传学	综合交叉学科	神经科学与行为	药理学与毒物学	物理学	植物与动物科学	精神病学心理学	一般社会科学	空间科学	进入ESI学科数
海南医学院	4291	0	0	0	3186	0	0	0	0	0	0	0	0	0	0	0	0	0	0	0	0	0	0	1
中国热带农业科学院	3604	0	0	0	0	0	0	0	0	0	0	0	0	0	0	0	0	0	0	1009	0	0	0	1

图 3-59 2017 年海南省高校和研究机构 ESI 前 1%学科分布

资料来源：中国产业智库大数据中心

表 3-141 2017 年海南省在华发明专利申请量二十强企业和科研机构列表

序号	二十强企业	发明专利申请量/件	二十强科研机构	发明专利申请量/件
1	海南电网有限责任公司电力科学研究院	19	海南大学	286
2	海南春光食品有限公司	15	海南师范大学	49
3	海南电网有限责任公司	14	中国热带农业科学院热带生物技术研究所	38
4	海南三元星生物科技股份有限公司	11	海南职业技术学院	36
5	海南京润珍珠生物技术股份有限公司	11	中国热带农业科学院热带作物品种资源研究所	30
6	海南佩尔优科技有限公司	10	海南医学院	27
7	东方上彩现代农业有限公司	9	中国热带农业科学院环境与植物保护研究所	24
8	海南中航特玻科技有限公司	9	中国科学院深海科学与工程研究所	18
9	欣龙控股（集团）股份有限公司	7	中国热带农业科学院橡胶研究所	15
10	海南拍拍渔鲜活水产有限公司	7	中国热带农业科学院海口实验站	13
11	海南海大信息产业园有限公司	7	海南热带海洋学院	12
12	海南瑞韩医学美容医院管理有限公司海口龙华京华城红妆医学美容门诊部	7	中国医学科学院药用植物研究所海南分所	10
13	海南聚能科技创新研究院有限公司	7	海南亚元防伪技术研究所（普通合伙）	8

续表

序号	二十强企业	发明专利申请量/件	二十强科研机构	发明专利申请量/件
14	海南蛛王药业有限公司	7	中国热带农业科学院椰子研究所	6
15	万特制药（海南）有限公司	6	中国热带农业科学院香料饮料研究所	6
16	海南凯迪网络资讯股份有限公司	6	海南科技职业学院	6
17	海南智媒云图科技股份有限公司	6	西安交通大学	6
18	海南通用康力制药有限公司	6	三亚中科遥感研究所	5
19	海南云江科技有限公司	5	海南省农业科学院植物保护研究所	5
20	海南梵思科技有限公司	5	海口市人民医院	5

资料来源：中国产业智库大数据中心

表 3-142　2017 年海南省在华发明专利申请量十强技术领域

序号	IPC 号	分类号含义	专利数量/件
1	A61K	医用、牙科用或梳妆用的配制品	130
2	G05B	一般的控制或调节系统；这种系统的功能单元；用于这种系统或单元的监视或测试装置	106
3	G06F	电数字数据处理	58
4	G01N	借助于测定材料的化学或物理性质来测试或分析材料	48
5	C12N	微生物或酶；其组合物	45
6	A23L	不包含在 A21D 或 A23B 至 A23J 小类中的食品、食料或非酒精饮料；它们的制备或处理，例如烹调、营养品质的改进、物理处理	41
7	A01G	园艺；蔬菜、花卉、稻、果树、葡萄、啤酒花或海菜的栽培；林业；浇水	36
8	A01N	人体、动植物体或其局部的保存	35
9	A01K	畜牧业；禽类、鱼类、昆虫的管理；捕鱼；饲养或养殖其他类不包含的动物；动物的新品种	29
10	G06Q	专门适用于行政、商业、金融、管理、监督或预测目的的数据处理系统或方法；其他类目不包含的专门适用于行政、商业、金融、管理、监督或预测目的的处理系统或方法	27

资料来源：中国产业智库大数据中心

3.2.29　宁夏回族自治区

2016 年，宁夏回族自治区常住人口 675 万人，地区生产总值 3168.59 亿元，人均地区生产总值 47 194 元；普通高等学校 18 所，普通高等学校招生 3.24 万人，普通高等学校教职工总数 1.16 万人；研究与试验发展经费支出 29.93 亿元，研究与试验发展人员 16 533 人，研究与试验发展经费投入强度 0.95%。

2017 年，宁夏回族自治区基础研究竞争力 BRCI 为 0.0686，排名第 29 位，与 2016 年的排名一致（表 3-143）。宁夏回族自治区国家自然科学基金项目总数为 163 项，项目经费总额为 5726.5 万元，全国排名均为第 29；宁夏回族自治区国家自然科学基金项目经费金额大于 300 万元的学科有 3 个（图 3-60）；宁夏回族自治区争取国家自然科学基金经费超过 1000 万元的有 2 家机构（表 3-144）；宁夏回族自治区共发表 SCI 论文 378 篇，全国排名第 29（表 3-145）；共有 1 家机构进入相关学科的 ESI 全球前 1%行列（图 3-61）；宁夏回族自治区发明专利申请量 1870 件，全国排名第 28，主要专利权人和技术领域如表 3-146、表 3-147 所示。

综合分析得知，宁夏回族自治区的优势学科为兽医学、细胞生物学、神经科学、畜牧学与草地科学、生殖系统等；宁夏回族自治区基础研究的重点机构为宁夏大学、宁夏医科大学、北方民族大学、宁夏回族自治区人民医院、宁夏农林科学院、宁夏师范学院等。

表 3-143　2017 年宁夏回族自治区基础研究竞争力整体情况

指标	数据	排名	指标	数据	排名
国家自然科学基金项目数/项	163	29	SCI 论文数/篇	378	29
国家自然科学基金项目经费/万元	5 726.5	29	SCI 论文被引频次/次	250	29
国家自然科学基金机构数/个	7	30	发明专利申请量/件	1 870	28
国家自然科学基金主持人数/人	163	29	基础研究竞争力指数	0.068 6	29

资料来源：中国产业智库大数据中心

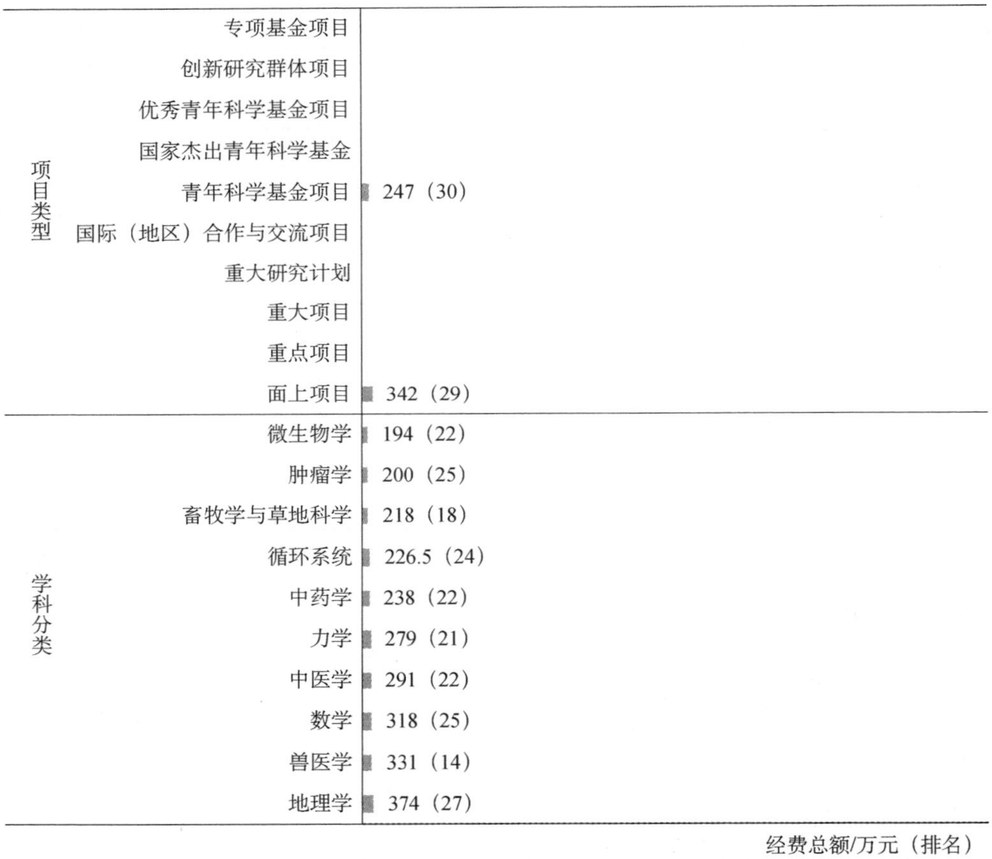

图 3-60　2017 年宁夏回族自治区争取国家自然科学基金项目情况

资料来源：中国产业智库大数据中心

表 3-144　2017 年宁夏回族自治区争取国家自然科学基金项目经费机构排名

序号	机构名称	项目数量/项	项目经费/万元	全国排名
1	宁夏大学	75	2 705	134
2	宁夏医科大学	52	1 786.5	198

续表

序号	机构名称	项目数量/项	项目经费/万元	全国排名
3	北方民族大学	22	776	404
4	宁夏回族自治区人民医院	7	238	722
5	宁夏农林科学院	3	99	1 000
6	宁夏师范学院	3	87	1 001
7	宁夏回族自治区气象科学研究所	1	35	1 543

资料来源：中国产业智库大数据中心

表 3-145　2017 年宁夏回族自治区发表 SCI 论文二十强学科

序号	研究领域	发文量全国排名	发文量/篇	被引次数/次	篇均被引/次
1	研究与实验医学	28	42	21	0.50
2	材料科学综合	30	34	16	0.47
3	肿瘤学	30	31	24	0.77
4	生物化学分子生物学	31	29	16	0.55
5	药理学	30	29	14	0.48
6	化学综合	31	25	18	0.72
7	物理化学	29	24	51	2.13
8	应用数学	30	24	5	0.21
9	应用物理	30	17	19	1.12
10	生物工程与应用微生物学	30	15	2	0.13
11	数学	30	14	2	0.14
12	细胞生物学	31	12	8	0.67
13	电子电气工程	31	12	5	0.42
14	神经科学	29	12	8	0.67
15	工程化学	30	11	42	3.82
16	凝聚态物理	30	11	16	1.45
17	电化学	30	10	10	1.00
18	能源燃料	32	10	5	0.50
19	综合科学	31	10	3	0.30
20	无机化学与核化学	29	9	17	1.89
全部		29	378	250	0.66

资料来源：中国产业智库大数据中心

	综合	农业科学	生物与生化	化学	临床医学	计算机科学	经济与商学	工程科学	环境生态学	地球科学	免疫学	材料科学	数学	微生物学	分子生物与遗传学	综合交叉学科	神经科学与行为	药理学与毒物学	物理学	植物与动物科学	精神病学/心理学	一般社会科学	空间科学	进入ESI学科数
宁夏医科大学	3458	0	0	0	2653	0	0	0	0	0	0	0	0	0	0	0	0	0	0	0	0	0	0	1

图 3-61　2017 年宁夏回族自治区高校和研究机构 ESI 前 1%学科分布

资料来源：中国产业智库大数据中心

表 3-146　2017 年宁夏回族自治区在华发明专利申请量二十强企业和科研机构列表

序号	二十强企业	发明专利申请量/件	二十强科研机构	发明专利申请量/件
1	宁夏共享模具有限公司	76	宁夏大学	102
2	共享装备股份有限公司	44	北方民族大学	85
3	平罗县龙江液化气有限责任公司	40	宁夏医科大学	59
4	石嘴山市金辉科贸有限公司	39	宁夏农林科学院农业资源与环境研究所	11
5	共享铸钢有限公司	37	宁夏医科大学总医院	9
6	宁夏共享机床辅机有限公司	37	宁夏农林科学院	8
7	宁夏如意科技时尚产业有限公司	29	宁夏农林科学院固原分院	4
8	宁夏软件工程院有限公司	24	宁夏沃尔滋非常资源研究院	4
9	宁夏平罗县贸易有限责任公司	20	宁夏农林科学院农业生物技术研究中心	3
10	宁夏百辰工业产品设计有限公司	17	宁夏农林科学院农业经济与信息技术研究所	3
11	中卫市创科知识产权投资有限公司	16	宁夏农林科学院农作物研究所	3
12	银川多贝科技有限公司	16	宁夏农林科学院植物保护研究所（宁夏植物病虫害防治重点实验室）	3
13	银川金帮手信息科技有限公司	15	宁夏农林科学院枸杞工程技术研究所	2
14	国网宁夏电力公司电力科学研究院	14	宁夏职业技术学院	2
15	金石机器人银川有限公司	14	沈阳工业大学	2
16	宁夏红山河食品股份有限公司	13	石嘴山市第二人民医院	2
17	宁夏巨能机器人股份有限公司	12	宁夏农林科学院植物保护研究所	1
18	吴忠市仁爱医院有限公司	11	宁夏农林科学院荒漠化治理研究所	1
19	宁夏宝塔化工中心实验室（有限公司）	11	宁夏工商职业技术学院	1
20	宁夏顺宝现代农业股份有限公司	11	宁夏建设职业技术学院	1

资料来源：中国产业智库大数据中心

表 3-147　2017 年宁夏回族自治区在华发明专利申请量十强技术领域

序号	IPC 号	分类号含义	专利数量/件
1	A23L	不包含在 A21D 或 A23B 至 A23J 小类中的食品、食料或非酒精饮料；它们的制备或处理，例如烹调、营养品质的改进、物理处理	137
2	A61K	医用、牙科用或梳妆用的配制品	70
3	B22C	铸造造型	70
4	A01G	园艺；蔬菜、花卉、稻、果树、葡萄、啤酒花或海菜的栽培；林业；浇水	46
5	B23Q	机床的零件、部件或附件，如仿形装置或控制装置	46
6	G01N	借助于测定材料的化学或物理性质来测试或分析材料	38
7	B29C	塑料的成型或连接；塑性状态物质的一般成型；已成型产品的后处理，例如修整	36
8	B65G	运输或贮存装置，例如装载或倾斜用输送机；车间输送机系统；气动管道输送机	31
9	G06Q	专门适用于行政、商业、金融、管理、监督或预测目的的数据处理系统或方法；其他类目不包含的专门适用于行政、商业、金融、管理、监督或预测目的的处理系统或方法	29
10	B01D	分离	27

资料来源：中国产业智库大数据中心

3.2.30　青海省

2016 年，青海省常住人口 593 万人，地区生产总值 2572.49 亿元，人均地区生产总值 43 531 元；普通高等学校 12 所，普通高等学校招生 1.91 万人，普通高等学校教职工总数 0.66 万人；

研究与试验发展经费支出14亿元，研究与试验发展人员7378人，研究与试验发展经费投入强度0.54%。

2017年，青海省基础研究竞争力BRCI为0.0474，排名第30位，与2016年的排名一致（表3-148）。青海省国家自然科学基金项目总数为76项，项目经费总额为3452.5万元，全国排名均为第30；青海省国家自然科学基金项目经费金额大于300万元的学科有3个（图3-62）；青海省争取国家自然科学基金经费超过500万元的有3家机构（表3-149）；青海省共发表SCI论文324篇，全国排名第30（表3-150）；青海省发明专利申请量787件，全国排名第30，主要专利权人和技术领域如表3-151、表3-152所示。

表3-148　2017年青海省基础研究竞争力整体情况

指标	数据	排名	指标	数据	排名
国家自然科学基金项目数/项	76	30	SCI论文数/篇	324	30
国家自然科学基金项目经费/万元	3 452.5	30	SCI论文被引频次/次	232	30
国家自然科学基金机构数/个	12	29	发明专利申请量/件	787	30
国家自然科学基金主持人数/人	76	30	基础研究竞争力指数	0.047 4	30

资料来源：中国产业智库大数据中心

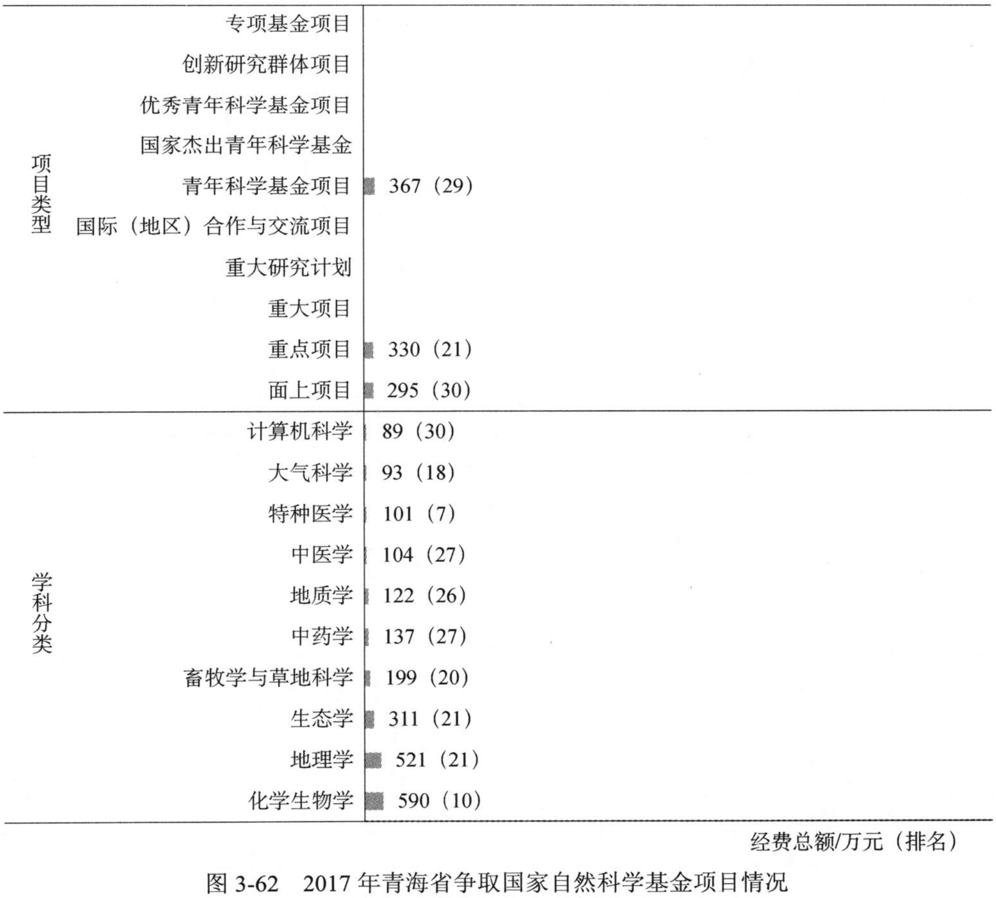

图3-62　2017年青海省争取国家自然科学基金项目情况

资料来源：中国产业智库大数据中心

综合分析得知，青海省的优势学科为兽医学、细胞生物学、神经科学、畜牧学与草地科学、生殖系统等；青海省基础研究的重点机构为青海大学、青海师范大学、中国科学院西北高原生物研究所、青海省农林科学院、中国科学院青海湖研究所、青海大学附属医院等。

表 3-149 2017 年青海省争取国家自然科学基金项目经费机构排名

序号	机构名称	项目数量/项	项目经费/万元	全国排名
1	青海大学	26	885	358
2	青海师范大学	12	415	566
3	中国科学院西北高原生物研究所	11	700	590
4	青海省农林科学院	5	192	816
5	中国科学院青海盐湖研究所	4	657	886
6	青海大学附属医院	4	136	887
7	青海民族大学	4	117.5	888
8	青海省人民医院	3	100	998
9	青海省畜牧兽医科学院	3	119	999
10	青海省气象科学研究所	2	74	1 177
11	青海省人工影响天气办公室	1	24	1 541
12	青海省地质矿产研究所	1	33	1 542

资料来源：中国产业智库大数据中心

表 3-150 2017 年青海省发表 SCI 论文二十强学科

序号	研究领域	发文量全国排名	发文量/篇	被引次数/次	篇均被引/次
1	材料科学综合	32	26	9	0.35
2	化学综合	32	21	6	0.29
3	能源燃料	29	20	35	1.75
4	环境科学	30	20	39	1.95
5	物理化学	30	19	10	0.53
6	分析化学	29	18	18	1.00
7	工程化学	29	16	44	2.75
8	环境工程	29	14	41	2.93
9	应用物理	32	13	7	0.54
10	植物科学	30	13	5	0.38
11	农学	24	12	7	0.58
12	凝聚态物理	29	12	2	0.17
13	生态学	29	11	3	0.27
14	药理学	32	11	7	0.64
15	医药化学	29	10	4	0.40
16	电化学	31	10	10	1.00
17	遗传学	31	10	7	0.70
18	研究与实验医学	31	10	5	0.50
19	生物化学分子生物学	32	9	5	0.56
20	电子电气工程	32	9	0	0.00
全部		30	324	232	0.72

资料来源：中国产业智库大数据中心

表 3-151 2017 年青海省在华发明专利申请量二十强企业和十五强科研机构列表

序号	二十强企业	发明专利申请量/件	十五强科研机构	发明专利申请量/件
1	国网青海省电力公司	68	中国科学院青海盐湖研究所	98
2	青海盐湖工业股份有限公司	43	中国科学院西北高原生物研究所	62
3	国家电网公司	34	青海大学	62
4	亚洲硅业（青海）有限公司	30	青海民族大学	28
5	中国水利水电第四工程局有限公司	26	沈阳工业大学	10
6	青海七彩花生物科技有限公司	17	青海省畜牧兽医科学院	10
7	国网青海省电力公司电力科学研究院	16	青海师范大学	5
8	青海黄河上游水电开发有限责任公司光伏产业技术分公司	14	青海省农林科学院	5
9	国网青海省电力公司海东供电公司	9	青海省交通科学研究院	4
10	西部矿业股份有限公司	9	青海省藏医院	3
11	青海省亚硅硅材料工程技术有限公司	9	青海省人民医院	2
12	国网青海省电力公司海南供电公司	8	青海大学附属医院	1
13	国网青海省电力公司海西供电公司	8	青海建筑职业技术学院	1
14	国网青海省电力公司西宁供电公司	8	青海省气象科学研究所	1
15	西部矿业集团科技发展有限公司	8	青海省藏医药研究院	1
16	青海送变电工程公司	8		
17	青海星火实业有限公司	7		
18	国网青海省电力公司海北供电公司	6		
19	寰龙特种糖业有限公司	5		
20	青海中水数易信息科技有限责任公司	5		

资料来源：中国产业智库大数据中心

表 3-152 2017 年青海省在华发明专利申请量十强技术领域

序号	IPC 号	分类号含义	专利数量/件
1	A61K	医用、牙科用或梳妆用的配制品	72
2	A23L	不包含在 A21D 或 A23B 至 A23J 小类中的食品、食料或非酒精饮料；它们的制备或处理，例如烹调、营养品质的改进、物理处理	44
3	C01F	金属铍、镁、铝、钙、锶、钡、镭、钍的化合物，或稀土金属的化合物	32
4	C04B	石灰；氧化镁；矿渣；水泥；其组合物，例如：砂浆、混凝土或类似的建筑材料；人造石；陶瓷	31
5	G01N	借助于测定材料的化学或物理性质来测试或分析材料	28
6	C01B	非金属元素；其化合物	27
7	A01G	园艺；蔬菜、花卉、稻、果树、葡萄、啤酒花或海菜的栽培；林业；浇水	25
8	C01D	碱金属，即锂、钠、钾、铷、铯或钫的化合物	25
9	C22B	金属的生产或精炼	16
10	G06Q	专门适用于行政、商业、金融、管理、监督或预测目的的数据处理系统或方法；其他类目不包含的专门适用于行政、商业、金融、管理、监督或预测目的的处理系统或方法	15

资料来源：中国产业智库大数据中心

3.2.31 西藏自治区

2016 年，西藏自治区常住人口 331 万人，地区生产总值 1151.41 亿元，人均地区生产总值 35 184 元；普通高等学校 7 所，普通高等学校招生 1.01 万人，普通高等学校教职工总数 0.37 万人；研究与试验发展经费支出 2.22 亿元，研究与试验发展人员 2345 人，研究与试验发展经费投入强度 0.19%。

2017 年，西藏自治区基础研究竞争力 BRCI 为 0.0116，排名第 31 位，与 2016 年的排名一致（表 3-153）。西藏自治区申请国家自然科学基金项目总数为 29 项，项目经费总额为 995.25 万元，全国排名均为第 31；西藏自治区国家自然科学基金项目经费金额大于 100 万元的学科有 3 个（图 3-63）；西藏自治区争取国家自然科学基金经费超过 300 万元的有 2 家机构（表 3-154）；

表 3-153 2017 年西藏自治区基础研究竞争力整体情况

指标	数据	排名	指标	数据	排名
国家自然科学基金项目数/项	29	31	SCI 论文数/篇	61	31
国家自然科学基金项目经费/万元	995.25	31	SCI 论文被引频次/次	18	31
国家自然科学基金机构数/个	4	31	发明专利申请量/件	207	31
国家自然科学基金主持人数/人	28	31	基础研究竞争力指数	0.011 6	31

资料来源：中国产业智库大数据中心

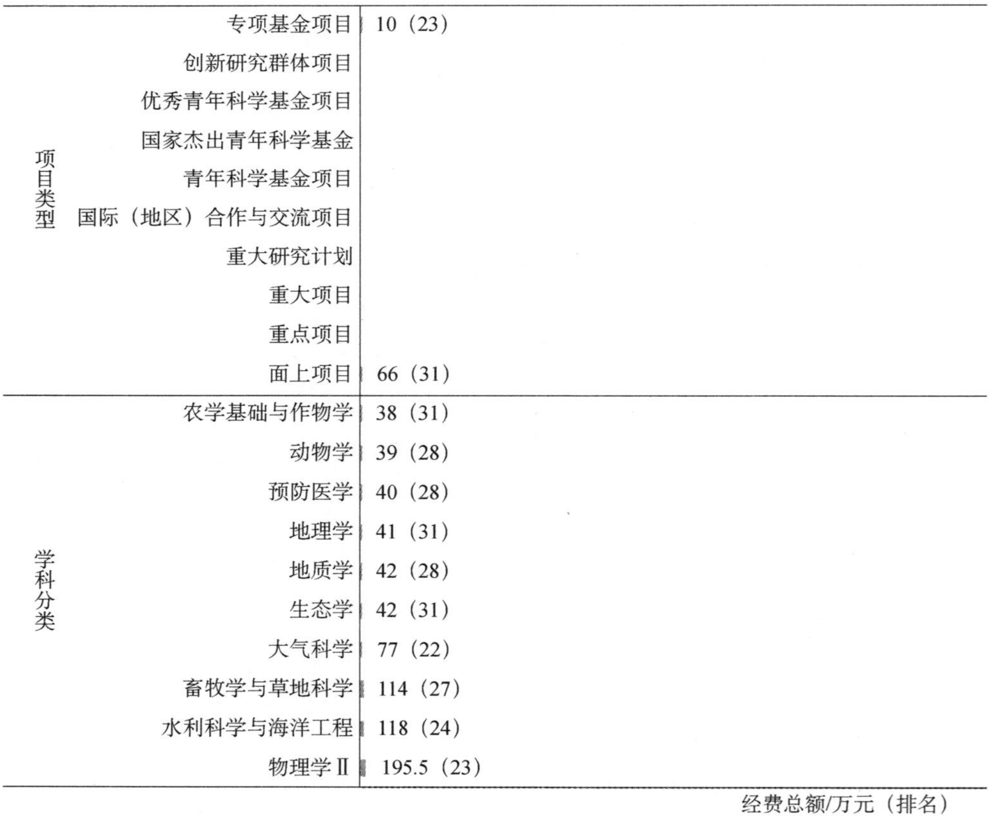

图 3-63 2017 年西藏自治区争取国家自然科学基金项目情况

资料来源：中国产业智库大数据中心

西藏自治区共发表 SCI 论文 61 篇，全国排名第 31（表 3-155）；西藏自治区发明专利申请量 207 件，全国排名第 31，主要专利权人和技术领域如表 3-156、表 3-157 所示。

综合分析得知，西藏自治区的优势学科为物理学、大气科学、遗传学、水利科学等；西藏自治区基础研究的重点机构为西藏大学、西藏农牧学院、西藏自治区气候中心、西藏高原大气环境科学研究所等。

表 3-154　2017 年西藏自治区争取国家自然科学基金项目经费机构排名

序号	机构名称	项目数量/项	项目经费/万元	全国排名
1	西藏大学	16	465.25	502
2	西藏农牧学院	10	387	619
3	西藏自治区气候中心	2	77	1 169
4	西藏高原大气环境科学研究所	1	66	1 521

资料来源：中国产业智库大数据中心

表 3-155　2017 年西藏自治区发表 SCI 论文二十强学科

序号	研究领域	发文量全国排名	发文量/篇	被引次数/次	篇均被引/次
1	遗传学	30	12	4	0.33
2	食品科学技术	33	5	0	0.00
3	生物化学分子生物学	33	4	0	0.00
4	生物工程与应用微生物学	33	4	0	0.00
5	细胞生物学	32	4	1	0.25
6	研究与实验医学	33	4	0	0.00
7	肿瘤学	32	4	6	1.50
8	临床神经学	31	3	0	0.00
9	能源燃料	33	3	3	1.00
10	化学综合	33	2	0	0.00
11	渔业	26	2	3	1.50
12	绿色技术	33	2	3	1.50
13	血液学	26	2	1	0.50
14	内科医学	33	2	0	0.00
15	综合科学	33	2	0	0.00
16	药理学	33	2	0	0.00
17	外科	32	2	1	0.50
18	兽医学	30	2	0	0.00
19	奶制品与动物科学	30	1	0	0.00
20	生物学	33	1	1	1.00
全部		31	61	18	0.30

资料来源：中国产业智库大数据中心

表 3-156　2017 年西藏自治区在华发明专利申请量二十强企业和十强科研机构列表

序号	二十强企业	发明专利申请量/件	十强科研机构	发明专利申请量/件
1	西藏喜年通讯科技有限公司	19	西藏自治区农牧科学院农业资源与环境研究所	5
2	西藏世峰高科能源技术有限公司	11	西藏大学	4
3	西藏亚吐克工贸有限公司	10	西藏自治区农牧科学院水产科学研究所	4
4	西藏俊富环境恢复有限公司	9	西藏自治区农牧科学院	3
5	西藏加速工场孵化器有限公司	7	西藏自治区农牧科学院蔬菜研究所	3
6	西藏中轨科技有限责任公司	5	西藏自治区高原生物研究所	3
7	西藏天仁科技发展有限公司	5	西藏藏医学院	3
8	西藏月王藏药科技有限公司	5	西藏自治区农牧科学院农业研究所	2
9	西藏诺迪康药业股份有限公司	5	西藏自治区农牧科学院畜牧兽医研究所	2
10	万兴科技股份有限公司	4	西藏自治区农牧科学院草业科学研究所	1
11	西藏藏建科技股份有限公司	4		
12	盛世乐居（亚东）智能科技有限公司	3		
13	网智天元科技集团股份有限公司	3		
14	西藏多欣医疗器械制造有限公司	3		
15	西藏文殊生物科技有限公司	3		
16	西藏正科芯云信息科技有限公司	3		
17	西藏玫瑰生物科技发展有限公司	3		
18	西藏藏缘青稞酒业有限公司	3		
19	西藏青稞物语生物科技有限公司	3		
20	国网西藏电力有限公司电力科学研究院	2		

资料来源：中国产业智库大数据中心

表 3-157　2017 年西藏自治区在华发明专利申请量十强技术领域

序号	IPC 号	分类号含义	专利数量/件
1	A61K	医用、牙科用或梳妆用的配制品	17
2	A23L	不包含在 A21D 或 A23B 至 A23J 小类中的食品、食料或非酒精饮料；它们的制备或处理，例如烹调、营养品质的改进、物理处理	14
3	A01G	园艺；蔬菜、花卉、稻、果树、葡萄、啤酒花或海菜的栽培；林业；浇水	13
4	A61B	诊断；外科；鉴定	13
5	G06F	电数字数据处理	8
6	C05G	分属于 C05 大类下各小类中肥料的混合物；由一种或多种肥料与无特殊肥效的物质，例如农药、土壤调理剂、润湿剂所组成的混合物	7
7	C08L	高分子化合物的组合物	6
8	C09C	纤维状填料以外的无机材料的处理以增强它们的着色或填充性能	6
9	A01K	畜牧业；禽类、鱼类、昆虫的管理；捕鱼；饲养或养殖其他类不包含的动物；动物的新品种	5
10	A21D	焙烤用面粉或面团的处理	4

资料来源：中国产业智库大数据中心

第4章 中国大学与科研机构基础研究竞争力报告

4.1 中国大学与科研机构基础研究竞争力百强排行榜

4.1.1 中国大学与科研机构基础研究竞争力指数百强排行榜

2017 年中国大学与科研机构基础研究竞争力指数百强机构如表 4-1 所示。2017 年，浙江大学的基础研究竞争力以 93.8799 居全国第 1 位。从国家自然科学基金项目来看，上海交通大学获得 1103 个项目资助，项目数量居全国第 1 位；清华大学获得 81 021.1 万元项目经费资助，项目经费总额居全国第 1 位。从 SCI 论文来看，上海交通大学共发表 SCI 论文 7511 篇，全国排名第 1。从专利申请量来看，浙江大学共申请 2686 件发明专利，全国排名第 7，在高校和研究机构中排名第 1。

表 4-1　2017 年中国大学与科研机构基础研究竞争力指数百强机构

机构名称	排名	BRCI 指数	项目数/个（排名）	项目经费/项（排名）	人才数/个（排名）	SCI 论文数/篇（排名）	论文被引频次/次（排名）	发明专利申请量/件（排名）
浙江大学	1	93.879 9	846（3）	56 988.23（4）	817（3）	7 335（2）	7 134（2）	2 686（7）
上海交通大学	2	90.591 8	1103（1）	67 252.51（2）	1 074（1）	7 511（1）	6 189（3）	1 207（32）
清华大学	3	83.351 1	630（6）	81 021.1（1）	602（6）	6 104（3）	7 815（1）	1 850（15）
华中科技大学	4	72.812 9	756（4）	47 368.7（7）	737（4）	5 195（5）	5 689（4）	1 545（22）
中山大学	5	66.508 1	873（2）	50 430.31（6）	851（2）	4 670（8）	4 684（9）	8 54（54）
西安交通大学	6	56.682 3	507（9）	35 705.19（10）	489（9）	4 861（7）	4 408（11）	1 414（25）
北京大学	7	56.262 6	602（7）	57 408.47（3）	577（7）	5 469（4）	5 407（5）	435（156）
复旦大学	8	54.999 7	706（5）	54 628.23（5）	678（5）	4 585（9）	4 393（12）	425（163）
中南大学	9	51.193 3	442（13）	22 669.7（22）	433（13）	4 408（12）	5 293（6）	1 438（24）
武汉大学	10	50.147 9	461（12）	35 965.17（9）	447（12）	3 980（14）	4 343（13）	1 004（45）

续表

机构名称	排名	BRCI 指数	项目数/个（排名）	项目经费/项（排名）	人才数/个（排名）	SCI 论文数/篇（排名）	论文被引频次/次（排名）	发明专利申请量/件（排名）
山东大学	11	50.139	475（10）	25 926.16（15）	461（10）	4 445（11）	3 791（19）	1 343（26）
四川大学	12	50.129 2	465（11）	23 956.3（18）	458（11）	5 067（6）	4 989（7）	995（47）
同济大学	13	47.772 8	529（8）	34 008.03（13）	516（8）	3 349（16）	3 086（22）	1 002（46）
天津大学	14	47.467 7	345（18）	23 862.7（19）	334（19）	3 809（15）	3 943（17）	2 240（10）
华南理工大学	15	47.338 1	252（28）	34 387.83（12）	248（28）	3 200（20）	4 943（8）	2 677（8）
吉林大学	16	46.948 1	357（17）	20 878.1（23）	349（17）	4 538（10）	4 105（15）	1 787（17）
哈尔滨工业大学	17	46.539 2	344（19）	23 134.15（21）	339（18）	4 307（13）	4 577（10）	1 545（23）
南京大学	18	43.352 7	420（15）	35 159.37（11）	408（14）	3 304（17）	4 175（14）	646（87）
中国科学技术大学	19	41.719 7	426（14）	45 932.3（8）	406（15）	3 054（21）	3 796（18）	463（141）
东南大学	20	40.161 3	283（23）	17 109.66（27）	279（23）	3 276（19）	3 325（21）	2 306（9）
北京航空航天大学	21	38.277 9	269（27）	23 244.59（20）	261（27）	3 298（18）	3 057（23）	1 546（21）
苏州大学	22	37.160 2	359（16）	20 877.5（24）	354（16）	2 929（22）	4 000（16）	685（82）
大连理工大学	23	35.735 2	295（22）	18 122.71（26）	290（22）	2 890（23）	2 856（25）	1 316（28）
厦门大学	24	31.664 1	317（20）	25 195.09（16）	308（20）	2 243（31）	2 398（30）	616（90）
西北工业大学	25	30.551 1	231（33）	15 884.9（29）	223（34）	2 508（25）	2 945（24）	1 088（38）
电子科技大学	26	29.750 4	194（39）	12 623.42（42）	192（39）	2 483（26）	2 287（32）	2 100（12）
北京理工大学	27	29.679	209（37）	24 309.7（17）	203（37）	2 481（27）	2 059（35）	1 049（41）
重庆大学	28	29.026 5	241（32）	12 799.02（41）	238（32）	2 376（29）	2 467（29）	1 124（37）
东北大学	29	24.492 6	197（38）	15 595.29（30）	194（38）	1 957（35）	1 543（50）	970（51）
江苏大学	30	23.735 2	181（44）	75 90.1（75）	180（44）	1 782（42）	2 082（34）	1 576（19）
郑州大学	31	23.296 5	250（29）	10 381.8（54）	247（29）	1 997（33）	1 870（41）	540（114）
深圳大学	32	23.053 9	279（24）	13 460.07（35）	275（24）	1 344（66）	1 420（58）	616（91）
武汉理工大学	33	22.645 8	155（59）	66 85.73（88）	153（57）	1 798（40）	2 851（26）	1 342（27）
湖南大学	34	22.189 2	176（48）	10 747（49）	173（47）	1 857（39）	3 416（20）	465（140）
中国农业大学	35	22.091 4	187（41）	16 851.37（28）	182（42）	1 704（49）	1 647（45）	584（98）
北京科技大学	36	21.784 6	163（53）	10 668.5（51）	161（52）	2 050（32）	2 231（33）	675（83）
南昌大学	37	21.372 1	273（25）	10 723.7（50）	270（25）	1 438（58）	1 235（67）	549（111）
南京理工大学	38	21.221 4	155（58）	9 035.95（62）	151（61）	1 767（44）	1 919（38）	1 030（43）
西安电子科技大学	39	21.194 5	171（51）	8 370.5（68）	171（49）	1 778（43）	1 086（79）	1 551（20）
南京航空航天大学	40	20.242	152（62）	7 113.5（81）	151（62）	1 757（46）	1 486（51）	1 305（29）
南开大学	41	19.422 6	189（40）	13 415（37）	183（41）	1 540（57）	2 392（31）	254（291）
华东理工大学	42	19.233 1	154（60）	10 074.3（56）	151（60）	1 940（36）	2 566（28）	351（199）
华中农业大学	43	19.028	227（34）	13 919.85（33）	223（35）	1 292（70）	1 191（71）	354（197）
江南大学	44	18.781 1	138（71）	5 954.5（97）	137（70）	1 645（50）	1 631（47）	1 175（33）

续表

机构名称	排名	BRCI 指数	项目数/个（排名）	项目经费/项（排名）	人才数/个（排名）	SCI 论文数/篇（排名）	论文被引频次/次（排名）	发明专利申请量/件（排名）
浙江工业大学	45	18.691 8	161（56）	8 757.3（65）	160（54）	1 006（85）	1 210（70）	1 256（30）
西南交通大学	46	18.461 1	176（49）	13 056（40）	169（50）	1 187（76）	878（95）	791（59）
华东师范大学	47	18.298	178（45）	15 019.63（31）	173（46）	1 402（61）	1 486（52）	315（232）
上海大学	48	18.089 3	144（67）	7 954（72）	142（65）	1 796（41）	1 598（48）	607（94）
中国地质大学（武汉）	49	18.083 2	182（43）	11 937（45）	182（43）	1 079（81）	1 171（72）	566（106）
兰州大学	50	17.713 3	177（46）	12 398.6（43）	176（45）	1 633（51）	1 792（42）	221（335）
中国矿业大学	51	17.653 4	127（83）	7 086.8（82）	126（83）	1 722（47）	1 710（44）	733（72）
暨南大学	52	17.557 4	242（31）	10 436（53）	240（31）	1 271（71）	1 156（73）	266（272）
南京工业大学	53	17.541	147（63）	9 289.3（59）	146（63）	1 218（73）	1 647（46）	589（97）
西北农林科技大学	54	17.346 9	173（50）	8 832.44（64）	172（48）	1 623（53）	1 427（57）	362（194）
广东工业大学	55	17.080 9	128（82）	6 108.6（93）	127（82）	914（92）	1 129（76）	1 960（13）
河海大学	56	16.842 6	145（66）	7 465（77）	143（64）	1 245（72）	844（99）	1 135（36）
南京医科大学	57	16.751 9	299（21）	13 225.33（39）	295（21）	1 929（37）	1 444（55）	55（1642）
北京师范大学	58	16.731 5	176（47）	13 955.4（32）	168（51）	1 760（45）	1 556（49）	157（460）
北京工业大学	59	16.678 8	140（68）	7 225.5（80）	138（68）	1 179（77）	923（91）	1 146（35）
合肥工业大学	60	16.532 3	140（69）	6 769.1（85）	140（67）	1 146（80）	1 072（81）	1 013（44）
北京交通大学	61	16.303 3	146（64）	13 267.22（38）	137（69）	1 395（62）	943（90）	435（155）
南方医科大学	62	16.165 4	246（30）	11 017.2（47）	241（30）	1 629（52）	1 233（68）	110（702）
南京农业大学	63	15.845 9	153（61）	9 264（60）	152（59）	1 599（56）	1 264（66）	294（247）
昆明理工大学	64	15.806 5	146（65）	6 464（91）	142（66）	964（89）	846（98）	1 154（34）
扬州大学	65	15.506 5	156（57）	6 084.92（95）	154（56）	1 004（86）	1 115（78）	687（81）
西南大学	66	15.418 5	120（87）	5 868.94（99）	117（87）	1 605（55）	1 748（43）	470（136）
北京化工大学	67	14.796 5	89（112）	8 150.8（69）	87（111）	1 433（59）	1 873（40）	501（123）
中国石油大学（华东）	68	14.792 8	111（90）	5 686（105）	110（90）	1 205（74）	1 307（64）	775（61）
中国海洋大学	69	14.753	138（70）	10 490.4（52）	133（74）	1 370（65）	1 033（84）	306（240）
福州大学	70	14.629 7	112（89）	4 668.7（126）	112（89）	930（90）	1 466（54）	993（48）
太原理工大学	71	14.137 1	123（86）	5 795（103）	123（85）	987（88）	1 015（85）	735（71）
首都医科大学	72	14.136 9	270（26）	12 282.66（44）	268（26）	2 405（28）	1 313（63）	23（5774）
哈尔滨工程大学	73	13.748 6	101（94）	5 774（104）	100（94）	1 193（75）	811（102）	968（52）
中国人民解放军国防科学技术大学	74	13.723 7	135（74）	6 997.3（83）	135（72）	1 705（48）	714（110）	348（203）
华南农业大学	75	13.392 9	133（76）	7 510.77（76）	132（75）	805（105）	890（94）	494（125）
青岛大学	76	13.050 3	135（75）	4 315.2（132）	132（76）	1 156（79）	1 050（83）	428（161）
中国人民解放军第二军医大学	77	12.427 7	226（35）	11 399.6（46）	224（33）	862（103）	651（117）	92（852）

续表

机构名称	排名	BRCI 指数	项目数/个（排名）	项目经费/项（排名）	人才数/个（排名）	SCI 论文数/篇（排名）	论文被引频次/次（排名）	发明专利申请量/件（排名）
中国人民解放军第四军医大学	78	12.219 3	185（42）	9 753（57）	185（40）	903（94）	687（114）	130（564）
西北大学	79	12.179 5	132（77）	7 751.5（73）	128（79）	887（98）	1 052（82）	216（343）
中国科学院化学研究所	80	11.666 5	95（102）	13 423.8（36）	88（110）	589（129）	1 881（39）	164（437）
南京信息工程大学	81	11.208 1	96（101）	4 686.56（124）	95（99）	873（100）	1 322（62）	325（219）
广西大学	82	11.195 5	129（79）	5 224（110）	128（80）	587（132）	438（155）	718（75）
华北电力大学	83	11.174 3	62（164）	3 636（151）	62（161）	1 419（60）	1 371（61）	579（101）
中国药科大学	84	11.165 4	109（92）	6 253.82（92）	107（91）	866（102）	969（89）	256（287）
福建农林大学	85	10.941 3	137（73）	5 982.5（96）	136（71）	587（131）	465（146）	456（144）
陕西师范大学	86	10.838 5	101（95）	5 055（116）	100（95）	899（95）	1 086（80）	263（279）
哈尔滨医科大学	87	10.741 4	162（54）	7 364.2（78）	161（53）	1 057（83）	874（97）	70（1192）
宁波大学	88	10.686 3	97（97）	4 220（136）	97（96）	883（99）	814（101）	422（165）
中国科学院长春应用化学研究所	89	10.469 7	82（120）	8 937.2（63）	81（122）	701（116）	1 471（53）	174（410）
北京邮电大学	90	10.354	67（149）	4 538.9（129）	67（146）	1 386（63）	732（108）	482（133）
中国人民解放军第三军医大学	91	10.263 9	214（36）	10 769.16（48）	212（36）	926（91）	774（105）	27（4465）
东华大学	92	10.215 1	60（169）	3 299（163）	59（169）	988（87）	1 008（86）	790（60）
南京邮电大学	93	10.159 6	82（121）	3 355（161）	82（120）	744（112）	630（120）	841（55）
温州医科大学	94	10.117 4	130（78）	5 276.2（108）	130（77）	1 302（69）	983（87）	76（1101）
济南大学	95	9.919 7	63（160）	2 699.1（195）	63（156）	796（108）	1 138（75）	794（58）
贵州大学	96	9.632	97（98）	3 659.5（150）	97（97）	474（151）	327（186）	1 210（31）
东北师范大学	97	9.236 6	76（133）	3 733（147）	75（133）	1 320（67）	1 386（60）	129（576）
重庆医科大学	98	9.158 9	129（80）	5 063.1（115）	129（78）	1 161（78）	976（88）	50（1975）
南京师范大学	99	9.156 2	93（105）	4 553.5（128）	93（103）	701（117）	774（106）	223（333）
杭州电子科技大学	100	9.128 3	92（108）	4 263（134）	91（106）	546（138）	493（142）	487（129）

资料来源：中国产业智库大数据中心

4.1.2　中国科学院基础研究竞争力指数二十强机构排行榜

2017 年中国科学院基础研究竞争力指数二十强机构排行榜如表 4-2 所示。

表 4-2　2017 年中国科学院基础研究竞争力指数二十强机构排行榜

序号	机构名称	BRCI（排名）	项目数/个（排名）	项目经费/项（排名）	人才数/个（排名）	SCI 论文数/篇（排名）	论文被引频次/次（排名）	发明专利申请量/件（排名）
1	中国科学院化学研究所	11.666 5（80）	95（102）	13 423.8（36）	88（110）	589（129）	1 881（39）	164（437）

续表

序号	机构名称	BRCI（排名）	项目数/个（排名）	项目经费/项（排名）	人才数/个（排名）	SCI论文数/篇（排名）	论文被引频次/次（排名）	发明专利申请量/件（排名）
2	中国科学院长春应用化学研究所	10.469 7（90）	82（120）	8 937.2（63）	81（122）	701（116）	1 471（53）	174（410）
3	中国科学院大连化学物理研究所	7.215 8（127）	95（103）	7 293.6（79）	94（101）	577（133）	1 125（77）	27（4472）
4	中国科学院地质与地球物理研究所	7.122（129）	97（96）	8 722.8（66）	94（100）	463（156）	322（190）	89（887）
5	中国科学院大学	6.539 6（131）	48（210）	4 025.9（144）	48（208）	869（101）	809（103）	97（804）
6	中国科学院上海生命科学研究院	6.470 3（133）	164（52）	32 759（14）	152（58）	184（298）	359（177）	11（13785）
7	中国科学院地理科学与资源研究所	6.305 2（138）	81（124）	6 598.5（89）	77（129）	538（139）	459（148）	50（1854）
8	中国科学院海洋研究所	6.302 9（139）	85（118）	6 514.45（90）	83（119）	426（165）	249（225）	104（743）
9	中国科学院合肥物质科学研究院	6.275（140）	124（85）	7 598（74）	122（86）	101（440）	96（377）	443（151）
10	中国科学院过程工程研究所	6.262（141）	59（172）	3 075.1（170）	58（172）	366（188）	521（137）	243（304）
11	中国科学院长春光学精密机械与物理研究所	6.002 4（145）	46（222）	10 371.44（55）	44（230）	276（232）	160（288）	408（178）
12	中国科学院金属研究所	5.900 8（147）	65（156）	4 086.1（143）	63（155）	440（160）	521（136）	89（889）
13	中国科学院深圳先进技术研究院	5.801 6（148）	80（125）	4 218（137）	79（125）	266（239）	277（209）	157（459）
14	中国科学院宁波材料技术与工程研究所	5.763（150）	55（186）	2 777（187）	54（186）	350（195）	543（132）	189（382）
15	中国科学院福建物质结构研究所	5.761 1（151）	56（180）	2 720（192）	53（189）	384（178）	875（96）	109（705）
16	中国科学院自动化研究所	5.530 9（159）	67（147）	5 642.73（106）	64（154）	283（228）	245（228）	138（523）
17	中国科学院半导体研究所	5.104 5（166）	38（269）	5 867.4（100）	36（275）	304（215）	335（185）	175（407）
18	中国科学院物理研究所	5.085 9（167）	64（157）	6 898.9（84）	62（159）	375（181）	401（161）	34（3164）
19	中国科学院高能物理研究所	4.679 6（175）	70（142）	6 099（94）	69（142）	260（243）	264（216）	42（2423）
20	中国科学院上海有机化学研究所	4.575 9（176）	48（209）	5 433.4（107）	45（223）	233（255）	617（124）	44（2290）

资料来源：中国产业智库大数据中心

4.2 中国大学与科研机构基础研究竞争力百强机构分析

4.2.1 浙江大学

截至2017年年底，浙江大学设有7个学部、36个专业学院（系）、1个工程师学院、2个中外合作办学学院、7家附属医院；有全日制在校学生53 673人（其中本科生24 878人，硕士研究生18 048人，博士研究生10 747人），在校留学生（含非学历留学生）6843人（其中攻读学位的留学生4116人）；有教职工8657人，其中专任教师3611人，中国科学院院士21人，中国工程院院士20人，文科资深教授9人，“千人计划”入选者237人，“长江学者奖励计划”特聘教授、讲座教授、青年学者 101 人，国家自然科学基金杰出青年科学基金获得者129人[1]。

2017年，浙江大学的基础研究竞争力BRCI为93.8799，全国排名第1位。国家自然科学基金项目总数为846项，全国排名第3；项目经费总额为56 988.23万元，全国排名第4；国家自然科学基金项目经费金额大于2000万元的学科共有3个，消化系统、细胞生物学学科项目经费总额全国排名第1位（图4-1）。SCI论文数7335篇，全国排名第2；18个学科入选ESI全球1%（表4-3）。发明专利申请量2686件，全国排名第7。

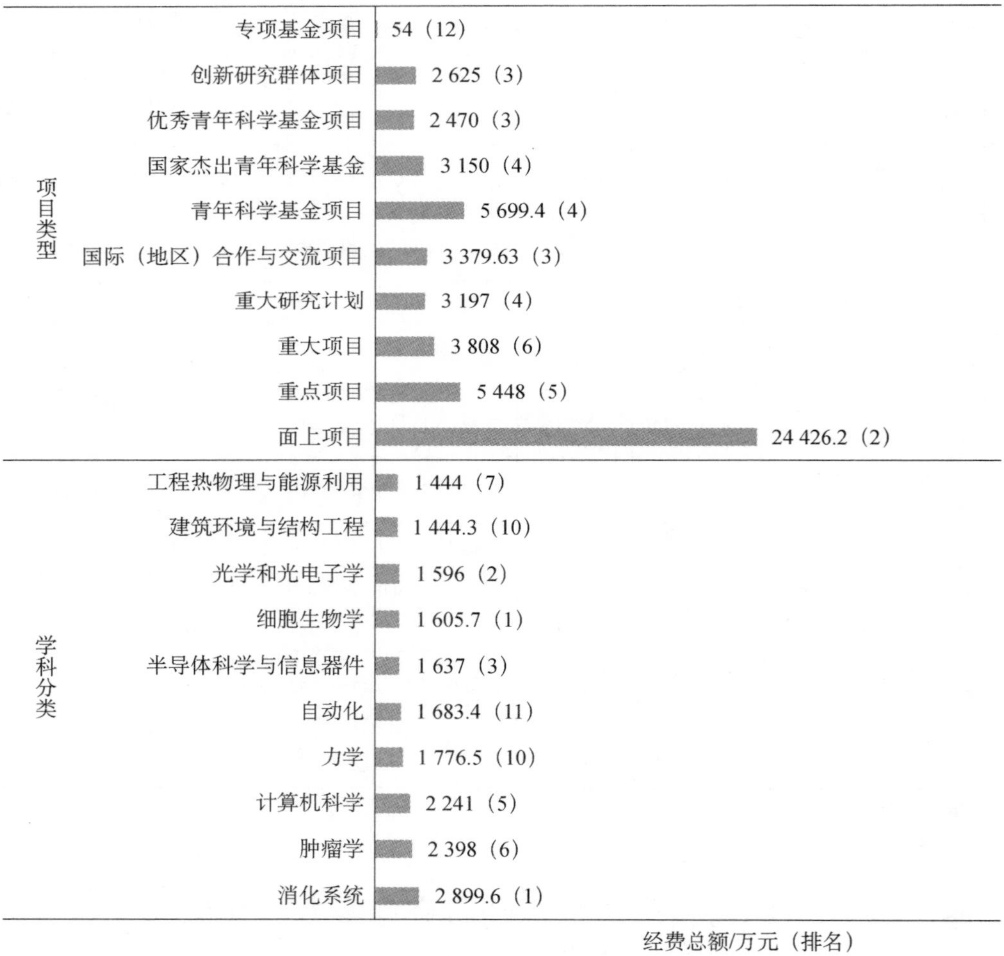

图4-1　2017年浙江大学国家自然科学基金项目经费数据

资料来源：中国产业智库大数据中心

表 4-3 浙江大学 2007～2017 年 SCI 论文学科分布及 2017 年 ESI 排名

序号	研究领域	SCI 发文量/篇	被引次数/次	篇均被引/次	高被引论文/篇	ESI 全球排名	ESI 全国排名
1	化学	13 231	219 222	16.57	210	19	3
2	工程科学	9 908	77 208	7.79	119	15	5
3	临床医学	9 476	87 137	9.2	58	372	6
4	物理学	7 566	89 601	11.84	90	152	7
5	材料科学	5 841	91 641	15.69	116	21	5
6	生物与生化	3 912	46 395	11.86	21	158	4
7	分子生物与遗传学	3 245	43 645	13.45	26	290	7
8	植物与动物科学	2 930	36 186	12.35	55	100	6
9	计算机科学	2 866	17 440	6.09	37	28	3
10	农业科学	2 464	27 450	11.14	35	23	3
11	环境/生态学	2 251	30 023	13.34	32	141	6
12	药理学与毒物学	2 044	24 926	12.19	15	70	3
13	数学	1 796	7 419	4.13	12	104	12
14	神经科学与行为	1 324	13 042	9.85	9	480	12
15	地球科学	1 128	9 424	8.35	8	480	30
16	微生物学	1 038	11 138	10.73	8	210	4
17	免疫学	850	13 044	15.35	8	328	4
18	一般社会科学	835	5 071	6.07	12	564	8
综合		73 801	856 280	11.6	885	128	5

资料来源：中国产业智库大数据中心

4.2.2 上海交通大学

截至 2017 年 12 月，上海交通大学共有 29 个学院/直属系，24 个研究院，13 家附属医院，2 个附属医学研究所，12 个直属单位，6 个直属企业；有一级学科硕士学位授权点 56 个，博士专业学位授权点 3 个，35 个博士后流动站。有全日制本科生（国内）16 221 人、研究生（国内）30 895 人（其中，全日制硕士研究生 14 532 人、全日制博士研究生 7236 人），学位留学生 2722 人，其中研究生学位留学生 1427 人。有专任教师 3014 名，其中教授 989 名，中国科学院院士 21 名，中国工程院院士 24 名，中央组织部“千人计划”顶尖人才 1 名，中央组织部“千人计划”112 名，“长江学者奖励计划”特聘教授和讲座教授共 139 名，国家自然科学基金杰出青年科学基金获得者 129 名，“千人计划”青年项目获得者 173 名，“万人计划”青年拔尖人才 20 名，“长江学者奖励计划”青年学者 29 名，国家自然科学基金优秀青年科学基金获得者 77 名，“973 计划”首席科学家 35 名，“国家重大科学研究计划”首席科学家 14 名，国家自然科学基金委员会创新研究群体 15 个，教育部创新团队 21 个[2]。

2017 年，上海交通大学的基础研究竞争力 BRCI 为 90.5918，全国排名第 2 位：获国家自然科学基金项目总数为 1103 项，全国排名第 1；项目经费总额为 67 252.51 万元，全国排名第 2；国家自然科学基金项目经费总额大于 2000 万元的有 5 个学科，循环系统学科项目经费总额全国排名第 1（图 4-2）。SCI 论文数 7511 篇，全国排名第 1；18 个学科入选 ESI 全球 1%（表 4-4）。发明专利申请量 1207 件，全国排名第 32。

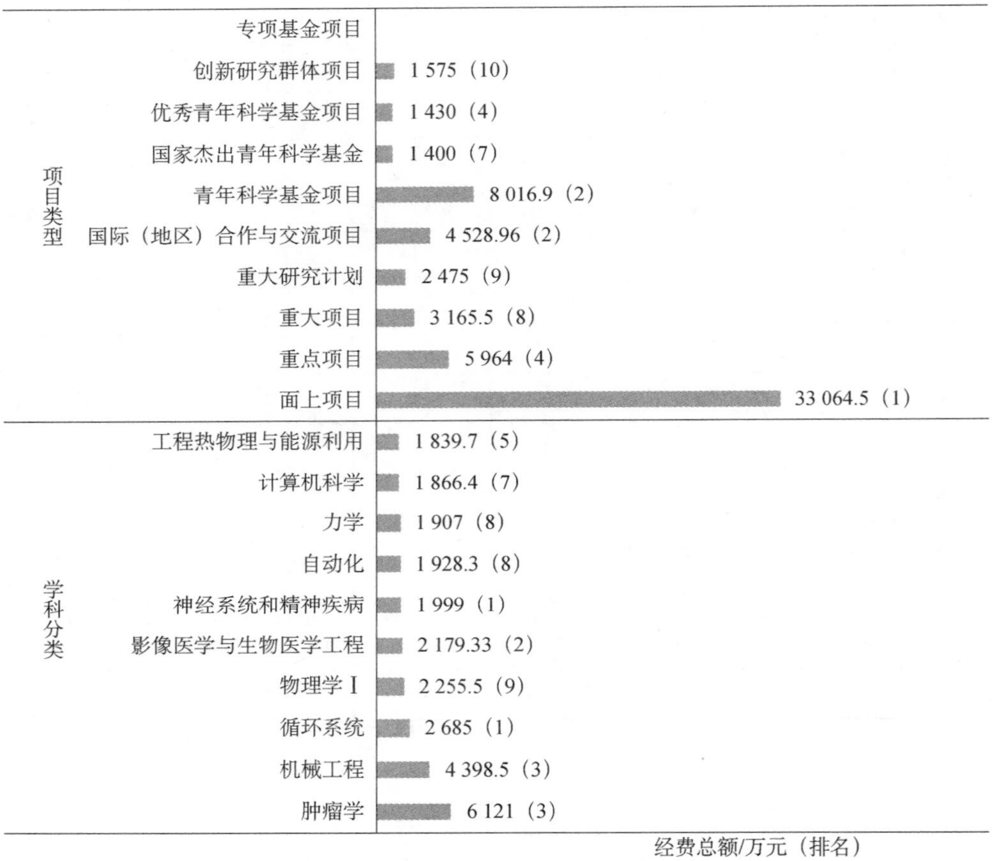

图 4-2 2017 年上海交通大学国家自然科学基金项目经费数据

资料来源：中国产业智库大数据中心

表 4-4 上海交通大学 2007～2017 年 SCI 论文学科分布及 2017 年 ESI 排名

序号	研究领域	SCI 发文量/篇	被引次数/次	篇均被引/次	高被引论文/篇	ESI 全球排名	ESI 全国排名
1	临床医学	16 548	193 318	11.68	169	·146	1
2	工程科学	11 614	86 915	7.48	133	11	4
3	材料科学	6 861	97 037	14.14	108	17	4
4	物理学	6 650	71 135	10.7	115	215	10
5	化学	6 321	93 186	14.74	78	103	24

续表

序号	研究领域	SCI 发文量/篇	被引次数/次	篇均被引/次	高被引论文/篇	ESI 全球排名	ESI 全国排名
6	生物与生化	4 616	57 381	12.43	41	117	2
7	分子生物与遗传学	4 009	66 853	16.68	34	184	3
8	计算机科学	2 818	17 128	6.08	42	29	4
9	药理学与毒物学	2 171	23 297	10.73	14	83	6
10	神经科学与行为	2 098	21 856	10.42	8	319	6
11	数学	1 460	7 612	5.21	22	95	11
12	环境/生态学	954	11 076	11.61	9	430	20
13	免疫学	872	13 046	14.96	12	327	3
14	农业科学	738	6 365	8.62	9	267	16
15	微生物学	644	6 650	10.33	9	347	11
16	一般社会科学	618	5 607	9.07	13	523	6
17	植物与动物科学	604	7 532	12.47	18	583	27
18	经济与商学	551	4 128	7.49	9	309	5
综合		71 270	799 948	11.22	853	143	6

资料来源：中国产业智库大数据中心

4.2.3 清华大学

截至 2017 年 8 月，清华大学设有 20 个学院 58 个系，本科专业 80 个，一级学科国家重点学科 22 个，二级学科国家重点学科 15 个，国家重点培育学科 2 个，一级学科博士、硕士学位授权点共 55 个；有全日制在校学生 47 762 名，其中本科生 15 619 名，硕士研究生 19 062 名，博士研究生 13 081 名；截至 2016 年 12 月底，学校有教师 3414 人，其中 45 岁以下青年教师 1793 人；教师中有诺贝尔奖获得者 1 名，图灵奖获得者 1 名，中国科学院院士 45 名，中国工程院院士 33 名，国家级“高等学校教学名师奖”获得者，教育部“长江学者奖励计划”特聘教授 150 人、讲座教授 58 人、青年学者 16 人，国家自然科学基金杰出青年科学基金获得者 208 人，国家自然科学基金优秀青年科学基金获得者 106 人，“千人计划”入选者 113 人，“千人计划”青年项目获得者 151 人[3]。

2017 年，清华大学的基础研究竞争力 BRCI 为 83.3511，全国排名第 3 位。国家自然科学基金项目总数为 630 项，全国排名第 6；项目经费总额为 81 021.1 万元，全国排名第 1，国家自然科学基金项目经费金额大于 3000 万元的学科共有 7 个，无机非金属材料、宏观管理与政策、计算机科学学科项目经费总额均全国排名第 1（图 4-3）。SCI 论文数 6104 篇，全国排名第 3；17 个学科入选 ESI 全球 1%（表 4-5）。发明专利申请量 1850 件，全国排名第 15。

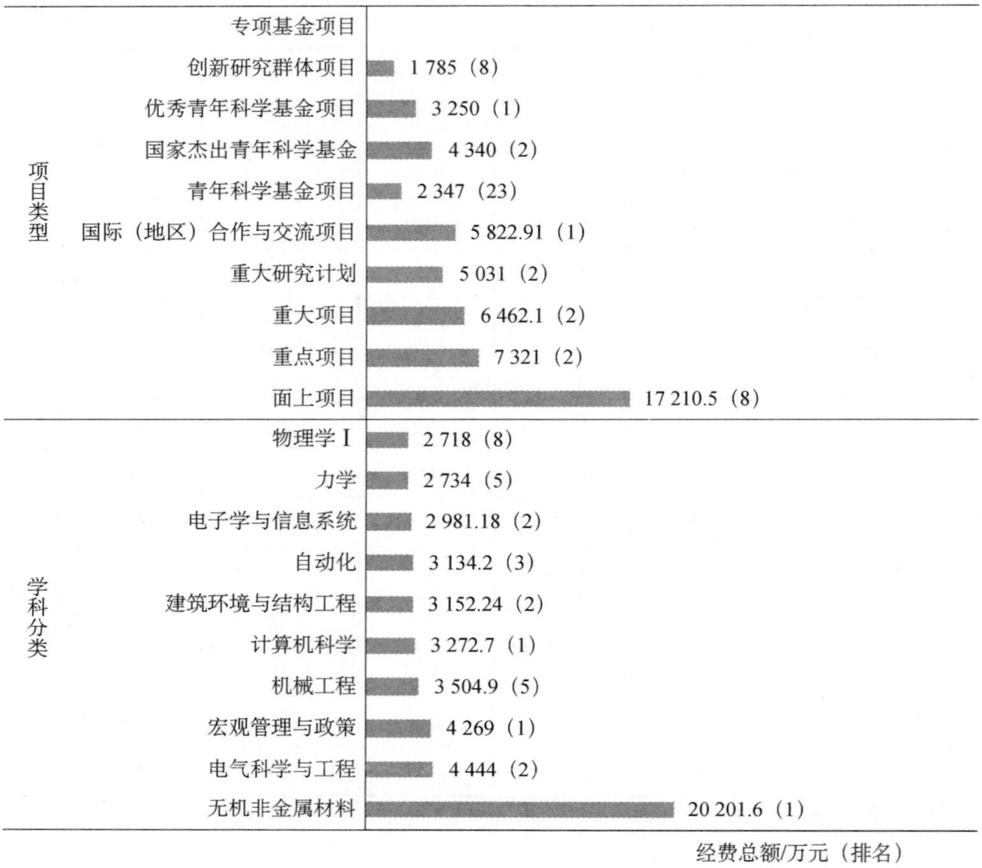

图 4-3　2017 年清华大学国家自然科学基金项目经费数据

资料来源：中国产业智库大数据中心

表 4-5　清华大学 2007～2017 年 SCI 论文学科分布及 2017 年 ESI 排名

序号	研究领域	SCI 发文量/篇	被引次数/次	篇均被引/次	高被引论文/篇	ESI 全球排名	ESI 全国排名
1	工程科学	14 768	124 034	8.4	240	6	2
2	物理学	11 360	155 322	13.67	276	50	2
3	化学	10 882	212 062	19.49	241	21	4
4	材料科学	8 720	140 880	16.16	236	7	3
5	计算机科学	4 363	27 991	6.42	76	10	2
6	生物与生化	2 517	42 681	16.96	45	179	6
7	环境/生态学	2 488	32 217	12.95	48	128	5
8	数学	1 550	7 628	4.92	16	94	10
9	地球科学	1 510	20 583	13.63	41	250	16

续表

序号	研究领域	SCI 发文量/篇	被引次数/次	篇均被引/次	高被引论文/篇	ESI 全球排名	ESI 全国排名
10	临床医学	1 388	13 267	9.56	12	1376	48
11	分子生物与遗传学	1 335	36 537	27.37	36	338	9
12	一般社会科学	834	6 836	8.2	16	435	4
13	经济与商学	758	6 232	8.22	8	219	2
14	植物与动物科学	389	6 716	17.26	24	648	31
15	药理学与毒物学	383	5 337	13.93	6	577	37
16	微生物学	327	5 333	16.31	9	422	17
17	综合交叉学科	90	4 629	51.43	3	44	2
综合		65 365	868 725	13.29	1 358	125	4

资料来源：中国产业智库大数据中心

4.2.4 华中科技大学

截至2018年3月，华中科技大学设有98个本科专业，214个一级学科硕士学位授权点，183个一级学科博士学位授权点，39个博士后科研流动站；有一级学科国家重点学科7个，二级学科国家重点学科15个，国家重点培育学科7个；有专任教师3000余人，其中教授1000余人，副教授1300余人；教师中有院士16人，“千人计划”入选者38人，“千人计划”外国专家项目入选者7人，“千人计划”青年项目入选者123人，“长江学者奖励计划”特聘教授59人、讲座教授42人、青年学者15人，国家自然科学基金杰出青年科学基金获得者65人，“973计划”首席科学家15人，“863计划”首席科学家2人，“国家重点研发计划”首席科学家24人，“973计划”（含重大科学研究计划）青年科学家3人，国家自然科学基金优秀青年科学基金获得者43人，国家级教学名师9人，“万人计划”科技创新领军人才29人、青年拔尖人才21人，“新世纪优秀人才支持计划”入选者224人，“国家百千万人才工程”入选者39人[4]。

2017年，华中科技大学的基础研究竞争力BRCI为72.8129，全国排名第4。国家自然科学基金项目总数为756项，全国排名第4；项目经费总额为47 368.7万元，全国排名第7；国家自然科学基金项目经费金额大于2000万元的学科有4个，光学和光电子学、药理学、神经科学等学科项目经费总额全国排名均为第1（图4-4）。SCI论文数5195篇，全国排名第5；15个学科入选ESI全球1%（表4-6）。发明专利申请量1545件，全国排名第22。

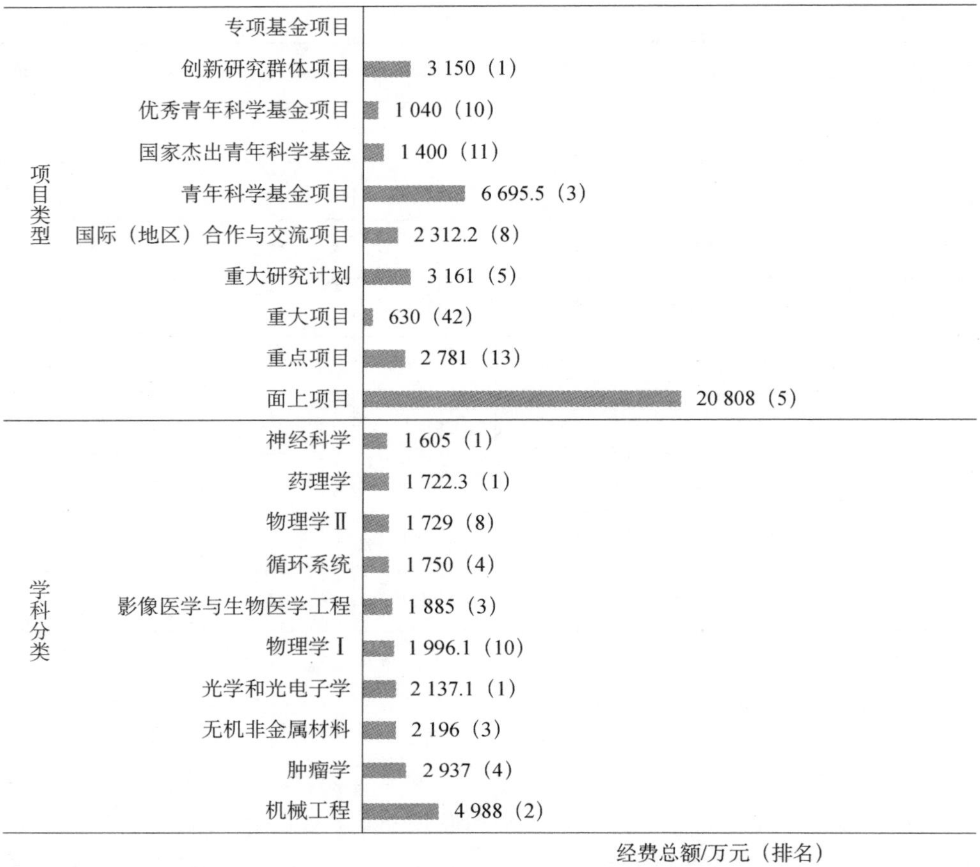

图 4-4　2017 年华中科技大学国家自然科学基金项目经费数据

资料来源：中国产业智库大数据中心

表 4-6　华中科技大学 2007～2017 年 SCI 论文学科分布及 2017 年 ESI 排名

序号	研究领域	SCI 发文量/篇	被引次数/次	篇均被引/次	高被引论文/篇	ESI 全球排名	ESI 全国排名
1	临床医学	7 850	67 009	8.54	36	448	12
2	工程科学	7 390	62 067	8.4	136	27	7
3	物理学	6 343	52 988	8.35	64	295	13
4	材料科学	4 347	54 869	12.62	82	72	19
5	化学	4 108	57 165	13.92	65	210	34
6	计算机科学	2 298	16 960	7.38	58	32	5
7	生物与生化	1 980	20 509	10.36	11	404	15
8	分子生物与遗传学	1 665	21 557	12.95	5	504	14
9	药理学与毒物学	1 189	13 694	11.52	7	186	14
10	神经科学与行为	1 187	14 768	12.44	7	434	9
11	数学	958	4 616	4.82	5	221	27
12	免疫学	580	7 375	12.72	2	518	12
13	环境/生态学	554	5 266	9.51	3	724	48
14	一般社会科学	439	2 746	6.26	10	860	15

续表

序号	研究领域	SCI 发文量/篇	被引次数/次	篇均被引/次	高被引论文/篇	ESI 全球排名	ESI 全国排名
15	农业科学	226	2 071	9.16	4	788	63
综合		42 394	413 554	9.76	516	310	12

资料来源：中国产业智库大数据中心

4.2.5 中山大学

截至 2017 年 9 月，中山大学设有 126 个本科专业、43 个一级学科博士学位授予权点，53 个一级学科硕士学位授予权点，41 个博士后科研流动站；有全日制在校学生 51 369 名，其中本科生 32 489 名，硕士研究生 13 408 名，博士研究生 5742 名。有专任教师 3596 名，其中教授 1479 名、副教授 1249 名；中国科学院院士 15 名，中国工程院院士 5 名，教育部“长江学者奖励计划”特聘教授、讲座教授、青年学者 62 人，国家自然科学基金杰出青年科学基金获得者 79 人，国家自然科学基金优秀青年科学基金获得者 44 人，“万人计划”入选者 27 人[5]。

2017 年，中山大学的基础研究竞争力 BRCI 为 66.5081，全国排名第 5。国家自然科学基金项目总数为 873 项，全国排名第 2；项目经费总额为 50 430.31 万元，全国排名第 6；青年科学基金项目经费全国排名第 1；国家自然科学基金项目经费金额大于 2000 万元的学科共有 3 个，肿瘤学、资源与环境领域学科项目经费总额均全国排名第 1（图 4-5）。SCI 发文 4670 篇，全国排名第 8；18 个学科入选 ESI 全球 1%（表 4-7）。发明专利申请量 854 件，全国排名第 54。

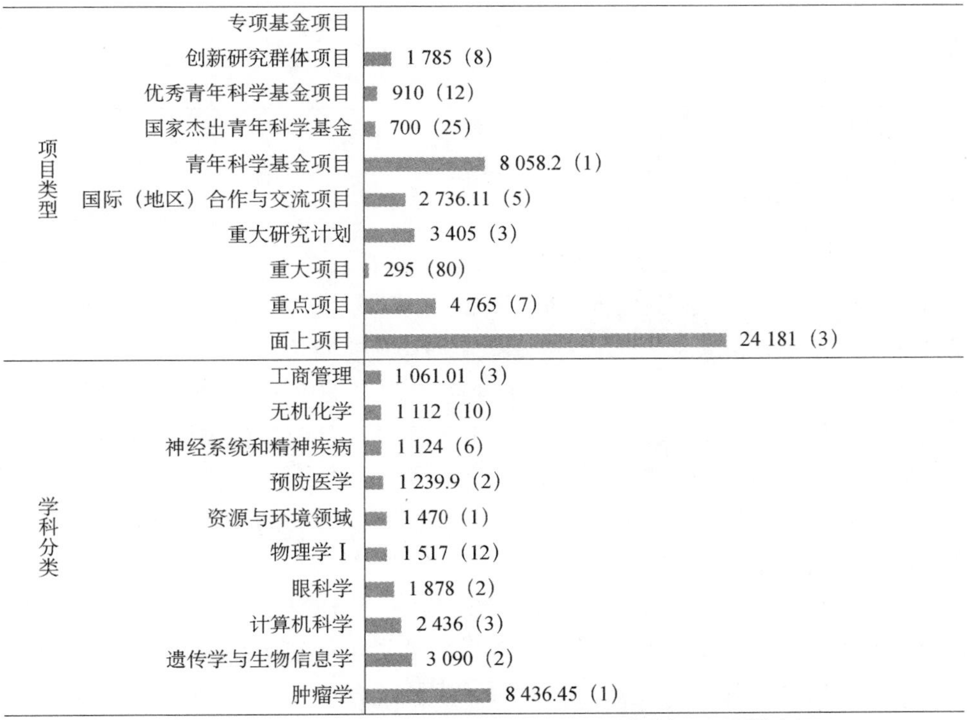

图 4-5　2017 年中山大学国家自然科学基金项目经费数据

资料来源：中国产业智库大数据中心

表 4-7 中山大学 2007～2017 年 SCI 论文学科分布及 2017 年 ESI 排名

序号	研究领域	SCI 发文量/篇	被引次数/次	篇均被引/次	高被引论文/篇	ESI 全球排名	ESI 全国排名
1	临床医学	12 632	143 917	11.39	126	224	2
2	化学	5 438	102 552	18.86	113	90	21
3	物理学	3 299	47 081	14.27	87	337	14
4	分子生物与遗传学	2 750	45 576	16.57	21	282	6
5	生物与生化	2 599	32 775	12.61	23	253	9
6	工程科学	2 157	17 286	8.01	32	244	34
7	材料科学	2 055	37 560	18.28	53	114	31
8	药理学与毒物学	1 685	18 277	10.85	5	132	9
9	神经科学与行为	1 370	14 916	10.89	1	431	8
10	数学	1 355	6 335	4.68	12	133	19
11	植物与动物科学	1 309	12 353	9.44	15	360	15
12	环境/生态学	1 238	14 760	11.92	18	320	13
13	地球科学	1 173	9 708	8.28	12	473	29
14	计算机科学	1 096	6 640	6.06	13	156	21
15	微生物学	859	7 573	8.82	2	303	9
16	免疫学	842	12 729	15.12	6	338	6
17	一般社会科学	819	4 881	5.96	10	582	9
18	农业科学	413	4 830	11.69	13	357	23
综合		43 996	546 918	12.43	569	228	10

资料来源：中国产业智库大数据中心

4.2.6 西安交通大学

截至 2018 年 4 月，西安交通大学设有 27 个学院（部）、本科专业 82 个、9 个本科生书院和 19 所附属教学医院，博士学位授权一级学科 31 个、硕士学位授权一级学科 45 个，国家一级重点学科 8 个，国家二级重点学科 8 个，二级学科国家重点培育学科 3 个。有全日制在校生 38 103 人，其中研究生 18 919 人。有专任教师 3072 人，其中中国科学院、中国工程院院士 35 名，国家级教学名师 6 名，“千人计划”入选者 112 名、“长江学者奖励计划”特聘教授、讲座教授、青年学者 92 名，国家自然科学基金杰出青年科学基金获得者 40 名，国家有突出贡献专家 23 名，“百千万人才工程”及“新世纪百千万人才工程”人选 28 人，“创新团队发展计划”带头人 29 人次，“新世纪优秀人才培养计划”入选者 234 名[6]。

2017 年，西安交通大学的基础研究竞争力 BRCI 为 56.6823，全国排名第 6 位。国家自然科学基金项目总数为 507 项，全国排名第 9；项目经费总额为 35 705.19 万元，全国排名第 10；国家自然科学基金项目经费金额大于 2000 万元的学科共有 4 个，电气科学与工程、工程热物理与能源利用学科项目经费总额全国排名第 1（图 4-6）。SCI 论文共 4861 篇，全国排名第 7；14 个学科入选 ESI 全球 1%（表 4-8）。发明专利申请量 1414 件，全国排名第 25。

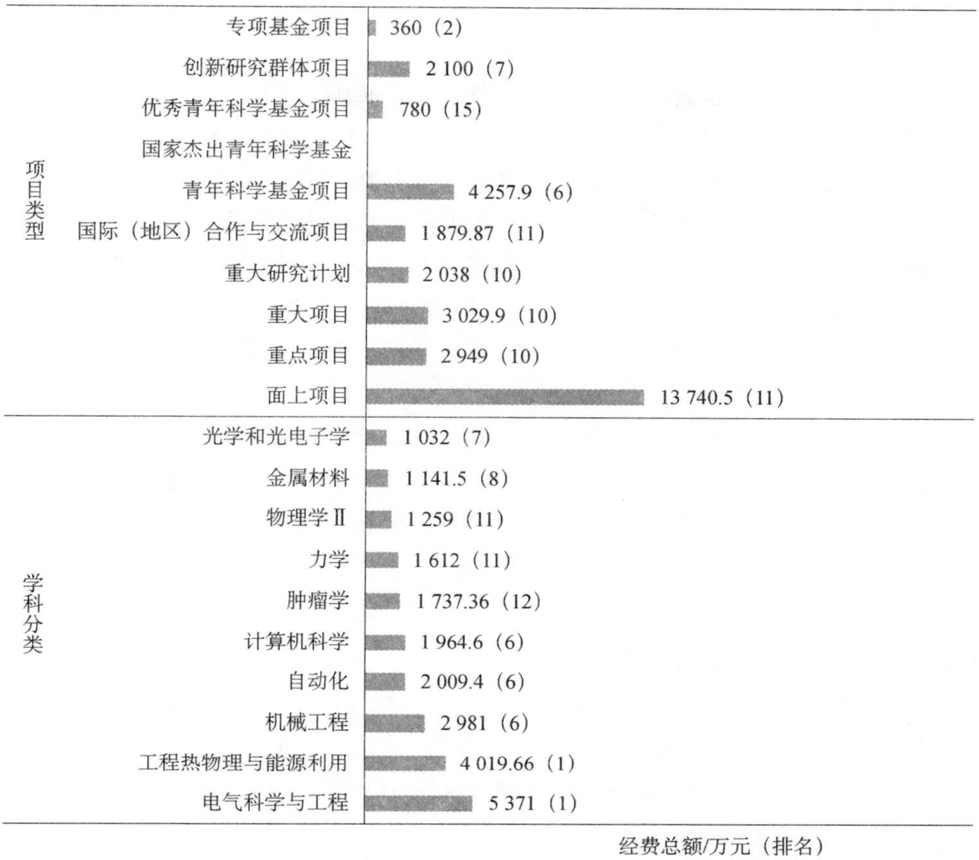

图 4-6 2017 年西安交通大学国家自然科学基金项目经费数据

资料来源：中国产业智库大数据中心

表 4-8 西安交通大学 2007～2017 年 SCI 论文学科分布及 2017 年 ESI 排名

序号	研究领域	SCI 发文量/篇	被引次数/次	篇均被引/次	高被引论文/篇	ESI 全球排名	ESI 全国排名
1	工程科学	9 078	66 956	7.38	132	24	6
2	材料科学	5 158	50 650	9.82	49	78	22
3	物理学	5 000	40 122	8.02	41	392	17
4	临床医学	4 110	32 361	7.87	22	763	28
5	化学	3 806	44 849	11.78	56	270	40
6	计算机科学	1 573	11 119	7.07	31	76	10
7	生物与生化	1 226	10 053	8.2	4	692	41
8	分子生物与遗传学	1 126	13 535	12.02	7	699	32
9	数学	1 116	5 712	5.12	12	159	23
10	药理学与毒物学	875	8 108	9.27	2	371	23
11	神经科学与行为	867	7 326	8.45	4	705	23
12	地球科学	675	11 508	17.05	20	412	25
13	经济与商学	390	4 408	11.3	8	292	4
14	一般社会科学	327	2 176	6.65	6	1 017	18
综合		36 448	317 231	8.7	400	411	18

资料来源：中国产业智库大数据中心

4.2.7 北京大学

截至2017年12月，北京大学设有70个直属院系，129个本科专业，48个一级学科博士学位授予权点，251个博士学位授予权二级学科，50个一级学科硕士学位授予权点；有全日制在校学生42 655名，其中本科生15 628名，硕士研究生16 315名，博士研究生10 712名；有专任教师7317名，其中教授2217名、副教授2231名；中国科学院院士76名、中国工程院院士19名、发展中国家科学院院士25名，“长江学者奖励计划”特聘教授、讲座教授、青年学者231名，“千人计划”入选者72名，“千人计划”青年项目入选者153名，“万人计划”入选者28名，“万人计划”青年拔尖人才入选者35名，国家自然科学基金杰出青年科学基金获得者237名，国家自然科学基金委员会创新研究群体40个[7]。

2017年，北京大学的基础研究竞争力BRCI为56.2626，全国排名第7。国家自然科学基金项目总数为602项，全国排名第7；项目经费总额为57 408.47万元，全国排名第3；国家自然科学基金项目经费金额大于2000万元的学科共有5个，影像医学与生物医学工程、无机化学、环境化学学科项目经费总额全国排名第1（图4-7）。SCI论文共5469篇，全国排名第4；21个学科入选ESI全球1%（表4-9）。发明专利申请量435件，全国排名第156。

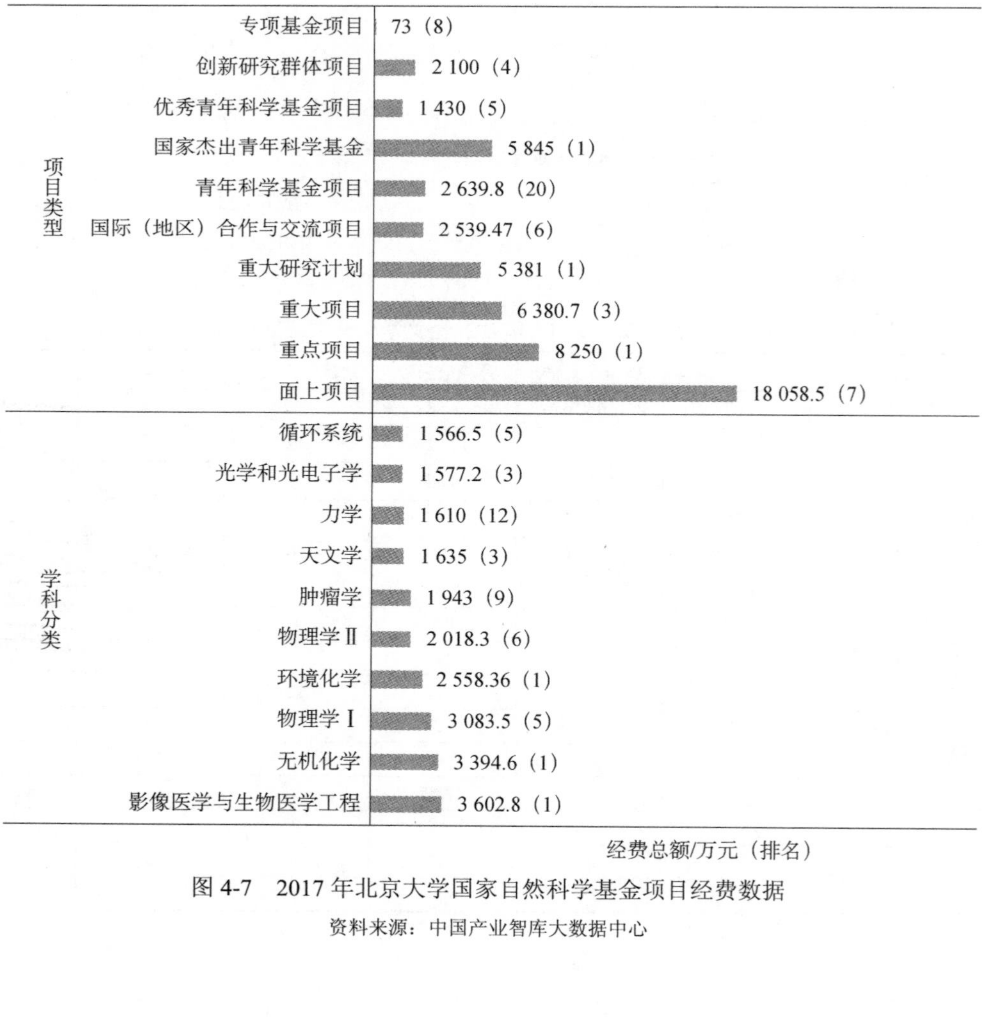

图4-7　2017年北京大学国家自然科学基金项目经费数据

资料来源：中国产业智库大数据中心

表 4-9 北京大学 2007～2017 年 SCI 论文学科分布及 2017 年 ESI 排名

序号	研究领域	SCI 发文量/篇	被引次数/次	篇均被引/次	高被引论文/篇	ESI 全球排名	ESI 全国排名
1	临床医学	10 822	126 317	11.67	144	263	5
2	物理学	10 357	148 430	14.33	210	59	3
3	化学	9 049	182 903	20.21	219	32	7
4	地球科学	3 856	62 100	16.1	106	62	3
5	材料科学	3 728	72 748	19.51	118	38	11
6	工程科学	3 600	34 415	9.56	75	84	16
7	生物与生化	3 278	44 234	13.49	33	168	5
8	分子生物与遗传学	2 553	58 476	22.9	42	213	4
9	环境/生态学	2 332	36 369	15.6	37	109	4
10	神经科学与行为	2 043	29 046	14.22	20	258	2
11	药理学与毒物学	1 946	24 764	12.73	11	72	4
12	数学	1 931	10 443	5.41	31	52	3
13	计算机科学	1 516	8 680	5.73	20	110	15
14	一般社会科学	1 472	14 679	9.97	36	242	2
15	经济与商学	1 007	9 521	9.45	16	127	1
16	精神病学/心理学	974	11 210	11.51	7	292	2
17	植物与动物科学	830	14 823	17.86	46	302	12
18	免疫学	746	10 947	14.67	9	380	8
19	微生物学	461	6 265	13.59	7	364	15
20	农业科学	389	4 837	12.43	8	356	22
21	综合交叉学科	116	3 284	28.31	3	73	3
综合		64 583	937 833	14.52	1 219	108	3

资料来源：中国产业智库大数据中心

4.2.8 复旦大学

截至 2016 年年底，复旦大学共设有 74 个本科专业，一级学科博士学位授权点 35 个，一级学科硕士学位授权点 41 个；培养的专业学位研究生涉及博士专业学位授权点 2 个，硕士专业学位授权点 27 个；在校本专科 13 361 人，研究生 19 903 人，学历留学生 2169 人；在校教学科研人员 2859 人，拥有中国科学院、中国工程院院士 46 人，文科杰出教授 1 人，文科资深教授 13 人，“千人计划”入选者 142 人，“长江学者奖励计划”特聘教授 94 人[8]。

2017 年，复旦大学的基础研究竞争力 BRCI 为 54.9997，全国排名第 8。国家自然科学基金项目总数为 706 项，全国排名第 5；项目经费总额为 54 628.23 万元，全国排名第 5；国家自然科学基金项目经费金额大于 2000 万元的学科共有 5 个，其中眼科学学科项目经费总额全国排名第 1（图 4-8）。SCI 论文共 4585 篇，全国排名第 9；17 个学科入选 ESI 全球 1%（表 4-10）。发明专利申请量 425 件，全国排名第 163。

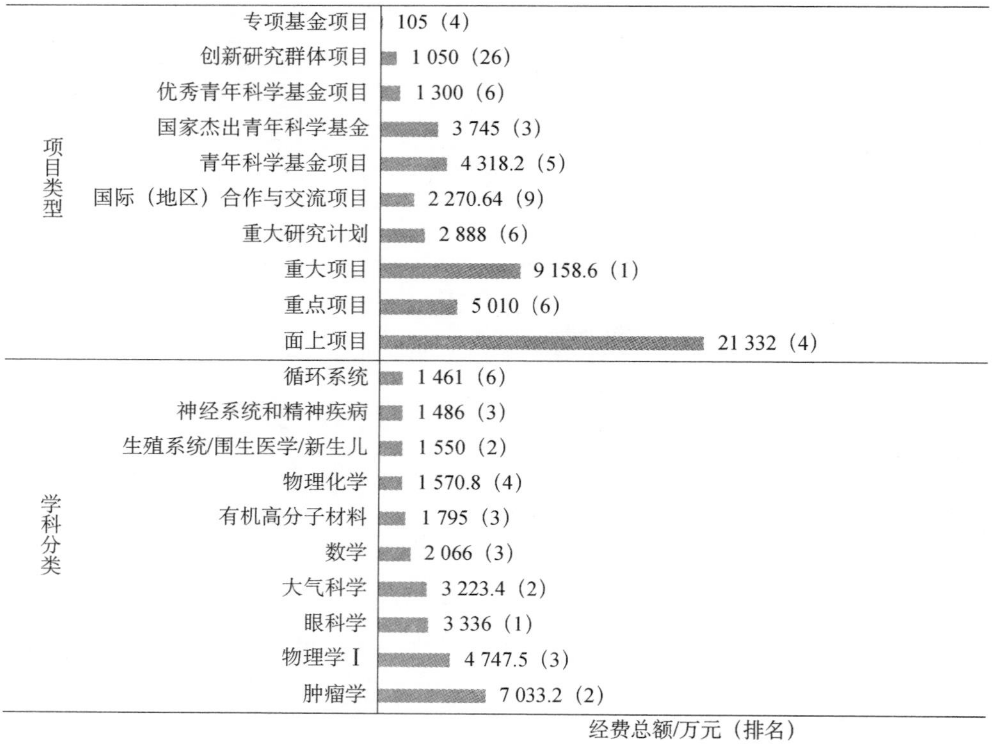

图 4-8 2017 年复旦大学国家自然科学基金项目经费数据

资料来源：中国产业智库大数据中心

表 4-10 复旦大学 2007～2017 年 SCI 论文学科分布及 2017 年 ESI 排名

序号	研究领域	SCI 发文量/篇	被引次数/次	篇均被引/次	高被引论文/篇	ESI 全球排名	ESI 全国排名
1	临床医学	12 398	139 600	11.26	144	232	3
2	化学	7 672	161 372	21.03	166	43	11
3	物理学	4 779	60 828	12.73	94	250	12
4	分子生物与遗传学	3 393	57 934	17.07	26	217	5
5	材料科学	3 364	89 307	26.55	145	22	6
6	生物与生化	3 356	41 079	12.24	27	191	7
7	神经科学与行为	2 025	25 474	12.58	12	282	4
8	药理学与毒物学	1 912	22 958	12.01	12	84	7
9	工程科学	1 835	14 666	7.99	25	288	39
10	数学	1 798	9 168	5.1	19	62	4
11	免疫学	1 100	12 829	11.66	5	335	5
12	一般社会科学	1 020	7 752	7.6	11	403	3
13	环境/生态学	905	12 303	13.59	15	380	18
14	计算机科学	834	4 302	5.16	3	280	34
15	微生物学	647	7 364	11.38	5	312	10
16	植物与动物科学	624	10 598	16.98	16	431	19
17	农业科学	216	2 297	10.63	2	715	55
综合		49 203	691 567	14.06	739	175	7

资料来源：中国产业智库大数据中心

4.2.9 中南大学

截至 2017 年 12 月，中南大学设有本科专业 104 个，一级学科国家重点学科 6 个，二级学科国家重点学科 6 个，国家重点培育学科 1 个，一级学科硕士学位授权点 44 个，一级学科博士学位授权点 29 个，博士后科研流动站 32 个；全日制在校本科生 33 887 人、硕士研究生 16 199 人，博士研究生 5991 人，留学生 638 人；在职教职工 5778 人，其中中国科学院院士 2 人，中国工程院院士 14 人，国家“千人计划”入选者 57 人，“万人计划”科技创新领军人才 12 人，“973 计划”首席科学家 19 人，“长江学者奖励计划”特聘教授、讲座教授 46 人，国家级教学名师 7 人[9]。

2017 年，中南大学的基础研究竞争力 BRCI 为 51.1933，全国排名第 9。国家自然科学基金项目总数为 442 项，全国排名第 13；项目经费总额为 22 669.7 万元，全国排名第 22；国家自然科学基金项目经费金额大于 1000 万元的学科共有 6 个，泌尿系统学科项目经费总额全国排名第 1（图 4-9）。SCI 论文共 4408 篇，全国排名第 12；14 个学科入选 ESI 全球 1%（表 4-11）。发明专利申请量 1438 件，全国排名第 24。

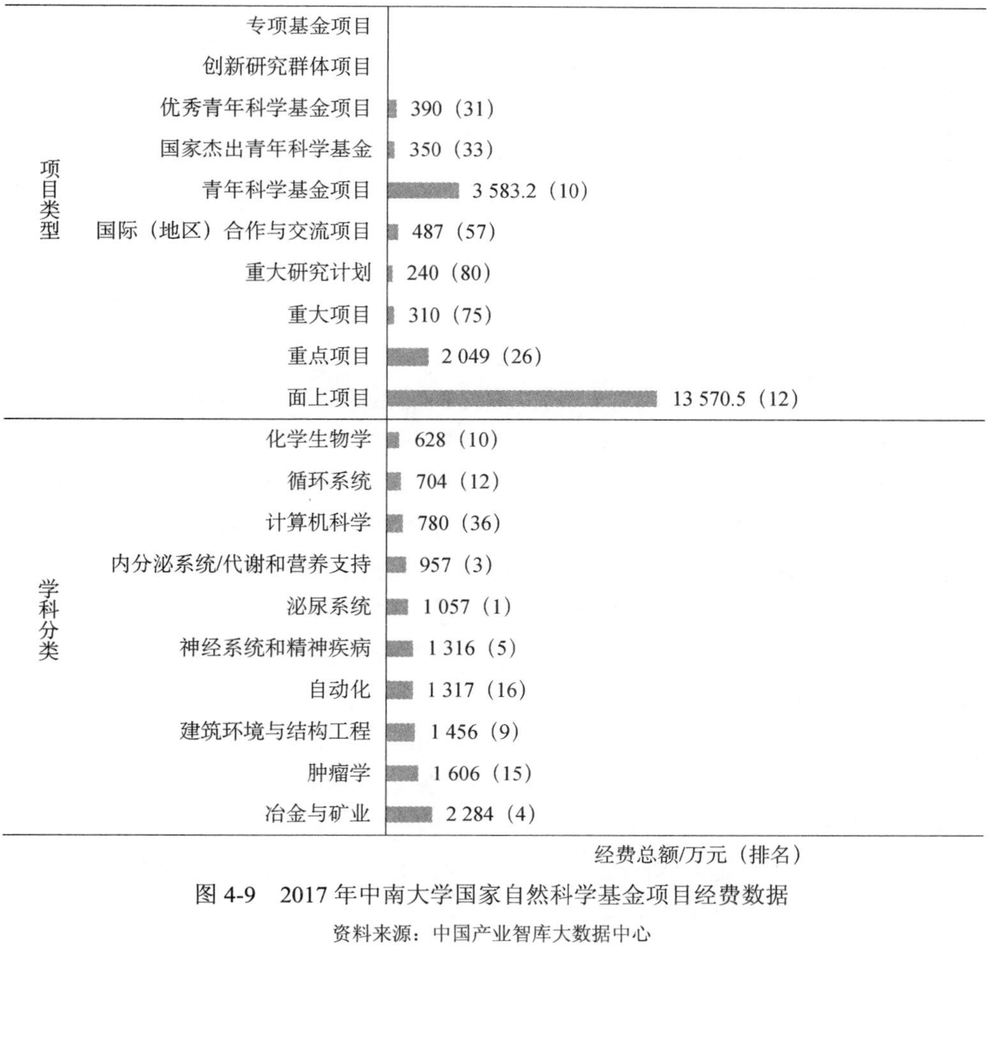

图 4-9　2017 年中南大学国家自然科学基金项目经费数据

资料来源：中国产业智库大数据中心

表 4-11　中南大学 2007～2017 年 SCI 论文学科分布及 2017 年 ESI 排名

序号	研究领域	SCI 发文量/篇	被引次数/次	篇均被引/次	高被引论文/篇	ESI 排名全球	ESI 排名全国
1	材料科学	7 892	63 093	7.99	45	50	15
2	临床医学	6 315	60 526	9.58	57	488	14
3	化学	4 096	40 579	9.91	20	312	43
4	工程科学	2 717	22 118	8.14	79	179	27
5	生物与生化	1 663	15 224	9.15	9	508	25
6	分子生物与遗传学	1 472	19 447	13.21	15	547	20
7	神经科学与行为	1 299	12 775	9.83	2	487	13
8	数学	1 218	6 340	5.21	36	132	18
9	药理学与毒物学	1 060	9 534	8.99	3	314	17
10	地球科学	934	6 299	6.74	11	616	36
11	计算机科学	832	6 507	7.82	46	162	22
12	免疫学	460	5 351	11.63	2	626	15
13	精神病学/心理学	437	4 503	10.3	1	577	5
14	一般社会科学	265	2 098	7.92	7	1 051	19
综合		33 273	293 352	8.82	370	436	21

资料来源：中国产业智库大数据中心

4.2.10　武汉大学

截至 2017 年 11 月，武汉大学有 34 个学院（系），122 个本科专业，3 所三级甲等附属医院，有一级学科国家重点学科 5 个，二级学科国家重点学科 17 个，国家重点培育学科 6 个，硕士学位授权一级学科 55 个，博士学位授权一级学科 44 个，博士后流动站 42 个；有普通本科生 29 738 人，硕士研究生 18 817 人，博士研究生 7256 人，另有外国留学生 2537 人；有专任教师 3700 余人，其中正、副教授 2700 余人，中国科学院院士 11 位，中国工程院院士 7 位，欧亚科学院院士 3 位，人文社科资深教授 10 位，“973 计划”首席科学家 22 人次，“863 计划”领域专家 6 位，国家自然科学基金杰出青年科学基金获得者 56 位，国家级教学名师 15 位，“新世纪百千万人才工程”入选者 23 位，“长江学者奖励计划”特聘教授 62 位、讲座教授 24 位，国家自然科学基金委员会创新研究群体 7 个，“长江学者和创新团队发展计划”创新团队 9 个[10]。

2017 年，武汉大学的基础研究竞争力 BRCI 为 50.1479，全国排名第 10。国家自然科学基金项目总数为 461 项，全国排名第 12；项目经费总额为 35 965.17 万元，全国排名第 9；国家自然科学基金项目经费金额大于 2000 万元的学科共有 4 个，机械工程学科项目经费总额全国排名第 1（图 4-10）。SCI 论文共 3980 篇，全国排名第 14；16 个学科入选 ESI 全球 1%（表 4-12）。发明专利申请量 1004 件，全国排名第 45。

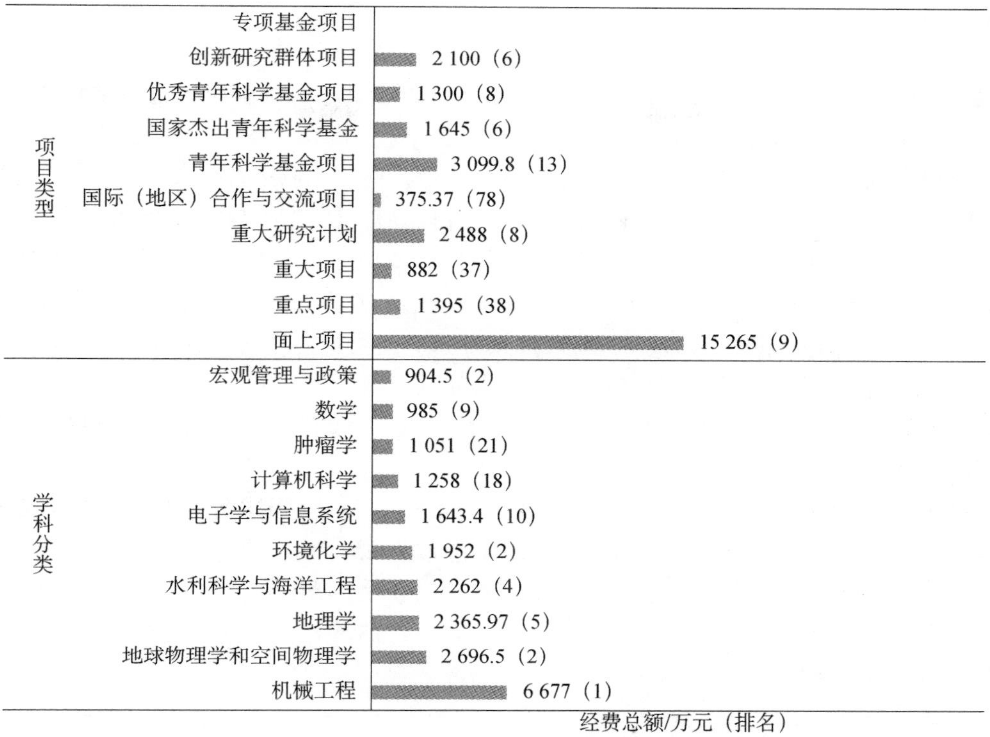

图 4-10 2017 年武汉大学国家自然科学基金项目经费数据

资料来源：中国产业智库大数据中心

表 4-12 武汉大学 2007～2017 年 SCI 论文学科分布及 2017 年 ESI 排名

序号	研究领域	SCI 发文量/篇	被引次数/次	篇均被引/次	高被引论文/篇	ESI 全球排名	ESI 全国排名
1	化学	5 408	103 389	19.12	98	86	19
2	临床医学	4 573	39 551	8.65	28	649	22
3	工程科学	2 900	20 410	7.04	66	198	28
4	材料科学	2 630	42 559	16.18	56	97	27
5	地球科学	2 603	18 738	7.2	34	273	18
6	物理学	2 342	24 492	10.46	37	576	30
7	生物与生化	1 811	23 170	12.79	12	359	11
8	计算机科学	1 263	7 070	5.6	32	144	19
9	数学	1 232	4 947	4.02	11	199	25
10	分子生物与遗传学	1 167	15 929	13.65	7	618	23
11	环境/生态学	917	6 930	7.56	5	615	38
12	药理学与毒物学	778	8 805	11.32	2	340	20
13	植物与动物科学	729	7 707	10.57	7	567	26
14	一般社会科学	712	3 752	5.27	11	699	12
15	免疫学	401	5 154	12.85	4	648	17
16	农业科学	261	2 985	11.44	3	578	40
综合		31 467	349 034	11.09	421	380	15

资料来源：中国产业智库大数据中心

4.2.11 山东大学

截至 2017 年 9 月 30 日，山东大学有本科专业 117 个，一级学科国家重点学科 2 个（涵盖 8 个二级学科）、二级学科国家重点学科 14 个、二级学科国家重点培育学科 3 个，一级学科硕士学位授权点 55 个，一级学科博士学位授权点 44 个，博士后科研流动站 41 个；有全日制本科生 40 789 人，全日制硕士研究生 14 398 人，全日制博士研究生 4418 人，留学生 3791 人；有中国科学院和中国工程院院士 8 人，“千人计划”特聘教授 28 人、“千人计划”青年项目入选者 29 人，“长江学者奖励计划”特聘教授和讲座教授 46 人、青年学者 1 人，国家自然科学基金杰出青年科学基金获得者 37 人、国家自然科学基金委员会创新研究群体 3 个，国家自然科学基金优秀青年科学基金获得者 17 人，“万人计划”科技创新领军人才 10 人，教育部“创新团队发展计划”9 个，“高等学校学科创新引智计划”入选 6 项，“创新人才推进计划”重点领域创新团队 3 个[11]。

2017 年，山东大学的基础研究竞争力 BRCI 为 50.139，全国排名第 11。国家自然科学基金项目总数为 475 项，全国排名第 10；项目经费总额为 25 926.16 万元，全国排名第 15；国家自然科学基金项目经费金额大于 1000 万元的学科共有 4 个，微生物学学科项目经费总额全国排名第 2（图 4-11）。SCI 论文共 4445 篇，全国排名第 11；15 个学科入选 ESI 全球 1%（表 4-13）。发明专利申请量 1343 件，全国排名第 26。

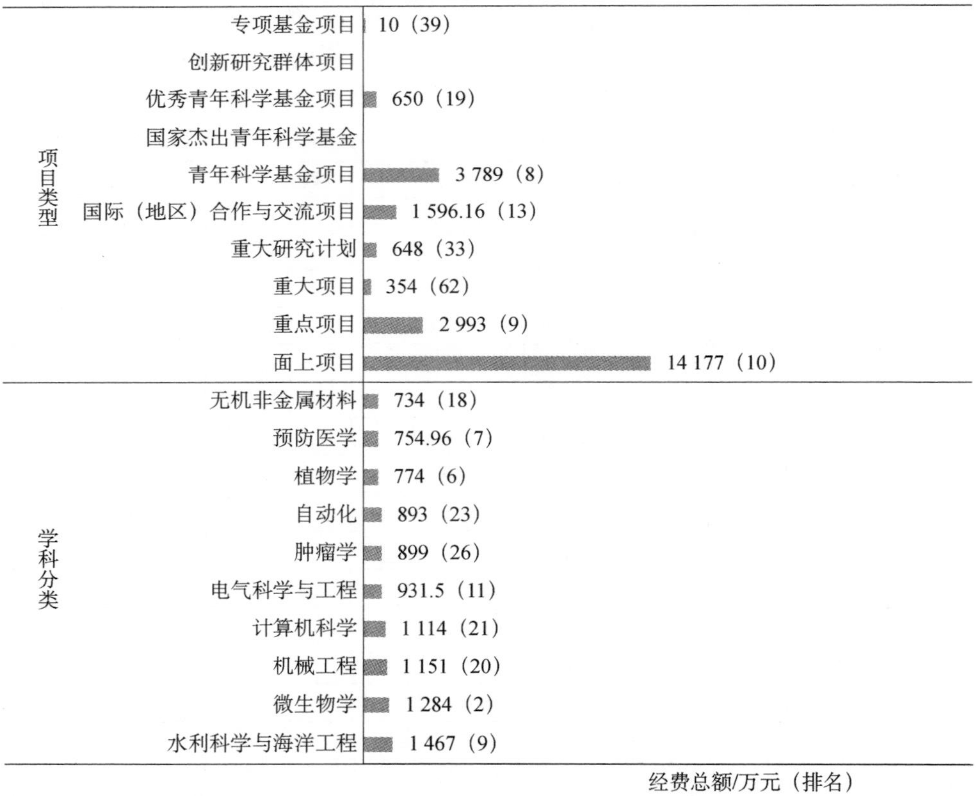

图 4-11　2017 年山东大学国家自然科学基金项目经费数据

资料来源：中国产业智库大数据中心

表 4-13 山东大学 2007～2017 年 SCI 论文学科分布及 2017 年 ESI 排名

序号	研究领域	SCI 发文量/篇	被引次数/次	篇均被引/次	高被引论文/篇	ESI 全球排名	ESI 全国排名
1	化学	7 871	100 132	12.72	67	92	22
2	临床医学	7 681	62 383	8.12	25	475	13
3	物理学	4 831	64 185	13.29	103	239	11
4	材料科学	3 878	45 916	11.84	41	89	25
5	工程科学	3 377	25 181	7.46	43	141	23
6	生物与生化	2 933	30 137	10.28	5	273	10
7	数学	1 772	7 991	4.51	18	85	8
8	药理学与毒物学	1 733	17 248	9.95	7	148	11
9	分子生物与遗传学	1 653	19 862	12.02	8	535	18
10	神经科学与行为	1 021	9 767	9.57	0	595	19
11	计算机科学	934	4 219	4.52	8	288	36
12	环境/生态学	743	7 424	9.99	11	590	37
13	免疫学	645	6 950	10.78	0	532	13
14	植物与动物科学	492	5 474	11.13	9	754	35
15	一般社会科学	328	2 411	7.35	5	939	17
综合		41 591	424 160	10.2	359	301	11

资料来源：中国产业智库大数据中心

4.2.12 四川大学

截至 2017 年 12 月，四川大学有本科专业 142 个，国家重点学科 46 个，国家重点培育学科 4 个，博士学位授权一级学科 45 个，博士学位授权点 354 个，硕士学位授权点 438 个，专业学位授权点 32 个，博士后流动站 37 个；有全日制普通本科生 3.7 万余人，硕博士研究生 2 万余人，外国留学生及港澳台学生 3700 余人；有专任教师 5494 人，其中正高级职称拥有者 1733 人，中国科学院和中国工程院院士 16 人，“千人计划”创新人才长期项目入选者 15 人、创新人才短期项目入选者 17 人、外国专家项目入选者 4 人，“长江学者奖励计划”特聘教授 43 人、讲座教授 16 人，国家“万人计划”科技创新领军人才 14 人，国家自然科学杰出青年基金获得者 50 人，“四青”人才（“千人计划”青年项目、“长江学者奖励计划”青年项目、“万人计划”青年拔尖人才、国家自然科学基金优秀青年科学基金获得者）104 人次，“973 计划”首席科学家 9 人，国家教学名师奖获得者 12 人，中青年科技创新领军人才 15 人[12]。

2017 年，四川大学的基础研究竞争力 BRCI 为 50.1292，全国排名第 12 位。国家自然科学基金项目总数为 465 项，全国排名第 11；项目经费总额为 23 956.3 万元，全国排名第 18；国家自然科学基金项目经费金额大于 1000 万元的学科共有 4 个，有机高分子材料、口腔颅颌骨面科学学科项目经费总额均全国排名第 1（图 4-12）。SCI 论文共 5067 篇，全国排名第 6；15 个学科入选 ESI 全球 1%（表 4-14）。发明专利申请量 995 件，全国排名第 47。

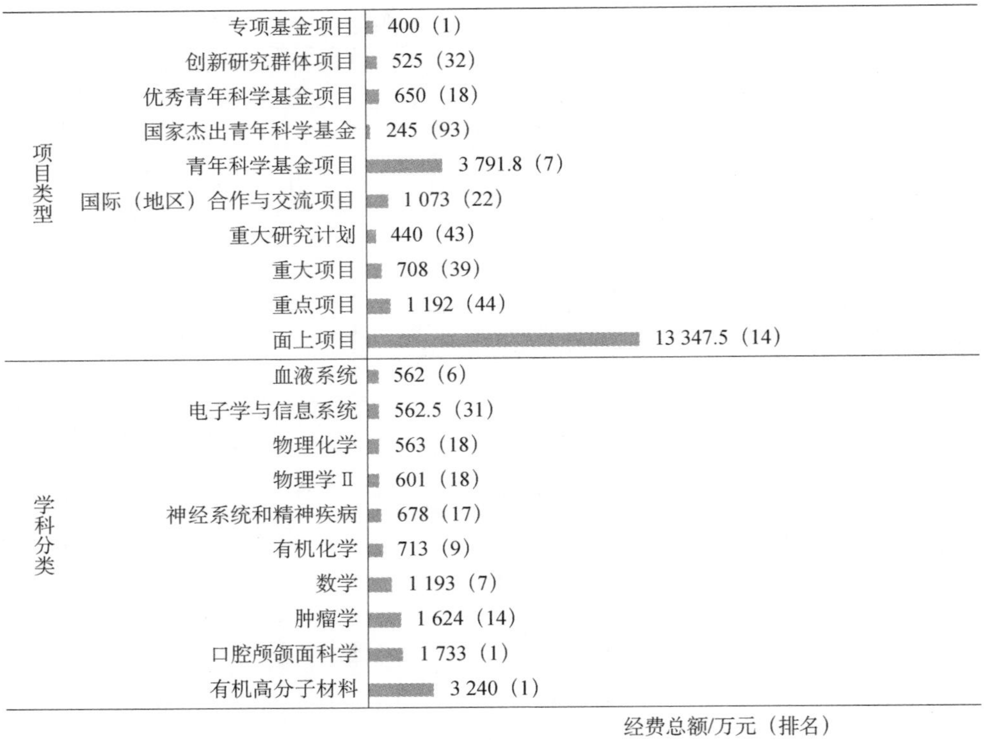

图 4-12　2017 年四川大学国家自然科学基金项目经费数据

资料来源：中国产业智库大数据中心

表 4-14　四川大学 2007～2017 年 SCI 论文学科分布及 2017 年 ESI 排名

序号	研究领域	SCI 发文量/篇	被引次数/次	篇均被引/次	高被引论文/篇	ESI 全球排名	ESI 全国排名
1	化学	10 060	114 813	11.41	80	72	16
2	临床医学	9 272	75 945	8.19	59	411	8
3	材料科学	4 586	51 159	11.16	41	77	21
4	物理学	3 773	22 404	5.94	22	603	34
5	工程科学	2 444	14 926	6.11	26	282	37
6	生物与生化	2 253	22 819	10.13	14	367	12
7	分子生物与遗传学	1 935	30 787	15.91	25	390	11
8	药理学与毒物学	1 576	17 752	11.26	13	140	10
9	神经科学与行为	1 352	15 316	11.33	11	420	7
10	数学	1 206	4 759	3.95	2	213	26
11	计算机科学	695	4 663	6.71	26	248	31
12	植物与动物科学	584	3 772	6.46	4	947	51
13	农业科学	389	4 089	10.51	9	428	31
14	一般社会科学	326	1 949	5.98	2	1 105	22
15	精神病学/心理学	317	4 046	12.76	4	624	6
综合		42 732	402 469	9.42	346	321	13

资料来源：中国产业智库大数据中心

4.2.13 同济大学

截至 2017 年 12 月，同济大学设有 38 个学院和二级办学机构，7 家附属医院，本科专业 75 个，一级学科硕士学位授权点 45 个，一级学科博士学位授权学科点 30 个，博士后流动站 25 个；有全日制本科生 17 339 人，硕士研究生 14 883 人，博士研究生 4940 人，外国留学生 3523 人；有专任教师 2726 人，其中中国科学院院士 8 人，中国工程院院士 9 人（含中国工程院外籍院士 1 人），第三世界科学院院士 2 人，美国工程院外籍院士 1 人，瑞典皇家工程科学院外籍院士 1 人，国家级教学名师 4 人，“千人计划”入选者 42 人，“长江学者奖励计划”特聘教授、讲座教授 34 人，“973 计划”首席科学家 23 人，“国家重点研发计划”首席科学家 25 人，国家自然科学基金杰出青年科学基金获得者 48 人，国家自然科学基金委员会创新研究群体 8 个，教育部“创新团队发展计划”9 个，科技部“重点领域创新团队”1 个，国家级教学团队 6 个[13]。

2017 年，同济大学的基础研究竞争力 BRCI 为 47.7728，全国排名第 13 位。国家自然科学基金项目总数为 529 项，全国排名第 8；项目经费总额为 34 008.03 万元，全国排名第 13；国家自然科学基金项目经费金额大于 1000 万元的学科共有 7 个，建筑环境与结构工程、发育生物学与生殖生物学学科项目经费总额均全国排名第 1（图 4-13）。SCI 论文共 3349 篇，全国排名第 16；11 个学科入选 ESI 全球 1%（表 4-15）。发明专利申请量 1002 件，全国排名第 46。

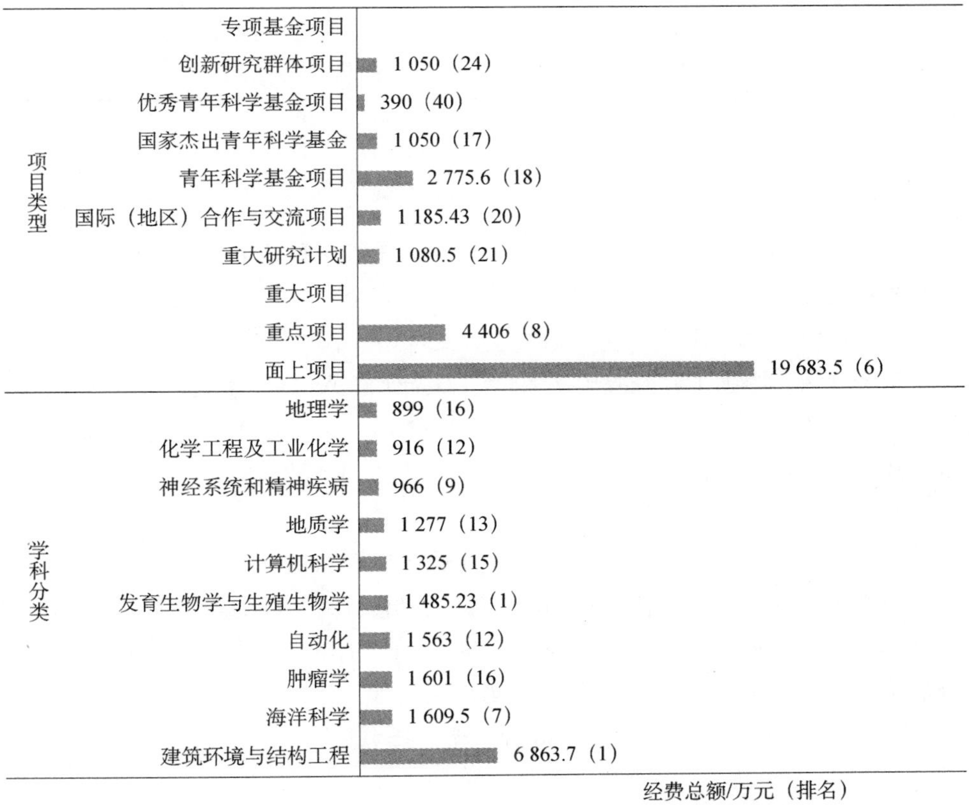

图 4-13 2017 年同济大学国家自然科学基金项目经费数据

资料来源：中国产业智库大数据中心

表 4-15 同济大学 2007～2017 年 SCI 论文学科分布及 2017 年 ESI 排名

序号	研究领域	SCI 发文量/篇	被引次数/次	篇均被引/次	高被引论文/篇	ESI 全球排名	ESI 全国排名
1	工程科学	5 901	39 380	6.67	85	66	12
2	临床医学	4 262	38 814	9.11	44	658	23
3	化学	3 117	41 363	13.27	32	304	42
4	材料科学	2 974	32 397	10.89	42	138	37
5	环境/生态学	1 731	19 270	11.13	20	248	10
6	生物与生化	1 688	16 431	9.73	6	475	22
7	地球科学	1 397	10 960	7.85	8	428	26
8	分子生物与遗传学	1 303	15 365	11.79	9	636	25
9	计算机科学	1 084	7 192	6.63	19	141	18
10	药理学与毒物学	597	4 392	7.36	1	675	45
11	一般社会科学	311	1 684	5.41	4	1 215	25
综合		28 946	259 463	8.96	301	494	27

资料来源：中国产业智库大数据中心

4.2.14 天津大学

截至 2017 年 12 月，天津大学有 63 个本科专业，一级学科硕士学位授权点 37 个，一级学科博士学位授权点 27 个，博士后科研流动站 23 个；有全日制在校生 33 159 人，其中本科生 17 724 人，硕士研究生 11 410 人，博士研究生 4025 人；有教职工 4727 人，其中教授 779 人，中国科学院院士 5 人，中国工程院院士 7 人，“千人计划”入选者 91 人，“长江学者奖励计划”特聘教授、讲座教授 62 人，“973 计划”首席科学家 17 人，国家自然科学基金杰出青年科学基金获得者 42 人，国家自然科学基金优秀青年科学基金获得者 45 人，“万人计划”青年拔尖人才 36 人[14]。

2017 年，天津大学的基础研究竞争力 BRCI 为 47.4677，全国排名第 14 位。国家自然科学基金项目总数为 345 项，全国排名第 18；项目经费总额为 23 862.7 万元，全国排名第 19；国家自然科学基金项目经费金额大于 1000 万元的学科共有 8 个，其中管理科学与工程学科项目经费金额全国排名第 1（图 4-14）。SCI 论文共 3809 篇，全国排名第 15；8 个学科入选 ESI 全球 1%（表 4-16）。发明专利申请量 2240 件，全国排名第 10。

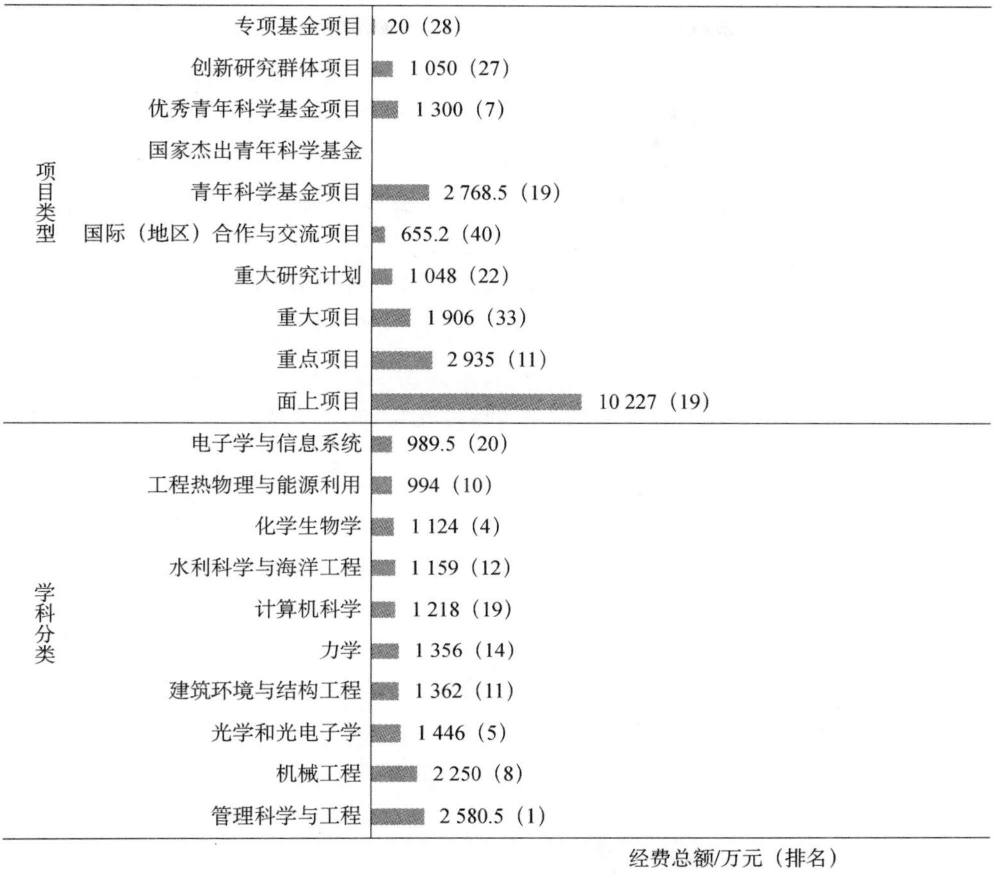

图 4-14 2017 年天津大学国家自然科学基金项目经费数据

资料来源：中国产业智库大数据中心

表 4-16 天津大学 2007～2017 年 SCI 论文学科分布及 2017 年 ESI 排名

序号	研究领域	SCI 发文量/篇	被引次数/次	篇均被引/次	高被引论文/篇	ESI 全球排名	ESI 全国排名
1	化学	7 704	91 891	11.93	84	107	25
2	工程科学	6 148	43 760	7.12	87	48	10
3	材料科学	4 750	54 425	11.46	64	73	20
4	物理学	3 263	22 819	6.99	24	593	32
5	生物与生化	987	11 541	11.69	8	628	36
6	计算机科学	924	4 021	4.35	11	300	41
7	药理学与毒物学	308	3 330	10.81	0	828	54
8	农业科学	274	2 916	10.64	5	587	41
综合		26 933	248 048	9.21	302	517	30

资料来源：中国产业智库大数据中心

4.2.15 华南理工大学

截至 2018 年 7 月，华南理工大学设有 29 个院系，82 个本科专业，25 个博士学位授权一级学科，43 个硕士学位授权一级学科；2015 年有各类学生 100 030 人，博士、硕士研究生 18 478 人，本科生 24 850 人，继续教育在校生 54 494 人，留学生 2208 人，成人高等教育学生 54 494 人；截至 2018 年 7 月，有中国科学院院士 3 人，中国工程院院士 5 人，双聘院士 28 人，“千人计划”获得者（含青年千人）19 人，国家教学名师 4 人，长江学者 23 人，国家杰出青年科学基金获得者 32 人。研究生导师 1934 人（其中博士生导师 680 人）[15]。

2017 年，华南理工大学的基础研究竞争力 BRCI 为 47.3381，全国排名第 15 位。国家自然科学基金项目总数为 252 项，全国排名第 28；项目经费总额为 34 387.83 万元，全国排名第 12；国家自然科学基金项目经费金额大于 1000 万元的学科共有 6 个，其中分析化学学科项目经费总额全国排名第 1，食品科学项目经费总额全国排名第 2（图 4-15）。SCI 论文共 3200 篇，全国排名第 20；9 个学科入选 ESI 全球 1%（表 4-17）。发明专利申请量 2677 件，全国排名第 8。

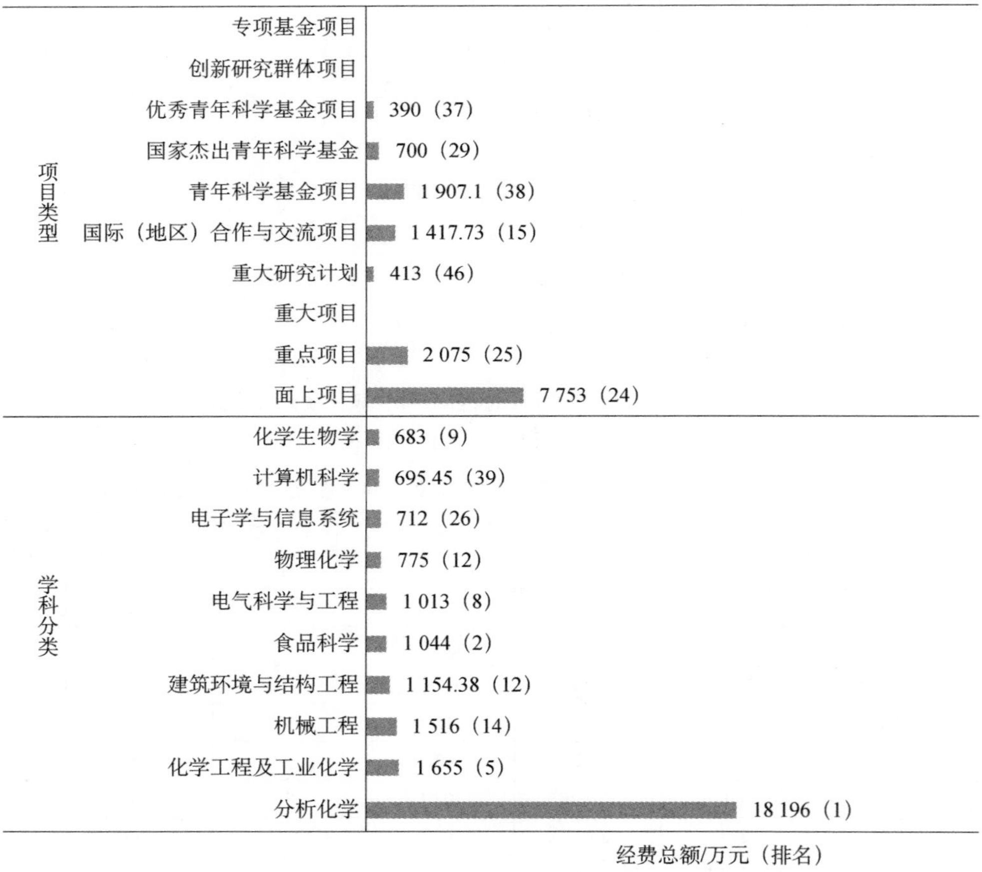

图 4-15　2017 年华南理工大学国家自然科学基金项目经费数据

资料来源：中国产业智库大数据中心

表 4-17 华南理工大学 2007～2017 年 SCI 论文学科分布及 2017 年 ESI 排名

序号	研究领域	SCI 发文量/篇	被引次数/次	篇均被引/次	高被引论文/篇	ESI 全球排名	ESI 全国排名
1	化学	7 010	102 810	14.67	114	89	20
2	材料科学	5 239	63 864	12.19	89	48	14
3	工程科学	4 241	37 888	8.93	93	71	14
4	物理学	1 927	21 628	11.22	20	616	36
5	农业科学	1 373	16 933	12.33	44	80	9
6	生物与生化	953	18 174	19.07	12	439	17
7	计算机科学	927	5 399	5.82	23	201	25
8	环境/生态学	541	4 344	8.03	2	844	55
9	临床医学	314	2 626	8.36	2	3 658	110
综合		24 492	292 109	11.93	430	437	22

资料来源：中国产业智库大数据中心

4.2.16 吉林大学

截至 2017 年 12 月，吉林大学下设 44 个学院，本科专业 129 个。学校有一级学科国家重点学科 4 个（覆盖 17 个二级学科），二级学科国家重点学科 15 个，国家重点（培育）学科 4 个；一级学科硕士学位授权点 56 个，一级学科博士学位授权点 44 个，硕士学位授权点 291 个，博士学位授权点 244 个，博士后科研流动站 42 个；有在校全日制学生 71 920 人，其中博士生 7955 人，硕士生 18 094 人，本科生 41 953 人，专科生 1614 人，留学生 2304 人；有教师 6524 人，其中教授 2062 人，博士生指导教师 1137 人，中国科学院和中国工程院院士 10 人，哲学社会科学资深教授 7 人，“千人计划”入选者 49 人，“万人计划”入选者 20 人，国家级教学名师 9 人，中央马克思主义理论研究和建设工程项目首席专家 5 人，“973 计划”、“863 计划”首席科学家 6 人，国家有突出贡献中青年专家 15 人，“百千万人才工程”入选专家 32 人，“长江学者奖励计划”特聘教授、讲座教授、青年学者 52 人，国家自然科学基金杰出青年科学基金获得者 31 人，国家自然科学基金优秀青年科学基金获得者 25 人[16]。

2017 年，吉林大学的基础研究竞争力 BRCI 为 46.9481，全国排名第 16 位。国家自然科学基金项目总数为 357 项，全国排名第 17；项目经费总额为 20 878.1 万元，全国排名第 23；国家自然科学基金项目经费金额大于 1000 万元的学科共有 4 个，自动化、兽医学学科项目经费总额均全国排名第 4（图 4-16）。SCI 论文共 4538 篇，全国排名第 10；11 个学科入选 ESI 全球 1%（表 4-18）。发明专利申请量 1787 件，全国排名第 17。

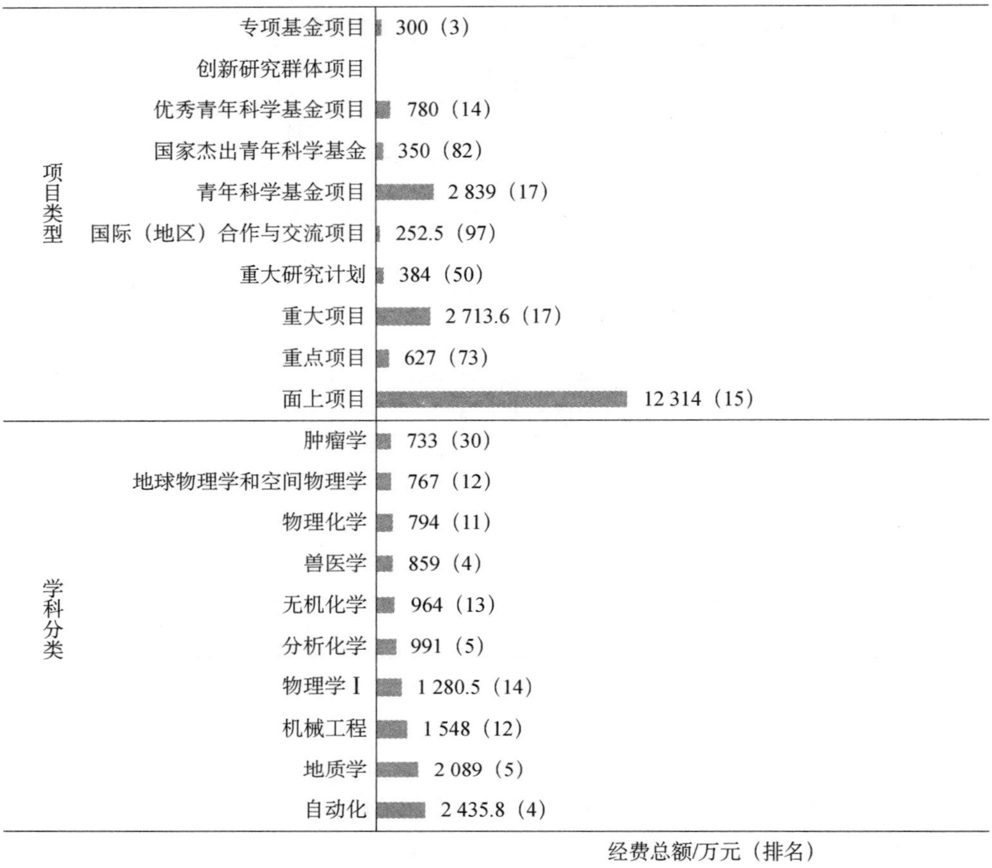

图 4-16　2017 年吉林大学国家自然科学基金项目经费数据

资料来源：中国产业智库大数据中心

表 4-18　吉林大学 2007～2017 年 SCI 论文学科分布及 2017 年 ESI 排名

序号	研究领域	SCI 发文量/篇	被引次数/次	篇均被引/次	高被引论文/篇	ESI 全球排名	ESI 全国排名
1	化学	12 185	162 207	13.31	120	42	10
2	材料科学	4 991	69 071	13.84	62	41	12
3	物理学	4 072	41 599	10.22	42	382	16
4	临床医学	3 875	25 835	6.67	20	896	34
5	工程科学	2 426	12 658	5.22	18	339	44
6	生物与生化	1 939	16 606	8.56	4	469	21
7	地球科学	1 596	14 139	8.86	13	357	22
8	药理学与毒物学	1 020	8 734	8.56	7	343	21
9	免疫学	528	4 934	9.34	0	662	18
10	植物与动物科学	498	2 930	5.88	4	1 107	63
11	农业科学	462	4 510	9.76	7	385	27
综合		38 398	390 634	10.17	317	334	14

资料来源：中国产业智库大数据中心

4.2.17 哈尔滨工业大学

截至2017年11月，哈尔滨工业大学有20个学院（系），87个本科专业。国家重点学科一级学科9个，国家重点学科二级学科6个，国家重点培育学科2个，硕士学位授权一级学科41个，博士学位授权一级学科27个，博士后科研流动站24个；有在校学生49 877人，其中普通本科生16 199人，硕士研究生7999人，博士研究生5197人，留学生2279人；有专任教师3045余人，其中正、副教授2310人，中国科学院院士和中国工程院院士38人，“长江学者奖励计划”特聘教授43人、讲座教授16人、青年学者6人，高等学校教学名师奖获得者9人，国家级有突出贡献中青年专家13人，国家自然科学基金杰出青年科学基金获得者44人，“国家百千万人才工程”人选29人，“跨世纪优秀人才计划”入选者21人，“新世纪优秀人才支持计划”入选者185人，国家自然科学基金委员会创新研究群体6个，教育部“创新团队发展计划”12个[17]。

2017年，哈尔滨工业大学的基础研究竞争力BRCI为46.5392，全国排名第17位。国家自然科学基金项目总数为344项，全国排名第19；项目经费总额为23 134.15万元，全国排名第21；国家自然科学基金项目经费金额大于1000万元的学科共有7个，其中建筑环境与结构工程学科项目经费总额全国排名第3，机械工程项目经费总额全国排名第4（图4-17）。SCI论文共4307篇，全国排名第13；11个学科入选ESI全球1%（表4-19）。发明专利申请量1545件，全国排名第23。

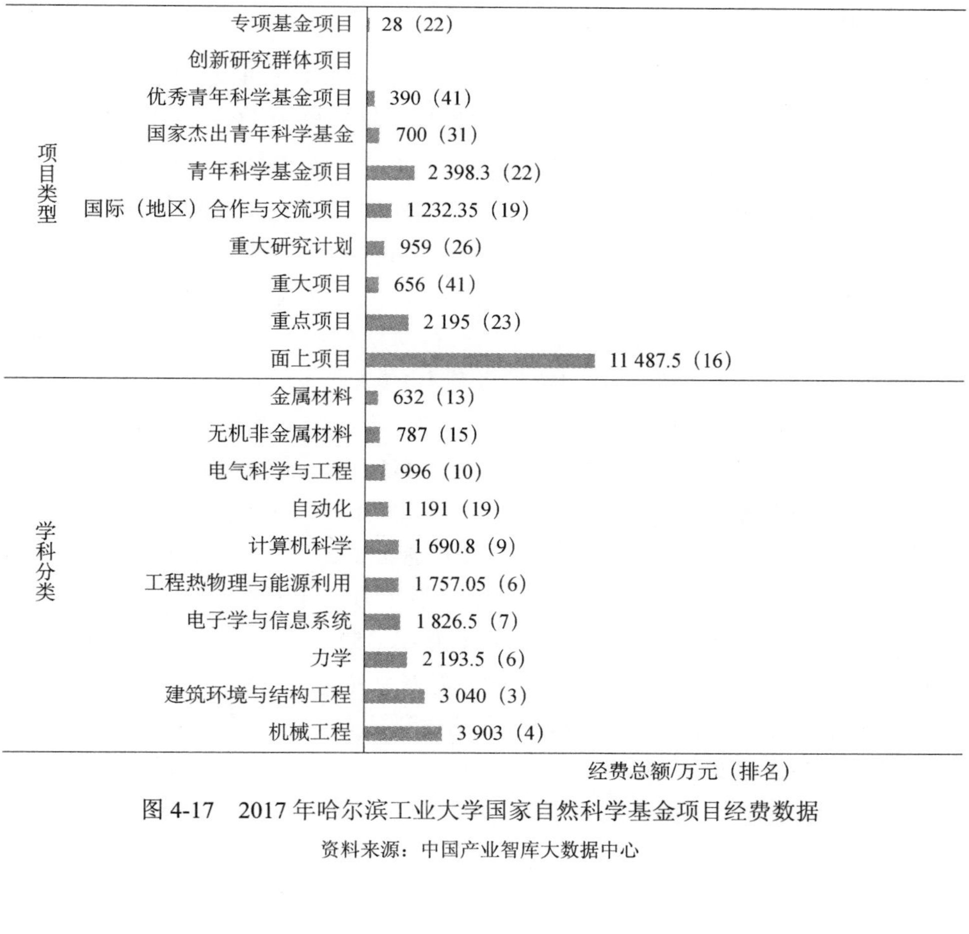

图4-17 2017年哈尔滨工业大学国家自然科学基金项目经费数据

资料来源：中国产业智库大数据中心

表 4-19 哈尔滨工业大学 2007～2017 年 SCI 论文学科分布及 2017 年 ESI 排名

序号	研究领域	SCI 发文量/篇	被引次数/次	篇均被引/次	高被引论文/篇	ESI 全球排名	ESI 全国排名
1	工程科学	9 960	87 993	8.83	259	8	3
2	材料科学	9 028	87 089	9.65	50	27	8
3	物理学	5 774	41 875	7.25	25	379	15
4	化学	5 046	59 722	11.84	60	195	33
5	计算机科学	1 824	11 683	6.41	44	70	9
6	数学	1 448	8 160	5.64	35	82	7
7	环境/生态学	1 179	15 542	13.18	20	304	12
8	生物与生化	1 056	15 135	14.33	16	512	26
9	临床医学	289	2 450	8.48	2	3 816	118
10	一般社会科学	224	1 500	6.7	7	1 314	29
11	农业科学	223	2 257	10.12	3	725	57
综合		37 190	341 352	9.18	538	389	16

资料来源：中国产业智库大数据中心

4.2.18 南京大学

截至 2017 年 12 月，南京大学设有 29 个直属院系，设本科专业 86 个，专业硕士学位授权点 24 个，专业博士学位授权点 1 个，硕士学位授权一级学科 10 个，博士学位授权一级学科 41 个，博士后流动站 38 个，一级学科国家重点学科 8 个，二级学科国家重点学科 13 个；有各类学生 34 580 人，其中本科生 13 196 人、硕士研究生 12 195 人、博士研究生 6036 人、外国留学生 3153 人；学校拥有一支高素质的师资队伍，其中中国科学院院士 29 人，中国工程院院士 3 人，中国科学院外籍院士 1 人，第三世界科学院院士 4 人，俄罗斯科学院院士 1 人，加拿大皇家科学院院士 1 人，“千人计划”创新人才 31 人、创业人才 14 人、“千人计划”外国专家项目入选者 4 人，“万人计划”科技创新领军人才 10 人、哲学社会科学领军人才 3 人，“百千万工程”领军人才 2 人、教学名师 2 人，“长江学者奖励计划”特聘教授 97 人、讲座教授 25 人，国家自然科学基金杰出青年科学基金获得者 117 人，国家级教学名师 10 人，“国家重点研发计划”“国家科技重大专项”“国家重大科学研究计划”“973 计划”“863 计划”等重大项目首席科学家 76 人次，“千人计划”青年项目入选者 113 人，“万人计划”青年拔尖人才 8 人，“新世纪优秀人才支持计划”入选者 238 人，“百千万人才工程”国家级人选 34 人[18]。

2017 年，南京大学的基础研究竞争力 BRCI 为 43.3527，全国排名第 18 位。国家自然科学基金项目总数为 420 项，全国排名第 15；项目经费总额为 35 159.37 万元，全国排名第 11；国家自然科学基金项目经费金额大于 2000 万元的学科共有 4 个，数学学科项目经费总额全国排名第 1（图 4-18）。SCI 论文共 3304 篇，全国排名第 17；16 个学科入选 ESI 全球 1%（表 4-20）。发明专利申请量 646 件，全国排名第 87。

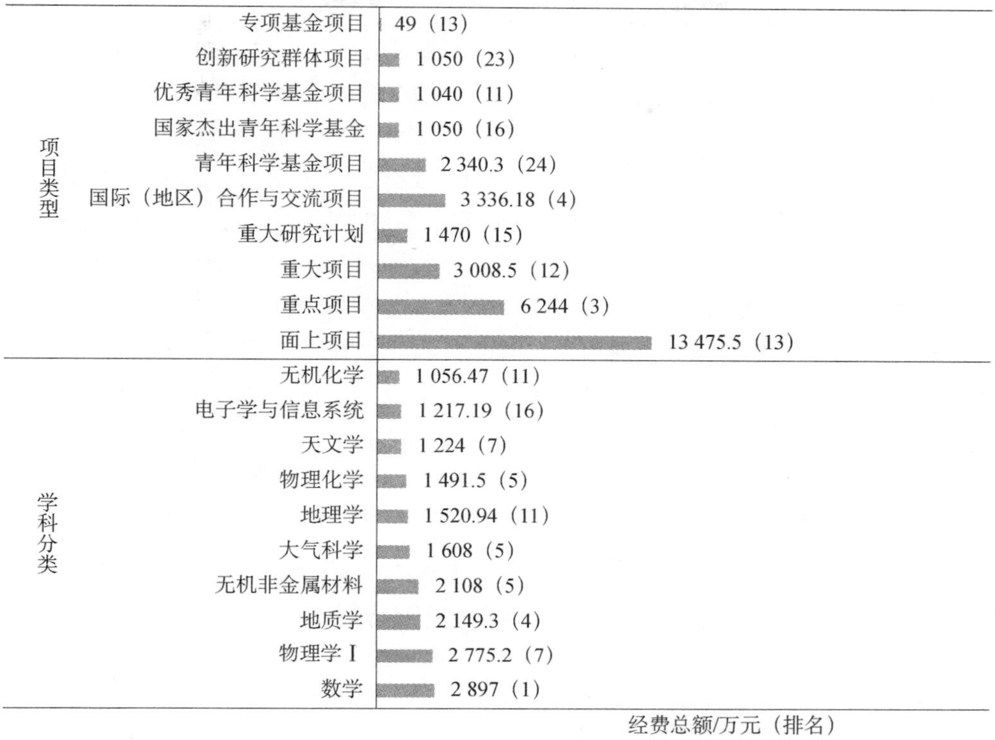

图 4-18　2017 年南京大学国家自然科学基金项目经费数据

资料来源：中国产业智库大数据中心

表 4-20　南京大学 2007～2017 年 SCI 论文学科分布及 2017 年 ESI 排名

序号	研究领域	SCI 发文量/篇	被引次数/次	篇均被引/次	高被引论文/篇	ESI 全球排名	ESI 全国排名
1	化学	9 960	184 795	18.55	152	31	6
2	物理学	7 789	93 470	12	140	145	6
3	临床医学	4 035	45 271	11.22	52	593	18
4	地球科学	3 318	39 593	11.93	37	119	9
5	材料科学	3 122	49 185	15.75	74	80	23
6	环境/生态学	2 249	25 241	11.22	25	171	9
7	工程科学	1 904	20 302	10.66	42	202	29
8	生物与生化	1 364	16 613	12.18	13	468	20
9	数学	1 317	6 002	4.56	15	145	20
10	计算机科学	1 063	7 209	6.78	15	140	17
11	分子生物与遗传学	973	17 999	18.5	10	570	21
12	药理学与毒物学	846	10 607	12.54	6	277	16
13	神经科学与行为	821	9 897	12.05	6	588	18
14	植物与动物科学	469	4 866	10.38	11	812	43
15	一般社会科学	455	3 042	6.69	13	809	13
16	农业科学	272	2 780	10.22	1	614	43
综合		42 084	561 333	13.34	630	223	8

资料来源：中国产业智库大数据中心

4.2.19 中国科学技术大学

截至 2017 年 6 月，中国科学技术大学有 20 个学院（含 5 个科教融合共建学院）、30 个系，8 个一级学科国家重点学科，4 个二级学科国家重点学科，2 个国家重点培育学科。截至 2017 年 12 月，学校共有教学与科研人员 2047 人，其中教授 651 人（含相当专业技术职务人员），副教授 748 人（含相当专业技术职务人员）；中国科学院和中国工程院院士 49 人，发展中国家科学院院士 17 人，“万人计划”科技创新领军人才 30 人、青年拔尖人才 13 人，国家自然科学基金杰出青年科学基金获得者 110 人，国家自然科学基金优秀青年科学基金获得者 91 人，“长江学者奖励计划”特聘教授、讲座教授、青年学者，“千人计划”创新人才长期项目和短期项目 46 人、青年项目 124 人，国家级教学名师 7 人，中国科学院“百人计划”122 人[19]。

2017 年，中国科学技术大学的基础研究竞争力 BRCI 为 41.7197，全国排名第 19 位。国家自然科学基金项目总数为 426 项，全国排名第 14；项目经费总额为 45 932.3 万元，全国排名第 8；国家自然科学基金项目经费金额大于 1000 万元的学科共有 7 个，建筑环境与结构工程学科项目经费总额全国排名第 1（图 4-19）。SCI 论文共 3054 篇，全国排名第 21；13 个学科入选 ESI 全球 1%（表 4-21）。发明专利申请量 463 件，全国排名第 141。

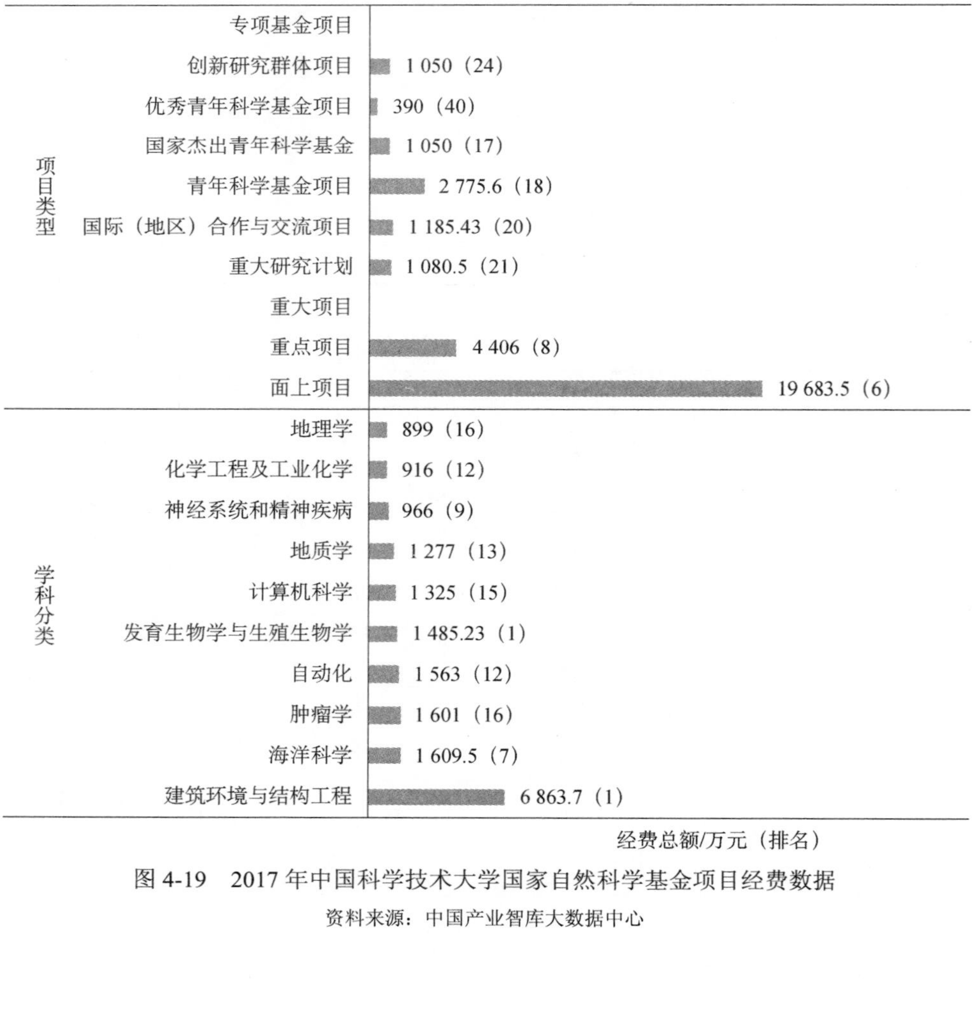

图 4-19 2017 年中国科学技术大学国家自然科学基金项目经费数据

资料来源：中国产业智库大数据中心

表 4-21　中国科学技术大学 2007～2017 年 SCI 论文学科分布及 2017 年 ESI 排名

序号	研究领域	SCI 发文量/篇	被引次数/次	篇均被引/次	高被引论文/篇	ESI 全球排名	ESI 全国排名
1	物理学	11 347	148 248	13.06	229	60	4
2	化学	9 115	180 806	19.84	227	33	8
3	工程科学	4 278	38 804	9.07	84	68	13
4	材料科学	4 164	73 454	17.64	116	36	10
5	地球科学	1 520	21 663	14.25	28	236	13
6	计算机科学	1 470	10 313	7.02	27	90	13
7	数学	1 410	6 666	4.73	21	121	16
8	生物与生化	1 227	19 016	15.5	12	422	16
9	分子生物与遗传学	610	12 117	19.86	6	748	36
10	环境/生态学	530	7 737	14.6	7	580	35
11	临床医学	400	6 165	15.41	8	2 152	72
12	一般社会科学	179	1 514	8.46	6	1 306	28
13	植物与动物科学	169	2 763	16.35	7	1 161	71
综合		38 450	560 297	14.57	808	225	9

资料来源：中国产业智库大数据中心

4.2.20　东南大学

截至 2018 年 1 月，东南大学设有 30 个院（系），76 个本科专业，国家一级重点学科（涵盖 15 个二级学科）5 个，国家二级重点学科 5 个，国家重点培育学科 1 个，一级学科硕士学位授权点 49 个，一级学科博士学位授权点 30 个，30 个博士后科研流动站；有全日制在校生 31 470 人，其中研究生 15 614 人；有专任教师 2832 人，中国科学院、中国工程院院士 12 人，欧洲科学院院士 1 人，国务院学位委员第七届学科评议组成员 13 人，“万人计划”入选者 16 人，“万人计划”教学名师 3 人，“千人计划”23 人，“千人计划”青年项目 26 人，“长江学者奖励计划”特聘教授和讲座教授 45 人、青年学者 10 人，国家级教学名师奖获得者 5 人，国家自然科学基金杰出青年科学基金获得者 43 人，“863 计划”首席科学家 3 人、“国家重大科学研究计划”首席科学家 1 人、“国家科技重大专项”首席科学家 2 人，“国家百千万人才工程”国家级人选 24 人[20]。

2017 年，东南大学的基础研究竞争力 BRCI 为 40.1613，全国排名第 20 位。国家自然科学基金项目总数为 283 项，全国排名第 23；项目经费总额为 17 109.66 万元，全国排名第 27；国家自然科学基金项目经费金额大于 1000 万元的学科共有 5 个，半导体科学与信息器件学科项目经费总额全国排名第 4（图 4-20）。SCI 论文共 3276 篇，全国排名第 19；11 个学科入选 ESI 全球 1%（表 4-22）。发明专利申请量 2306 件，全国排名第 9。

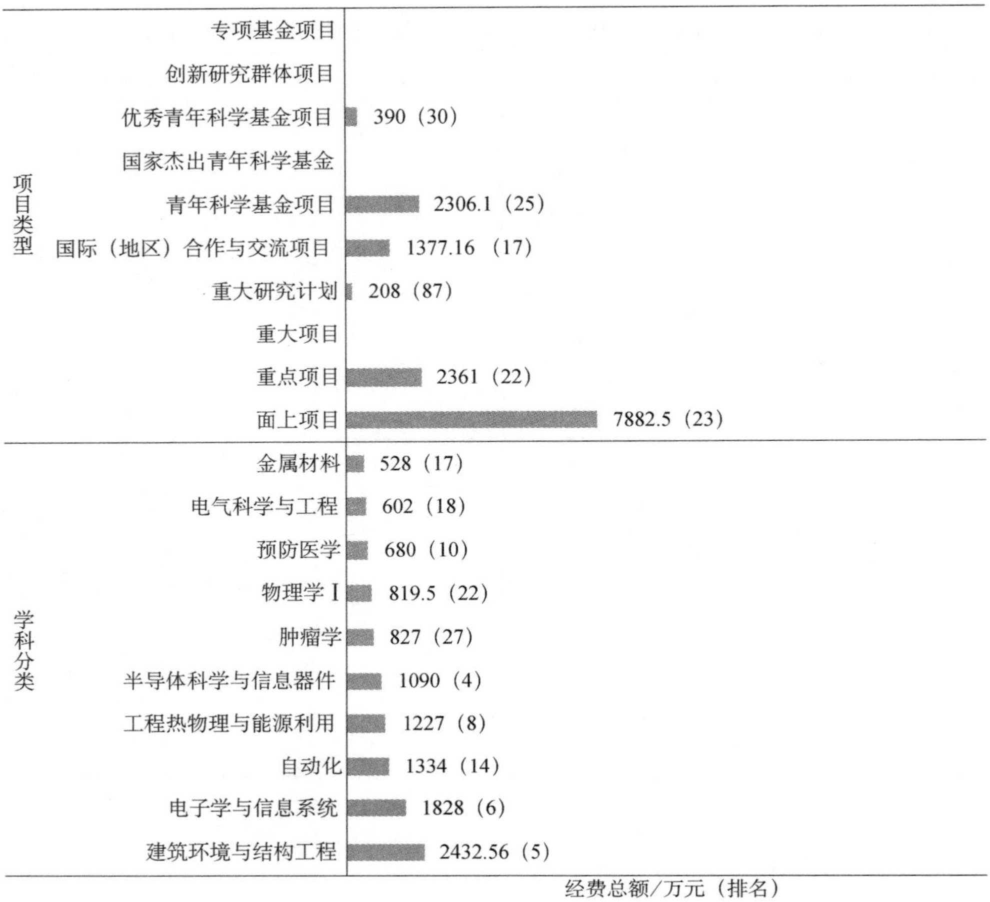

图 4-20 2017 年东南大学国家自然科学基金项目经费数据

资料来源：中国产业智库大数据中心

表 4-22 东南大学 2007～2017 年 SCI 论文学科分布及 2017 年 ESI 排名

序号	研究领域	SCI 发文量/篇	被引次数/次	篇均被引/次	高被引论文/篇	ESI 全球排名	ESI 全国排名
1	工程科学	7 388	56 707	7.68	127	33	8
2	化学	4 313	48 689	11.29	44	251	37
3	物理学	3 400	35 791	10.53	38	436	19
4	材料科学	3 068	33 313	10.86	36	134	35
5	计算机科学	2 092	16 940	8.1	79	33	6
6	临床医学	1 873	18 048	9.64	18	1 117	39
7	数学	1 210	7 264	6	37	105	13
8	生物与生化	787	11 289	14.34	19	642	38
9	药理学与毒物学	520	4 528	8.71	0	662	44
10	神经科学与行为	498	6 432	12.92	1	786	30
11	一般社会科学	242	1 476	6.1	2	1 327	31
综合		27 211	256 970	9.44	411	499	28

资料来源：中国产业智库大数据中心

4.2.21 北京航空航天大学

截至2018年4月，北京航空航天大学有60个本科专业，一级学科国家重点学科8个，二级学科国家重点学科28个，一级学科硕士学位授权点40个，一级学科博士学位授权点23个，20个博士后科研流动站；有全日制在校生30 000余人；有专任教师2172人，其中中国科学院、中国工程院院士24位，“千人计划”创新项目入选者27位，“973计划”首席科学家31位，“长江学者奖励计划”特聘教授、客座教授65位，“长江学者奖励计划”青年学者11位，国家自然科学基金杰出青年科学基金获得者 50 位，国家自然科学基金优秀青年科学基金获得者 38 位，“千人计划”青年项目58位[21]。

2017年，北京航空航天大学的基础研究竞争力BRCI为38.2779，全国排名第21位。国家自然科学基金项目总数为269项，全国排名第27；项目经费总额为23 244.59万元，全国排名第20；国家自然科学基金项目经费金额大于1000万元的学科共有8个，其中力学学科项目经费总额全国排名第2，工程热物理与能源利用学科项目经费总额全国排名第3，电子学与信息系统学科项目经费总额全国排名第4（图4-21）。SCI论文共3298篇，全国排名第18；5个学科入选ESI全球1%（表4-23）。发明专利申请量1546件，全国排名第21。

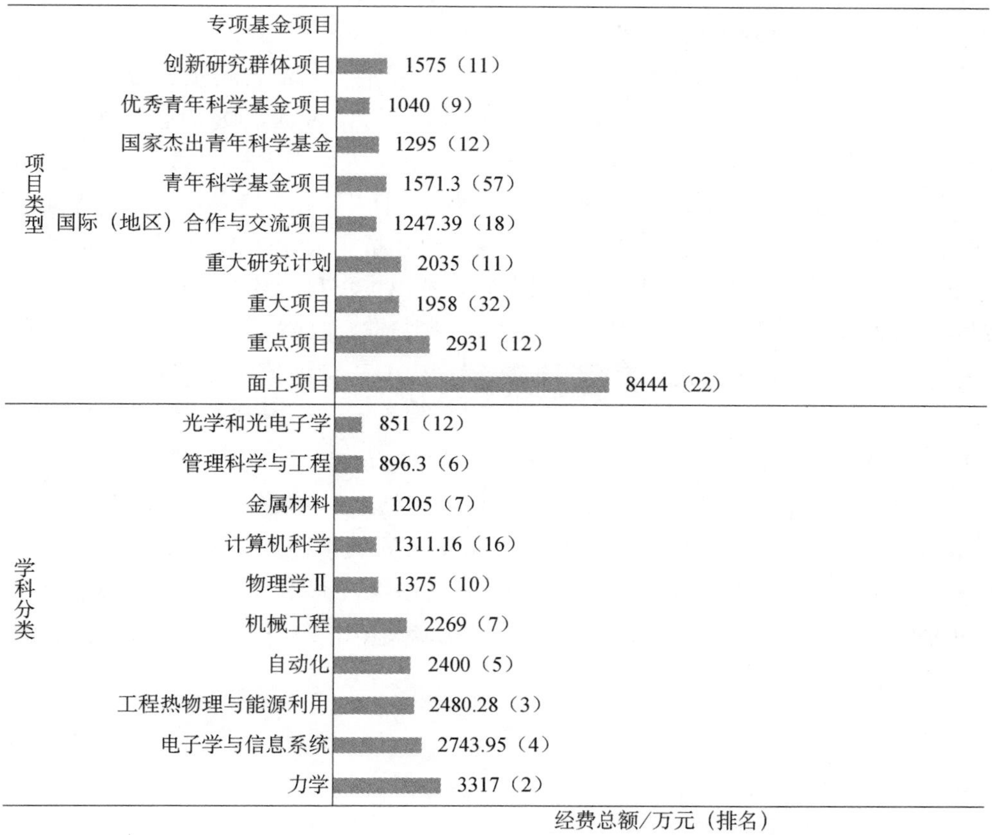

图4-21 2017年北京航空航天大学国家自然科学基金项目经费数据

资料来源：中国产业智库大数据中心

表 4-23　北京航空航天大学 2007～2017 年 SCI 论文学科分布及 2017 年 ESI 排名

序号	研究领域	SCI 发文量/篇	被引次数/次	篇均被引/次	高被引论文/篇	ESI 全球排名	ESI 全国排名
1	工程科学	7 686	39 670	5.16	70	65	11
2	材料科学	4 122	40 754	9.89	58	102	28
3	物理学	4 058	33 914	8.36	58	454	20
4	化学	2 137	27 945	13.08	46	470	60
5	计算机科学	1 908	8 784	4.6	18	108	14
综合		22 482	164 724	7.33	271	717	39

资料来源：中国产业智库大数据中心

4.2.22　苏州大学

截至 2018 年 4 月，苏州大学设有 24 个学院（部），131 个本科专业；一级学科硕士学位授权点 51 个，专业学位硕士点 24 个；一级学科博士学位授权点 28 个，一级学科专业学位博士点 1 个，博士后流动站 29 个，国家重点学科 4 个。拥有全日制本科生 26 964 人，全日制硕士生 9620 人，在职专业学位硕士 2739 人，全日制博士生 1649 人，临床博士 1766 人，各类留学生 2598 人。有教职工 5162 人，其中，专任教师 2921 人，中国科学院、中国工程院院士 7 人，发达国家院士 3 人，“千人计划”入选者 15 人，“千人计划”青年项目入选者 46 人，“万人计划”杰出人才 1 人、科技创新领军人才 3 人、青年拔尖人才 3 人，“长江学者奖励计划”特聘教授 7 人、青年学者 3 人，国家自然科学基金杰出青年科学基金获得者 23 人，国家自然科学基金优秀青年科学基金获得者 32 人，国务院学科评议组成员 6 人，国家级有突出贡献中青年专家 11 人，“国家百千万人才工程”国家级人选 10 人，“新世纪优秀人才支持计划”入选人员 18 人[22]。

2017 年，苏州大学的基础研究竞争力 BRCI 为 37.1602，全国排名第 22 位。国家自然科学基金项目总数为 359 项，全国排名第 16；项目经费总额为 20 877.5 万元，全国排名第 24；苏州大学国家自然科学基金项目经费金额大于 1000 万元的学科共有 3 个，化学工程及工业化学、血液系统学科项目经费总额全国排名均为第 2（图 4-22）。SCI 论文共 2929 篇，全国排名第 22；9 个学科入选 ESI 全球 1%（表 4-24）。发明专利申请量 685 件，全国排名第 82。

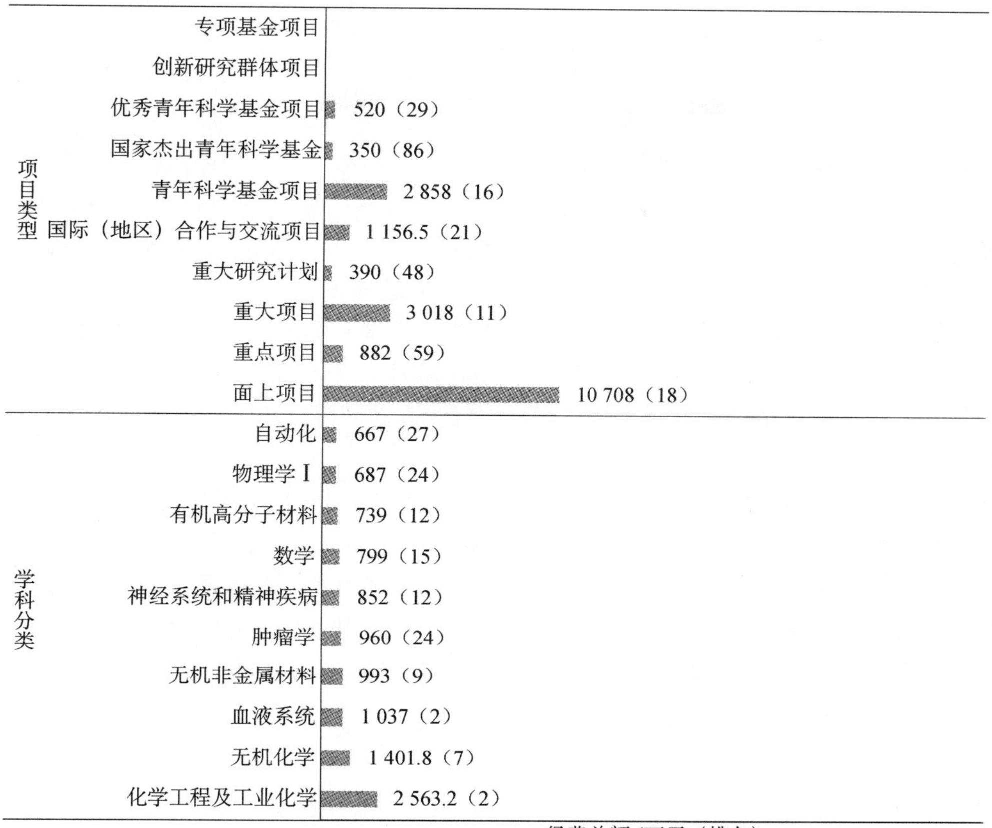

图 4-22　2017 年苏州大学国家自然科学基金项目经费数据

资料来源：中国产业智库大数据中心

表 4-24　苏州大学 2007～2017 年 SCI 论文学科分布及 2017 年 ESI 排名

序号	研究领域	SCI 发文量/篇	被引次数/次	篇均被引/次	高被引论文/篇	ESI 全球排名	ESI 全国排名
1	化学	5 878	91 464	15.56	108	108	26
2	临床医学	3 999	34 248	8.56	27	729	27
3	材料科学	3 117	55 526	17.81	122	71	18
4	物理学	2 485	27 403	11.03	41	533	28
5	生物与生化	1 393	14 082	10.11	7	539	28
6	分子生物与遗传学	1 052	12 670	12.04	8	723	34
7	工程科学	1 044	6 584	6.31	22	607	69
8	药理学与毒物学	867	9 487	10.94	14	317	18
9	神经科学与行为	768	7 080	9.22	3	731	26
综合		23 441	276 298	11.79	383	463	24

资料来源：中国产业智库大数据中心

4.2.23　大连理工大学

截至 2017 年 11 月，大连理工大学有 7 个学部，8 个独立建制的学院、教学部，3 个专门学院和 1 所独立学院。有一级学科国家重点学科 4 个，二级学科国家重点学科 6 个，二级学科国家重点培育学科 2 个，一级学科硕士授权点 43 个，二级学科硕士授权点 229 个，一级学科博士授权点 29 个，134 个二级学科博士授权点，25 个博士后科研流动站；有本科生 25 380 人，硕士生 10 537 人，博士生 4836 人；有专任教师 2650 人，其中正高级职称拥有者 808 人，副高级职称拥有者 1098 人，中国科学院、中国工程院院士 12 人、瑞典皇家工程院院士 1 人、兼职教师中的中国科学院、中国工程院院士 30 人，国务院学位委员会学科评议组成员 11 人，“千人计划”入选者 30 人，“长江学者奖励计划”特聘教授 32 人、讲座教授 11 人、青年学者 12 人，国家自然科学基金杰出青年科学基金获得者 33 人，“万人计划”科技创新领军人才 18 人、哲学社会科学领军人才 2 人、教学名师 2 人、青年拔尖人才 2 人，“973 计划”首席科学家 10 人，“863 计划”青年科学家专题项目首席科学家 2 人，“国家百千万人才工程”人选 15 人，国家自然科学基金优秀青年科学基金获得者 21 人，“新世纪优秀人才支持计划”获得者 140 人，全国高等学校教学名师奖获得者 4 人[23]。

2017 年，大连理工大学的基础研究竞争力 BRCI 为 35.7352，全国排名第 23 位。国家自然科学基金项目总数为 295 项，全国排名第 22；项目经费总额为 18 122.71 万元，全国排名第 26；国家自然科学基金项目经费金额大于 1000 万元的学科共有 7 个，其中水利科学与海洋工程、化学工程及工业化学学科项目经费金额全国排名均为第 6（图 4-23）。SCI 论文共 2890 篇，全国排名第 23；9 个学科入选 ESI 全球 1%（表 4-25）。发明专利申请量 1316 件，全国排名第 28。

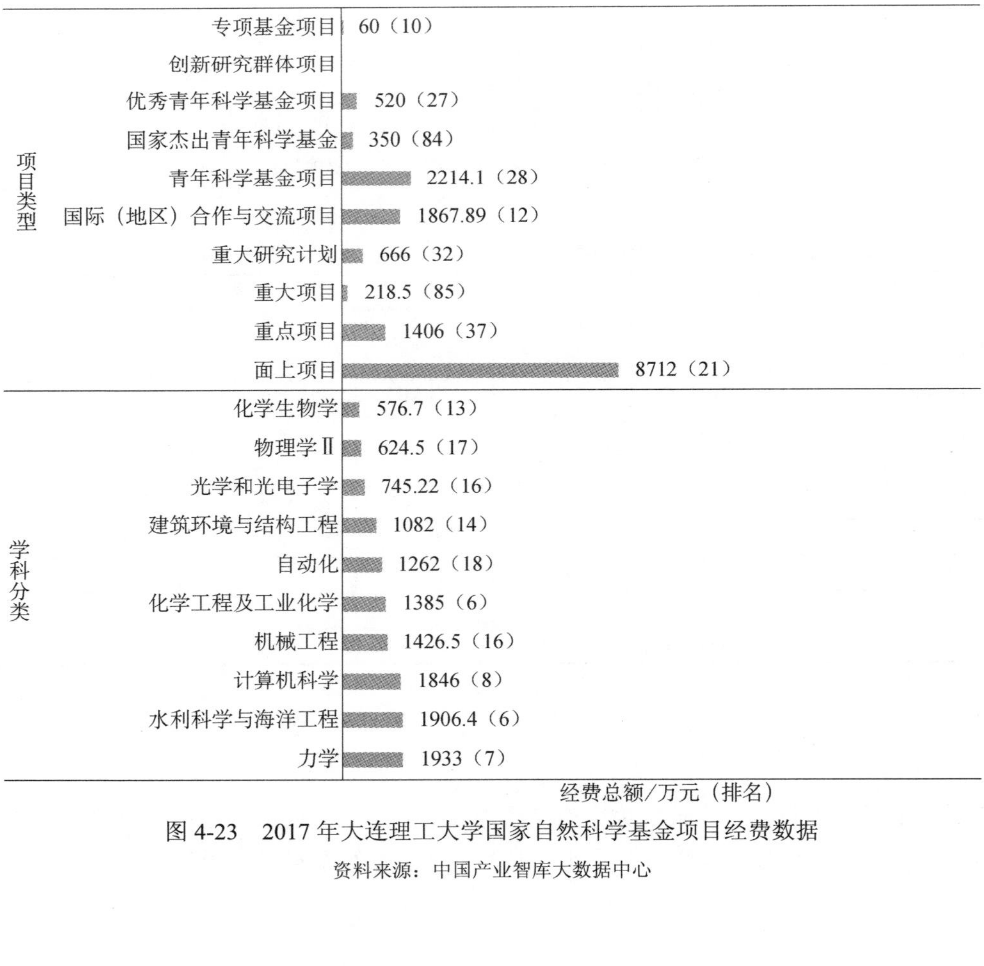

图 4-23　2017 年大连理工大学国家自然科学基金项目经费数据

资料来源：中国产业智库大数据中心

表 4-25 大连理工大学 2007～2017 年 SCI 论文学科分布及 2017 年 ESI 排名

序号	研究领域	SCI 发文量/篇	被引次数/次	篇均被引/次	高被引论文/篇	ESI 全球排名	ESI 全国排名
1	工程科学	6 591	46 953	7.12	80	46	9
2	化学	6 494	114 511	17.63	88	74	17
3	材料科学	4 571	48 485	10.61	38	81	24
4	物理学	3 516	30 795	8.76	17	497	24
5	计算机科学	1 586	11 052	6.97	36	78	11
6	数学	1 365	5 340	3.91	11	181	24
7	生物与生化	889	12 659	14.24	6	586	34
8	环境/生态学	687	9 706	14.13	5	493	23
9	一般社会科学	199	1 478	7.43	3	1 324	30
综合		27 263	294 683	10.81	291	433	20

资料来源：中国产业智库大数据中心

4.2.24 厦门大学

截至 2018 年 3 月，厦门大学设有 6 个学部以及 28 个学院（含 76 个系）和 14 个研究院，有 5 个一级学科国家重点学科、9 个二级学科国家重点学科，52 个硕士学位授权一级学科，3 个硕士学位授权二级学科，33 个博士学位授权一级学科，3 个博士学位授权二级学科，31 个博士后流动站，1 个博士专业学位学科授权，24 个硕士专业学位学科授权；有在校学生近 40 000 余人（含外国学历留学生 1196 人），其中本科生 19 782 人，硕士研究生 16 390 人，博士研究生 3229 人；有专任教师 2718 人，其中教授、副教授 1826 人，有中国科学院、中国工程院院士 21 人（含双聘院士 9 人），文科资深教授 2 人，“973 计划”首席科学家 10 人次，国家级有突出贡献的专家 18 人，“千人计划”入选者 69 人（含“千人计划”青年项目 34 人），“长江学者奖励计划”特聘教授 21 人、讲座教授 16 人、青年学者 1 人，国家自然科学基金杰出青年科学基金获得者 40 人，国家级教学名师 6 人，“万人计划”科技创新领军人才 8 人、哲学社会科学领军人才 3 人、教学名师 1 人、百千万工程领军人才 1 人、青年拔尖人才 6 人，百千万人才工程入选者 19 人，国家自然科学基金优秀青年科学基金获得者 26 人，“新世纪优秀人才支持计划”入选者 140 人，“国家自然科学基金委员会创新研究群体”6 个，教育部“创新团队发展计划”9 个，高等学校学科创新引智计划 7 个[24]。

2017 年，厦门大学的基础研究竞争力 BRCI 为 31.6641，全国排名第 24 位。国家自然科学基金项目总数为 317 项，全国排名第 20；项目经费总额为 25 795.09 万元，全国排名第 16；国家自然科学基金项目经费金额大于 1000 万元的学科共有 7 个，其中工商管理、有机化学学科项目经费总额全国排名均为第 1，人口与健康领域项目经费总额全国排名第 2（图 4-24）。SCI 论文共 2243 篇，全国排名第 31；12 个学科入选 ESI 全球 1%（表 4-26）。发明专利申请量 616 件，全国排名第 90。

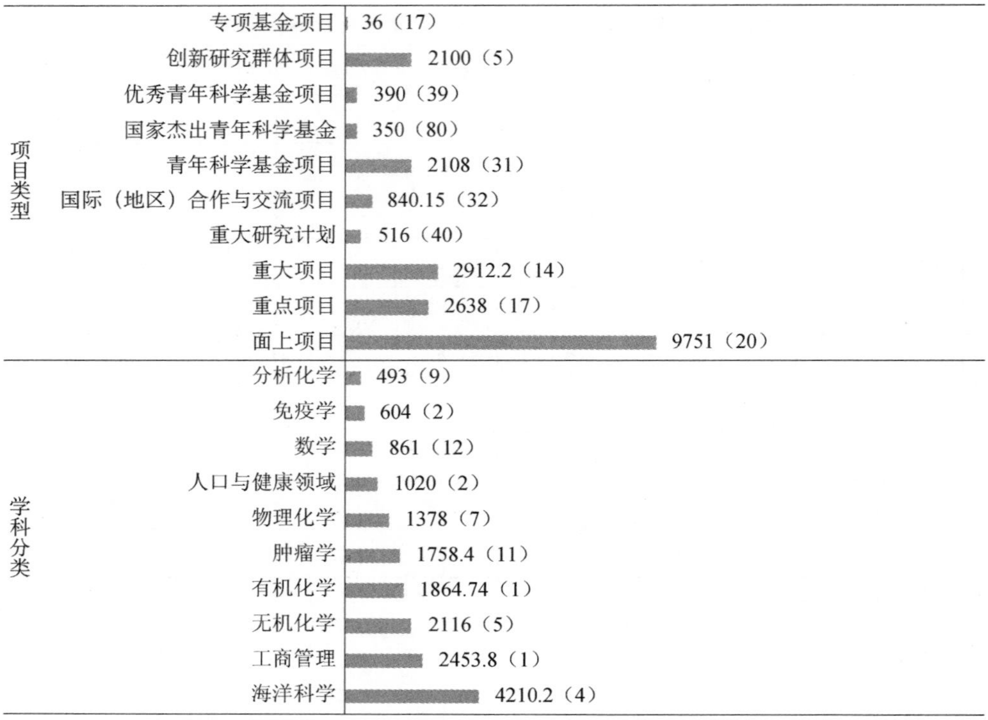

图 4-24 2017 年厦门大学国家自然科学基金项目经费数据

资料来源：中国产业智库大数据中心

表 4-26 厦门大学 2007～2017 年 SCI 论文学科分布及 2017 年 ESI 排名

序号	研究领域	SCI 发文量/篇	被引次数/次	篇均被引/次	高被引论文/篇	ESI 全球排名	ESI 全国排名
1	化学	6 097	112 115	17.63	129	76	18
2	材料科学	2 009	32 290	16.07	49	140	38
3	物理学	1 871	18 320	9.79	24	692	41
4	工程科学	1 678	12 983	7.74	33	326	41
5	临床医学	1 630	13 769	8.45	16	1 343	44
6	数学	1 296	6 868	5.3	26	114	14
7	生物与生化	1 106	13 449	12.16	8	556	29
8	环境/生态学	833	8 416	10.1	4	550	30
9	植物与动物科学	753	7 115	9.45	7	613	30
10	计算机科学	660	3 949	5.98	18	306	42
11	一般社会科学	300	2 056	6.85	14	1 068	20
12	农业科学	191	2 271	11.89	2	719	56
综合		21 775	268 771	12.34	364	483	26

资料来源：中国产业智库大数据中心

4.2.25 西北工业大学

截至 2018 年 1 月，西北工业大学设院系共 21 个，建有 4 个国家级实验教学示范中心，2 个国家级虚拟仿真实验教学中心，3 个国家级人才培养模式创新实验区。拥有 65 个本科专业，硕士学位授权一级学科 32 个，博士学位授权一级学科 22 个，博士后流动站 17 个。有学生 28 000 余名，教职工 3800 余人，学校有中国科学院、中国工程院院士（含外聘）28 人、“千人计划”入选者 38 人、“长江学者奖励计划”32 人、国家自然科学基金杰出青年科学基金获得者 18 人、“973 计划”首席科学家 8 人、国家级有突出贡献专家 2 人、国家教学名师奖获得者 4 人；“国家自然科学基金委员会创新研究群体”2 个、国家级教学团队 7 个、教育部“创新团队发展计划”7 个、国防科技创新团队 8 个[25]。

2017 年，西北工业大学的基础研究竞争力 BRCI 为 30.5511，全国排名第 25。国家自然科学基金项目总数为 231 项，全国排名第 33；项目经费总额为 15 884.9 万元，全国排名第 29；国家自然科学基金项目经费金额大于 1000 万元的有 7 个学科，其中无机非金属材料、金属材料学科项目经费总额全国排名均为第 4（图 4-25）。SCI 论文共 2508 篇，全国排名第 25；4 个学科入选 ESI 全球 1%（表 4-27）。发明专利申请量 1088 件，全国排名第 38。

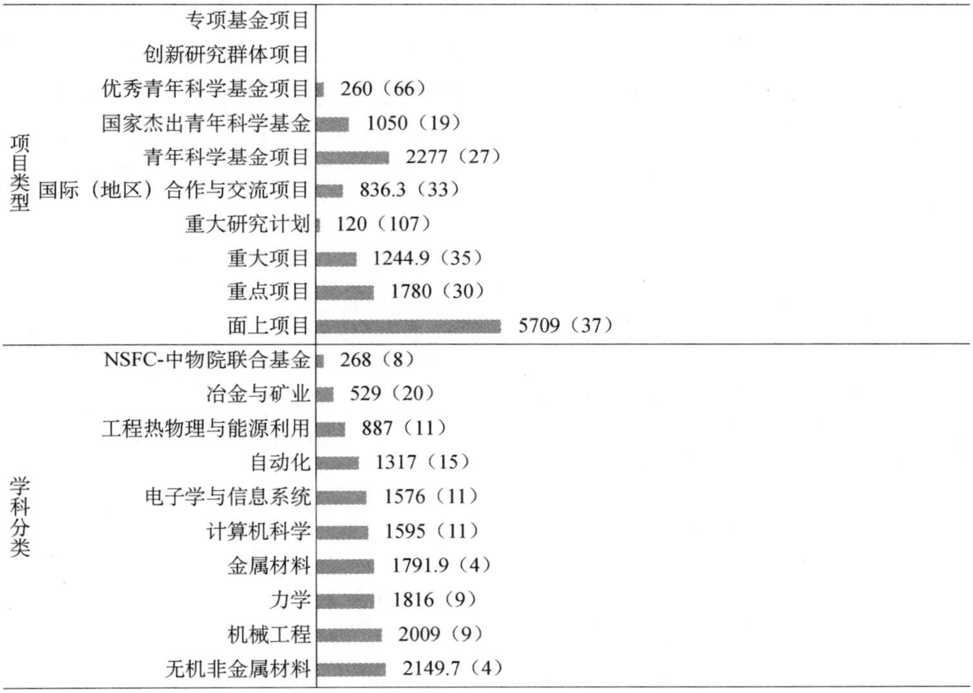

图 4-25　2017 年西北工业大学国家自然科学基金项目经费数据

资料来源：中国产业智库大数据中心

表 4-27　西北工业大学 2007～2017 年 SCI 论文学科分布及 2017 年 ESI 排名

序号	研究领域	SCI 发文量/篇	被引次数/次	篇均被引/次	高被引论文/篇	ESI 全球排名	ESI 全国排名
1	材料科学	6 285	45 774	7.28	43	90	26
2	工程科学	4 117	19 309	4.69	58	212	31
3	计算机科学	778	4 130	5.31	25	294	39
4	化学	1 821	16 447	9.03	23	733	95
	综合	16 913	108 037	6.39	184	1 006	64

资料来源：中国产业智库大数据中心

4.2.26 电子科技大学

截至2018年7月，电子科技大学设有23个学院（部），66个本科专业，有2个国家一级重点学科（所包括的6个二级学科均为国家重点学科）、2个国家重点（培育）学科；一级学科博士学位授权点16个，一级学科硕士学位授权点27个，博士后流动站13个；有各类全日制在读学生33 000余人，其中博士、硕士研究生12 000余人，各国留学生900余名；有教职工3800余人，其中专任教师2300余人，教授500余人；国家级杰出人才总量达267人，其中中国科学院、中国工程院院士11人，国际电气与电子工程师学会会士（IEEE Fellow）22人，“万人计划”入选者17人（含“青年拔尖人才计划”9人），“千人计划”入选者145人（含“青年千人计划”入选者77人），“长江学者”40人，国家杰出青年科学基金、卓越青年科学基金、国家自然科学基金优秀青年科学基金获得者32人，国家教学名师4人，“国家百千万人才工程”入选者11人，中国青年科技奖获得者4人，全球高被引科学家11人，爱思唯尔（Elsevier）中国高被引学者27人[26]。

2017年，电子科技大学的基础研究竞争力BRCI为29.7504，全国排名第26。国家自然科学基金项目总数为194项，全国排名第39；项目经费总额为12 623.42万元，全国排名第42；国家自然科学基金项目经费金额大于500万元的有6个学科，其中电子学与信息系统学科项目经费总额全国排名第1（图4-26）。SCI论文共2483篇，全国排名第26；6个学科入选ESI全球1%（表4-28）。发明专利申请量2100件，全国排名第12。

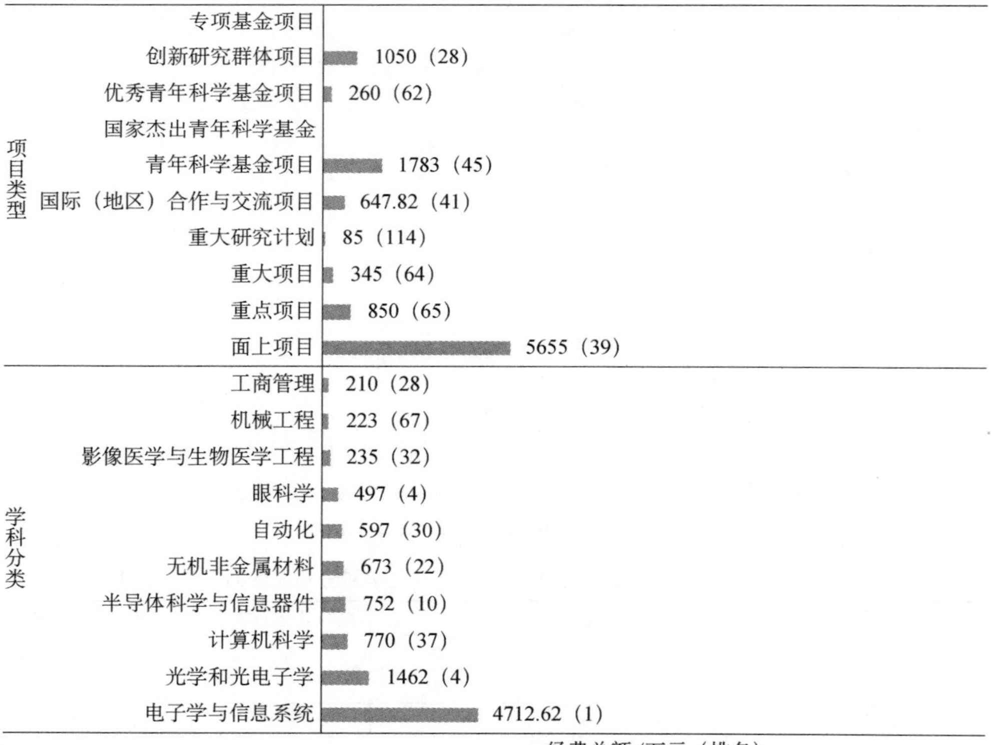

图4-26 2017年电子科技大学国家自然科学基金项目经费数据

资料来源：中国产业智库大数据中心

表 4-28 电子科技大学 2007～2017 年 SCI 论文学科分布及 2017 年 ESI 排名

序号	研究领域	SCI 发文量/篇	被引次数/次	篇均被引/次	高被引论文/篇	ESI 全球排名	ESI 全国排名
1	计算机科学	2 055	10 692	5.2	42	88	12
2	工程科学	5 977	32 339	5.41	61	94	17
3	神经科学与行为	492	7 317	14.87	6	707	24
4	物理学	4 454	30 409	6.83	26	502	25
5	材料科学	2 089	15 377	7.36	26	319	54
6	化学	1 236	9 182	7.43	6	1 058	128
综合		18 618	123 536	6.64	232	909	55

资料来源：中国产业智库大数据中心

4.2.27 北京理工大学

截至 2017 年 12 月，北京理工大学有 20 个专业学院，一级学科国家重点学科 4 个，二级学科国家重点学科 5 个，国家重点培育学科 3 个，一级学科硕士学位授权点 32 个，一级学科博士学位授权点 24 个，18 个博士后流动站；有全日制在校生 28 255 人，其中本科生 14 612 人，硕士研究生 8809 人，博士研究生 3595 人，学位留学生 1135 人；有教职工 3342 名，其中院士 21 名，“千人计划”入选者 40 名，“长江学者奖励计划”特聘教授、讲座教授 34 名，国家自然科学基金杰出青年科学基金获得者 33 名，“万人计划”科技创新领军人才 14 名，国家级教学名师 4 名，国家级教学团队 6 个，国家自然科学基金委员会“创新研究群体”4 个，“长江学者和创新团队发展计划”创新团队入选者 9 个[27]。

2017 年，北京理工大学的基础研究竞争力 BRCI 为 29.679，全国排名第 27 位。国家自然科学基金项目总数为 209 项，全国排名第 37；项目经费总额为 24 309.7 万元，全国排名第 17；国家自然科学基金项目经费金额大于 1000 万元的学科共有 6 个，其中植物保护学学科项目经费总额全国排名第 1（图 4-27）。SCI 论文共 2481 篇，全国排名第 27；6 个学科入选 ESI 全球 1%（表 4-29）。发明专利申请量 1049 件，全国排名第 41。

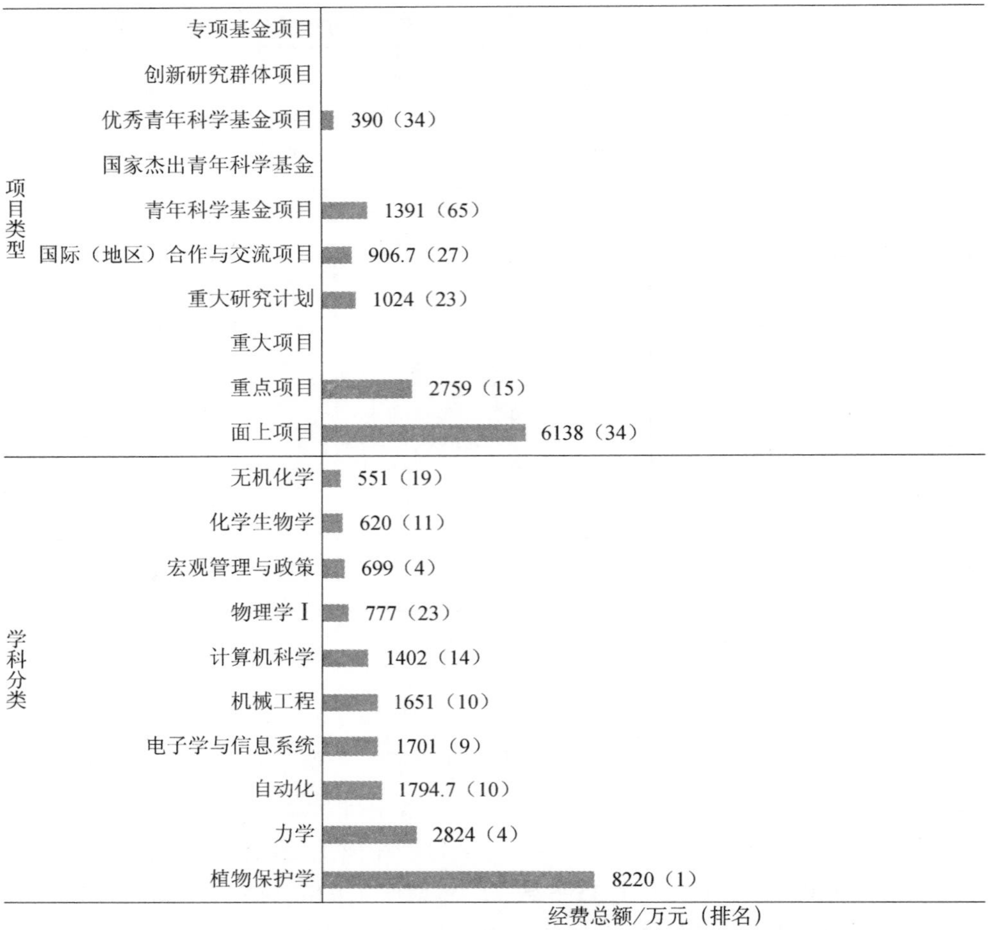

图 4-27　2017 年北京理工大学国家自然科学基金项目经费数据

资料来源：中国产业智库大数据中心

表 4-29　北京理工大学 2007～2017 年 SCI 论文学科分布及 2017 年 ESI 排名

序号	研究领域	SCI 发文量/篇	被引次数/次	篇均被引/次	高被引论文/篇	ESI 全球排名	ESI 全国排名
1	工程科学	4 541	28 848	6.35	87	110	19
2	化学	4 329	49 845	11.51	47	246	35
3	物理学	2 773	22 616	8.16	21	597	33
4	材料科学	2 421	30 266	12.5	44	151	40
5	计算机科学	1 060	4 248	4.01	10	286	35
6	一般社会科学	131	1 415	10.8	12	1 354	33
	综合	17 451	151 431	8.68	241	775	45

资料来源：中国产业智库大数据中心

4.2.28　重庆大学

截至 2017 年 12 月，重庆大学设有 35 个学院，以及研究生院、继续教育学院、网络教育学院和重庆大学城市科技学院，本科专业95个，一级国家重点学科3个，二级国家重点学科19个，国家重点培育学科2个，一级学科博士学位授权点28个，二级学科博士学位授权点3个；一级学科硕士学位授权点53个，博士后流动站29个。在校学生47 000余人，其中硕士、博士研究生20 000余人，本科生25 000余人，外国留学生1800余人。在职教职工5300余人，其中中国工程院院士7人，“万人计划”入选者9人，“千人计划”入选者30人，国务院学位委员会学科评议组成员10人，“973计划”首席科学家4人，国家级有突出贡献中青年专家7人，享受国务院政府特殊津贴专家70余人，全国高等学校教学名师3人，“长江学者奖励计划”入选者26人，国家杰出青年科学基金获得者16人，国家“百千万人才工程”人选21人，中国青年科技奖获得者5人，国家自然科学基金委员会“创新研究群体”3个，教育部“创新团队发展计划”7个，科技部“重点领域创新团队”2个，国防科技创新团队1个[28]。

2017年，重庆大学的基础研究竞争力BRCI为29.0265，全国排名第28。国家自然科学基金项目总数为241项，全国排名第32；项目经费总额为12 799.02万元，全国排名第41；国家自然科学基金项目经费金额大于1000万元的有5个学科，其中电气科学与工程学科项目经费总额全国排名第4（图4-28）。SCI论文共2376篇，全国排名第29；6个学科入选ESI全球1%（表4-30）。发明专利申请量1124件，全国排名第37。

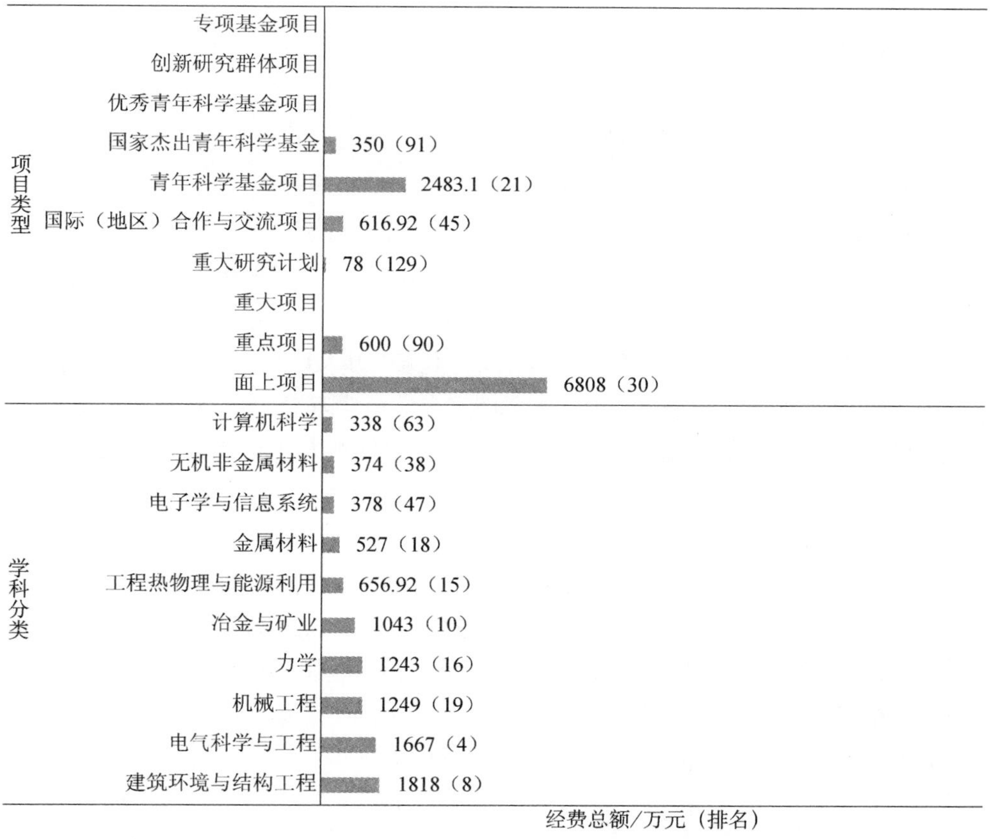

图4-28 2017年重庆大学国家自然科学基金项目经费数据

资料来源：中国产业智库大数据中心

表 4-30 重庆大学 2007～2017 年 SCI 论文学科分布及 2017 年 ESI 排名

序号	研究领域	SCI 发文量/篇	被引次数/次	篇均被引/次	高被引论文/篇	ESI 全球排名	ESI 全国排名
1	工程科学	4 693	27 909	5.95	53	118	20
2	数学	960	4 215	4.39	13	250	32
3	计算机科学	799	4 204	5.26	9	289	37
4	材料科学	3 922	31 716	8.09	30	143	39
5	化学	2 675	24 532	9.17	34	523	64
6	临床医学	260	2 218	8.53	1	4 066	122
综合		17 721	128 556	7.25	174	880	52

资料来源：中国产业智库大数据中心

4.2.29 东北大学

截至 2017 年 12 月 31 日，东北大学设院系 19 个，设有 68 个本科专业，3 个一级学科国家重点学科，4 个二级学科国家重点学科，1 个国家重点培育学科，共涵盖 16 个二级学科，其中国家级特色专业 15 个；有 179 个学科有权招收和培养硕士研究生（另设 10 个专业学位授权点），109 个学科有权招收和培养博士研究生，有 17 个博士后流动站。有全日制在校生 45 000 余人，其中本科生 29 872 人，硕士研究生 11 364 人，博士研究生 3850 人。学校有教职工 4538 人，其中专任教师 2711 人，中国科学院和中国工程院院士 4 人，外国院士 4 人，国家“千人计划”入选者 22 人，“千人计划”青年项目 10 人。国家“万人计划”入选者 8 人，教育部“长江学者奖励计划”特聘教授、讲座教授 27 人，国家自然科学基金杰出青年科学基金获得者 23 人，海外及港澳学者合作研究基金获得者 16 人，“新世纪优秀人才支持计划”102 人，国家“百千万人才工程”入选者 14 人。国家自然科学基金委员会“创新研究群体”4 个，教育部“创新团队发展计划”3 个[29]。

2017 年，东北大学的基础研究竞争力 BRCI 为 24.4926，全国排名第 29。国家自然科学基金项目总数为 197 项，全国排名第 38；项目经费总额为 15 595.29 万元，全国排名第 30；国家自然科学基金项目经费总额大于 1000 万元的有 5 个学科，金属材料、冶金与矿业学科项目经费总额全国排名第 1（图 4-29）。SCI 论文共 1957 篇，全国排名第 35；4 个学科入选 ESI 全球 1%（表 4-31）。发明专利申请量 970 件，全国排名第 51。

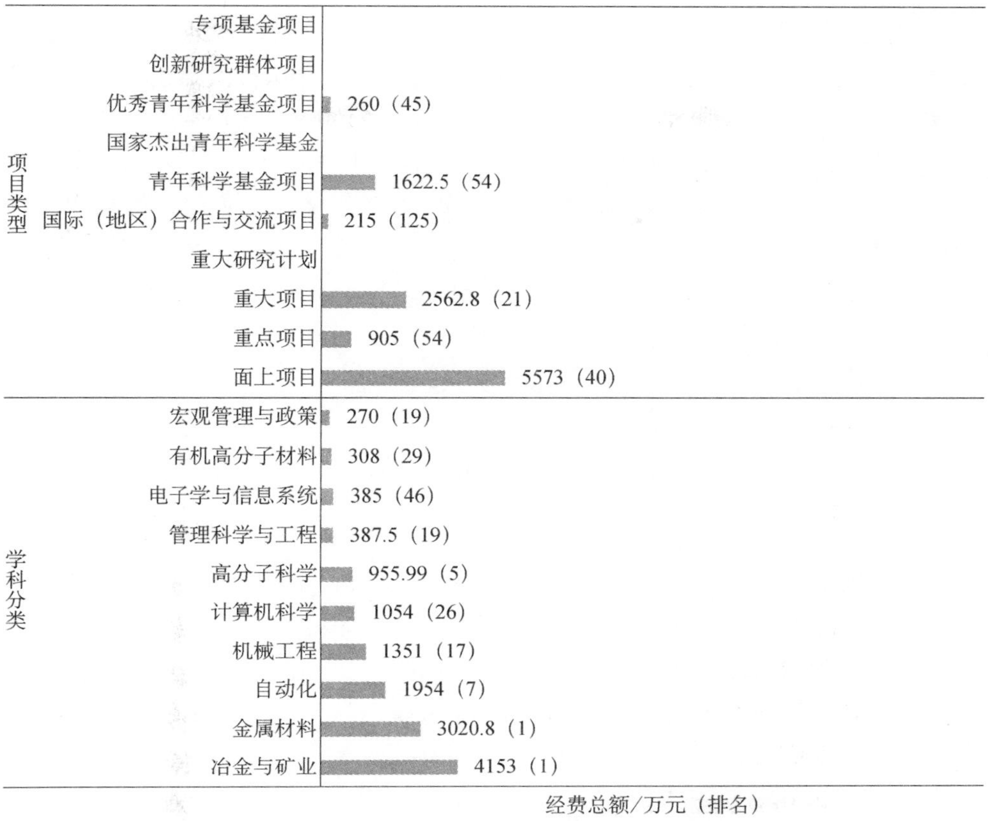

图 4-29　2017 年东北大学国家自然科学基金项目经费数据

资料来源：中国产业智库大数据中心

表 4-31　东北大学 2007～2017 年 SCI 论文学科分布及 2017 年 ESI 排名

序号	研究领域	SCI 发文量/篇	被引次数/次	篇均被引/次	高被引论文/篇	ESI 全球排名	ESI 全国排名
1	计算机科学	1 157	7 688	6.64	29	128	16
2	工程科学	3 323	24 513	7.38	61	147	24
3	材料科学	4 709	27 621	5.87	7	174	44
4	化学	1 697	16 635	9.8	5	722	89
	综合	13 470	92 143	6.84	122	1 121	81

资料来源：中国产业智库大数据中心

4.2.30　江苏大学

截至 2018 年 2 月，江苏大学设有 25 个学院，89 个本科专业，拥有 2 个国家重点学科，1 个国家重点（培育）学科，拥有 14 个一级学科博士点，44 个一级学科硕士点，12 个硕士专业学位类别，26 个工程硕士授权领域，设有 13 个博士后科研流动站。有在校生 36 000 余人，其中全日制本科生 23 000 余人，研究生 12 000 余人，学历留学生 1800 余人。有全日制在校生近 10 000 人。专任教师 2400 余人（具有海外留学或工作经历的比例达 25%），集聚了一批以院士、“千人计划”、“万人计划”、“长江学者奖励计划”、国家自然科学基金杰出青年科学基金获得者等为代表的高层次人才群体[30]。

2017 年，江苏大学的基础研究竞争力 BRCI 为 23.7352，全国排名第 30。国家自然科学基金项目总数为 181 项，全国排名第 44；项目经费总额为 7590.1 万元，全国排名第 75；国家自然科学基金项目经费金额大于 500 万元的有 5 个学科，其中食品科学学科项目经费总额全国排名第 6（图 4-30）。SCI 论文共 1782 篇，全国排名第 42；5 个学科入选 ESI 全球 1%（表 4-32）。发明专利申请量 1576 件，全国排名第 19。

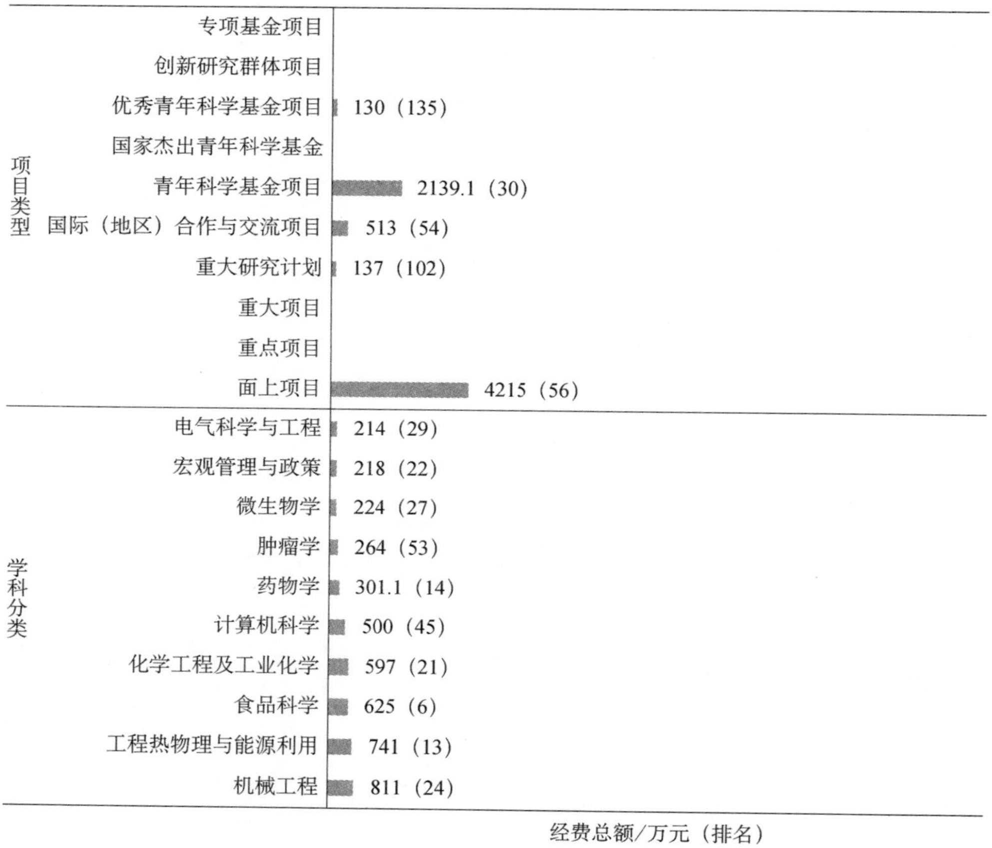

图 4-30 2017 年江苏大学国家自然科学基金项目经费数据

资料来源：中国产业智库大数据中心

表 4-32 江苏大学 2007～2017 年 SCI 论文学科分布及 2017 年 ESI 排名

序号	研究领域	SCI 发文量/篇	被引次数/次	篇均被引/次	高被引论文/篇	ESI 全球排名	ESI 全国排名
1	农业科学	512	3 638	7.11	5	485	35
2	工程科学	1 768	11 198	6.33	45	394	48
3	材料科学	1 931	17 234	8.92	19	290	52
4	化学	2 800	29 325	10.47	35	451	59
5	临床医学	1 079	8 617	7.99	6	1 779	61
综合		12 167	97 569	8.02	132	1 083	74

资料来源：中国产业智库大数据中心

4.2.31 郑州大学

截至 2018 年 3 月，郑州大学有 46 个院系，114 个本科专业，一级学科硕士学位授权点 59 个，硕士专业学位授权点 25 个，一级学科博士学位授权点 30 个，2 个博士专业学位授权点，24 个博士后科研流动站；有全日制普通本科生 5.4 万余人，各类在校研究生（含非全日制）1.9 万余人；有教职工 5700 余人，其中院士 9 人，国家自然科学基金杰出青年科学基金获得者 7 人，“长江学者奖励计划”特聘教授、讲座教授、青年学者 7 人，“百千万人才工程”人选 24 人，“千人计划”人选 7 人[31]。

2017 年，郑州大学的基础研究竞争力 BRCI 为 23.2965，全国排名第 31。国家自然科学基金项目总数为 250 项，全国排名第 29；项目经费总额为 10 381.8 万元，全国排名第 54；国家自然科学基金项目经费金额大于 500 万元的学科有 5 个，其中人口与健康领域、新材料与先进制造领域学科项目经费总额均全国排名第 1（图 4-31）。SCI 论文共 1997 篇，全国排名第 33；6 个学科入选 ESI 全球 1%（表 4-33）。发明专利申请量 540 件，全国排名第 114。

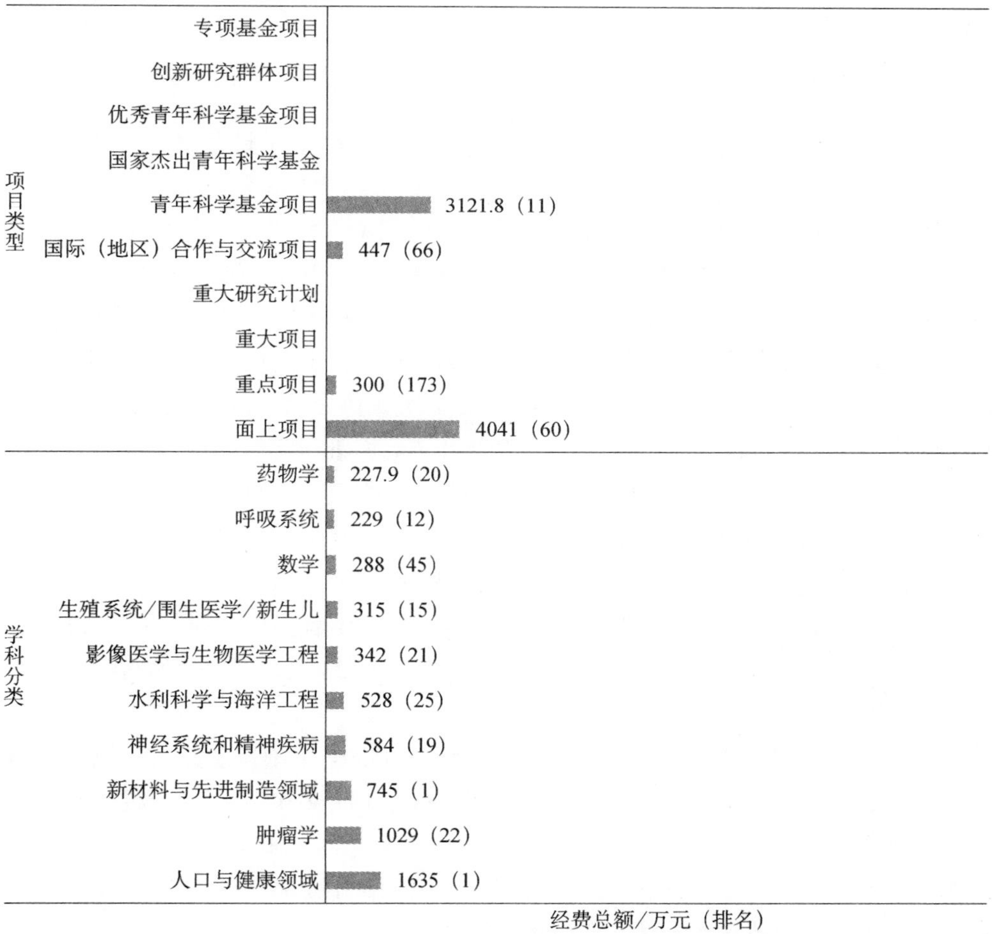

图 4-31 2017 年郑州大学国家自然科学基金项目经费数据

资料来源：中国产业智库大数据中心

表 4-33 郑州大学 2007～2017 年 SCI 论文学科分布及 2017 年 ESI 排名

序号	研究领域	SCI 发文量/篇	被引次数/次	篇均被引/次	高被引论文/篇	ESI 全球排名	ESI 全国排名
1	临床医学	4 040	26 296	6.51	27	886	33
2	化学	3 854	39 370	10.22	19	327	45
3	材料科学	1 326	12 357	9.32	17	389	66
4	生物与生化	1 165	6 211	5.33	6	978	62
5	工程科学	810	6 234	7.7	13	646	73
6	药理学与毒物学	790	3 838	4.86	0	751	50
综合		16 271	123 499	7.59	111	910	56

资料来源：中国产业智库大数据中心

4.2.32 深圳大学

截至 2018 年 3 月，深圳大学现设直属院系 27 个，有 90 个本科专业，拥有国家级特色专业 5 个。有博士学位授权一级学科点 10 个，博士后科研流动站 3 个，博士后工作站 1 个。有硕士学位授权一级学科 38 个，有专业硕士学位授权类别 18 个，其中工程硕士具有授权的领域 12 个。有全日制在校生 34 949 人，其中全日制本科生 27 564 人，硕士研究生 7132 人，博士研究生 253 人。在职硕士研究生 1340 人，成人教育学生 18 784 人，留学生 837 人。有教职工 3464 人（不含附属中学教职工），其中专任教师 2263 人、技术人员 557 人、管理人员 644 人，中国科学院、中国工程院院士 11 人（含短聘 4 人），美国国家科学院、美国国家工程院、美国医学科学院院士 5 人（短聘），加拿大工程院院士 1 人，欧洲科学院院士 1 人（短聘），国际欧亚科学院院士 3 人，英国皇家工程院院士 1 人，诺贝尔奖（生理学或医学奖）获得者 1 人（短聘），“973 计划”首席科学家 4 人，“万人计划”百千万工程领军人才 2 人，“百千万人才工程”入选者 10 人，“千人计划”顶尖人才与创新团队项目 1 个，“千人计划”57 人（含“千人计划”青年项目 33 人、“千人计划”外国专家项目 1 人），“长江学者奖励计划”特聘教授 22 人（含短聘 17 人），国家自然科学基金杰出青年科学基金获得者 28 人，国家自然科学基金优秀青年科学基金获得者 14 人，“新世纪优秀人才支持计划”8 人[32]。

2017 年，深圳大学的基础研究竞争力 BRCI 为 23.0539，全国排名第 32。国家自然科学基金项目总数为 279 项，全国排名第 24；项目经费总额为 13 460.07 万元，全国排名第 35；国家自然科学基金项目经费金额大于 1000 万元的有 3 个学科，其中电子信息领域学科项目经费总额全国排名第 1（图 4-32）。SCI 论文共 1344 篇，全国排名第 66；5 个学科入选 ESI 全球 1%（表 4-34）。发明专利申请量 616 件，全国排名第 91。

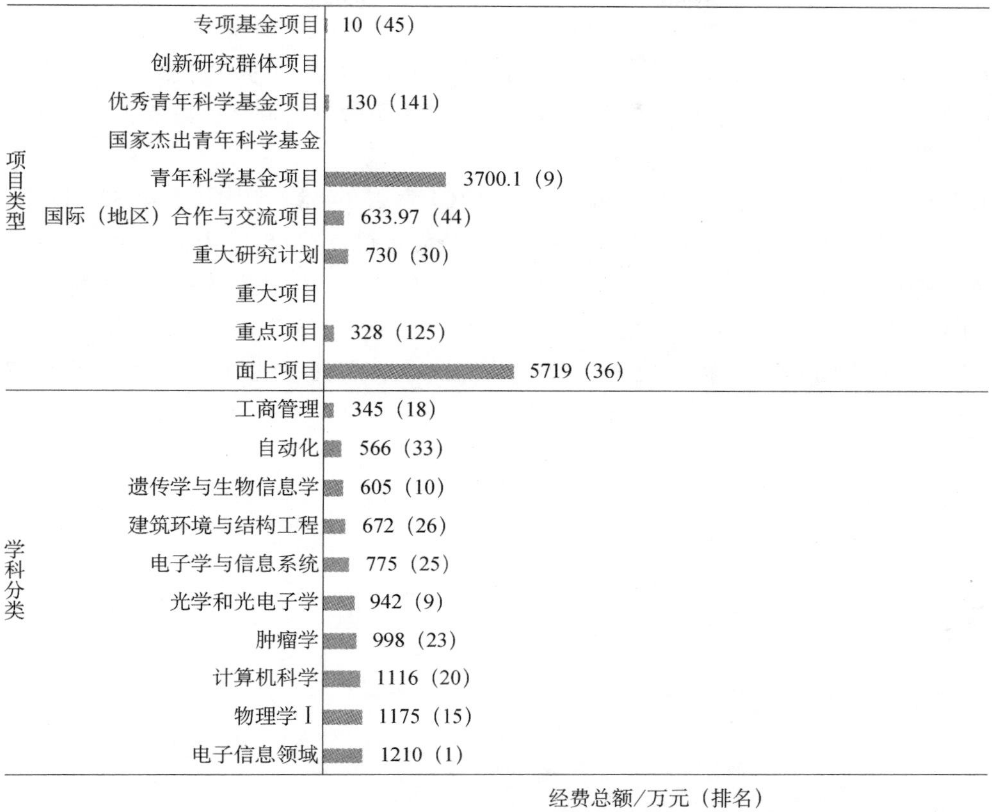

图 4-32　2017 年深圳大学国家自然科学基金项目经费数据

资料来源：中国产业智库大数据中心

表 4-34　深圳大学 2007～2017 年 SCI 论文学科分布及 2017 年 ESI 排名

序号	研究领域	SCI 发文量/篇	被引次数/次	篇均被引/次	高被引论文/篇	ESI 全球排名	ESI 全国排名
1	计算机科学	692	4 200	6.07	31	290	38
2	生物与生化	406	6 686	16.47	3	928	58
3	工程科学	1 080	5 451	5.05	15	726	82
4	临床医学	578	3 594	6.22	4	2 950	92
5	材料科学	1 206	7 430	6.16	11	598	94
综合		8 273	57 355	6.93	118	1 529	115

资料来源：中国产业智库大数据中心

4.2.33　武汉理工大学

截至 2018 年 4 月，武汉理工大学有 24 个学院（部），4 个国家重点实验室（工程中心），有本科专业 90 个，一级学科博士学位授权点 19 个，一级学科硕士学位授权点 46 个，有 16 个硕士专业学位授权类别，40 个硕士专业学位授权领域，17 个博士后科研流动站。目前在校普通本科生 36 452 人，博士、硕士生 17 224 人，留学生 1310 人。有教职工 5533 人，其中专任教师 3248 人，中国科学院院士 1 人，中国工程院院士 3 人，比利时皇家科学院院士 1 人，澳大利亚工程院院士 1 人，面向全球聘任的战略科学家 29 人，国家“千人计划”入选者 26 人，“万人计划”入选者 5 人，“长江学者奖励计划”特聘教授、讲座教授、青年学者 14 人，国家自然科学基金杰出青年科学基金获得者 7 人，国家级教学名师奖获得者 3 人，“国家百千万人才工程”国家级人选 11 人[33]。

2017 年，武汉理工大学的基础研究竞争力 BRCI 为 22.6458，全国排名第 33。国家自然科学基金项目总数为 155 项，全国排名第 59；项目经费总额为 6685.73 万元，全国排名第 88；国家自然科学基金项目经费金额大于 500 万元的有 4 个学科，其中新材料与先进制造领域、无机非金属材料学科项目经费总额均全国排名第 12（图 4-33）。SCI 论文共 1798 篇，全国排名第 40；3 个学科入选 ESI 全球 1%（表 4-35）。发明专利申请量 1342 件，全国排名第 27。

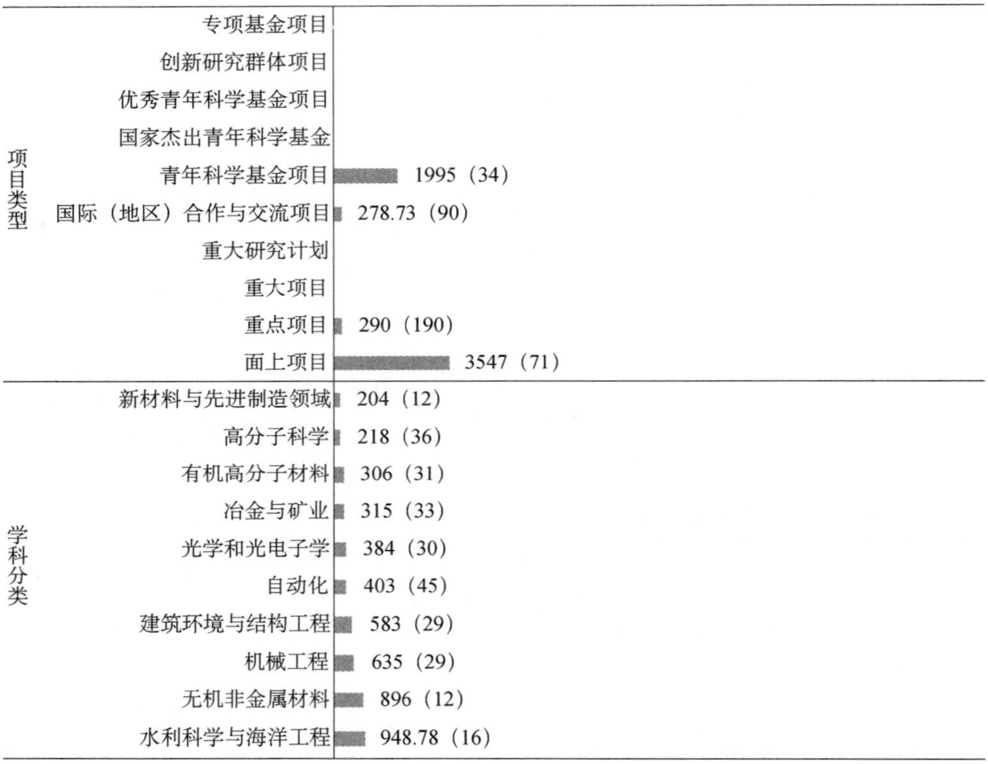

图 4-33 2017 年武汉理工大学国家自然科学基金项目经费数据

资料来源：中国产业智库大数据中心

表 4-35 武汉理工大学 2007～2017 年 SCI 论文学科分布及 2017 年 ESI 排名

序号	研究领域	SCI 发文量/篇	被引次数/次	篇均被引/次	高被引论文/篇	ESI 全球排名	ESI 全国排名
1	材料科学	3 686	38 824	10.53	66	111	30
2	化学	2 042	49 419	24.2	105	248	36
3	工程科学	1 797	10 939	6.09	25	406	50
	综合	9 886	120 769	12.22	233	925	57

资料来源：中国产业智库大数据中心

4.2.34 湖南大学

截至2018年1月，湖南大学设有研究生院和23个学院，拥有24个博士学位授权一级学科，36个硕士学位授权一级学科，23个专业学位授权，建有国家重点学科一级学科2个、国家重点学科二级学科14个，博士后科研流动站25个。有全日制在校学生36 000余人，其中本科生20 000余人，研究生15 000余人。学校现有教职工近4000人，其中专任教师1950余人，院士7人，“千人计划”入选者38人，“万人计划”入选者20人、“长江学者奖励计划”特聘教授、讲座教授、青年学者18人，国家自然科学基金杰出青年科学基金获得者20人，国务院学位委员会学科评议组成员6人，入选“国家百千万人才工程”23人，国家“创新人才推进计划”中青年创新领军人才2人，“新世纪优秀人才支持计划”入选者134人，国家级教学名师奖获得者4人，“国家自然科学基金委员会创新研究群体”4个，“长江学者和创新团队发展计划”创新团队研究计划8个[34]。

2017年，湖南大学的基础研究竞争力BRCI为22.1892，全国排名第34。国家自然科学基金项目总数为176项，全国排名第48；项目经费总额为10 747万元，全国排名第49；国家自然科学基金项目经费总额大于500万元的有8个学科，其中高分子科学学科项目经费总额全国排名第4（图4-34）。SCI论文共1857篇，全国排名第39；7个学科入选ESI全球1%（表4-36）。发明专利申请量465件，全国排名第140。

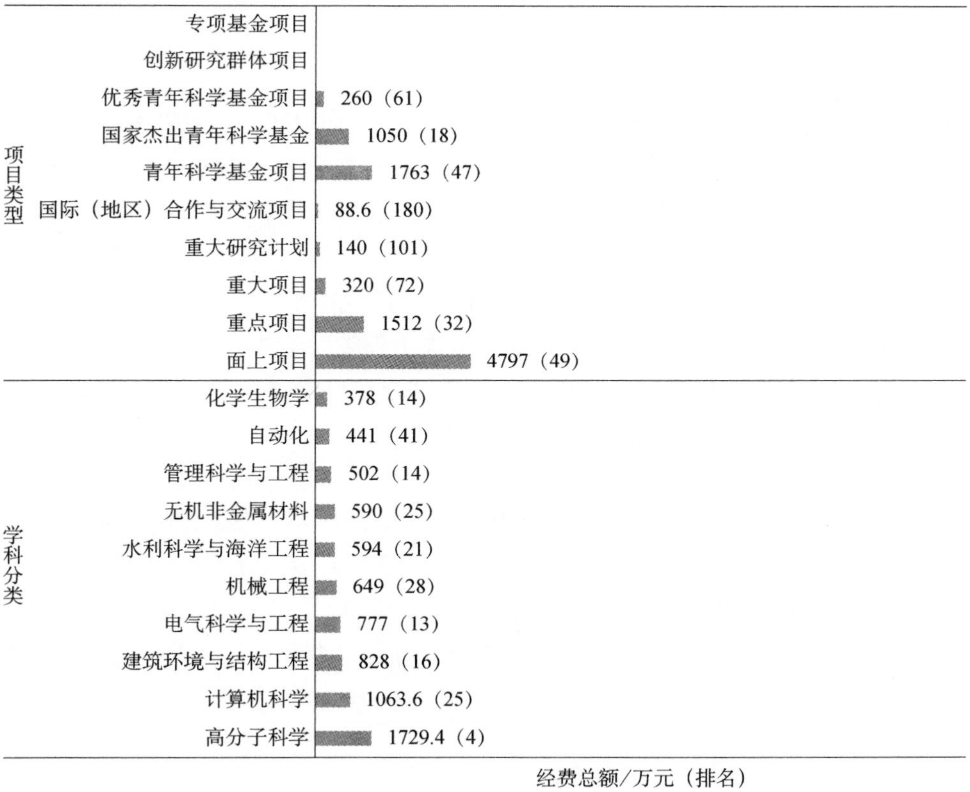

图4-34 2017年湖南大学国家自然科学基金项目经费数据

资料来源：中国产业智库大数据中心

表 4-36　湖南大学 2007～2017 年 SCI 论文学科分布及 2017 年 ESI 排名

序号	研究领域	SCI 发文量/篇	被引次数/次	篇均被引/次	高被引论文/篇	ESI 全球排名	ESI 全国排名
1	工程科学	3 341	26 667	7.98	68	125	22
2	化学	4 424	78 447	17.73	79	132	28
3	计算机科学	863	5 291	6.13	11	211	28
4	物理学	1 887	20 161	10.68	28	649	37
5	环境/生态学	450	6 012	13.36	18	678	43
6	材料科学	2 375	25 612	10.78	35	186	47
7	生物与生化	426	8 307	19.5	10	787	48
	综合	15 451	180 784	11.7	276	672	36

资料来源：中国产业智库大数据中心

4.2.35　中国农业大学

截至 2017 年，中国农业大学共设有 18 个学院，设有研究生院、继续教育学院和体育与艺术教学部，65 个本科专业，20 个博士学位授权一级学科，95 个博士学位授权点，29 个硕士学位授权一级学科，144 个硕士学位授权点，拥有 15 个博士后流动站。全日制本科生 11 503 名，全日制研究生 7780 名，其中全日制硕士研究生 4486 名，全日制博士研究生 3294 名；在站博士后研究人员 233 名。有专任教师 1678 人，其中教授（含研究员）620 人、副教授（含副研究员）857 人，中国科学院院士 5 人、中国工程院院士 7 人，“长江学者奖励计划”特聘教授 26 人，国家自然科学基金杰出青年科学基金获得者 44 人，“973 计划”首席科学家 15 人，“新世纪百千万人才工程”国家级人选 27 人，“新世纪优秀人才支持计划”人选 143 人[35]。

2017 年，中国农业大学的基础研究竞争力 BRCI 为 22.0914，全国排名第 35。国家自然科学基金项目总数为 187 项，全国排名第 41；项目经费总额为 16 851.37 万元，全国排名第 28；国家自然科学基金项目经费总额大于 1000 万元的有 7 个学科，其中水利科学与海洋工程、兽医学、农学基础与作物学、园艺学与植物营养学学科项目经费总额均全国排名第 2（图 4-35）。SCI 论文共 1704 篇，全国排名第 49；11 个学科入选 ESI 全球 1%（表 4-37）。发明专利申请量 584 件，全国排名第 98。

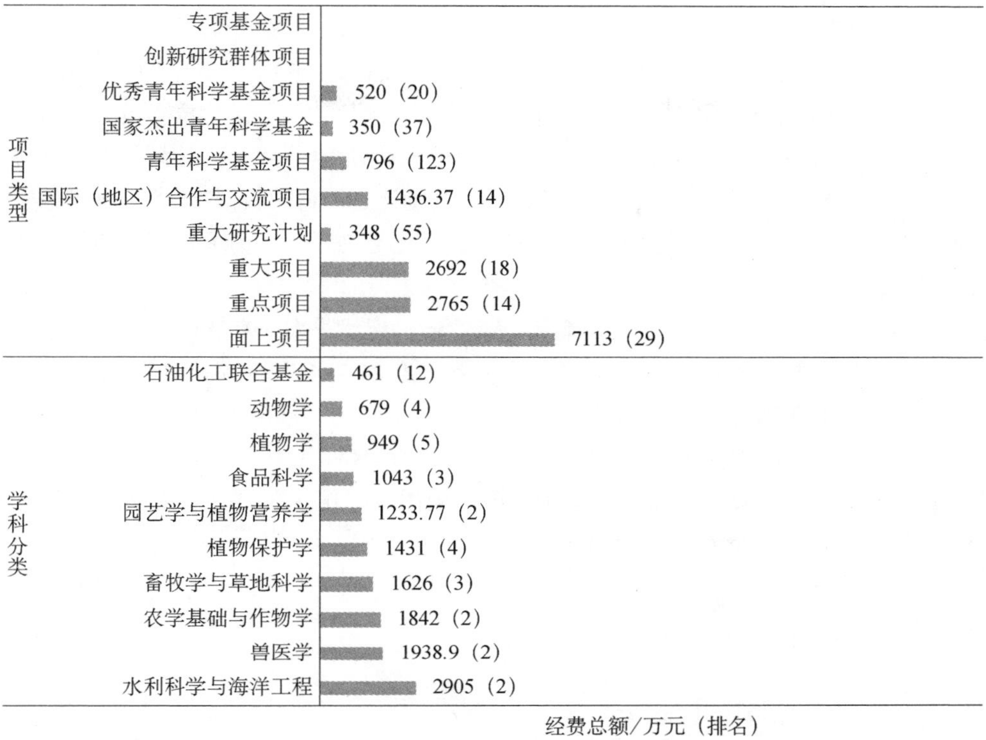

图 4-35 2017 年中国农业大学国家自然科学基金项目经费数据

资料来源：中国产业智库大数据中心

表 4-37 中国农业大学 2007～2017 年 SCI 论文学科分布及 2017 年 ESI 排名

序号	研究领域	SCI 发文量/篇	被引次数/次	篇均被引/次	高被引论文/篇	ESI 全球排名	ESI 全国排名
1	农业科学	4 403	45 765	10.39	50	9	2
2	植物与动物科学	4 109	42 975	10.46	69	79	4
3	微生物学	969	10 876	11.22	6	217	6
4	生物与生化	1 537	20 971	13.64	13	394	14
5	分子生物与遗传学	1 286	20 676	16.08	11	520	15
6	环境/生态学	1 173	13 147	11.21	14	356	17
7	一般社会科学	143	1 836	12.84	7	1 143	23
8	药理学与毒物学	407	4 373	10.74	1	676	46
9	工程科学	801	6 056	7.56	7	663	75
10	化学	2 258	19 924	8.82	10	630	77
11	临床医学	199	2 122	10.66	1	4 210	125
综合		18 662	201 678	10.81	200	604	35

资料来源：中国产业智库大数据中心

4.2.36 北京科技大学

截至 2017 年 12 月底，北京科技大学有直属院系 17 个，有 50 个本科专业，拥有 4 个全国一级重点学科，20 个一级学科博士学位授权点，30 个一级学科硕士学位授权点，79 个二级学科博士学位授权点，137 个二级学科硕士学位授权点，16 个博士后科研流动站。有全日制在校生 2.4 万余人，其中本科生、专科生 13 663 人，各类研究生 10 125 人（其中硕士生 6959 人、博士生3166人），国际学生985人。有教职工3375人，具有正高级专业技术职称的教职工495人，具有副高级专业技术职称的教职工792人，其中专任教师1760人。有中国科学院院士3人，中国工程院院士5人（双聘2人），国务院学位委员会委员1人，国务院学位委员会学科评议组成员5人，国家“973计划”首席科学家3人，国家“千人计划”（含“千人计划”青年项目）入选者20人，国家级有突出贡献专家15人，“长江学者奖励计划”特聘教授14人、讲座教授4人、青年学者2人，国家自然科学基金杰出青年科学基金获得者20人，“万人计划”科技创新领军人才3人、青年拔尖人才3人，国家级教学名师奖获得者2人，“国家百千万人才工程”人选18人，国家自然科学基金优秀青年科学基金获得者11人，“新世纪优秀人才支持计划”104人[36]。

2017年，北京科技大学的基础研究竞争力BRCI为21.7846，全国排名第36。国家自然科学基金项目总数为163项，全国排名第53；项目经费总额为10 668.5万元，全国排名第51；国家自然科学基金项目经费金额大于500万元的有5个学科，其中冶金与矿业学科项目经费总额全国排名第2（图4-36）。SCI论文共2050篇，全国排名第32；3个学科入选ESI全球1%（表4-38）。发明专利申请量675件，全国排名第83。

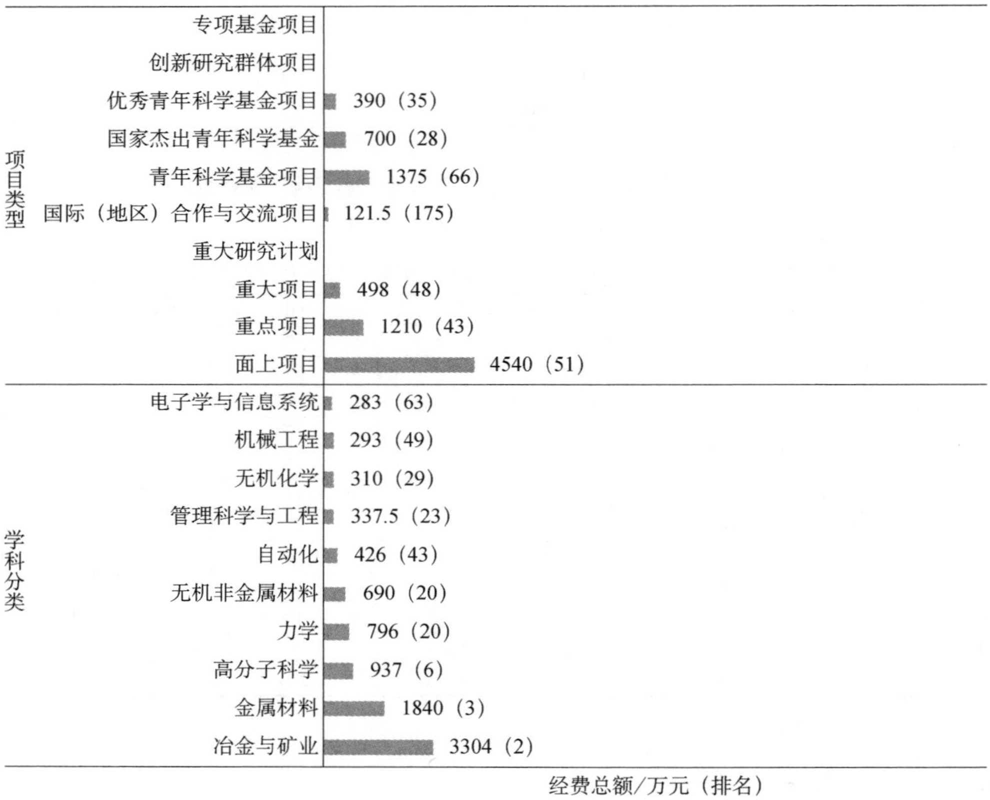

图4-36　2017年北京科技大学国家自然科学基金项目经费数据

资料来源：中国产业智库大数据中心

表4-38　北京科技大学2007～2017年SCI论文学科分布及2017年ESI排名

序号	研究领域	SCI发文量/篇	被引次数/次	篇均被引/次	高被引论文/篇	ESI全球排名	ESI全国排名
1	材料科学	7 978	59 193	7.42	34	64	16

续表

序号	研究领域	SCI 发文量/篇	被引次数/次	篇均被引/次	高被引论文/篇	ESI 全球排名	ESI 全国排名
2	工程科学	2 062	14 148	6.86	50	300	40
3	化学	2 776	33 825	12.18	27	384	50
综合		16 639	135 302	8.13	157	843	49

资料来源：中国产业智库大数据中心

4.2.37 南昌大学

截至 2018 年 3 月，南昌大学有 12 个学科门类 100 多个本科专业，国家重点培育学科 3 个，硕士学位授权一级学科 46 个，博士学位授权一级学科 15 个，博士后科研流动站 11 个；有全日制本科生 35 660 人，各类研究生 14 864 人，国（境）外学生 963 人；有专任教师 2597 人，其中正、副教授 1429 人，双聘院士 4 人，“973 计划”首席科学家 2 人，“千人计划”创新项目入选者 5 人、“千人计划”青年项目入选者 4 人，国家“万人计划”领军人才 8 人、青年拔尖人才 1 人，国家自然科学基金杰出青年科学基金获得者 4 人、国家自然科学基金优秀青年科学基金获得者 2 人，“长江学者奖励计划”特聘教授 5 人，中国科学院率先行动“百人计划”获得者 2 人，“百千万人才工程”16 人，国务院学位委员会学科评议组成员 1 人，“新世纪优秀人才支持计划”12 人[37]。

2017 年，南昌大学的基础研究竞争力 BRCI 为 21.3721，全国排名第 37 位。国家自然科学基金项目总数为 273 项，全国排名第 25；项目经费总额为 10 723.7 万元，全国排名第 50；国家自然科学基金项目经费总额大于 1000 万元的学科仅 1 个，为肿瘤学（图 4-37）。SCI 论文共 1438 篇，全国排名第 58；5 个学科入选 ESI 全球 1%（表 4-39）。发明专利申请量 549 件，全国排名第 111。

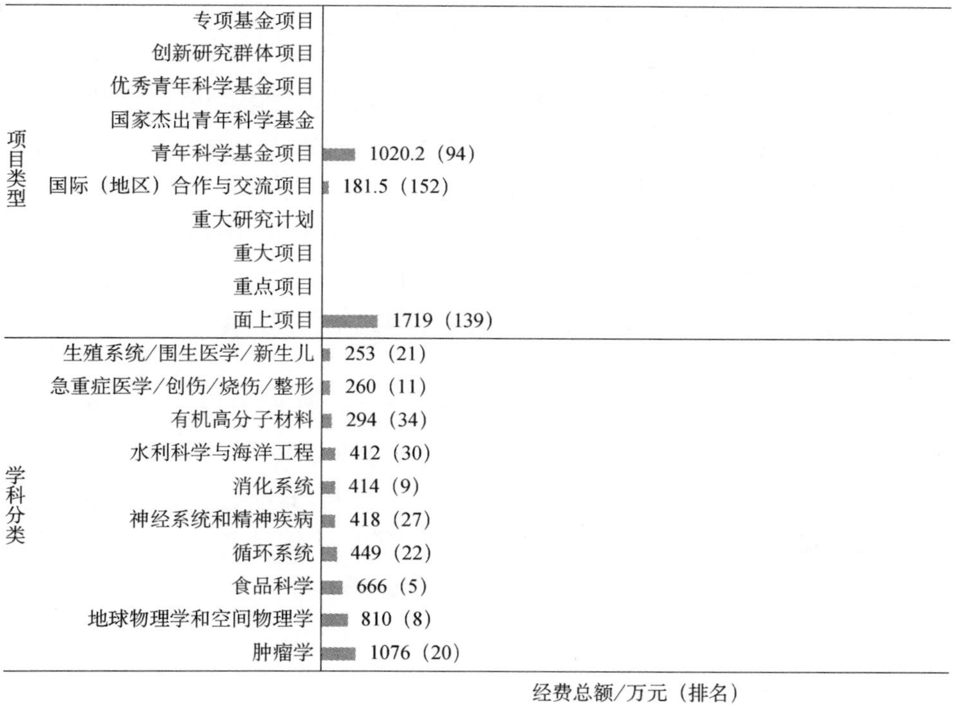

图 4-37 2017 年南昌大学国家自然科学基金项目经费数据

资料来源：中国产业智库大数据中心

表 4-39　南昌大学 2007～2017 年 SCI 论文学科分布及 2017 年 ESI 排名

序号	研究领域	SCI 发文量/篇	被引次数/次	篇均被引/次	高被引论文/篇	ESI 全球排名	ESI 全国排名
1	化学	1 886	18 644	9.89	5	665	81
2	临床医学	1 521	9 992	6.57	7	1 621	57
3	材料科学	837	6 395	7.64	4	680	106
4	农业科学	670	7 790	11.63	32	210	14
5	工程科学	527	3 574	6.78	8	985	108
综合		9 533	75 211	7.89	68	1 284	89

资料来源：中国产业智库大数据中心

4.2.38　南京理工大学

截至 2018 年 3 月，南京理工大学有 15 个专业学院、5 个特色学院、2 个独立学院。有国家重点学科 9 个，博士学位授权点 50 个，硕士学位授权点 117 个，博士后流动站 16 个；学校有各类在校生 30 000 余名，留学生 1000 余名。目前有教职工 3200 余人，专任教师 1900 余人，教授、副教授 1200 余人，其中，中国科学院、中国工程院院士 16 人，外国院士 3 人，“长江学者奖励计划”18 人，“千人计划”入选者 20 人，“万人计划”入选者 14 人，国家自然科学基金杰出青年科学基金获得者 8 人，国家级教学名师奖获得者 3 人，国务院学位委员会学科评议组成员 5 人（其中召集人 1 人），“国家百千万人才工程”人选 14 人，国家级、省部级有突出贡献中青年专家 25 人，“新世纪优秀人才支持计划”“江苏双创计划”“江苏特聘教授”等省部级以上人才计划 300 余人。拥有首批全国高校黄大年式教师团队 1 个、教育部创新团队 5 个、国家级教学团队 5 个、国防科技创新团队 8 个、江苏省创新团队 24 个。学校先后入选“江苏省高层次人才创新创业基地”和“国家创新人才培养示范基地”[38]。

2017 年，南京理工大学的基础研究竞争力 BRCI 为 21.2214，全国排名第 38。国家自然科学基金项目总数为 155 项，全国排名第 58；项目经费总额为 9035.95 万元，全国排名第 62；国家自然科学基金项目经费金额大于 500 万元的有 5 个学科，其中电子学与信息系统学科项目经费总额全国排名第 13（图 4-38）。SCI 论文共 1767 篇，全国排名第 44；4 个学科入选 ESI 全球 1%（表 4-40）。发明专利申请量 1030 件，全国排名第 43。

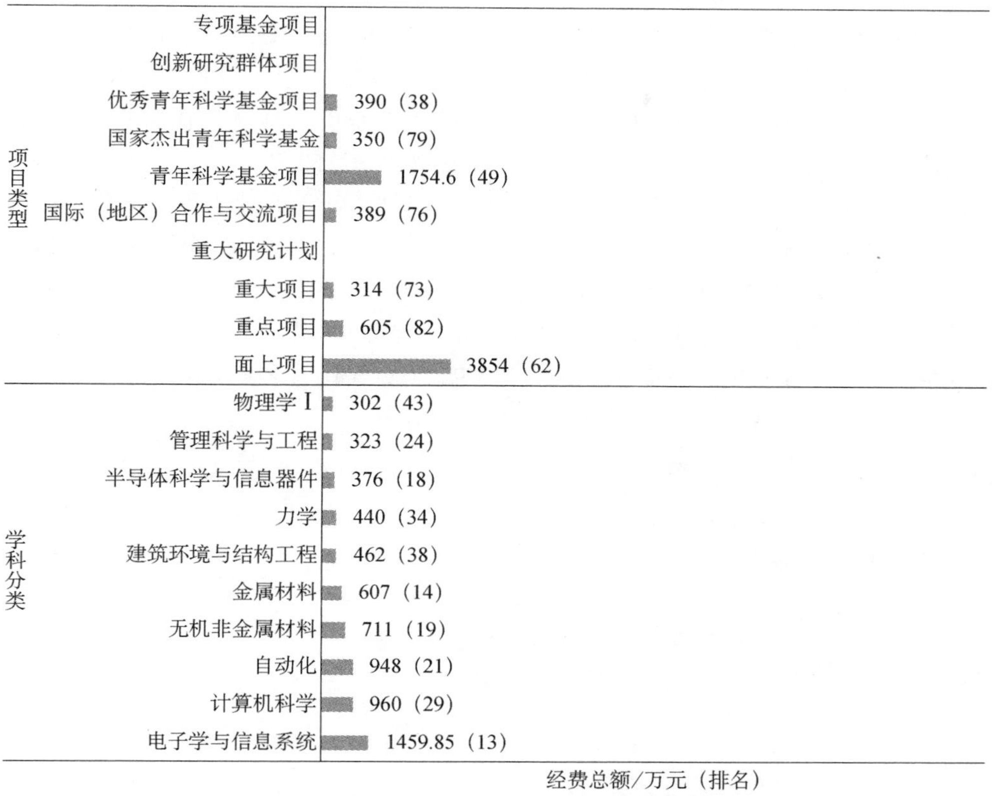

图 4-38 2017 年南京理工大学国家自然科学基金项目经费数据

资料来源：中国产业智库大数据中心

表 4-40 南京理工大学 2007～2017 年 SCI 论文学科分布及 2017 年 ESI 排名

序号	研究领域	SCI 发文量/篇	被引次数/次	篇均被引/次	高被引论文/篇	ESI 全球排名	ESI 全国排名
1	工程科学	3 466	23 110	6.67	56	161	26
2	计算机科学	853	5 315	6.23	11	207	27
3	材料科学	1 863	20 672	11.1	45	239	49
4	化学	3 043	32 576	10.71	24	405	55
综合		12 166	99 566	8.18	163	1 066	71

资料来源：中国产业智库大数据中心

4.2.39 西安电子科技大学

截至 2018 年 3 月 28 日，西安电子科技大学有研究生院和 19 个学院，有 52 个本科专业，拥有 2 个国家“双一流”重点建设学科，2 个国家一级重点学科（覆盖 6 个二级学科），1 个国家二级重点学科，14 个博士学位授权一级学科，26 个硕士学位授权一级学科，具有工程博士专业学位授权，有 17 个硕士专业学位授权点，9 个博士后科研流动站。学校有各类在校生 3 万余人，其中博士研究生 1700 余人，硕士研究生 9000 余人。有专任教师 1900 余名，其中院士 4 人，双聘院士 14 人，“千人计划”入选者 17 人，“万人计划”科技创新领军人才入选者 10 人、青年拔尖人才入选者 5 人，“长江学者奖励计划”特聘教授、讲座教授、青年学者 27

人，国家自然科学基金委员会创新研究群体 1 个，科技部“重点领域创新团队”2 个，教育部“创新团队发展计划”6 个，国家自然科学基金杰出青年科学基金获得者 12 人，国家自然科学基金优秀青年科学基金获得者 11 人，国家级教学名师奖获得者 4 人，国家级教学团队 6 个，“973 计划”首席科学家 3 人，“新世纪优秀人才支持计划”52 人，中国青年科技奖获得者 4 人，何梁何利基金科学与技术进步奖获得者 5 人，国家“百千万人才工程”培养对象 11 人[39]。

2017 年，西安电子科技大学的基础研究竞争力 BRCI 为 21.1945，全国排名第 39。国家自然科学基金项目总数为 171 项，全国排名第 51；项目经费总额为 8370.5 万元，全国排名第 68。国家自然科学基金项目经费金额大于 500 万元的有 4 个学科，其中电子学与信息系统学科项目经费总额全国排名第 3（图 4-39）。SCI 论文共 1778 篇，全国排名第 43；2 个学科入选 ESI 全球 1%（表 4-41）。发明专利申请量 1551 件，全国排名第 20。

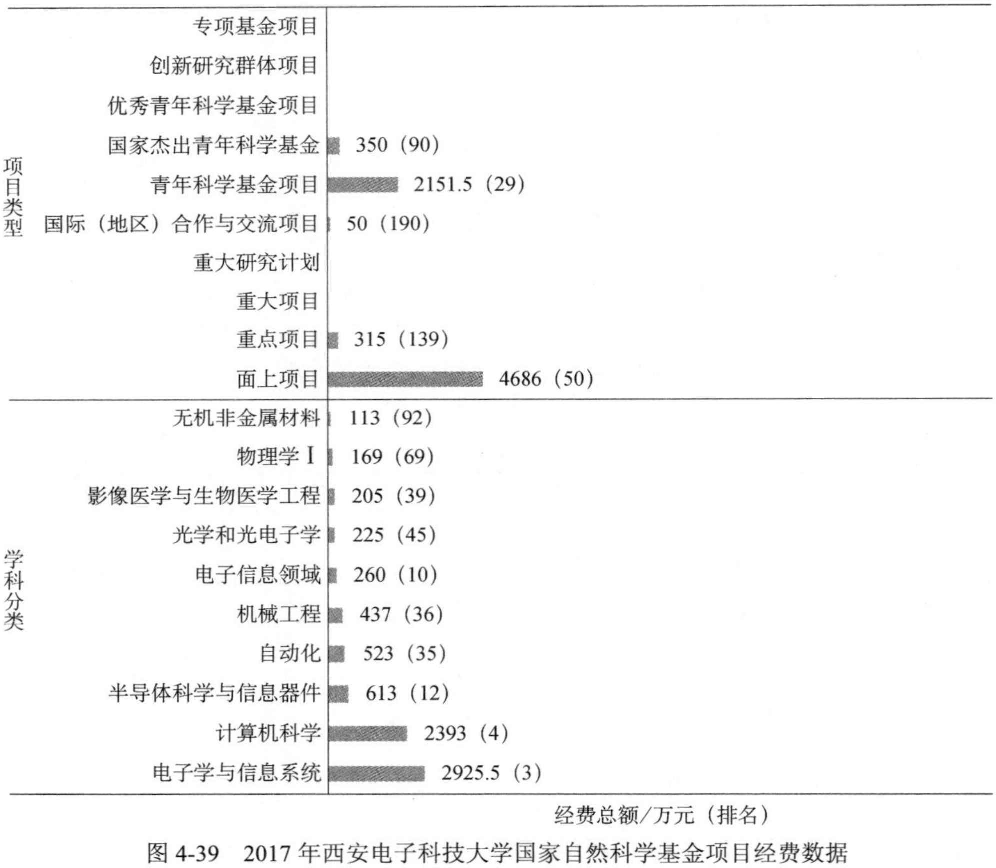

图 4-39　2017 年西安电子科技大学国家自然科学基金项目经费数据

资料来源：中国产业智库大数据中心

表 4-41　西安电子科技大学 2007～2017 年 SCI 论文学科分布及 2017 年 ESI 排名

序号	研究领域	SCI 发文量/篇	被引次数/次	篇均被引/次	高被引论文/篇	ESI 全球排名	ESI 全国排名
1	计算机科学	2 771	13 828	4.99	35	48	7
2	工程科学	4 905	29 584	6.03	60	108	18
综合		12 376	68 694	5.55	106	1 352	96

资料来源：中国产业智库大数据中心

4.2.40 南京航空航天大学

截至2016年12月，南京航空航天大学设有16个学院和147个科研机构，建有国家重点实验室1个、国防科技重点实验室1个、国防科技工业技术研究应用中心1个、国家文化产业研究中心1个、国家工科基础课程教学基地2个、国家级实验教学示范中心4个。有本科专业54个，一级学科国家重点学科2个，二级学科国家重点学科9个，国家重点（培育）学科2个，硕士一级学科授权点34个、博士一级学科授权点16个、博士后流动站16个。有全日制在校生27 000余人，其中本科生18 000余人，研究生8000余人，学位留学生890余人，成人教育学生5000余人。有教职工3058人，其中专任教师1819人。专任教师中，高级职称者1234人，博士生导师486人，院士及双聘院士8人，“千人计划”入选者9人，“长江学者奖励计划”入选者14人，国家自然科学基金杰出青年科学基金获得者6人，全国教学名师2人，国家级、省部级有突出贡献的中青年专家21人，入选国家和省部级各类人才计划600余人次，享受国务院政府特殊津贴专家147人[40]。

2017年，南京航空航天大学的基础研究竞争力BRCI为20.242，全国排名第40。国家自然科学基金项目总数为152项，全国排名第62；项目经费总额为7113.5万元，全国排名第81；国家自然科学基金项目经费金额大于500万元的有5个学科，其中机械工程学科项目经费总额全国排名第11（图4-40）。SCI论文共1757篇，全国排名第46；4个学科入选ESI全球1%（表4-42）。发明专利申请量1305件，全国排名第29。

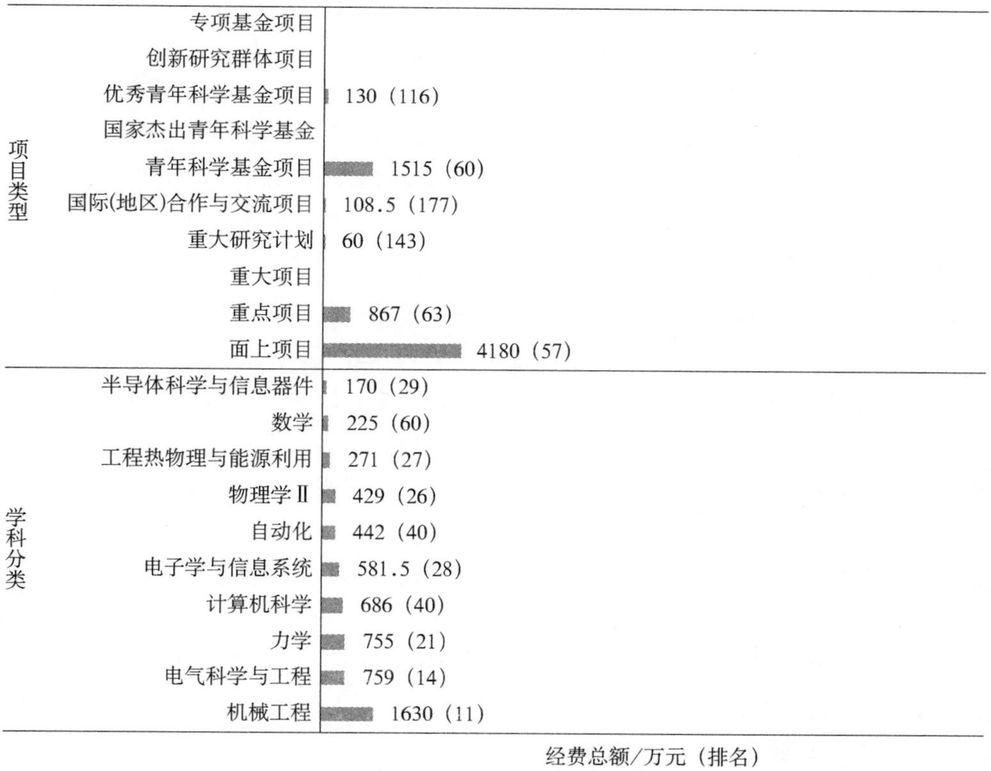

图4-40 2017年南京航空航天大学国家自然科学基金项目经费数据

资料来源：中国产业智库大数据中心

表 4-42　南京航空航天大学 2007～2017 年 SCI 论文学科分布及 2017 年 ESI 排名

序号	研究领域	SCI 发文量/篇	被引次数/次	篇均被引/次	高被引论文/篇	ESI 全球排名	ESI 全国排名
1	工程科学	4 685	27 554	5.88	49	120	21
2	计算机科学	837	4 104	4.9	11	297	40
3	材料科学	2 414	27 244	11.29	48	177	45
4	化学	1 082	15 672	14.48	17	764	98
	综合	11 922	95 282	7.99	159	1 097	75

资料来源：中国产业智库大数据中心

4.2.41　南开大学

截至 2017 年 12 月底，南开大学有直属院系 24 个，有本科专业 84 个（其中国家级特色专业 18 个）。博士学位授权一级学科 29 个，硕士学位授权一级学科 12 个，博士后科研流动站 28 个。有一级学科国家重点学科 6 个（覆盖 35 个二级学科），二级学科国家重点学科 9 个。有全日制在校学生 26 902 人，其中本科生 14 708 人，硕士研究生 8731 人，博士研究生 3463 人。有网络专科学生 58 317 人，网络本科学生 37 680 人。有专任教师 2048 人，其中教授 791 人、副教授 831 人，中国科学院院士 9 人，中国工程院院士 1 人（人事关系在本校 8 人），“863 计划”首席科学家 3 人，“973 计划”首席科学家 12 人（13 人次），国家重点研发计划项目负责人 7 人，发展中国家科学院院士 5 人，国家“千人计划”入选者 15 人，国家“青年千人计划”入选者 32 人，国务院学位委员会学科评议组成员 14 人，国家级有突出贡献专家 13 人，“长江学者奖励计划”特聘教授 41 人，“长江学者奖励计划”讲座教授 16 人，“长江学者奖励计划”青年学者 10 人，“中央马克思主义理论研究和建设工程”首席专家 11 人、主要成员 29 人，教育部“长江学者与创新团队发展计划”创新团队研究计划带头人 12 人，国家“万人计划”科技创新领军人才 10 人，“万人计划”青年拔尖人才 6 人，国家自然科学基金杰出青年科学基金获得者 47 人，“国家百千万人才工程”入选者 23 人，教育部“新世纪优秀人才支持计划”入选者 164 人，教育部“跨世纪人才基金”获得者 21 人，教育部“教学名师奖”获得者 8 人，国家级教学团队 9 个，教育部“高校青年教师奖”获得者 9 人，国家自然科学基金优秀青年科学基金获得者 27 人[41]。

2017 年，南开大学的基础研究竞争力 BRCI 为 19.4226，全国排名第 41。国家自然科学基金项目总数为 189 项，全国排名第 40；项目经费总额为 13 415 万元，全国排名第 37；国家自然科学基金项目经费金额大于 500 万元的有 8 个学科，其中无机化学学科项目经费总额全国排名第 3（图 4-41）。SCI 论文共 1540 篇，全国排名第 57；10 个学科入选 ESI 全球 1%（表 4-43）。发明专利申请量 254 件，全国排名第 291。

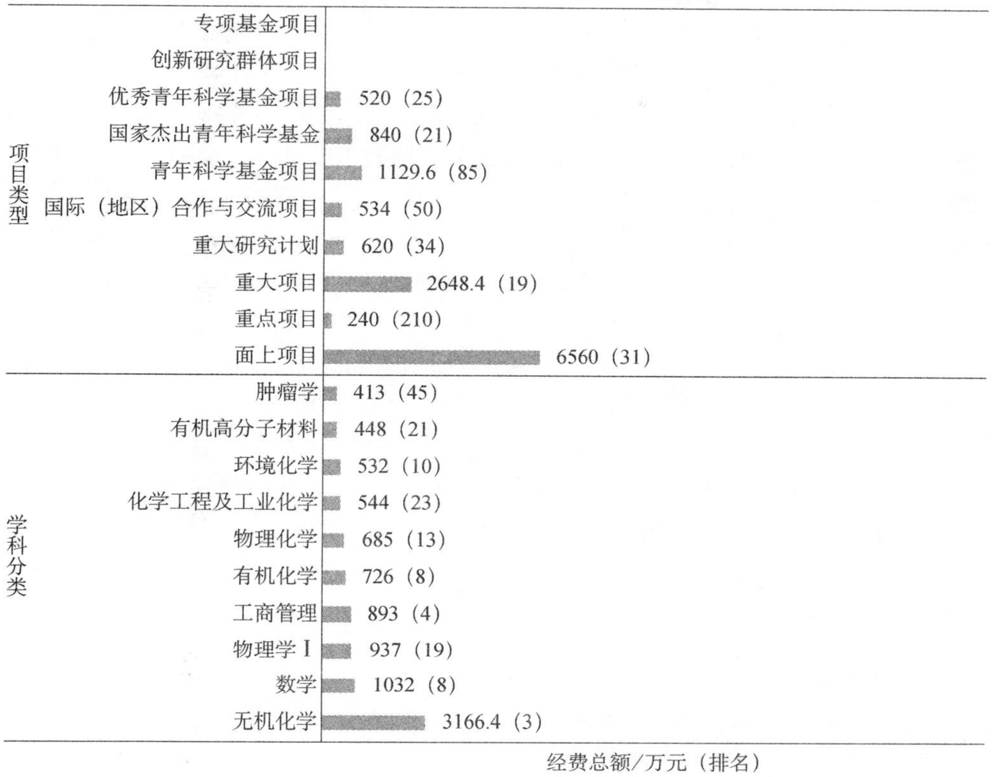

图 4-41 2017 年南开大学国家自然科学基金项目经费数据

资料来源：中国产业智库大数据中心

表 4-43 南开大学 2007～2017 年 SCI 论文学科分布及 2017 年 ESI 排名

序号	研究领域	SCI 发文量/篇	被引次数/次	篇均被引/次	高被引论文/篇	ESI 全球排名	ESI 全国排名
1	数学	1 649	7 807	4.73	27	90	9
2	化学	8 092	161 047	19.9	161	44	12
3	环境/生态学	870	14 561	16.74	12	328	14
4	生物与生化	1 261	17 213	13.65	10	456	18
5	物理学	3 339	38 083	11.41	63	414	18
6	材料科学	1 669	39 100	23.43	69	107	29
7	药理学与毒物学	398	5 537	13.91	2	555	34
8	农业科学	242	3 461	14.3	0	506	36
9	工程科学	1 062	9 841	9.27	20	445	54
10	临床医学	690	7 807	11.31	4	1 893	66
综合		21 843	332 304	15.21	390	398	17

资料来源：中国产业智库大数据中心

4.2.42 华东理工大学

截至 2017 年 12 月，华东理工大学有直属院系 20 个，设有 36 个一级学科，68 个本科专业，拥有 7 个国家重点学科；26 个硕士一级学科学位授权点，148 个硕士二级学科学位授权点；13 个博士一级学科学位授权点，80 个博士二级学科学位授权点，设有 12 个博士后科研流动站；现有在校全日制学生近 2.5 万人，其中在校全日制研究生 9379 人（其中博士生 1755 人），全日制本科生 15 808 人，来自 89 个国家的 1358 名各类外国留学生。现有教职员工 3041 人，其中中国科学院、中国工程院院士 6 名，双聘院士 4 名，国家“千人计划”入选者 5 名，“千人计划”青年项目获得者 6 名，“千人计划”外国专家项目长期项目获得者 1 名、短期项目获得者 1 名，国家级教学名师 2 名，“长江学者奖励计划”特聘教授 21 名、讲座教授 2 名，国家自然科学基金杰出青年科学基金获得者 21 名，“973 计划”首席科学家 8 名，“863 计划”领域专家组成员 3 名，“国家百千万人才工程”国家级人选 14 名，国家自然科学基金委员会“创新研究群体”2 个，“长江学者和创新团队发展计划”创新团队研究计划 3 个，科技部“重点领域创新团队”2 个，国家级教学团队 4 个[42]。

2017 年，华东理工大学的基础研究竞争力 BRCI 为 19.2331，全国排名第 42。国家自然科学基金项目总数为 154 项，全国排名第 60；项目经费总额为 10 074.3 万元，全国排名第 56；国家自然科学基金项目经费金额大于 500 万元的有 7 个学科，其中化学工程及工业化学学科项目经费总额全国排名第 4（图 4-42）。SCI 论文共 1940 篇，全国排名第 36；5 个学科入选 ESI 全球 1%（表 4-44）。发明专利申请量 351 件，全国排名第 199。

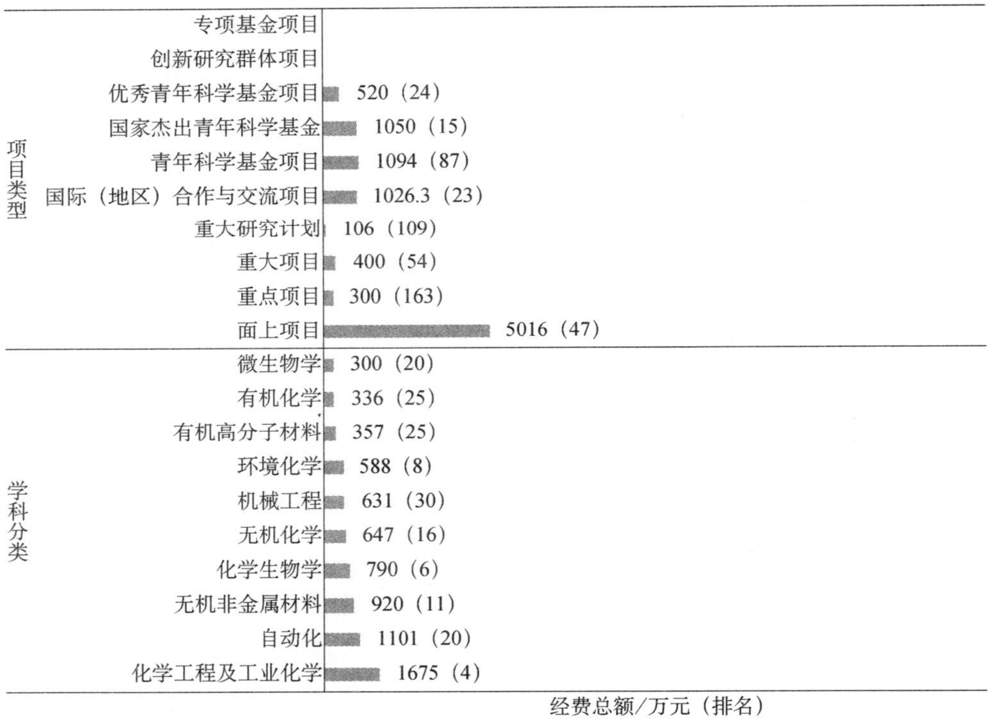

图 4-42　2017 年华东理工大学国家自然科学基金项目经费数据

资料来源：中国产业智库大数据中心

表 4-44　华东理工大学 2007～2017 年 SCI 论文学科分布及 2017 年 ESI 排名

序号	研究领域	SCI 发文量/篇	被引次数/次	篇均被引/次	高被引论文/篇	ESI 全球排名	ESI 全国排名
1	化学	8 934	142 937	16	124	53	13
2	生物与生化	1 402	16 372	11.68	5	479	23
3	工程科学	1 932	16 255	8.41	42	259	35
4	材料科学	2 159	33 014	15.29	30	136	36

续表

序号	研究领域	SCI发文量/篇	被引次数/次	篇均被引/次	高被引论文/篇	ESI全球排名	ESI全国排名
5	药理学与毒物学	371	3 995	10.77	1	727	49
综合		17 843	241 016	13.51	244	528	31

资料来源：中国产业智库大数据中心

4.2.43 华中农业大学

截至2017年9月，华中农业大学有学院（部）18个，本科专业60个，硕士学位授权一级学科27个，硕士专业学位授权类别10个，博士学位授权一级学科15个，博士专业学位授权类别1个，博士后科研流动站13个。全日制在校学生26 196人，其中本科生18 763人，研究生7433人。有教职工2632人，其中教师1528人，教授385人，中国科学院院士1人，中国工程院院士3人，美国科学院外籍院士1人，第三世界科学院院士2人，“千人计划”入选者24人，“万人计划”入选者14人，“长江学者奖励计划”特聘教授、讲座教授、青年学者28人，国家自然科学基金杰出青年科学基金获得者20人，“973计划”6人，国家自然科学基金委员会“创新研究群体”3个，省部级优秀创新团队60个。国家级教学名师4人，国家教学团队7个[43]。

2017年，华中农业大学的基础研究竞争力BRCI为19.028，全国排名第43。国家自然科学基金项目总数为227项，全国排名第34；项目经费总额为13 919.85万元，全国排名第33；国家自然科学基金项目经费金额大于1000万元的有4个学科，其中兽医学、农学基础与作物学学科项目经费总额全国排名均第1（图4-43）。SCI论文共1292篇，全国排名第70；7个学科入选ESI全球1%（表4-45）。发明专利申请量354件，全国排名第197。

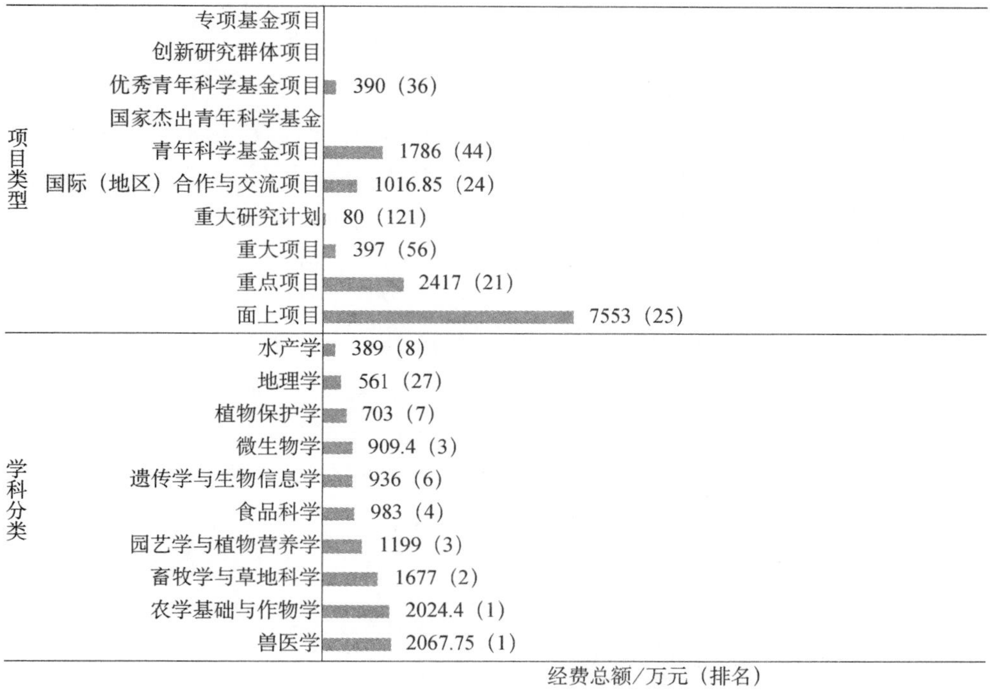

图4-43 2017年华中农业大学国家自然科学基金项目经费数据

资料来源：中国产业智库大数据中心

表 4-45 华中农业大学 2007～2017 年 SCI 论文学科分布及 2017 年 ESI 排名

序号	研究领域	SCI 发文量/篇	被引次数/次	篇均被引/次	高被引论文/篇	ESI 全球排名	ESI 全国排名
1	植物与动物科学	3 111	33 622	10.81	66	113	7
2	农业科学	1 645	14 326	8.71	19	101	11
3	微生物学	754	6 589	8.74	3	351	12
4	分子生物与遗传学	1 107	19 478	17.6	16	546	19
5	生物与生化	1 175	11 556	9.83	5	627	35
6	环境/生态学	624	4 918	7.88	2	763	50
7	化学	962	11 197	11.64	8	934	115
综合		10 790	114 026	10.57	131	964	60

资料来源：中国产业智库大数据中心

4.2.44 江南大学

截至 2018 年 3 月，江南大学设有 18 个学院（部），有 41 个本科专业（类），国家一级重点学科 1 个和二级重点学科 5 个，设有 7 个博士学位授权一级学科，28 个硕士学位授权一级学科，6 个硕士专业学位授权类别，建有博士后流动站 6 个。有在校本科生 20 122 人、博硕士研究生 8169 人、留学生 1276 人。有教职员工 3199 人，其中专任教师 1895 人（含研究生导师 1075 人），中国工程院院士 2 人，“千人计划”入选者 16 人，“万人计划”入选者 8 人，“长江学者奖励计划”教授 14 人，国家自然科学基金杰出青年科学基金与国家自然科学基金优秀青年科学基金获得者 14 人，“973 计划”首席科学家 1 人，“新世纪百千万人才工程”国家级人选 7 人，部省级创新团队 36 个[44]。

2017 年，江南大学的基础研究竞争力 BRCI 为 18.7811，全国排名第 44。国家自然科学基金项目总数为 138 项，全国排名第 71；项目经费总额为 5954.5 万元，全国排名第 97；食品科学学科国家自然科学基金项目经费总额超过 2000 万元，全国排名第 1（图 4-44）。SCI 论文共 1645 篇，全国排名第 50；5 个学科入选 ESI 全球 1%（表 4-46）。发明专利申请量 1175 件，全国排名第 33。

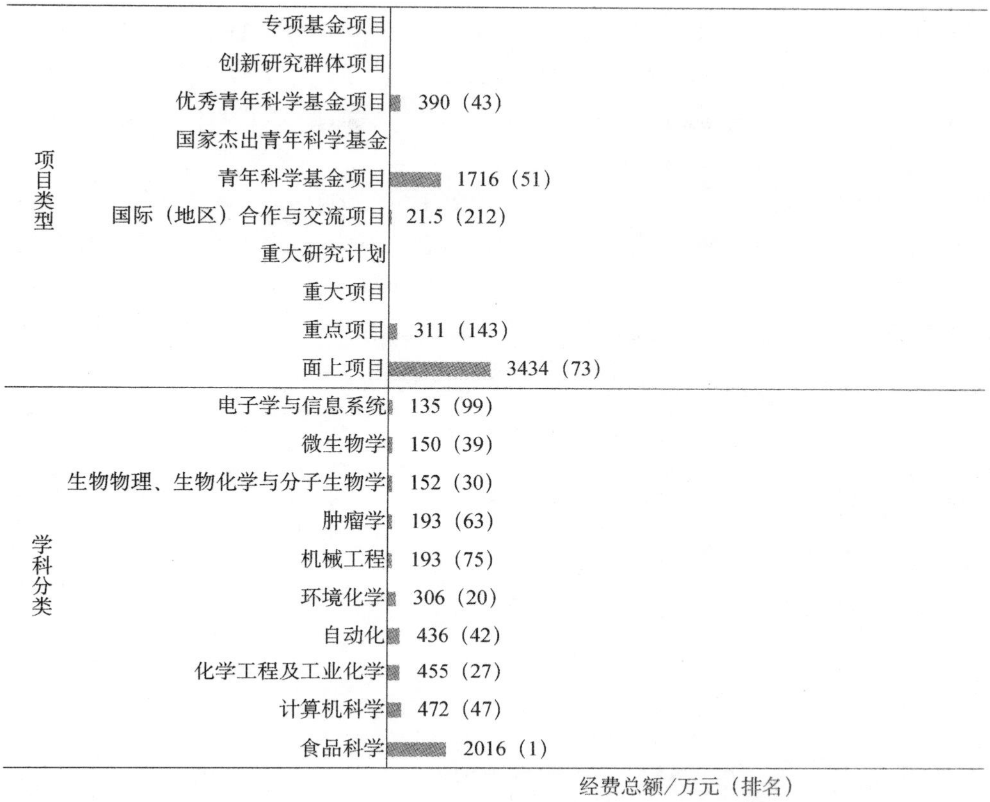

图 4-44　2017 年江南大学国家自然科学基金项目经费数据

资料来源：中国产业智库大数据中心

表 4-46　江南大学 2007～2017 年 SCI 论文学科分布及 2017 年 ESI 排名

序号	研究领域	SCI 发文量/篇	被引次数/次	篇均被引/次	高被引论文/篇	ESI 全球排名	ESI 全国排名
1	农业科学	2 261	23 520	10.4	34	41	6
2	生物与生化	1 737	16 808	9.68	3	462	19
3	工程科学	1 211	12 695	10.48	48	335	42
4	化学	3 011	27 191	9.03	15	489	62
5	材料科学	1 106	6 375	5.76	6	686	107
综合		11 789	104 000	8.82	133	1 034	66

资料来源：中国产业智库大数据中心

4.2.45　浙江工业大学

截至 2018 年 5 月，浙江工业大学设有 27 个学院 1 个部，有 70 个本科专业，国家重点（培育）学科 1 个，有一级学科博士学位授权点 5 个，二级学科博士学位点 35 个；一级学科硕士学位授权点 25 个，二级学科硕士学位点 116 个，6 个博士后流动站；截至 2017 年年底有普通全日制本科学生 19 159 人；在读各类研究生 9663 人（博士研究生 780 人，全日制硕士研究生 6520 人，非全日制硕士研究生 2363 人）；成人教育学生 15 600 余人；留学生 1706 人。有教职工 3048 人，其中专任教师 2118 人，正高级职称教师 487 人，副高级职称教师 946 人，具有博士学位的教师 1402 人。拥有中国工程院院士 3 人、中国科学院和中国工程院双聘院士 4 人、国家自然科学基金杰出青年科学基金获得者 6 人、“长江学者奖励计划”入选者 3 人、国家“千人计划”入选者 13 人、“万人计划”入选者 7 人、国家级有突出贡献中青年专家 8 人、国家级教学名师 3 人、国家自然科学基金优秀青年科学基金获得者 2 人、“百千万人才工程”入选者 10 人，教育部创新团队 2 个、国家级教学团队 2 个[45]。

2017 年，浙江工业大学的基础研究竞争力 BRCI 为 18.6918，全国排名第 45。国家自然科学基金项目总数为 161 项，全国排名第 56；项目经费总额为 8757.3 万元，全国排名第 65；国家自然科学基金项目经费金额大于 500 万元的有 6 个学科，水资源与矿产资源领域学科项目经费总额全国排名第 2（图 4-45）。SCI 论文共 1006 篇，全国排名第 85；4 个学科入选 ESI 全球 1%（表 4-47）。发明专利申请量 1256 件，全国排名第 30。

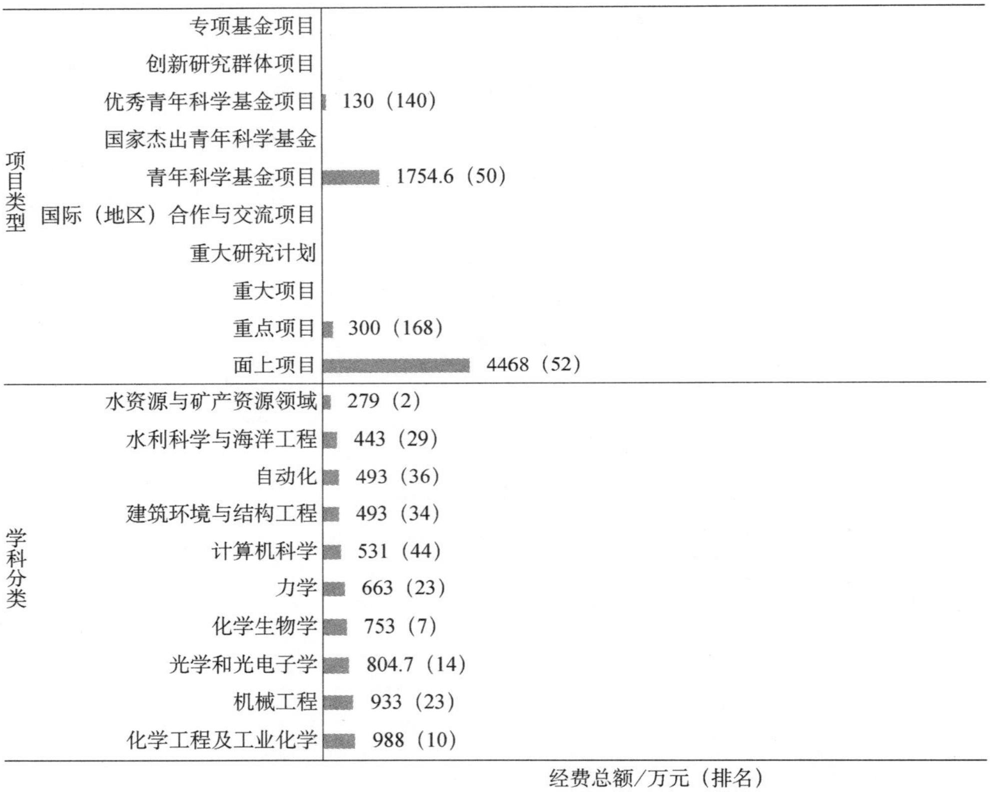

图 4-45　2017 年浙江工业大学国家自然科学基金项目经费数据

资料来源：中国产业智库大数据中心

表 4-47　浙江工业大学 2007～2017 年 SCI 论文学科分布及 2017 年 ESI 排名

序号	研究领域	SCI 发文量/篇	被引次数/次	篇均被引/次	高被引论文/篇	ESI 全球排名	ESI 全国排名
1	环境/生态学	422	5 262	12.47	1	725	49
2	化学	3 499	30 923	8.84	20	426	57
3	工程科学	1 219	8 447	6.93	18	505	61
4	材料科学	961	8 212	8.55	9	549	85
综合		8 773	71 732	8.18	66	1 320	93

资料来源：中国产业智库大数据中心

4.2.46 西南交通大学

截至 2018 年 4 月，西南交通大学设有 26 个学院/系，1 个中外合作办学学院、1 家附属医院（成都市第三人民医院）、2 个异地研究生院（青岛研究生院、唐山研究生院），与成都军区总医院共建医学院，拥有 2 个一级学科国家重点学科，10 个二级学科国家重点学科，19 个一级学科博士学位授权点，39 个一级学科硕士学位授权点，11 个博士后科研流动站。有全日制本科生 25 105 人、硕士研究生 17 879 人、博士研究生 2863 人、留学生 1100 人。学校有专任教师 2477 人，其中中国科学院院士 7 人、中国工程院院士 14 人，国家“千人计划”入选者 17 人，国家“万人计划”入选者 7 人，“973 计划”首席科学家 3 人，“长江学者奖励计划”27 人，国家自然科学基金杰出青年科学基金获得者 20 人，国家级教学团队 8 个，国家级教学名师 6 人，国家级、教育部和科技部创新团队 9 个。此外，还聘请了 42 名中国科学院、中国工程院院士以及 5 名诺贝尔奖获得者担任兼职（名誉）教授[46]。

2017 年，西南交通大学的基础研究竞争力 BRCI 为 18.4611，全国排名第 46。国家自然科学基金项目总数为 176 项，全国排名第 49；项目经费总额为 13 056 万元，全国排名第 40；国家自然科学基金项目经费金额大于 1000 万元的有 5 个学科，力学学科项目经费总额全国排名第 3（图 4-46）。SCI 论文共 1187 篇，全国排名第 76；3 个学科入选 ESI 全球 1%（表 4-48）。发明专利申请量 791 件，全国排名第 59。

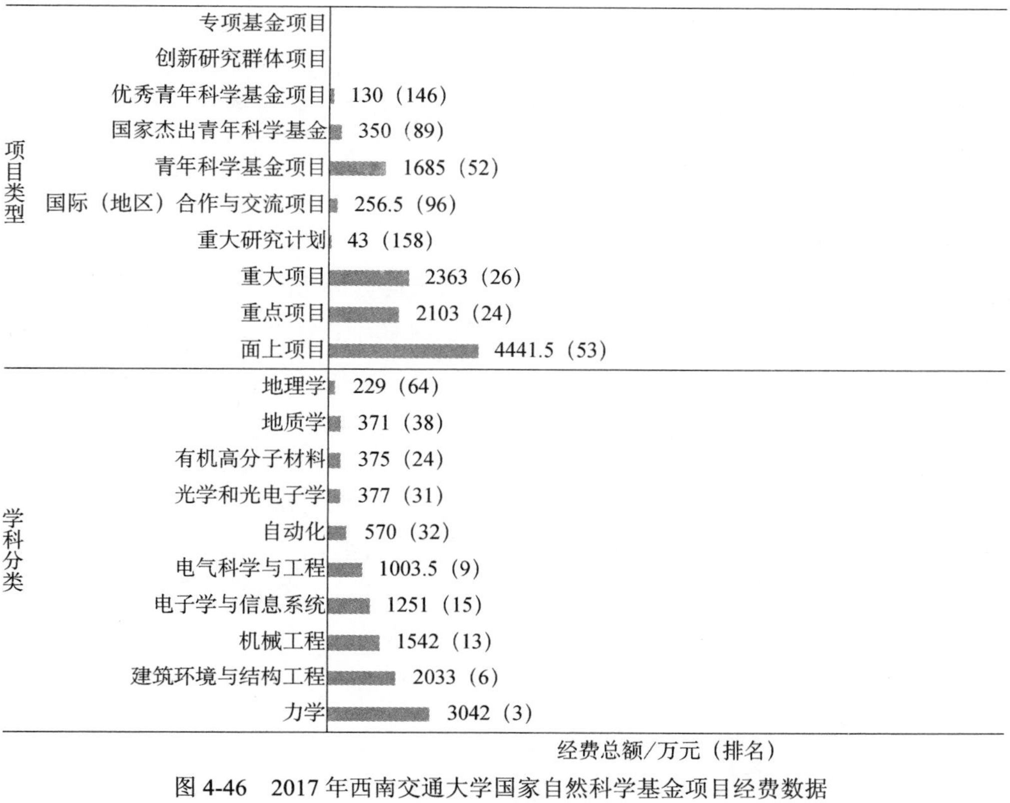

图 4-46 2017 年西南交通大学国家自然科学基金项目经费数据

资料来源：中国产业智库大数据中心

表 4-48　西南交通大学 2007～2017 年 SCI 论文学科分布及 2017 年 ESI 排名

序号	研究领域	SCI 发文量/篇	被引次数/次	篇均被引/次	高被引论文/篇	ESI 全球排名	ESI 全国排名
1	计算机科学	711	5 142	7.23	16	221	30
2	工程科学	2 412	12 167	5.04	29	354	45
3	材料科学	1 439	12 402	8.62	7	387	64
综合		7 722	49 171	6.37	65	1 694	128

资料来源：中国产业智库大数据中心

4.2.47　华东师范大学

截至 2017 年 9 月，华东师范大学现设有 83 个本科专业，30 个全日制学院、3 个学部、4 个书院、1 个管理型学院（开放教育学院/上海教师发展学院），6 个实体研究院，拥有 2 个国家一级重点学科，5 个国家二级重点学科，5 个国家重点培育学科，拥有博士学位授权一级学科 27 个，硕士学位授权一级学科 36 个，可授予 19 种硕士专业学位及教育博士专业学位，有 25 个博士后科研流动站。有在校全日制本科生 15 089 人，专科生 4 人；在校研究生 18 571 人，其中博士研究生 3309 人，硕士研究生 15 262 人（含免费师范生教育硕士 4167 人），在校留学生 2342 人。学校有教职工 4105 人，其中专任教师 2269 人，教授及其他高级职称教师 1815 人，其中中国科学院和中国工程院院士（含双聘院士）12 人，“千人计划”入选者 20 人，“千人计划”青年项目入选者 18 人，“长江学者奖励计划”特聘教授及讲座教授 39 人，国家自然科学基金杰出青年科学基金获得者 35 人，“万人计划”科技创新领军人才及教学名师入选者 6 人，“新世纪百千万人才工程”国家级人选 11 人，国家自然科学基金优秀青年科学基金获得者 19 人，“万人计划”青年拔尖人才入选者 6 人，“长江学者奖励计划”特聘教授、讲座教授、青年学者 7 人[47]。

2017 年，华东师范大学的基础研究竞争力 BRCI 为 18.298，全国排名第 47。国家自然科学基金项目总数为 178 项，全国排名第 45；项目经费总额为 15 019.63 万元，全国排名第 31；国家自然科学基金项目经费金额大于 500 万元的有 9 个学科，其中物理学 I 学科项目经费总额全国排名第 4（图 4-47）。SCI 论文共 1402 篇，全国排名第 61；11 个学科入选 ESI 全球 1%（表 4-49）。发明专利申请量 315 件，全国排名第 232。

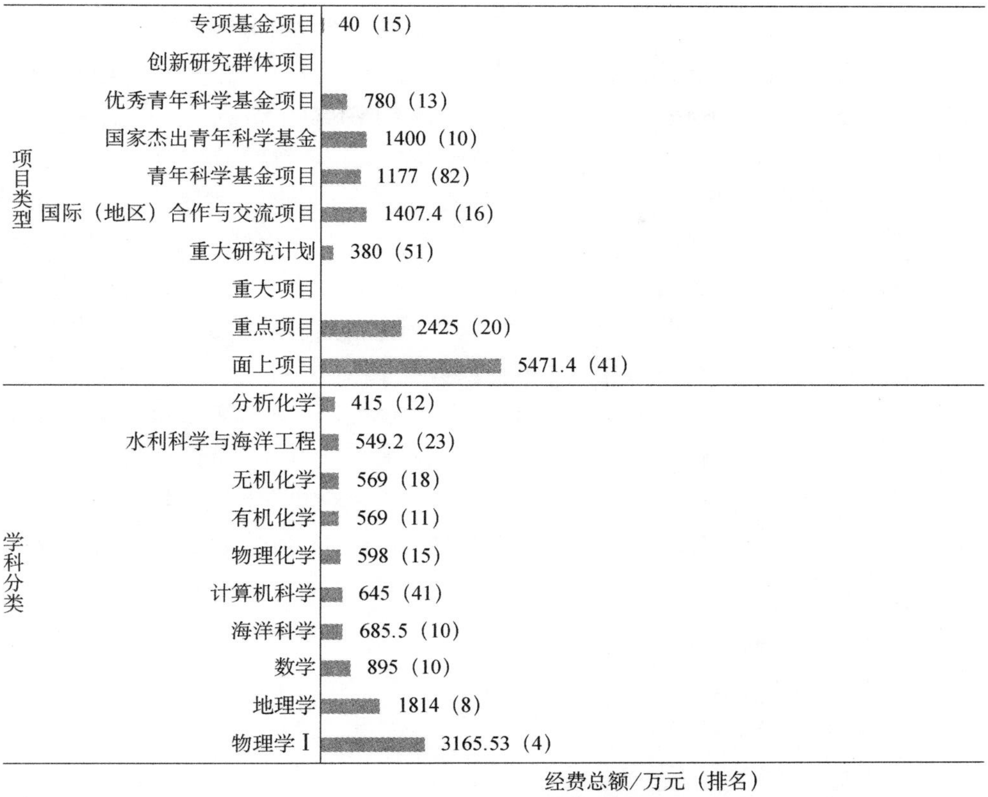

图 4-47　2017 年华东师范大学国家自然科学基金项目经费数据

资料来源：中国产业智库大数据中心

表 4-49　华东师范大学 2007～2017 年 SCI 论文学科分布及 2017 年 ESI 排名

序号	研究领域	SCI 发文量/篇	被引次数/次	篇均被引/次	高被引论文/篇	ESI 全球排名	ESI 全国排名
1	数学	1 601	6 389	3.99	9	130	17
2	一般社会科学	361	1 740	4.82	6	1 188	24
3	环境/生态学	762	9 312	12.22	10	509	27
4	化学	3 604	61 442	17.05	62	186	32
5	地球科学	654	7 235	11.06	5	567	32
6	植物与动物科学	725	6 139	8.47	5	696	34
7	物理学	2 399	21 701	9.05	12	613	35
8	材料科学	991	14 869	15	19	329	56
9	生物与生化	546	6 390	11.7	3	952	61
10	工程科学	739	5 562	7.53	20	712	79
11	临床医学	354	4 515	12.75	3	2 563	84
综合		14 661	164 310	11.21	170	721	40

资料来源：中国产业智库大数据中心

4.2.48　上海大学

截至 2017 年 10 月 15 日，上海大学设有 25 个学院、1 个学部（筹）和 2 个校管系，设有 77 个本科专业，40 个一级学科硕士学位授权点、171 个二级学科硕士学位授权点、13 种硕士专业学位类别（其中工程硕士含13个工程领域），20个一级学科博士学位授权点、79个二级学科博士学位授权点、18个自主增设二级学科博士学位授权点（含7个交叉学科博士点），19个博士后科研流动站。现有研究生14 987人，全日制本科生20 652人，专科生41人，成人教育学生18 507人。有专任教师2968人，其中教授658人、副教授1073人，博士生导师431人，具有博士学位的教师2006人。有全职中国科学院院士、中国工程院院士6人，外籍院士7人；享受国务院政府特殊津贴人员37人；中央组织部“千人计划”入选者13人，“千人计划”青年项目入选者7人，“万人计划”入选者4人；“长江学者奖励计划”特聘教授8人、讲座教授3人；“百千万人才工程”国家级人选7人；国家自然科学基金杰出青年科学基金获得者17人；国家自然科学基金优秀青年科学基金获得者10人[48]。

2017年，上海大学的基础研究竞争力BRCI为18.0893，全国排名第48。国家自然科学基金项目总数为144项，全国排名第67；项目经费总额为7954万元，全国排名第72；国家自然科学基金项目经费总额大于500万元的有3个学科，金属材料学科项目经费总额全国排名第25（图4-48）。SCI论文共1796篇，全国排名第41；7个学科入选ESI全球1%（表4-50）。发明专利申请量607件，全国排名第94。

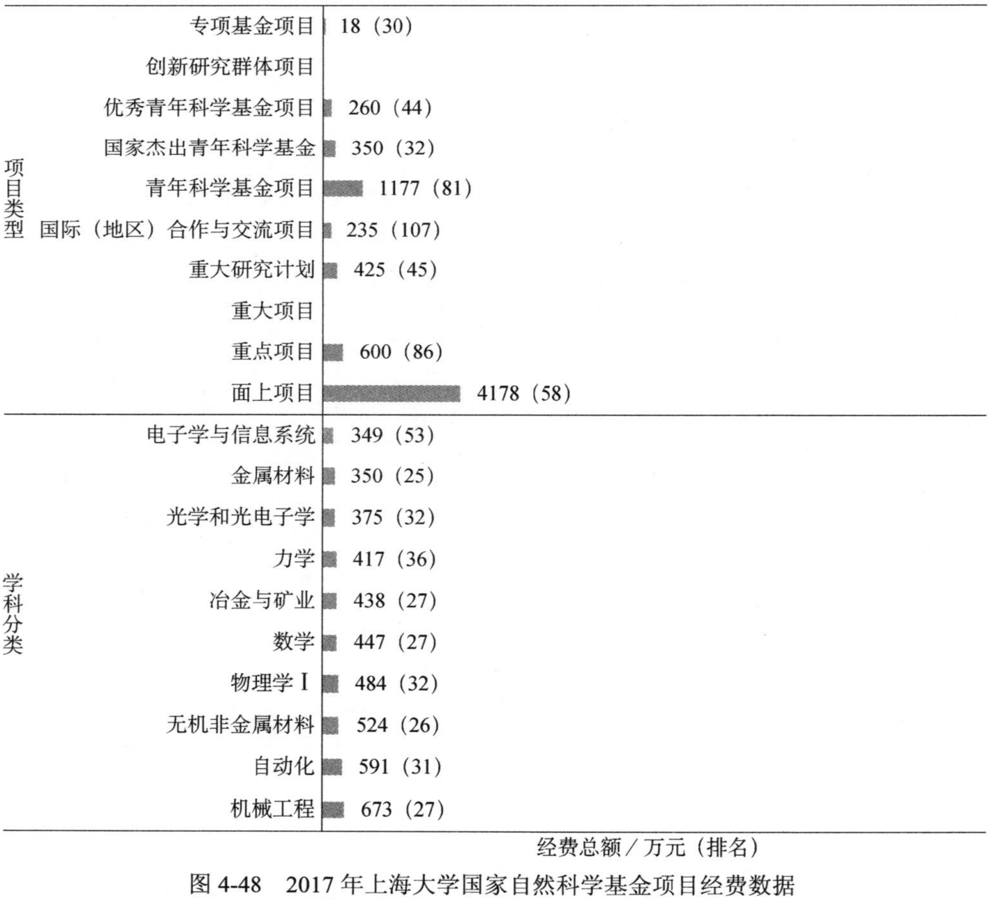

图4-48　2017年上海大学国家自然科学基金项目经费数据

资料来源：中国产业智库大数据中心

表 4-50　上海大学 2007～2017 年 SCI 论文学科分布及 2017 年 ESI 排名

序号	研究领域	SCI 发文量/篇	被引次数/次	篇均被引/次	高被引论文/篇	ESI 全球排名	ESI 全国排名
1	数学	1 321	6 667	5.05	26	120	15
2	物理学	3 149	26 307	8.35	18	548	29
3	计算机科学	658	4 460	6.78	14	264	32
4	工程科学	2 570	17 403	6.77	31	242	33
5	材料科学	3 131	29 980	9.58	24	153	41
6	化学	3 078	40 559	13.18	35	313	44
7	生物与生化	473	6 878	14.54	5	903	56
综合		15 920	146 854	9.22	162	792	48

资料来源：中国产业智库大数据中心

4.2.49　中国地质大学（武汉）

截至 2018 年 3 月，中国地质大学（武汉）设院系 23 个，65 个本科专业，2 个国家一级重点学科，有 16 个一级学科博士点，33 个一级学科硕士点，13 个博士后科研流动站。学校有全日制在校学生 26 060 人，包括本科生 18 046 人，硕士研究生 5781 人，博士研究生 1516 人，国际学生 717 人；成教及网络教育注册学生 3 万余人。有教职员工 3049 人，其中教师 1723 人，中国科学院院士 9 人，国家“千人计划”入选者 28 人（创新人才长期项目 7 人、创新人才短期项目 3 人、外国专家项目 1 人、青年项目 17 人），国家“万人计划”入选者 9 人（科技创新领军人才 6 人、青年拔尖人才 3 人），“长江学者奖励计划”入选者 18 人（特聘教授 11 人、讲座教授 5 人、青年学者 2 人），国家自然科学基金杰出青年科学基金获得者 15 人，国家自然科学基金优秀青年科学基金获得者 15 人，“新世纪优秀人才支持计划”入选者 29 人，国家自然科学基金委员会“创新研究群体”3 个，教育部“创新团队发展计划”3 个，国家级教学团队 6 个，国家级教学名师 1 人[49]。

2017 年，中国地质大学（武汉）的基础研究竞争力 BRCI 为 18.0823，全国排名第 49。国家自然科学基金项目总数为 182 项，全国排名第 43；项目经费总额为 11 937 万元，全国排名第 45；国家自然科学基金项目经费金额大于 1000 万元的有 3 个学科，其中地质学、地球化学学科项目经费总额均全国排名第 2（图 4-49）。SCI 论文共 1079 篇，全国排名第 81；6 个学科入选 ESI 全球 1%（表 4-51）。发明专利申请量 566 件，全国排名第 106。

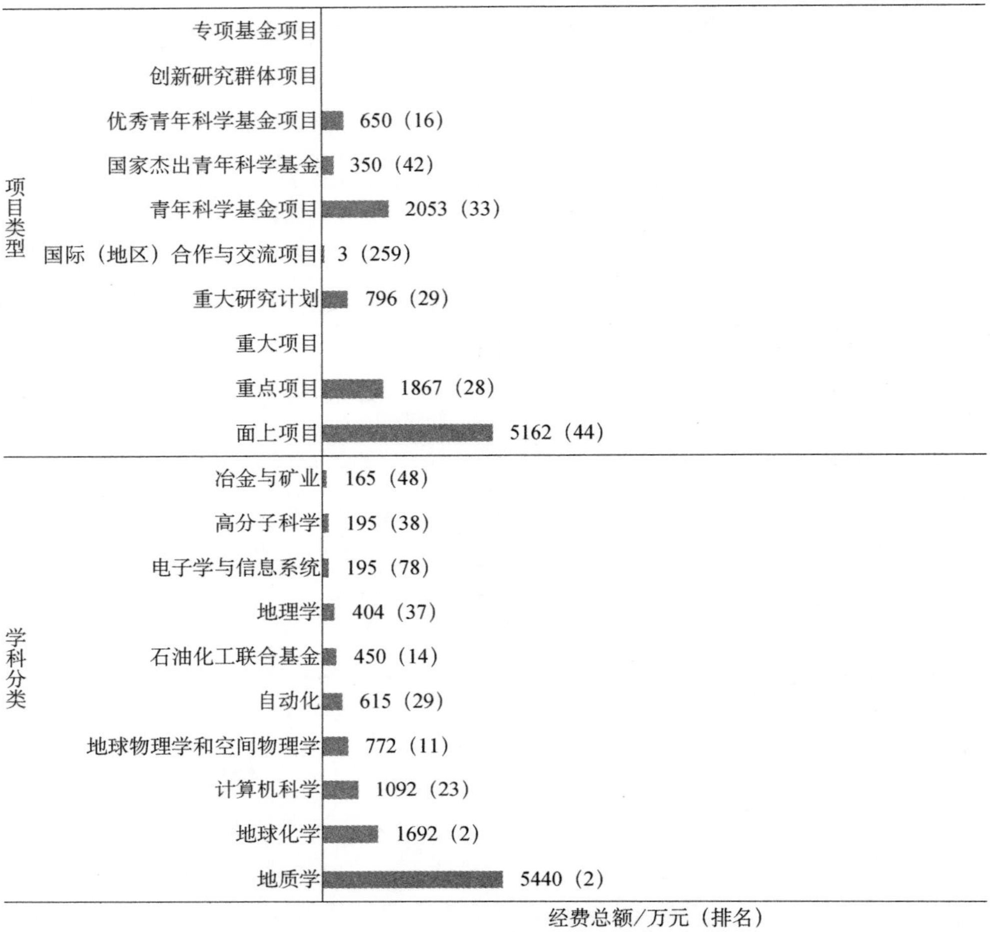

图 4-49　2017 年中国地质大学（武汉）国家自然科学基金项目经费数据

资料来源：中国产业智库大数据中心

表 4-51　中国地质大学（武汉）2007～2017 年 SCI 论文学科分布及 2017 年 ESI 排名

序号	研究领域	SCI 发文量/篇	被引次数/次	篇均被引/次	高被引论文/篇	ESI 全球排名	ESI 全国排名
1	地球科学	7 966	93 254	11.71	123	27	2
2	环境/生态学	1 276	8 814	6.91	4	535	28
3	计算机科学	496	3 387	6.83	16	366	46
4	工程科学	1 544	10 930	7.08	34	407	51
5	材料科学	1 428	11 550	8.09	10	414	68
6	化学	1 628	16 632	10.22	21	723	90
	综合	15 978	155 518	9.73	226	760	41

资料来源：中国产业智库大数据中心

4.2.50　兰州大学

截至 2018 年 3 月 22 日，兰州大学有 32 个教学系部，建有 6 个校区，有 2 所附属医院、1 所口腔医院，学校有 91 个本科专业，8 个国家重点学科，44 个硕士学位授权一级学科，19 个博士学位授权一级学科，18 个硕士专业学位授权类型，1 个博士专业学位授权类型，19 个博士后科研流动站。学校有本科生 20 710 人，硕士研究生 9682 人，博士研究生 2295 人。在职教职工 4204 人，有专任教师 2015 人，其中教授等正高职 507 人、副教授等副高职 697 人，中国科学院、中国工程院院士 11 人，“千人计划”特聘教授 9 人，“万人计划”科技创新领军人才 10 人，教育部“长江学者奖励计划”特聘教授 15 人，国家自然科学基金杰出青年科学基金获得者 18 人，“国家百千万人才工程”国家级人选 12 人，“创新人才推进计划”中青年科技创新领军人才 6 人，教育部“高等学校教学名师”4 人，国务院学位委员会学科评议组成员 10 人，“千人计划”青年项目人选 3 人，“万人计划”青年拔尖人才 5 人，“长江学者奖励计划”青年学者项目人选 3 人，国家自然科学基金优秀青年科学基金获得者 21 人，“新世纪优秀人才支持计划”129 人，国家自然科学基金委员会“创新研究群体”4 个，教育部“创新团队发展计划”8 个 5 个[50]。

2017 年，兰州大学的基础研究竞争力 BRCI 为 17.7133，全国排名第 50。国家自然科学基金项目总数为 177 项，全国排名第 46；项目经费总额为 12 398.6 万元，全国排名第 43；国家自然科学基金项目经费金额大于 500 万元的有 6 个学科，石油化工联合基金项目经费总额全国排名第 1（图 4-50）。SCI 论文共 1633 篇，全国排名第 51；12 个学科入选 ESI 全球 1%（表 4-52）。发明专利申请量 221 件，全国排名第 335。

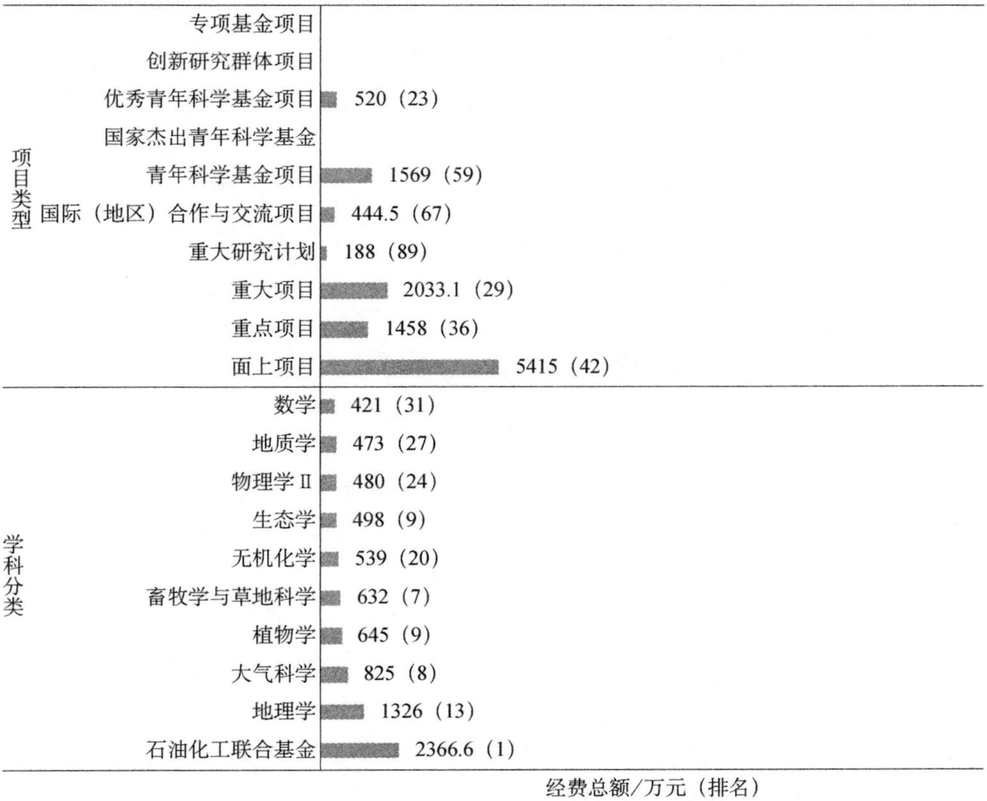

图 4-50 2017 年兰州大学国家自然科学基金项目经费数据

资料来源：中国产业智库大数据中心

表 4-52 兰州大学 2007～2017 年 SCI 论文学科分布及 2017 年 ESI 排名

序号	研究领域	SCI 发文量/篇	被引次数/次	篇均被引/次	高被引论文/篇	ESI 全球排名	ESI 全国排名
1	数学	1 119	8 607	7.69	23	74	5
2	地球科学	1 545	21 334	13.81	31	241	14
3	农业科学	489	5 436	11.12	11	316	21
4	物理学	3 504	33 036	9.43	29	467	21
5	化学	5 474	94 124	17.19	63	99	23
6	植物与动物科学	914	9 332	10.21	8	483	24
7	环境/生态学	942	9 339	9.91	14	506	26
8	药理学与毒物学	551	4 816	8.74	0	624	40
9	材料科学	1 846	28 609	15.5	20	163	43
10	生物与生化	758	8 061	10.63	4	813	51
11	临床医学	1 034	9 334	9.03	9	1 695	58
12	工程科学	966	9 387	9.72	15	463	58
综合		20 235	251 919	12.45	234	510	29

资料来源：中国产业智库大数据中心

4.2.51 中国矿业大学

截至 2018 年 3 月，中国矿业大学有 21 个学院（部），另有 2 个独立学院，有 57 个本科专业，有 1 个一级学科国家重点学科，8 个国家重点学科，1 个国家重点（培育）学科；35 个一级学科硕士点，10 个专业学位授权点，16 个一级学科博士点，14 个博士后科研流动站。目前全校有全日制普通本科生 23 900 余人，各类硕士、博士研究生 11 000 余人，留学生 460 余人。有各类教职工 3100 多人，其中专任教师 1910 余人，教授 424 人，副教授 746 人；中国科学院、中国工程院院士（含外聘）16 名，俄罗斯工程院外籍院士 1 名，“长江学者奖励计划”入选者 17 人，国家自然科学基金杰出青年科学基金获得者 16 人，国家“万人计划”入选者 8 人，“千人计划”入选者 5 人，国家自然科学基金优秀青年科学基金获得者 3 人，“百千万人才工程”培养对象入选 16 人，国家级教学名师 4 人，“新世纪优秀人才支持计划”63 人，首届中国青年科学家奖获得者 1 人，国家有突出贡献中青年专家 12 人，国家级教学团队 4 个，国家自然科学基金委员会“创新研究群体”3 个，教育部“创新团队发展计划”4 个[51]。

2017 年，中国矿业大学的基础研究竞争力 BRCI 为 17.6534，全国排名第 51。国家自然科学基金项目总数为 127 项，全国排名第 83；项目经费总额为 7086.8 万元，全国排名第 82；国家自然科学基金项目经费金额大于 500 万元的有 3 个学科，其中冶金与矿业学科项目经费总额全国排名第 3（图 4-51）。SCI 论文共 1722 篇，全国排名第 47；4 个学科入选 ESI 全球 1%（表 4-53）。发明专利申请量 733 件，全国排名第 72。

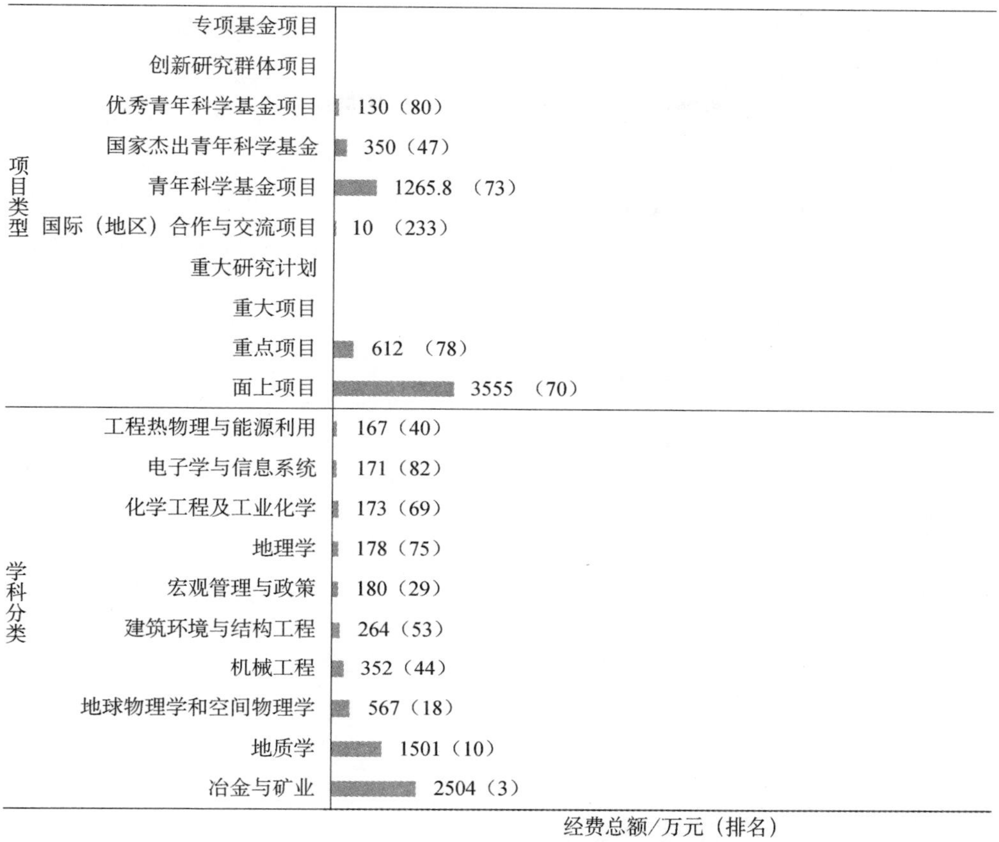

图 4-51 2017 年中国矿业大学国家自然科学基金项目经费数据

资料来源：中国产业智库大数据中心

表 4-53 中国矿业大学 2007～2017 年 SCI 论文学科分布及 2017 年 ESI 排名

序号	研究领域	SCI 发文量/篇	被引次数/次	篇均被引/次	高被引论文/篇	ESI 全球排名	ESI 全国排名
1	地球科学	1 544	10 893	7.06	19	430	27
2	工程科学	2 816	14 783	5.25	50	284	38
3	材料科学	1 227	7 276	5.93	5	614	99
4	化学	1 458	9 239	6.34	3	1 054	127
综合		10 305	59 315	5.76	135	1 493	109

资料来源：中国产业智库大数据中心

4.2.52 暨南大学

截至 2018 年 3 月 21 日，暨南大学设有 37 个学院和研究生院，有 62 个系，十余个直属研究院（所）；有本科专业 91 个，有国家二级重点学科 4 个，硕士学位授权一级学科点 41 个，博士学位授权一级学科点 23 个，专业学位授权类别 27 种；有博士后流动站 16 个，博士后科研工作站 1 个。截至 2018 年 3 月，在校各类学生 55 899 人，其中全日制本科生 25 862 人，研究生 9261 人（其中博士研究生 1078 人、硕士研究生 8183 人）。学校有专任教师 2256 人，其中教授 673 人，副教授 848 人，博士生导师 623 人，硕士生导师 1270 人，中国科学院院士 2

人，中国工程院院士 5 人，“千人计划”入选者 15 人，“长江学者奖励计划”入选者 15 人，国家自然科学基金杰出青年科学基金获得者 18 人[52]。

2017 年，暨南大学的基础研究竞争力 BRCI 为 17.5574，全国排名第 52。国家自然科学基金项目总数为 242 项，全国排名第 31；项目经费总额为 10 436 万元，全国排名第 53；国家自然科学基金项目经费金额大于 500 万元的有 3 个学科，经济科学、电子信息领域学科项目经费总额均全国排名第 8（图 4-52）。SCI 论文共 1271 篇，全国排名第 71；8 个学科入选 ESI 全球 1%（表 4-54）。发明专利申请量 266 件，全国排名第 272。

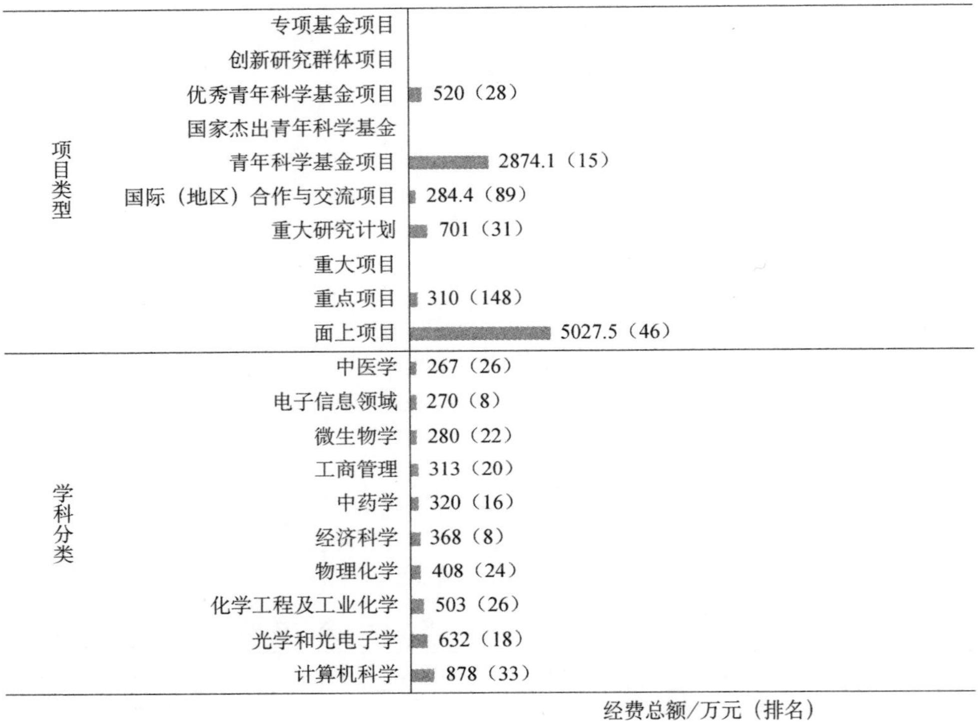

图 4-52　2017 年暨南大学国家自然科学基金项目经费数据

资料来源：中国产业智库大数据中心

表 4-54　暨南大学 2007～2017 年 SCI 论文学科分布及 2017 年 ESI 排名

序号	研究领域	SCI 发文量/篇	被引次数/次	篇均被引/次	高被引论文/篇	ESI 全球排名	ESI 全国排名
1	药理学与毒物学	927	7 721	8.33	1	393	27
2	生物与生化	839	8 647	10.31	7	764	46
3	农业科学	358	2 575	7.19	5	648	47
4	临床医学	1 698	12 681	7.47	8	1 414	50
5	环境/生态学	523	4 239	8.11	6	860	56
6	材料科学	788	8 339	10.58	11	539	84
7	化学	1 772	16 728	9.44	12	721	88
8	工程科学	566	3 994	7.06	17	911	97
综合		10 812	87 079	8.05	85	1 162	84

资料来源：中国产业智库大数据中心

4.2.53 南京工业大学

截至 2018 年 3 月，南京工业大学设有 11 个学部，28 个学院，本科专业（含方向）84 个，有国家一级重点学科 1 个，一级学科博士学位授予点 6 个，二级学科博士学位授予点 38 个（含覆盖），一级学科硕士学位授予点 22 个，二级学科硕士学位授予点 112 个（含覆盖），博士后科研流动站 7 个。各类学生 3 万余人。有教职工 2900 余人，拥有高级职称人员 1300 余人，其中中国科学院院士 2 人、中国工程院院士 5 人，第七届国务院学科评议组成员 2 人，全国杰出专业技术人才 2 人，“长江学者奖励计划”特聘教授 7 人，“973 计划”首席科学家 8 人，“千人计划”人选 30 人（其中青年项目 17 人），国家自然科学基金杰出青年科学基金获得者 13 人，国家自然科学基金优秀青年科学基金获得者 7 人，教育部“长江学者和创新团队发展计划”创新团队 4 个、滚动支持创新团队 2 个，“创新人才推进计划”中青年科技创新领军人才 5 人，“万人计划”百千万工程领军人才 1 人、中青年科技创新领军人才 4 人，“国家百千万人才工程”人选 11 人[53]。

2017 年，南京工业大学的基础研究竞争力 BRCI 为 17.541，全国排名第 53。国家自然科学基金项目总数为 147 项，全国排名第 63；项目经费总额为 9289.3 万元，全国排名第 59；国家自然科学基金项目经费中总额大于 1000 万元的有 3 个学科，其中化学生物学学科项目经费总额全国排名第 1（图 4-53）。SCI 论文共 1218 篇，全国排名第 73；3 个学科入选 ESI 全球 1%（表 4-55）。发明专利申请量 589 件，全国排名第 97。

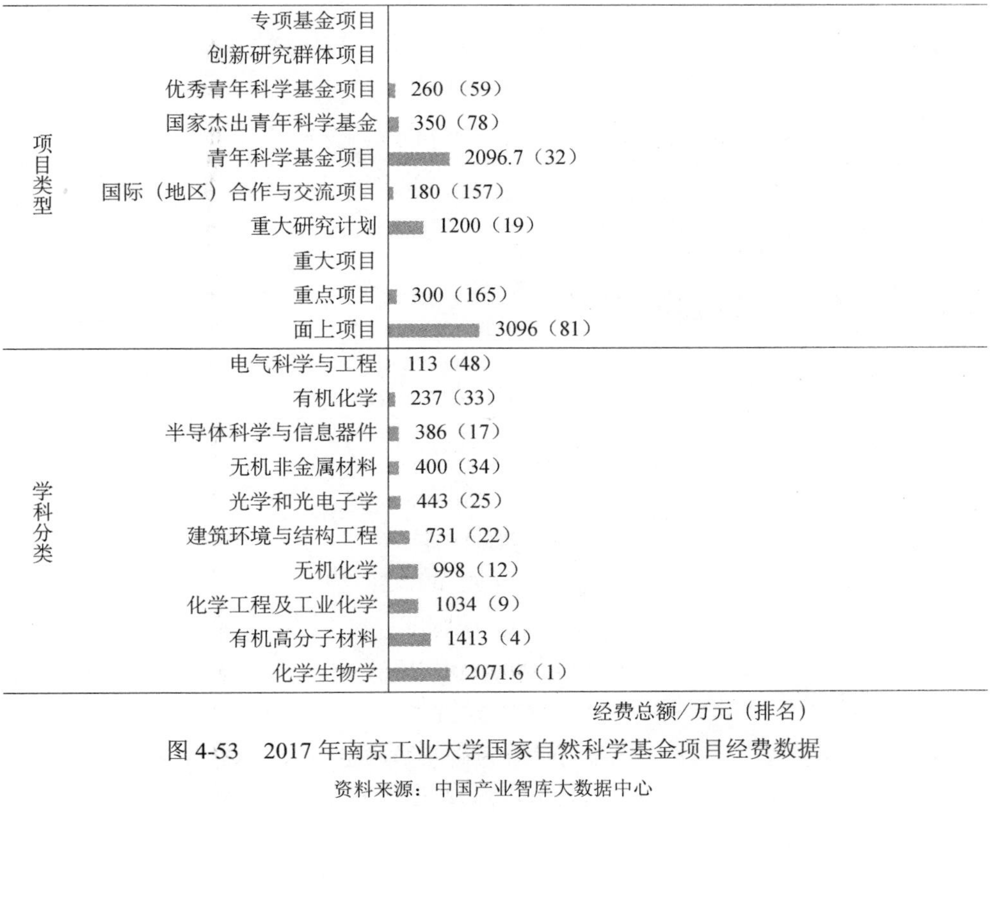

图 4-53 2017 年南京工业大学国家自然科学基金项目经费数据

资料来源：中国产业智库大数据中心

表 4-55 南京工业大学 2007～2017 年 SCI 论文学科分布及 2017 年 ESI 排名

序号	研究领域	SCI 发文量/篇	被引次数/次	篇均被引/次	高被引论文/篇	ESI 全球排名	ESI 全国排名
1	化学	4 372	45 406	10.39	58	267	38
2	材料科学	2 495	26 022	10.43	35	182	46
3	工程科学	993	8 019	8.08	15	528	64
	综合	9 452	94 907	10.04	132	1 099	76

资料来源：中国产业智库大数据中心

4.2.54 西北农林科技大学

截至 2017 年 11 月，西北农林科技大学设有 25 个学院（系、所、部）和研究生院，共有 66 个本科专业，有 7 个国家重点学科和 2 个国家重点（培育）学科，16 个博士学位授权一级学科，28 个硕士学位授权一级学科及 13 个博士后流动站。有全日制本科生 20 995 人，各类在校研究生 8162 人，其中博士生 1953 人。学校现有教职工 4509 人，其中专任教师 2073 人，正高级专业技术人员 571 人，副高级专业技术人员 1172 人。有中国科学院院士 1 人，中国工程院院士 2 人，双聘院士 10 人；国家“千人计划”入选者 7 人，“千人计划”青年项目入选者 8 人；“长江学者奖励计划”特聘教授 6 人、青年学者 2 人，国家自然科学基金杰出青年科学基金获得者 7 人，国家自然科学基金优秀青年科学基金获得者 7 人，“国家百千万人才工程”入选者 12 人，“新世纪优秀人才支持计划”入选者 64 人，国家教学名师 2 人[54]。

2017 年，西北农林科技大学的基础研究竞争力 BRCI 为 17.3469，全国排名第 54。国家自然科学基金项目总数为 173 项，全国排名第 50；项目经费总额为 8832.44 万元，全国排名第 64；国家自然科学基金项目经费金额大于 500 万元的有 7 个学科，其中兽医学学科项目经费总额全国排名第 5（图 4-54）。SCI 论文共 1623 篇，全国排名第 53；6 个学科入选 ESI 全球 1%（表 4-56）。发明专利申请量 362 件，全国排名第 194。

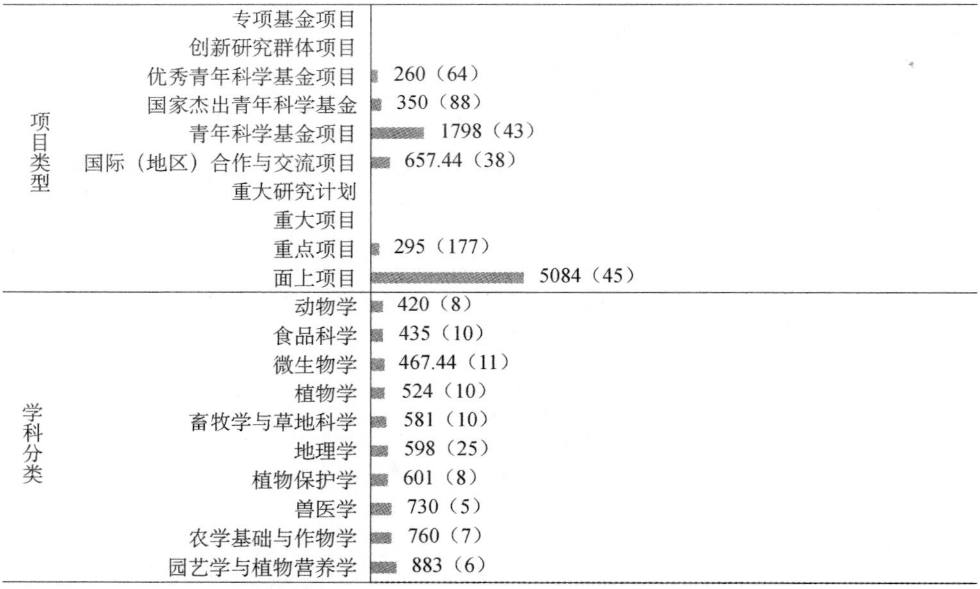

图 4-54 2017 年西北农林科技大学国家自然科学基金项目经费数据

资料来源：中国产业智库大数据中心

表 4-56　西北农林科技大学 2007～2017 年 SCI 论文学科分布及 2017 年 ESI 排名

序号	研究领域	SCI 发文量/篇	被引次数/次	篇均被引/次	高被引论文/篇	ESI 全球排名	ESI 全国排名
1	农业科学	2 467	20 687	8.39	30	56	8
2	植物与动物科学	3 053	20 978	6.87	20	196	9
3	环境/生态学	1 071	7 828	7.31	16	573	34
4	生物与生化	948	8 750	9.23	7	755	45
5	工程科学	388	3 974	10.24	9	915	99
6	化学	1 186	9 337	7.87	3	1 042	126
综合		12 152	94 240	7.76	96	1 106	78

资料来源：中国产业智库大数据中心

4.2.55　广东工业大学

截至 2018 年 3 月，广东工业大学共设有 19 个学院，4 个公共课教学部（中心），有 84 个本科专业，5 个一级学科博士学位授权点，27 个二级学科博士学位授权点，20 个一级学科硕士学位授权点，88 个二级学科硕士学位授权点（含 MBA），5 个博士后科研流动站。目前全日制在校生 44 000 余人，本科生 39 000 余人，研究生 5000 余人，并招有不同层次的成人学历教育学生、港澳台生和外国留学生。有专任教师 2000 多人，其中正高级职称 300 多人，副高级职称 700 多人，“长江学者奖励计划”8 人、国家自然科学基金杰出青年科学基金获得者 9 人，“千人计划”教授 17 人，国家自然科学基金优秀青年科学基金获得者 5 人，“千人计划”青年项目 10 人，“新世纪优秀人才支持计划”5 人，同时还聘有外籍院士 4 人，中国工程院院士 3 人[55]。

2017 年，广东工业大学的基础研究竞争力 BRCI 为 17.0809，全国排名第 55。国家自然科学基金项目总数为 128 项，全国排名第 82；项目经费总额为 6108.6 万元，全国排名第 93；国家自然科学基金项目经费金额大于 500 万元的有 3 个学科，其中电子信息领域学科项目经费总额全国排名第 2（图 4-55）。SCI 论文共 914 篇，全国排名第 92；2 个学科入选 ESI 全球 1%（表 4-57）。发明专利申请量 1960 件，全国排名第 13。

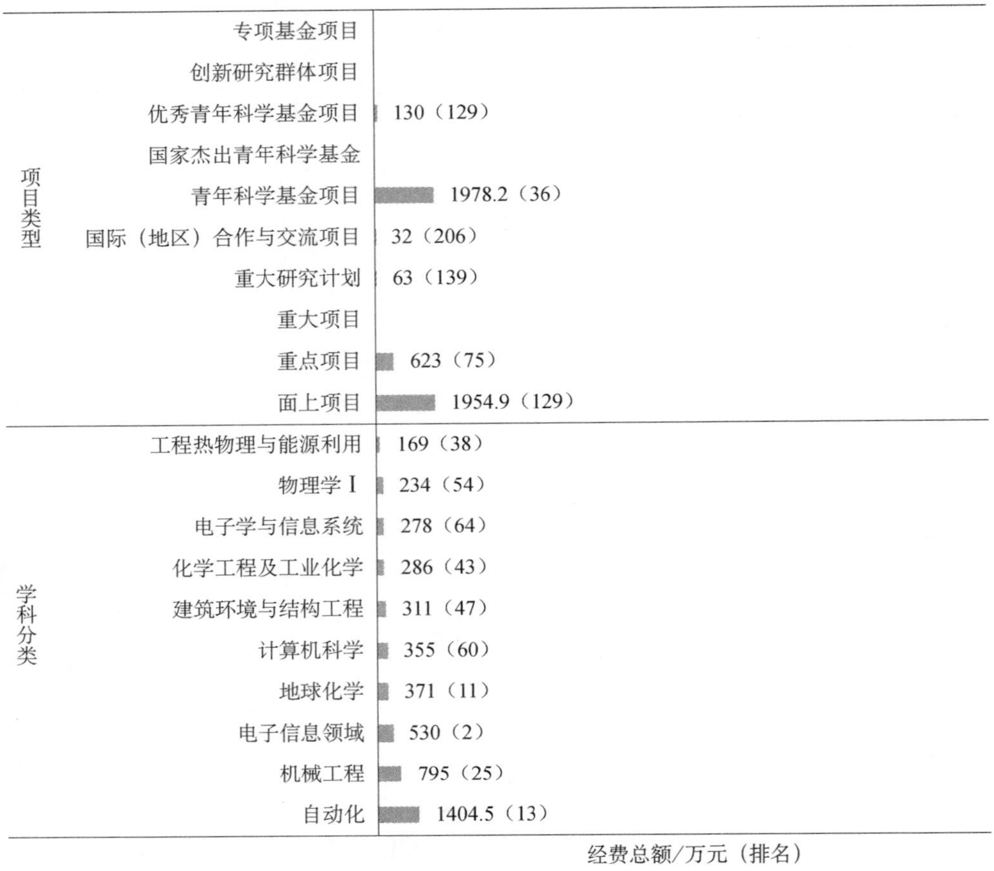

图 4-55　2017 年广东工业大学国家自然科学基金项目经费数据

资料来源：中国产业智库大数据中心

表 4-57　广东工业大学 2007～2017 年 SCI 论文学科分布及 2017 年 ESI 排名

序号	研究领域	SCI 发文量/篇	被引次数/次	篇均被引/次	高被引论文/篇	ESI 全球排名	ESI 全国排名
1	工程科学	1 159	8 212	7.09	42	518	62
2	材料科学	993	5 158	5.19	2	814	119
综合		4 730	30 167	6.38	75	2 299	184

资料来源：中国产业智库大数据中心

4.2.56　河海大学

截至 2017 年 12 月，河海大学有 20 个院系，56 个本科专业，拥有 1 个一级学科国家重点学科，7 个二级学科国家重点学科，2 个二级学科国家重点学科培育点；16 个一级学科博士点，77 个二级学科博士点；38 个一级学科硕士点，205 个二级学科硕士点；15 个博士后流动站。截至 2017 年 9 月底，各类学历教育在校学生 51 419 名，其中研究生 16 493 名，普通本科生 19 870 名，成人教育学生 13 874 名，留学生 1182 名。河海大学有教职工 3441 名，其中高级职称的教师 1354 名，博士生导师 483 名；双聘院士 15 名，“千人计划”入选者 14 名，教育部“长江学者奖励计划”特聘教授 7 名，国家自然科学基金杰出青年科学基金获得者 7 名，国家自然科学基金优秀青年科学基金获得者4名，“国家级教学名师奖”获得者3名，国家级有突出贡献中青年专家9名，“百千万人才工程”国家级人选11名，教育部“新世纪优秀人才支持计划”入选者23名，教育部科学技术委员会学部委员2名，国家自然科学基金委员会“创新研究群体”1个，“长江学者和创新团队发展计划”创新团队5个、国家级教学团队2个[56]。

2017年，河海大学的基础研究竞争力BRCI为16.8426，全国排名第56。国家自然科学基金项目总数为145项，全国排名第66；项目经费总额为7465万元，全国排名第77；国家自然科学基金项目经费金额大于500万元的有4个学科，其中水利科学与海洋工程学科项目经费总额全国排名第1（图4-56）。SCI论文共1245篇，全国排名第72；4个学科入选ESI全球1%（表4-58）。发明专利申请量1135件，全国排名第36。

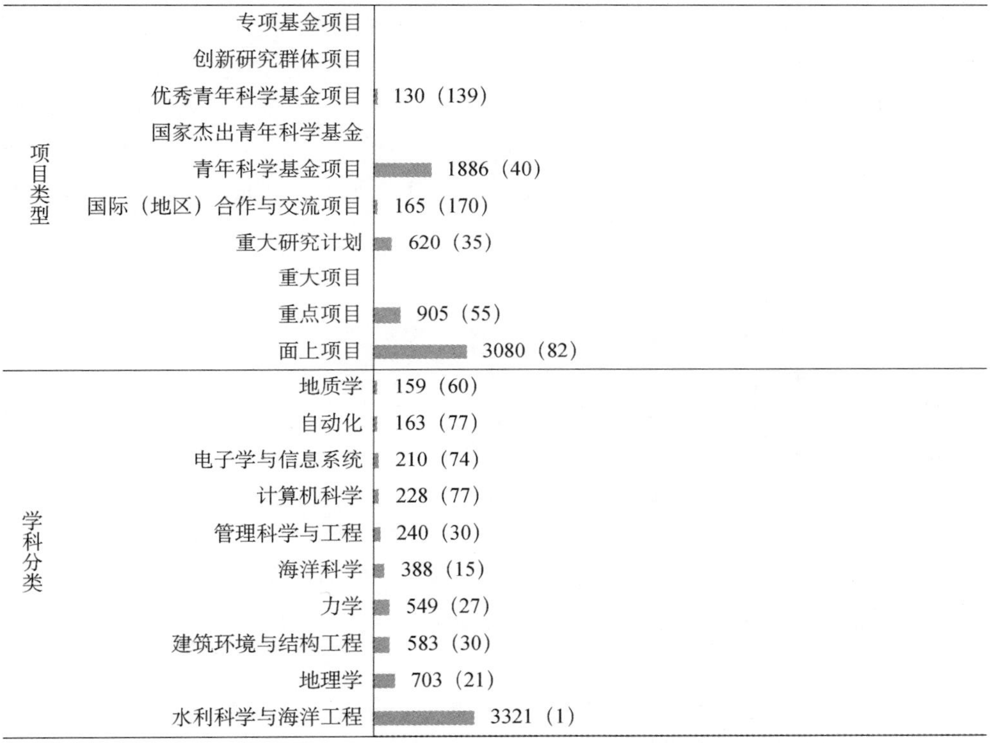

图4-56 2017年河海大学国家自然科学基金项目经费数据

资料来源：中国产业智库大数据中心

表4-58 河海大学2007～2017年SCI论文学科分布及2017年ESI排名

序号	研究领域	SCI发文量/篇	被引次数/次	篇均被引/次	高被引论文/篇	ESI全球排名	ESI全国排名
1	环境/生态学	1 266	7 546	5.96	3	586	36
2	工程科学	2 554	12 695	4.97	15	335	43
3	计算机科学	500	3 239	6.48	15	379	47
4	材料科学	853	5 061	5.93	3	822	122
综合		7 813	41 654	5.33	58	1 900	150

资料来源：中国产业智库大数据中心

4.2.57 南京医科大学

截至2018年4月，南京医科大学设有19个学院（部）和1个独立学院——康达学院，一级学科硕士学位授权点12个、二级学科硕士学位授权点73个，一级学科博士学位授权点8个、二级学科博士学位授权点50个，交叉学科博士学位授权点3个，博士后科研流动站7个；在校生总数为1.5万多人；有专任教师853人，其中教授188人、副教授252人，中国工程院院士1名，美国国家医学院外籍院士1名，“长江学者奖励计划”特聘教授3名、青年学者2位，“万人计划”百千万工程领军人才1人，“千人计划”9人，国家自然科学基金杰出青年科学基金获得者8人，国家自然科学基金优秀青年科学基金获得者11人，国家级教学名师1人，“新世纪优秀人才支持计划”入选者7人，国家级教学团队3个，教育部“创新团队发展计划”1个[57]。

2017年，南京医科大学的基础研究竞争力BRCI为16.7519，全国排名第57位。国家自然科学基金项目总数为299项，全国排名第21；项目经费总额为13 225.33万元，全国排名第39；国家自然科学基金项目经费金额大于1000万元的学科共有4个，预防医学学科项目经费总额全国排名第1，医学病原生物与感染学科经费总额全国排名第2（图4-57）。SCI论文共1929篇，全国排名第37；7个学科入选ESI全球1%（表4-59）。发明专利申请量55件，全国排名第1642。

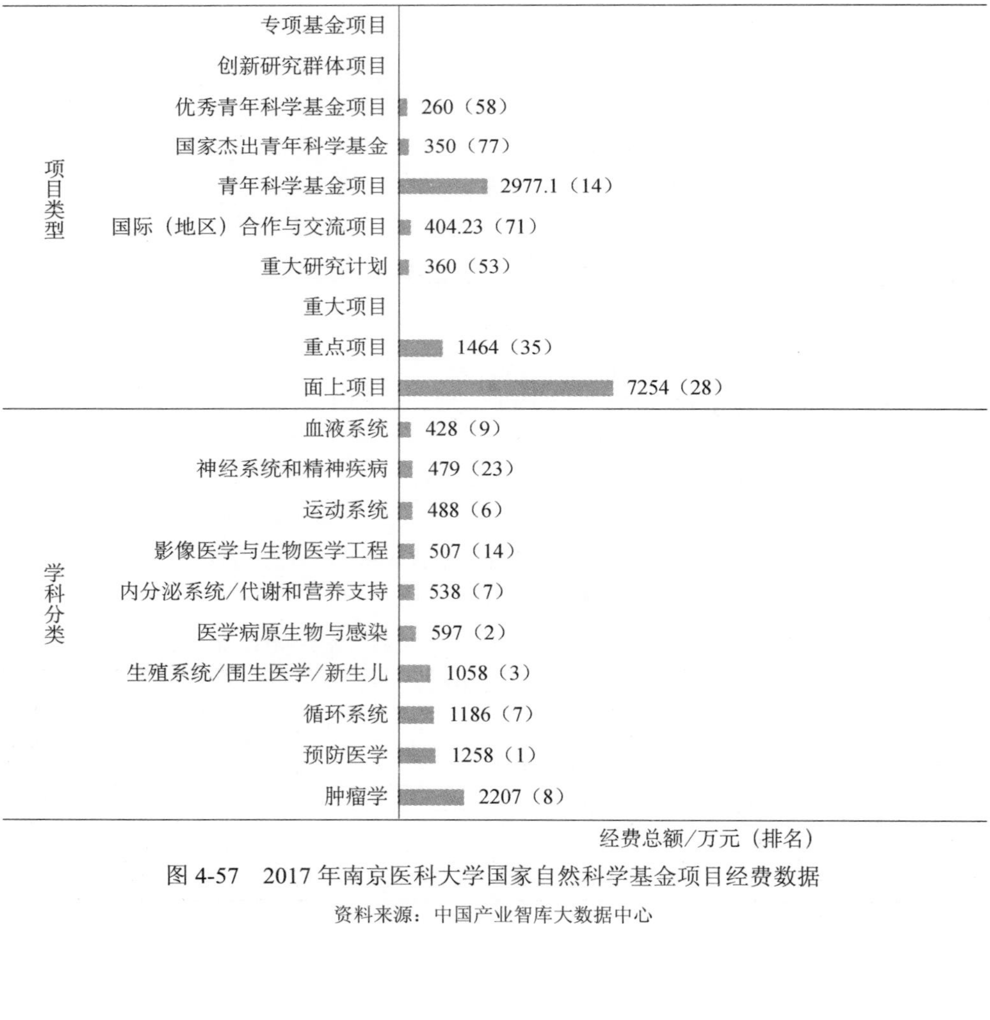

图4-57 2017年南京医科大学国家自然科学基金项目经费数据

资料来源：中国产业智库大数据中心

表 4-59 南京医科大学 2007～2017 年 SCI 论文学科分布及 2017 年 ESI 排名

序号	研究领域	SCI 发文量/篇	被引次数/次	篇均被引/次	高被引论文/篇	ESI 全球排名	ESI 全国排名
1	临床医学	7 537	71 836	9.53	72	428	10
2	分子生物与遗传学	2 173	26 998	12.42	16	423	12
3	生物与生化	1 457	12 922	8.87	8	576	32
4	药理学与毒物学	1 258	11 400	9.06	6	237	15
5	神经科学与行为	1 090	11 763	10.79	6	523	15
6	免疫学	514	5 207	10.13	0	643	16
7	一般社会科学	131	1 435	10.95	4	1 348	32
综合		15 685	155 380	9.91	123	761	42

资料来源：中国产业智库大数据中心

4.2.58 北京师范大学

截至 2017 年 12 月，北京师范大学设 3 个学部、23 个学院、2 个系、10 个研究院（所）。有本科专业 69 个，一级学科国家重点学科 5 个、二级学科国家重点学科 11 个、二级学科国家重点培育学科 2 个；硕士学位授权一级学科 36 个、博士学位授权一级学科 24 个、博士后科研流动站 25 个。全日制在校生 24 700 余人，其中本科生 10 260 人、研究生 12 891 人、长期留学生 1600 余人。有校本部教职工 3086 人，其中专任教师 2007 人，中国科学院、中国工程院院士 8 人、双聘院士 13 人，资深教授 6 人，“千人计划”创新人才长期项目入选者 12 人，“长江学者奖励计划”特聘教授 39 人，国家自然科学基金杰出青年科学基金获得者 47 人，“万人计划”科技创新领军人才 10 人，国家级高等学校教学名师 7 人，国家级创新研究群体 6 个。“千人计划”青年项目入选者、“万人计划”青年拔尖人才、国家自然科学基金优秀青年科学基金获得者、“长江学者奖励计划”青年学者等共计 71 人[58]。

2017 年，北京师范大学的基础研究竞争力 BRCI 为 16.7315，全国排名第 58。国家自然科学基金项目总数为 176 项，全国排名第 47；项目经费总额为 13 955.4 万元，全国排名第 32；国家自然科学基金项目经费金额大于 1000 万元的有 3 个学科，心理学学科项目经费总额全国排名第 1（图 4-58）。SCI 论文共 1760 篇，全国排名第 45；14 个学科入选 ESI 全球 1%（表 4-60）。发明专利申请量 157 件，全国排名第 460。

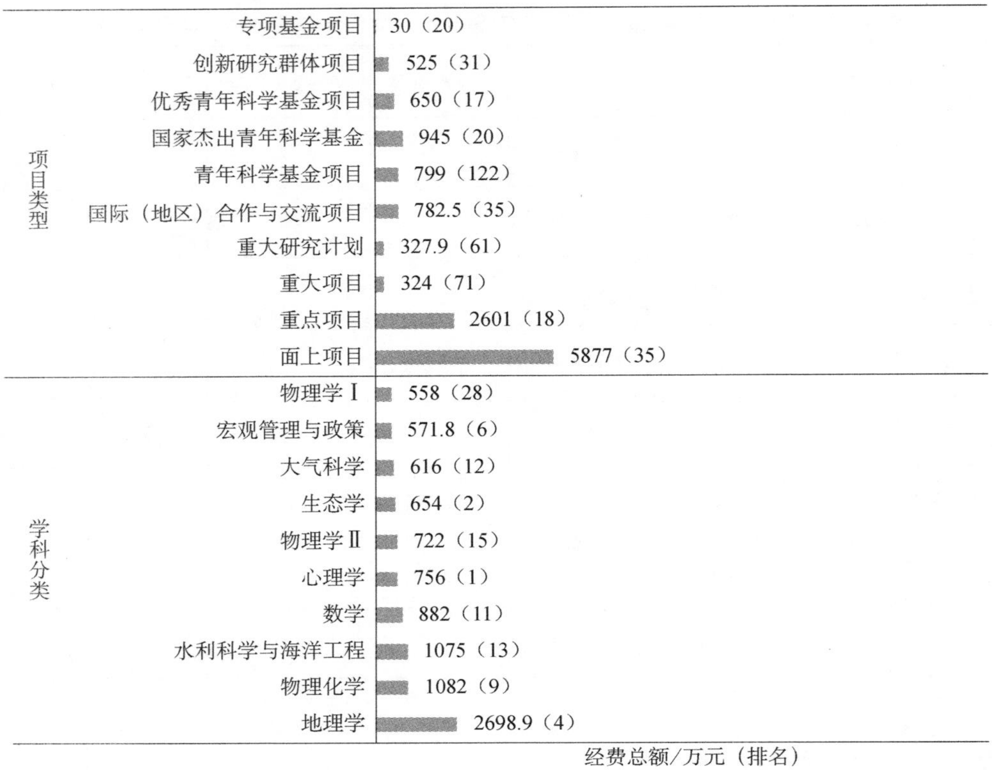

图 4-58 2017 年北京师范大学国家自然科学基金项目经费数据

资料来源：中国产业智库大数据中心

表 4-60 北京师范大学 2007～2017 年 SCI 论文学科分布及 2017 年 ESI 排名

序号	研究领域	SCI 发文量/篇	被引次数/次	篇均被引/次	高被引论文/篇	ESI 全球排名	ESI 全国排名
1	精神病学/心理学	944	7 346	7.78	5	415	4
2	神经科学与行为	1 063	22 803	21.45	25	305	5
3	数学	1 689	8 317	4.92	28	77	6
4	环境/生态学	2 545	27 163	10.67	25	158	7
5	一般社会科学	704	5 301	7.53	17	542	7
6	地球科学	2 394	26 685	11.15	40	186	10
7	农业科学	472	5 620	11.91	10	305	20
8	物理学	2 814	28 272	10.05	39	523	27
9	植物与动物科学	442	4 808	10.88	3	821	44
10	化学	2 752	33 389	12.13	26	395	54
11	工程科学	1 008	9 761	9.68	27	451	55
12	生物与生化	522	6 390	12.24	6	952	60
13	材料科学	589	8 556	14.53	14	525	80
14	临床医学	283	2 720	9.61	2	3 576	105
综合		19 806	216 867	10.95	278	565	32

资料来源：中国产业智库大数据中心

4.2.59 北京工业大学

截至 2017 年年底，北京工业大学设 4 个学部，下属 35 个研究院系/所，现设 64 个本科专业，拥有 3 个国家重点学科；18 个一级学科博士学位授权点、1 个二级学科博士学位授权点、31 个一级学科硕士学位授权点、3 个二级学科硕士学位授权点；18 个博士后科研流动站。在校学生 26 800 余人，其中研究生 10 000 余人，全日制本科生 14 000 余人，成人教育本专科生 2000 余人，留学生 800 余人。在职教职工总数 2965 人，其中专任教师 1737 人，中国工程院院士 3 人，全职双聘院士 7 人，国家级教学名师奖获得者 3 人，“长江学者奖励计划”特聘教授 10 人，国家自然科学基金杰出青年基金获得者 12 人，“千人计划”入选者 14 人，“万人计划”入选者 3 人，“国家百千万人才工程”入选者 12 人，国家自然科学基金优秀青年科学基金获得者 13 人[59]。

2017 年，北京工业大学的基础研究竞争力 BRCI 为 16.6788，全国排名第 59。国家自然科学基金项目总数为 140 项，全国排名第 68；项目经费总额为 7225.5 万元，全国排名第 80；国家自然科学基金项目经费总额大于 500 万元的有 2 个学科，建筑环境与结构工程学科项目经费总额全国排名第 7（图 4-59）。SCI 论文共 1179 篇，全国排名第 77；3 个学科入选 ESI 全球 1%（表 4-61）。发明专利申请量 1146 件，全国排名第 35。

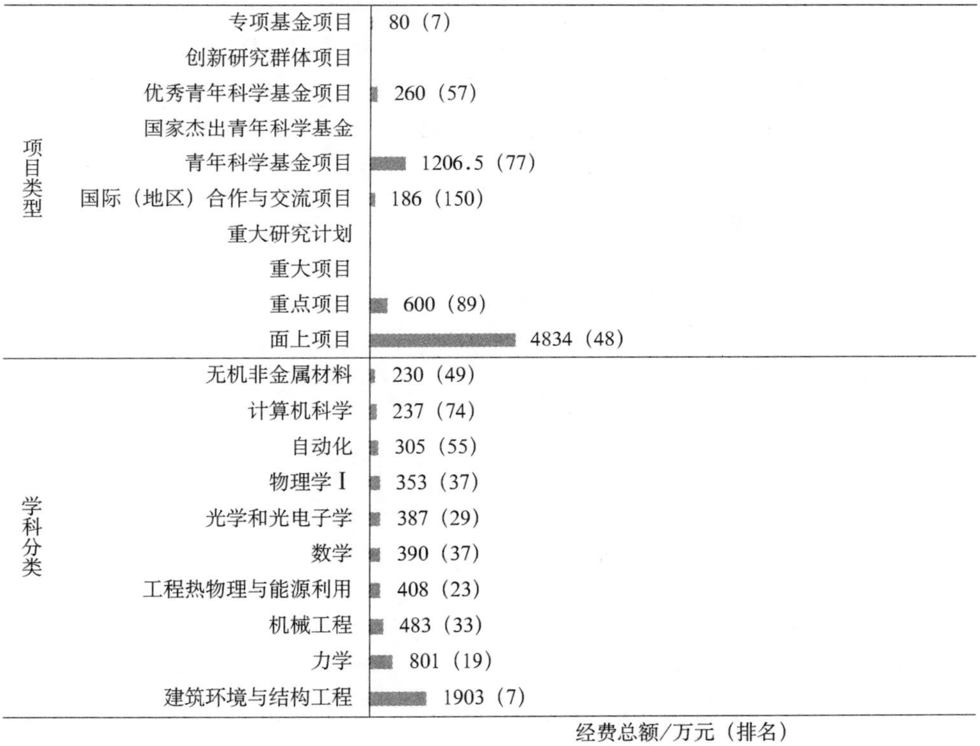

图 4-59　2017 年北京工业大学国家自然科学基金项目经费数据

资料来源：中国产业智库大数据中心

表 4-61　北京工业大学 2007～2017 年 SCI 论文学科分布及 2017 年 ESI 排名

序号	研究领域	SCI 发文量/篇	被引次数/次	篇均被引/次	高被引论文/篇	ESI 全球排名	ESI 全国排名
1	工程科学	2 110	11 900	5.64	16	362	46
2	材料科学	1 843	14 340	7.78	8	343	58
3	化学	1 394	16 440	11.79	19	734	96
综合		9 425	68 530	7.27	64	1 355	98

资料来源：中国产业智库大数据中心

4.2.60 合肥工业大学

截至 2017 年 11 月，合肥工业大学设有直属院系 24 个，有 3 个国家重点学科、1 个国家重点（培育）学科、12 个博士学位授权一级学科、1 个博士学位授权二级学科；33 个硕士学位授权一级学科、11 种专业学位授予权。目前在校全日制本科生 3.2 万余人、硕士和博士研究生 1.3 万余人。学校有教职工 3783 人，专任教师 2266 人，其中有中国工程院院士 1 人，国家“千人计划”入选者 7 人，“长江学者奖励计划”特聘教授与讲座教授 12 人，国家自然科学基金杰出青年科学基金获得者 7 人，“万人计划”教学名师 1 人，国家级教学名师 2 人，“长江学者奖励计划”青年学者 2 人，国家自然科学基金优秀青年科学基金获得者 10 人，“万人计划”青年拔尖人才项目入选者 1 人，“国家百千万人才工程”入选者 10 人、“新世纪优秀人才支持计划”入选者 27 人[60]。

2017 年，合肥工业大学的基础研究竞争力 BRCI 为 16.5323，全国排名第 60。国家自然科学基金项目总数为 140 项，全国排名第 69；项目经费总额为 6769.1 万元，全国排名第 85；国家自然科学基金项目经费金额大于 500 万元的有 4 个学科，其中管理科学与工程学科项目经费总额全国排名第 5（图 4-60）。SCI 论文共 1146 篇，全国排名第 80；4 个学科入选 ESI 全球 1%（表 4-62）。发明专利申请量 1013 件，全国排名第 44。

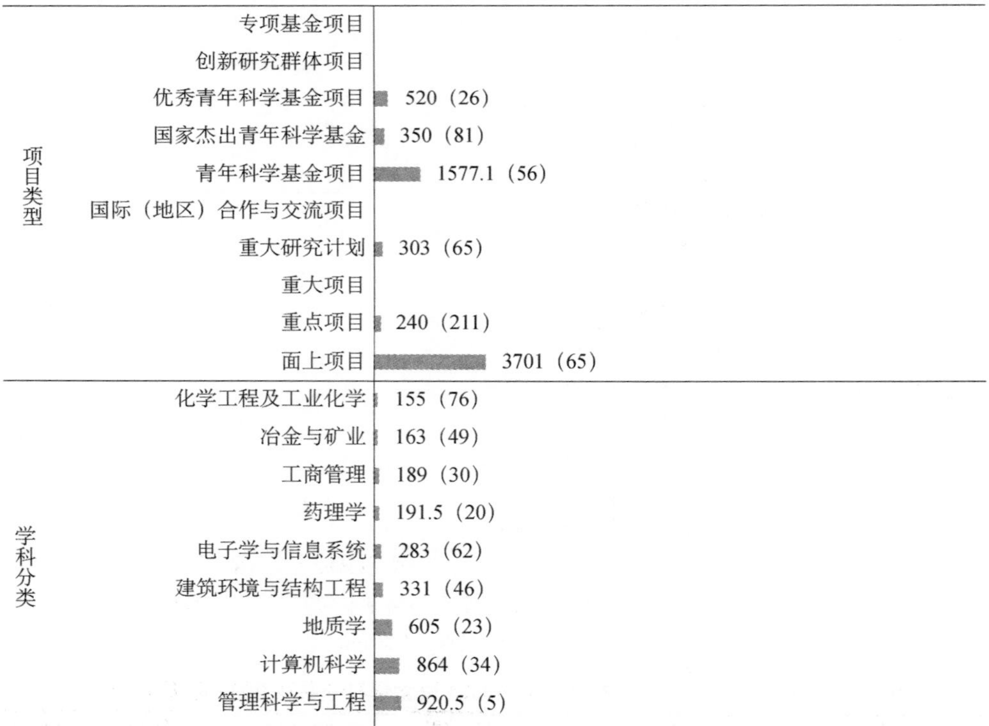

图 4-60 2017 年合肥工业大学国家自然科学基金项目经费数据

资料来源：中国产业智库大数据中心

表 4-62 合肥工业大学 2007～2017 年 SCI 论文学科分布及 2017 年 ESI 排名

序号	研究领域	SCI 发文量/篇	被引次数/次	篇均被引/次	高被引论文/篇	ESI 全球排名	ESI 全国排名
1	计算机科学	516	3 229	6.26	10	381	48
2	工程科学	1 724	10 905	6.33	37	409	52
3	材料科学	1 331	14 353	10.78	15	341	57
4	化学	1 601	16 955	10.59	10	716	86
综合		7 535	62 636	8.31	96	1 435	102

资料来源：中国产业智库大数据中心

4.2.61 北京交通大学

截至 2017 年 12 月，北京交通大学现设 14 个学院，设有研究生院及远程与继续教育学院；与企业合作在河北省黄骅市创办独立学院——北京交通大学海滨学院；拥有 2 个二级学科国家重点学科，包括一级学科所涵盖的二级学科国家重点学科总数达到 8 个；有一级学科博士点 21 个，一级学科硕士点 33 个，建有博士后科研流动站 15 个。学校有在校本科生 14 620 人，博士研究生 2913 人，硕士研究生 8036 人，非全日制硕士研究生 888 人，在职专业学位研究生 4709 人，成人学生 7255 人，外国留学生总计 1865 人。全校在职教职工 2980 人，其中专任教师 1868 人（具有副高级及以上专业技术职称的 1311 人，具有硕士及以上学历的 1772 人），中国科学院院士 4 人，中国工程院院士 10 人，国家级教学名师 5 人，国务院学位委员会学科评议组成员 6 人，“973 计划”首席科学家 4 人，“千人计划”入选者 8 人，“万人计划”入选者 10 人，“长江学者奖励计划”特聘教授、讲座教授和青年学者 10 人，“国家百千万人才工程”国家级人选 11 人，国家自然科学基金杰出青年科学基金获得者 10 人，国家自然科学基金优秀青年科学基金获得者 12 人，享受国务院政府特殊津贴专家 154 人[61]。

2017 年，北京交通大学的基础研究竞争力 BRCI 为 16.3033，全国排名第 61。国家自然科学基金项目总数为 146 项，全国排名第 64；项目经费总额为 13 267.22 万元，全国排名第 38；国家自然科学基金项目经费金额大于 1000 万元的有 3 个学科，其中自动化学科项目经费总额全国排名第 2（图 4-61）。SCI 论文共 1395 篇，全国排名第 62；3 个学科入选 ESI 全球 1%（表 4-63）。发明专利申请量 435 件，全国排名第 155。

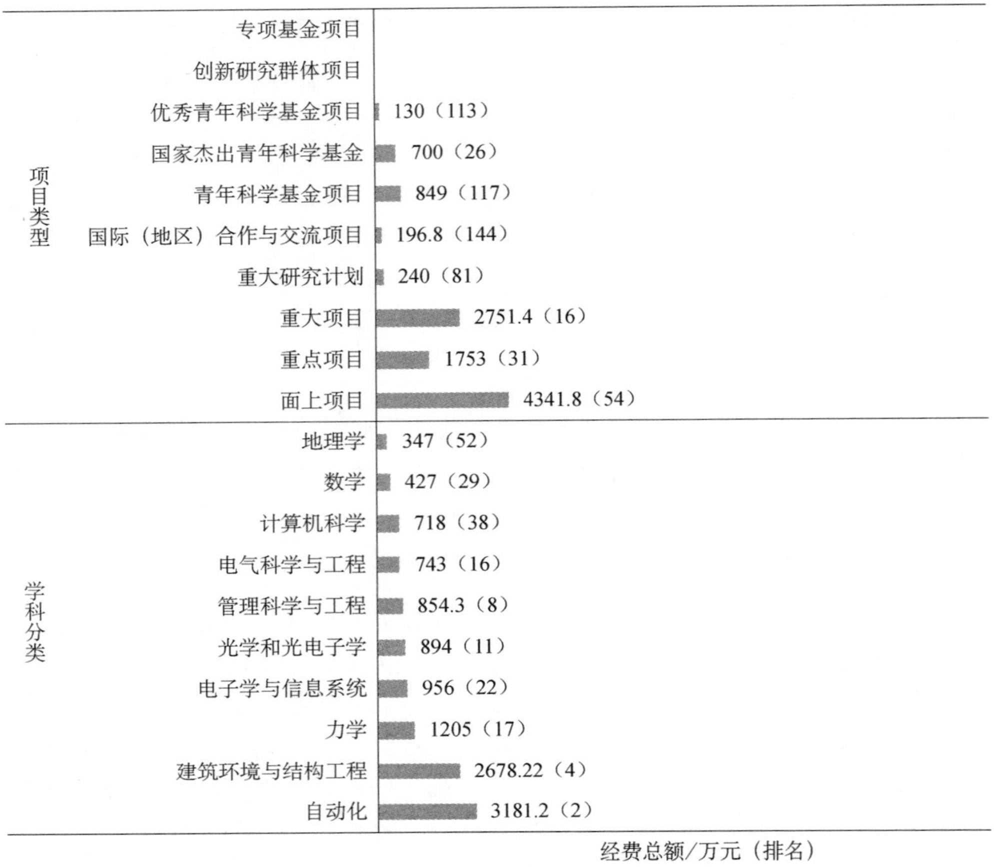

图 4-61　2017 年北京交通大学国家自然科学基金项目经费数据

资料来源：中国产业智库大数据中心

表 4-63　北京交通大学 2007～2017 年 SCI 论文学科分布及 2017 年 ESI 排名

序号	研究领域	SCI 发文量/篇	被引次数/次	篇均被引/次	高被引论文/篇	ESI 全球排名	ESI 全国排名
1	计算机科学	1 404	6 037	4.3	14	176	23
2	工程科学	3 590	19 667	5.48	44	208	30
3	材料科学	891	8 816	9.89	9	515	78
综合		9 853	58 973	5.99	98	1 496	110

资料来源：中国产业智库大数据中心

4.2.62　南方医科大学

截至 2018 年 3 月，南方医科大学有 17 个学院，本科专业 31 个，博士学位授权一级学科 10 个，博士后流动站 6 个；有全日制本科生 13 150 人，研究生 4898 人，留学生 1037 人；有专任教师 2030 人，其中院士 3 人、双聘院士 3 人，国家级教学团队 3 个，国家教学名师 4 人，“千人计划”入选者 13 人，“长江学者奖励计划”特聘教授、讲座教授、青年学者 9 人，国家自然科学基金杰出青年科学基金获得者 13 人，“万人计划”入选者 7 人，“百千万人才工程”国家级人选 13 人，中青年科技创新领军人才 3 人，国家自然科学基金优秀青年科学基金获得者6人[62]。

2017年，南方医科大学的基础研究竞争力BRCI为16.1654，全国排名第62位。国家自然科学基金项目总数为246项，全国排名第30；项目经费总额为11 017.2万元，全国排名第47；国家自然科学基金项目经费金额大于500万元的学科有4个，其中泌尿系统学科项目经费金额全国排名第2（图4-62）。SCI论文共1629篇，全国排名第52；5个学科入选ESI全球1%（表4-64）。发明专利申请量110件，全国排名第702。

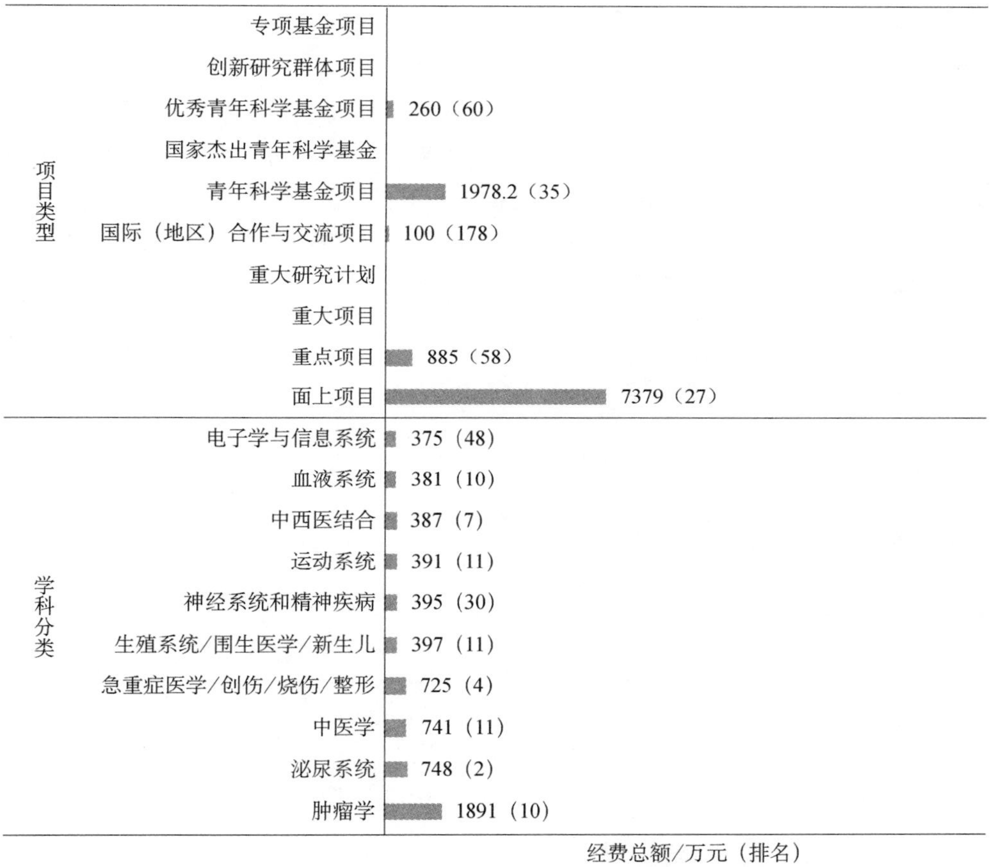

图4-62　2017年南方医科大学国家自然科学基金项目经费数据

资料来源：中国产业智库大数据中心

表4-64　南方医科大学2007～2017年SCI论文学科分布及2017年ESI排名

序号	研究领域	SCI发文量/篇	被引次数/次	篇均被引/次	高被引论文/篇	ESI全球排名	ESI全国排名
1	临床医学	5 154	43 151	8.37	36	608	19
2	分子生物与遗传学	1 206	12 859	10.66	10	719	33
3	生物与生化	1 039	8 136	7.83	7	803	49
4	神经科学与行为	783	6 948	8.87	0	744	27
5	药理学与毒物学	743	6 087	8.19	4	510	31
综合		10 838	93 308	8.61	62	1 114	79

资料来源：中国产业智库大数据中心

4.2.63 南京农业大学

截至 2018 年 4 月，南京农业大学设有 19 个学院（部），设有 62 个本科专业、31 个硕士授权一级学科、15 种专业学位授予权、16 个博士授权一级学科和 15 个博士后流动站。有全日制本科生 17 000 余人，研究生 8500 余人。教职员工 2700 余人，其中中国工程院院士 2 人，“千人计划”入选者 4 人，“长江学者奖励计划”特聘教授 6 人、讲座教授 2 人，国家级教学名师 2 人，全国模范教师 2 人，全国优秀教师 1 人，国家自然科学基金杰出青年科学基金获得者 15 人，“新世纪优秀人才支持计划”入选者 64 人，“国家百千万人才工程”人选 9 人，国家级有突出贡献中青年专家 8 人[63]。

2017 年，南京农业大学的基础研究竞争力 BRCI 为 15.8459，全国排名第 63。国家自然科学基金项目总数为 153 项，全国排名第 61；项目经费总额为 9264 万元，全国排名第 60；国家自然科学基金项目经费金额大于 1000 万元的有 3 个学科，其中园艺学与植物营养学学科项目经费总额全国排名第 1（图 4-63）。SCI 论文共 1599 篇，全国排名第 56；7 个学科入选 ESI 全球 1%（表 4-65）。发明专利申请量 294 件，全国排名第 247。

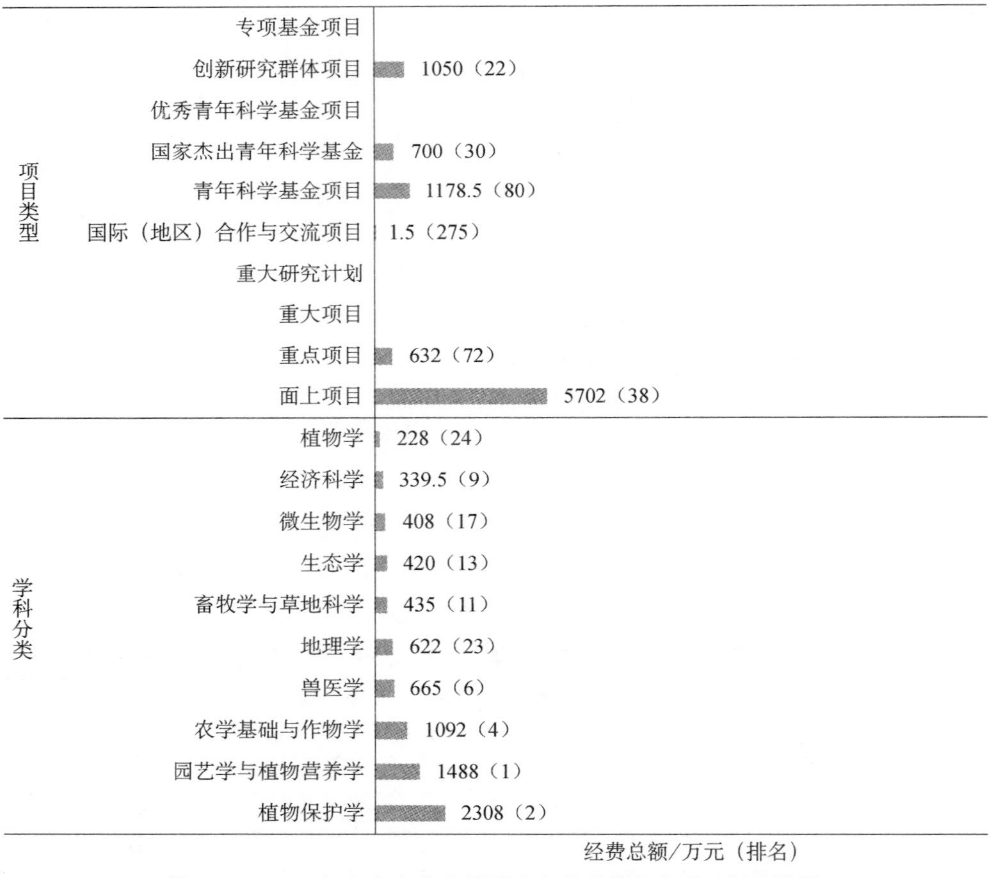

图 4-63 2017 年南京农业大学国家自然科学基金项目经费数据

资料来源：中国产业智库大数据中心

表 4-65　南京农业大学 2007～2017 年 SCI 论文学科分布及 2017 年 ESI 排名

序号	研究领域	SCI 发文量/篇	被引次数/次	篇均被引/次	高被引论文/篇	ESI 全球排名	ESI 全国排名
1	农业科学	2 571	25 166	9.79	29	29	5
2	植物与动物科学	3 802	36 338	9.56	50	99	5
3	微生物学	787	6 444	8.19	4	358	13
4	环境/生态学	848	10 691	12.61	10	451	21
5	生物与生化	1 187	14 431	12.16	3	532	27
6	分子生物与遗传学	1 105	13 698	12.4	4	694	31
7	工程科学	300	3 215	10.72	11	1 066	120
综合		12 440	124 644	10.02	120	901	54

资料来源：中国产业智库大数据中心

4.2.64　昆明理工大学

截至 2018 年 3 月，昆明理工大学设有 28 个学院、1 个教学部、6 个研究院、13 个临床教学基地，设有研究生院；设有 108 个本科专业，现拥有国家重点学科 1 个、国家重点培育学科 1 个、一级学科博士点 8 个、二级学科博士点 44 个、一级学科硕士点 36 个、二级学科硕士点 174 个，博士后流动站 8 个。全日制在校本科学生 30 571 人，博士、硕士研究生 11 143 人，2017 年有各类长短期留学生 1557 人。学校有教职工 3855 人，其中，专任教师 2345 人，教授、副教授职称人员 1328 人，博士生导师 337 人；学校有全职院士 3 人，其中，中国工程院院士 2 人，中国科学院院士 1 人；“千人计划”入选者（含“千人计划”青年项目）4 人，“长江学者奖励计划”特聘教授 2 人，全国“创新争先奖”获得者 1 人，国家自然科学基金杰出青年科学基金获得者 1 人，“万人计划”入选者 8 人，何梁何利基金科学与技术进步奖获得者 2 人，国家自然科学基金优秀青年科学基金获得者 2 人，“百千万人才工程”国家级人选 13 人，国家级突出贡献专家 5 人（8 人，含退休），“高校青年教师奖”1 人，“新世纪优秀人才培养计划”入选者 7 人（8 人，含退休）[64]。

2017 年，昆明理工大学的基础研究竞争力 BRCI 为 15.8065，全国排名第 64。国家自然科学基金项目总数为 146 项，全国排名第 65；项目经费总额为 6464 万元，全国排名第 91；国家自然科学基金项目经费金额大于 300 万元的有 5 个学科，矿产资源综合利用与新材料领域学科项目经费总额全国排名第 1（图 4-64）。SCI 论文共 964 篇，全国排名第 89；2 个学科入选 ESI 全球 1%（表 4-66）。发明专利申请量 1154 件，全国排名第 34。

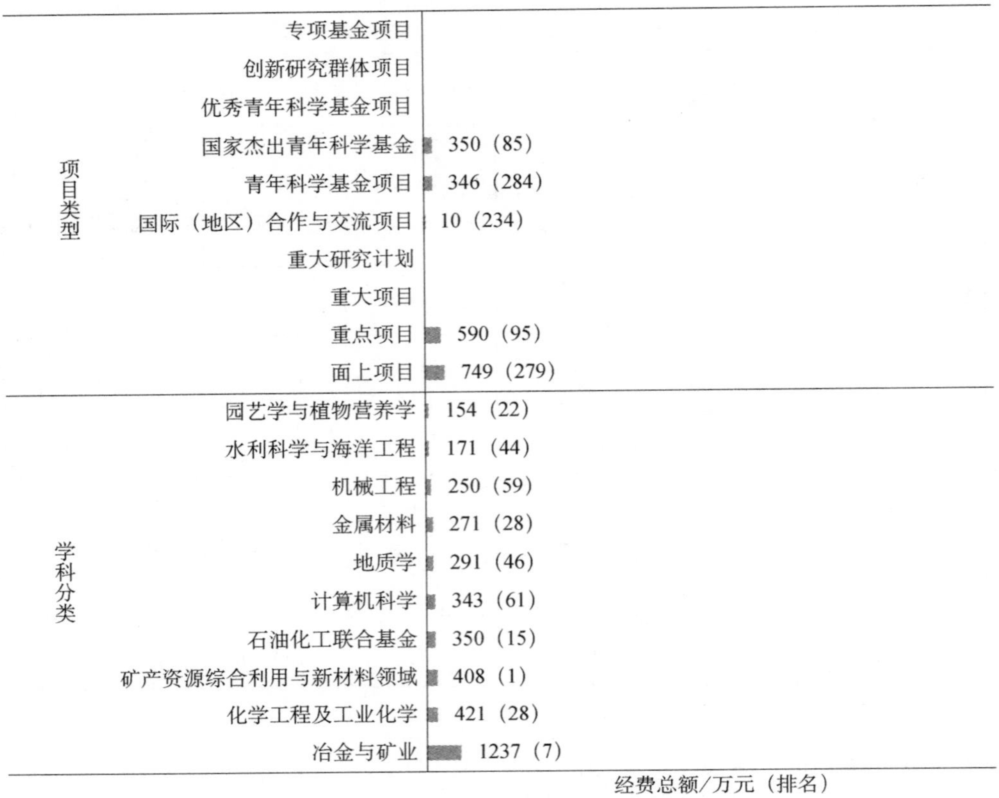

图 4-64　2017 年昆明理工大学国家自然科学基金项目经费数据

资料来源：中国产业智库大数据中心

表 4-66　昆明理工大学 2007～2017 年 SCI 论文学科分布及 2017 年 ESI 排名

序号	研究领域	SCI 发文量/篇	被引次数/次	篇均被引/次	高被引论文/篇	ESI 全球排名	ESI 全国排名
1	材料科学	1 547	7 880	5.09	2	574	89
2	工程科学	624	4 466	7.16	7	836	91
综合		6 044	34 908	5.78	30	2 095	164

资料来源：中国产业智库大数据中心

4.2.65　扬州大学

截至 2018 年 3 月，扬州大学设有 28 个二级学院和 1 个独立学院，有 120 个本科专业，拥有国家级重点学科 2 个，国家重点（培育）学科 1 个，有一级学科博士学位授权点 22 个，一级学科硕士学位授权点 47 个，博（硕）士专业学位类别 21 个，博士后流动站 14 个。全校普通全日制本科生 25 000 多人，各类博、硕士研究生 11 000 多人。全校有教职员工 5900 多人，其中专任教师 2300 多人，医护人员 1900 多人，具有高级职称教师 1300 多人，博士生导师、硕士生导师 3100 多人，中国工程院院士 2 人，外籍院士 1 人，“千人计划”入选者 6 人，“万人计划”入选者 4 人，“长江学者奖励计划”入选者 2 人，国家自然科学基金杰出青年科学基金获得者 4 人，国家自然科学基金优秀青年科学基金获得者 2 人，首批全国高校黄大年式教师团队 1 个，国家级教学名师 2 人，“国家百千万人才工程”国家级人选 6 人，“新世纪优秀人才支持计划”入选者11人，“创新人才推进计划”中青年科技创新领军人才3人[65]。

2017年，扬州大学的基础研究竞争力BRCI为15.5065，全国排名第65。国家自然科学基金项目总数为156项，全国排名第57；项目经费总额为6084.92万元，全国排名第95；国家自然科学基金项目经费金额大于500万元的有2个学科，其中兽医学学科项目经费总额全国排名第3（图4-65）。SCI论文共1004篇，全国排名第86；6个学科入选ESI全球1%（表4-67）。发明专利申请量687件，全国排名第81。

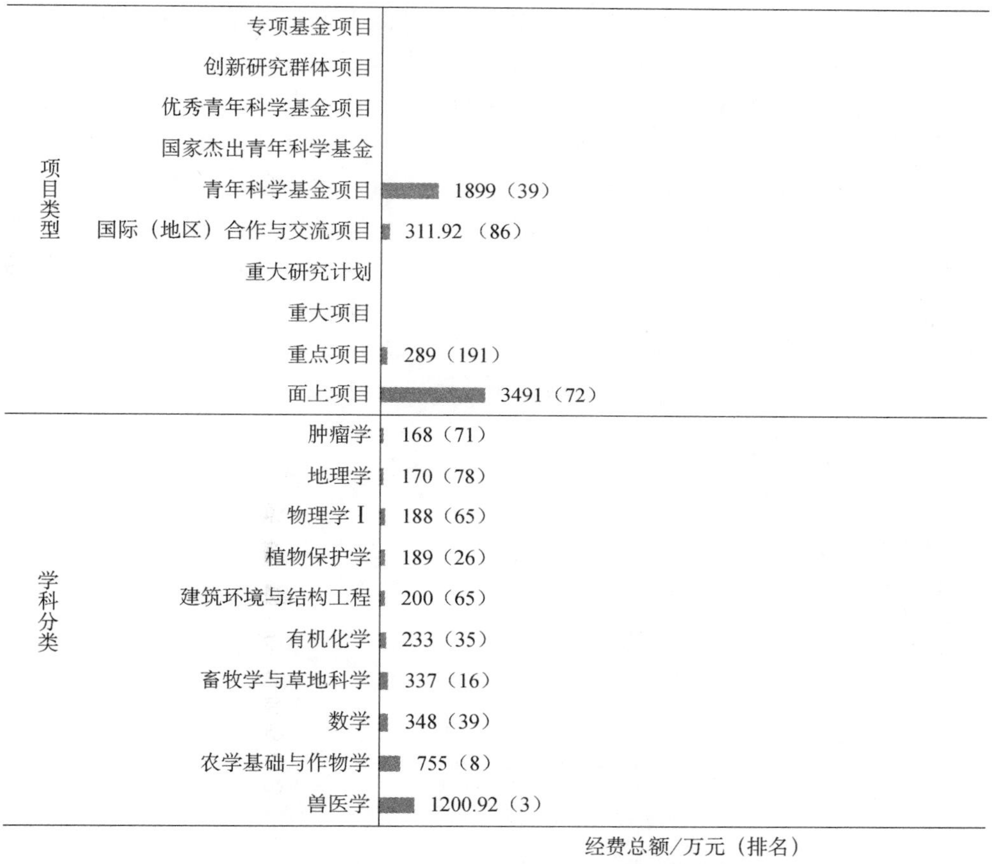

图4-65 2017年扬州大学国家自然科学基金项目经费数据

资料来源：中国产业智库大数据中心

表4-67 扬州大学2007～2017年SCI论文学科分布及2017年ESI排名

序号	研究领域	SCI发文量/篇	被引次数/次	篇均被引/次	高被引论文/篇	ESI全球排名	ESI全国排名
1	农业科学	538	4 279	7.95	7	406	30
2	植物与动物科学	906	6 420	7.09	7	674	33
3	化学	1 802	20 766	11.52	13	604	72
4	工程科学	473	5 124	10.83	20	765	84
5	临床医学	575	3 866	6.72	3	2 818	89
6	材料科学	593	5 838	9.84	6	737	115
综合		7 809	68 545	8.78	97	1 354	97

资料来源：中国产业智库大数据中心

4.2.66 西南大学

截至2017年12月，西南大学有32个学院（部），有53个一级学科，其中有3个国家重点学科、2个国家重点（培育）学科，28个一级学科具有博士学位授予权、51个一级学科具有硕士学位授予权，有1种专业博士学位、19种专业硕士学位，博士后科研流动站22个。有在校学生5万余人，其中普通本科生近4万人，硕士、博士研究生11 000余人，留学生800余人。学校现有专任教师2968人，其中教授572人、副教授1115人，博士生导师331人、硕士生导师1398人，中国科学院院士1人、中国工程院院士1人、资深教授1人、国家级教学名师3人、国家级有突出贡献中青年专家5人、“千人计划”入选者12人、“万人计划”入选者9人、“长江学者奖励计划”13人、国家自然科学基金杰出青年科学基金获得者2人、“973计划”项目首席科学家2人、“国家百千万人才工程”国家级人选12人、国务院学位委员会委员和学科评议组成员8人，国家级教学团队4个、教育部创新团队3个[66]。

2017年，西南大学的基础研究竞争力BRCI为15.4185，全国排名第66。国家自然科学基金项目总数为120项，全国排名第87；项目经费总额为5868.94万元，全国排名第99；国家自然科学基金项目经费金额大于500万元的有2个学科，发育生物学与生殖生物学、心理学学科项目经费总额均全国排名第6（图4-66）。SCI论文共1605篇，全国排名第55；6个学科入选ESI全球1%（表4-68）。发明专利申请量470件，全国排名第136。

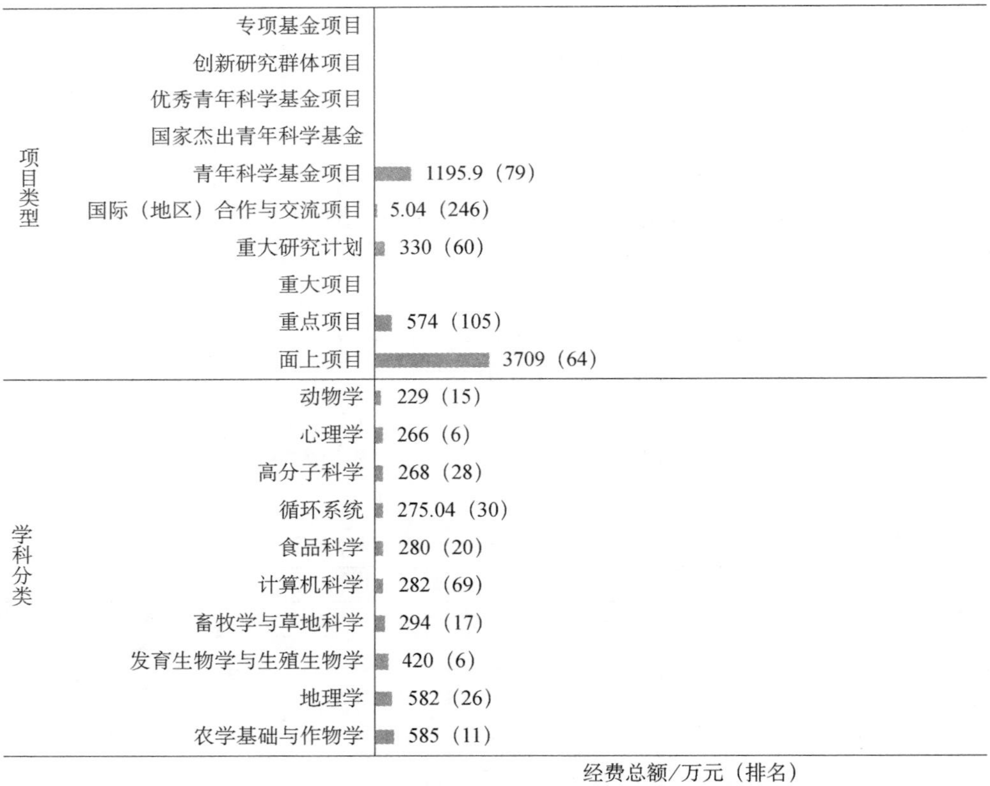

图4-66 2017年西南大学国家自然科学基金项目经费数据

资料来源：中国产业智库大数据中心

表 4-68　西南大学 2007～2017 年 SCI 论文学科分布及 2017 年 ESI 排名

序号	研究领域	SCI 发文量/篇	被引次数/次	篇均被引/次	高被引论文/篇	ESI 全球排名	ESI 全国排名
1	植物与动物科学	1 027	7 243	7.05	14	608	29
2	农业科学	592	3 725	6.29	3	469	33
3	化学	3 002	37 262	12.41	19	352	48
4	生物与生化	608	6 732	11.07	4	920	57
5	材料科学	816	8 446	10.35	7	530	81
6	工程科学	525	3 742	7.13	20	955	104
综合		11 203	100 191	8.94	121	1 061	69

资料来源：中国产业智库大数据中心

4.2.67　北京化工大学

截至 2017 年 12 月 31 日，北京化工大学共设有 15 个学院，学校有 55 个本科专业，拥有 1 个一级学科国家重点学科（涵盖 5 个二级重点学科），2 个二级学科国家重点学科，1 个国家重点（培育）学科，7 个一级学科博士点，29 个二级学科博士点，96 个硕士点，7 个博士后流动站；在校全日制本科生 15 305 人，研究生 6768 人（其中博士 885 人），函授、夜大等继续教育学生 3675 人，学历留学生 318 人。有教职工 2509 人，其中中国科学院、中国工程院院士 8 人，外籍院士 5 人，国家“千人计划”创新人才长期项目、创新人才短期项目入选者 7 人，“长江学者奖励计划”特聘教授 12 人、讲座教授 2 人，“万人计划”科技创新领军人才 2 人，国家“万人计划”青年拔尖人才 3 人，“万人计划”教学名师 3 人，“973 计划”首席科学家 8 人次，“千人计划”青年项目入选者 3 人，国家自然科学基金杰出青年科学基金获得者 26 人，国家自然科学基金优秀青年科学基金获奖者 9 人，国家级高等学校教学名师 5 人，教育部“全国优秀教师”8 人，全国杰出专业技术人才 1 人，中国青年女科学家奖获得者 2 人，“国家百千万人才工程”入选者 9 人，中国青年科技奖获得者 7 人，教育部跨世纪优秀人才 71 人[67]。

2017 年，北京化工大学的基础研究竞争力 BRCI 为 14.7965，全国排名第 67。国家自然科学基金项目总数为 89 项，全国排名第 112；项目经费总额为 8150.8 万元，全国排名第 69；国家自然科学基金项目经费金额大于 500 万元的有 4 个学科，其中有机高分子材料、化学生物学学科项目经费总额全国排名均为第 2（图 4-67）。SCI 论文共 1433 篇，全国排名第 59；4 个学科入选 ESI 全球 1%（表 4-69）。发明专利申请量 501 件，全国排名第 123。

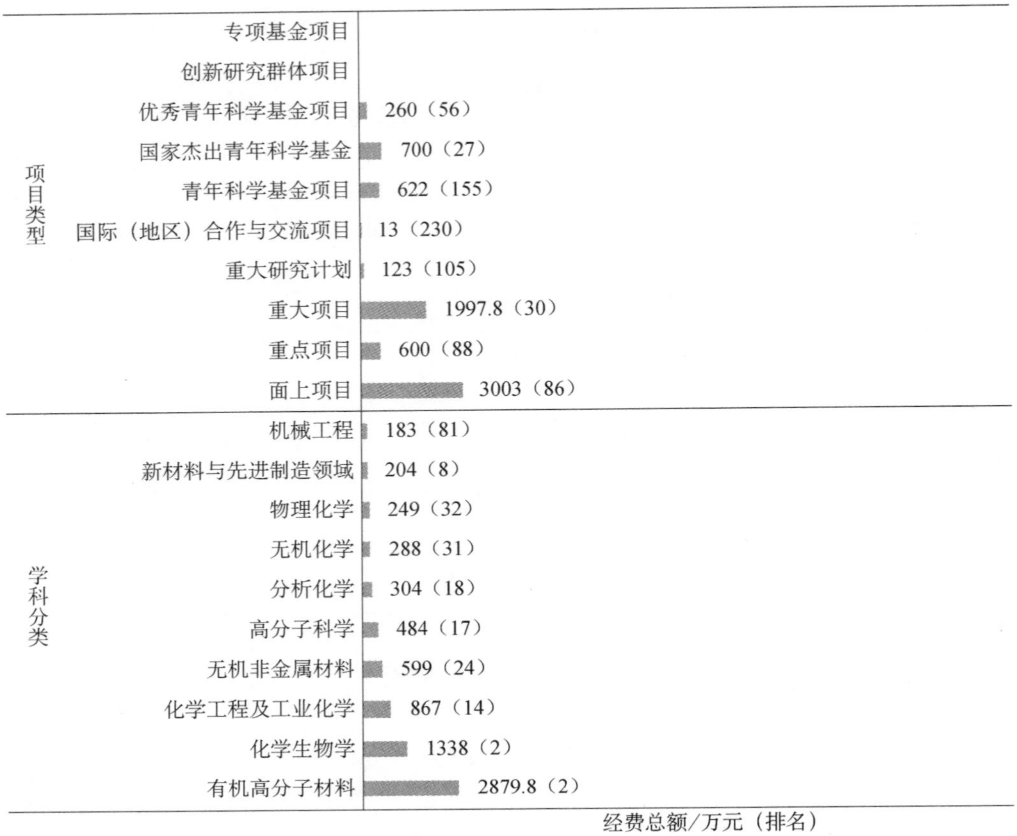

图 4-67　2017 年北京化工大学国家自然科学基金项目经费数据

资料来源：中国产业智库大数据中心

表 4-69　北京化工大学 2007～2017 年 SCI 论文学科分布及 2017 年 ESI 排名

序号	研究领域	SCI 发文量/篇	被引次数/次	篇均被引/次	高被引论文/篇	ESI 全球排名	ESI 全国排名
1	化学	6 737	83 667	12.42	55	121	27
2	材料科学	2 337	37 411	16.01	32	117	32
3	生物与生化	567	7 621	13.44	5	839	53
4	工程科学	977	9 687	9.92	33	454	56
综合		12 247	153 456	12.53	145	771	44

资料来源：中国产业智库大数据中心

4.2.68　中国石油大学（华东）

截至 2017 年 12 月，中国石油大学（华东）设有 13 个教学学院（部），63 个本科专业；有 11 个博士后流动站，14 个博士学位授权一级学科，3 个博士学位授权二级学科，1 种博士专业学位授权类别，32 个硕士学位授权一级学科，2 个硕士学位授权二级学科；有全日制在校本科生近 19 000 人，研究生 6000 余人，留学生 1300 余人，函授网络在籍生 8.7 万余人；现有教师 1700 余人，其中教授、副教授 1000 余人，博士生导师 175 人，专任教师中有中国科学院、中国工程院院士 10 人，国家“千人计划”入选者 5 人，“外专千人计划”入选者 1 人，“万人计划”入选者5人，“长江学者”特聘教授和讲座教授4人，国家自然科学基金杰出青年科学基金获得者5人；国家“青年千人计划”入选者2人，“长江学者”青年学者3人，国家自然科学基金优秀青年科学基金获得者2人；国家“百千万人才工程”入选者11人，“新世纪优秀人才支持计划”入选者20人[68]。

2017年，中国石油大学（华东）的基础研究竞争力BRCI为14.7928，全国排名第68。国家自然科学基金项目总数为111项，全国排名第90；项目经费总额为5686万元，全国排名第105；国家自然科学基金项目经费金额大于500万元的有4个学科，其中地质学、冶金与矿业学科项目经费总额均全国排名第6（图4-68）。SCI论文共1205篇，全国排名第74；4个学科入选ESI全球1%（表4-70）。发明专利申请量775件，全国排名第61。

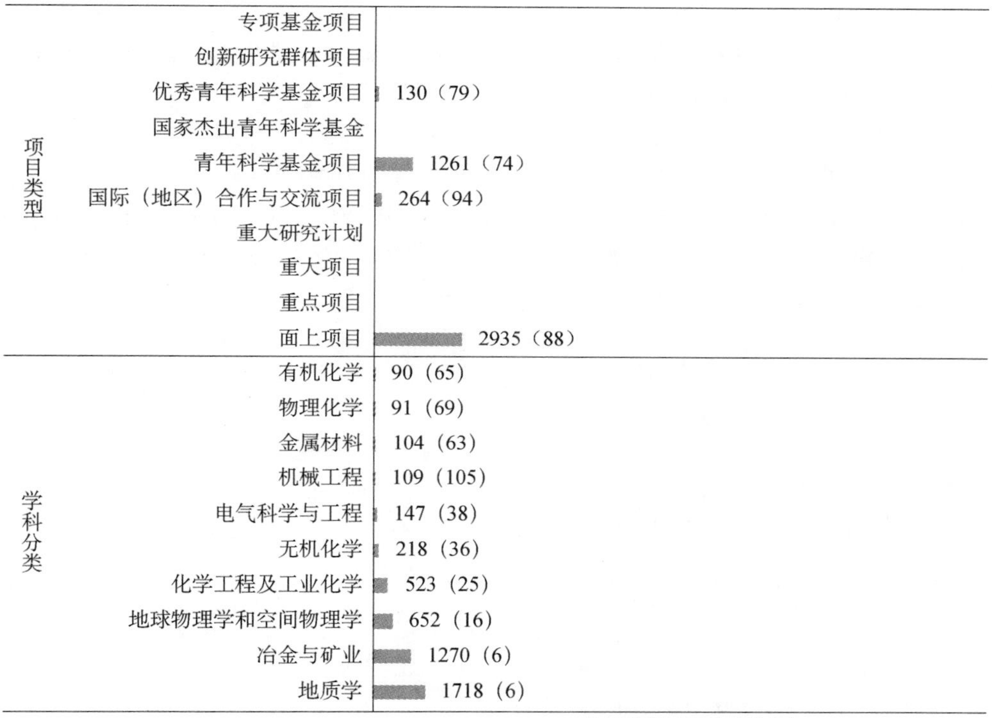

图4-68　2017年中国石油大学（华东）国家自然科学基金项目经费数据

资料来源：中国产业智库大数据中心

表4-70　中国石油大学（华东）2007～2017年SCI论文学科分布及2017年ESI排名

序号	研究领域	SCI发文量/篇	被引次数/次	篇均被引/次	高被引论文/篇	ESI全球排名	ESI全国排名
1	化学	3 423	31 047	9.07	22	423	56
2	工程科学	3 479	18 795	5.4	61	217	32
3	地球科学	3 059	13 572	4.44	18	367	23
4	材料科学	1 449	15 105	10.42	17	323	55
综合		13 689	91 224	6.66	141	1 124	82

资料来源：中国产业智库大数据中心

4.2.69 中国海洋大学

截至2017年12月31日，中国海洋大学有直属院系22个，设置本科专业73个，拥有一级学科国家重点学科2个，二级学科国家重点学科（含重点培育学科1个）10个，博士学位授权一级学科13个，硕士学位授权一级学科点33个，博士后流动站13个。全日制在校生25 000余人，其中本科生15 000余人、硕士研究生8300余人、博士研究生1800余人；教职工3405人，其中专任教师1683人，博士生导师455人、正高级专业技术人员530人，中国科学院院士5人，中国工程院院士7人，“千人计划”特聘教授7人，“万人计划”科技创新领军人才9人，“长江学者奖励计划”特聘教授、讲座教授12人，国家自然科学基金杰出青年科学基金获得者16人，“国家百千万人才工程”11人，“四青”人才（“千人计划”青年项目、“长江学者奖励计划”青年项目、“万人计划”青年拔尖人才、国家自然科学基金优秀青年科学基金）19人，“973计划”和“国家重大科学研究计划”首席科学家10人，“国家重点研发计划划“首席科学家8人，“国家自然科学基金委员会创新研究群体”2个[69]。

2017年，中国海洋大学的基础研究竞争力BRCI为14.753，全国排名第69。国家自然科学基金项目总数为138项，全国排名第70；项目经费总额为10 490.4万元，全国排名第52；国家自然科学基金项目经费金额大于500万元的有4个学科，其中水产学学科项目经费总额全国排名第2（图4-69）。SCI论文共1370篇，全国排名第65；9个学科入选ESI全球1%（表4-71）。发明专利申请量306件，全国排名第240。

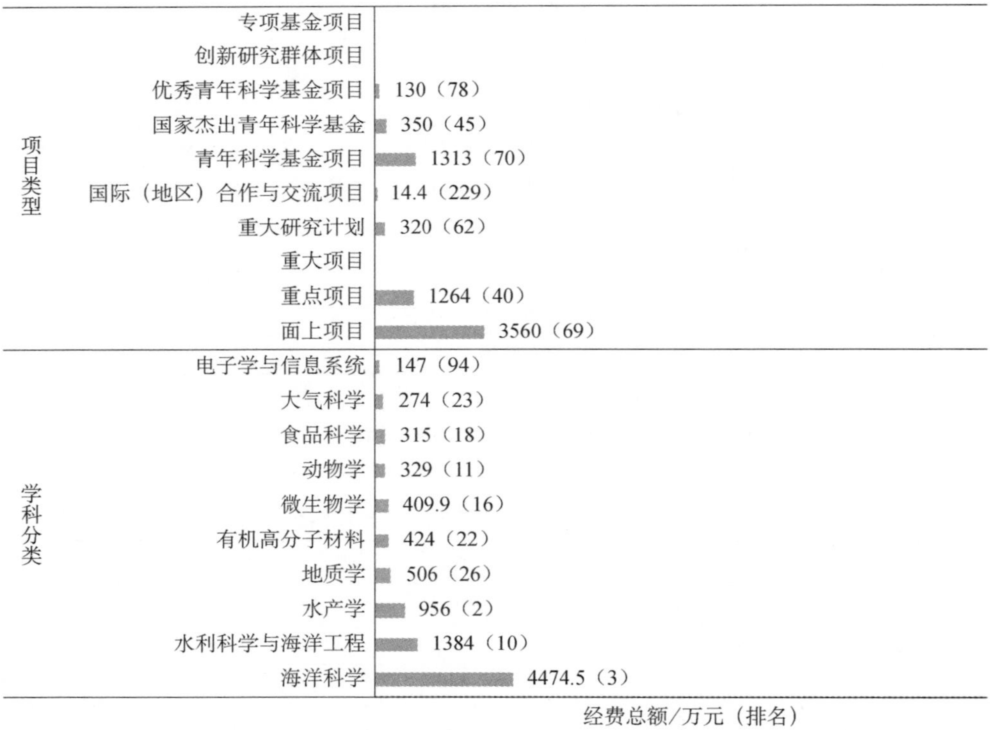

图4-69 2017年中国海洋大学国家自然科学基金项目经费数据

资料来源：中国产业智库大数据中心

表 4-71 中国海洋大学 2007～2017 年 SCI 论文学科分布及 2017 年 ESI 排名

序号	研究领域	SCI 发文量/篇	被引次数/次	篇均被引/次	高被引论文/篇	ESI 全球排名	ESI 全国排名
1	植物与动物科学	1 551	13 978	9.01	5	326	13
2	地球科学	2 204	21 179	9.61	33	244	15
3	环境/生态学	1 211	10 493	8.66	14	460	22
4	农业科学	450	4 428	9.84	4	392	28
5	药理学与毒物学	375	5 071	13.52	3	598	39
6	生物与生化	791	8 752	11.06	0	754	44
7	工程科学	735	4 857	6.61	7	792	89
8	材料科学	617	7 820	12.67	5	578	91
9	化学	1 756	15 847	9.02	5	755	97
综合		11 782	109 836	9.32	92	996	62

资料来源：中国产业智库大数据中心

4.2.70 福州大学

截至 2017 年 12 月，福州大学设有 19 个以全日制本科生和研究生培养为主的学院及 1 个独立学院；设有本科专业 82 个，国家重点学科 1 个、国家重点(培育)学科 1 个，一级学科博士点 11 个、二级学科博士点 2 个（不含一级学科覆盖），一级学科硕士点 39 个、二级学科硕士点 4 个（不含一级学科覆盖）、专业学位授权点 12 个(其中工程硕士专业学位授权点含 22 个工程领域)；有普通本一批学生 24 000 余人，各类博士、硕士研究生 10 500 余人；有教职工 3183 人，专任教师 2056 人。共有省级以上高层次人才 269 人次（172 人），其中中国科学院、中国工程院院士 10 名(含双聘院士 9 名)，国际欧亚科学院院士 1 名，荷兰皇家科学院院士 1 名，国家“千人计划”人选 19 名，国家“万人计划”人选 6 名，“长江学者”特聘教授 6 名，国家教学名师 1 名，国家自然科学基金杰出青年科学基金获得者 8 名，“百千万人才工程”人选 8 名，国家自然科学基金优秀青年科学基金获得者 2 名，教育部“新世纪优秀人才支持计划”人选 13 名，享受国务院特殊津贴专家 116 名[70]。

2017 年，福州大学的基础研究竞争力 BRCI 为 14.6297，全国排名第 70。国家自然科学基金项目总数为 112 项，全国排名第 89；项目经费总额为 4668.7 万元，全国排名第 126；国家自然科学基金项目经费金额大于 300 万元的有 2 个学科，人口与健康领域学科项目经费总额全国排名第 11（图 4-70）。SCI 论文共 930 篇，全国排名第 90；3 个学科入选 ESI 全球 1%（表 4-72）。发明专利申请量 993 件，全国排名第 48。

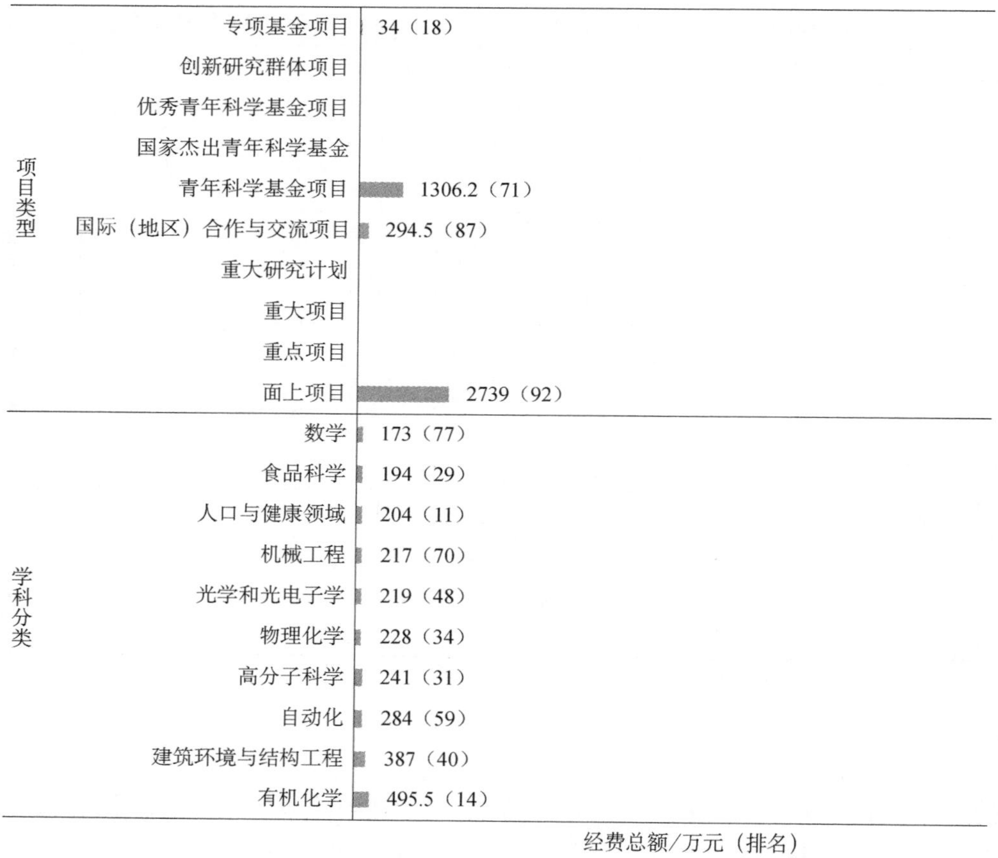

图 4-70　2017 年福州大学国家自然科学基金项目经费数据

资料来源：中国产业智库大数据中心

表 4-72　福州大学 2007～2017 年 SCI 论文学科分布及 2017 年 ESI 排名

序号	研究领域	SCI 发文量/篇	被引次数/次	篇均被引/次	高被引论文/篇	ESI 全球排名	ESI 全国排名
1	化学	3 642	69 057	18.96	109	161	30
2	材料科学	1 102	20 230	18.36	32	244	50
3	工程科学	791	6 882	8.7	14	585	66
综合		8 047	116 987	14.54	188	942	58

资料来源：中国产业智库大数据中心

4.2.71　太原理工大学

截至 2017 年 12 月，太原理工大学设有 81 个本科专业，一级学科硕士授权点 31 个，一级学科博士授权点 10 个，博士后流动站 13 个，拥有 3 个国家重点学科。有全日制在校本科生 31 154 人，硕士研究生 5692 人，博士研究生 736 人，留学生 426 人。有教职工 3531 名，其中专任教师 2068 人，中国工程院院士 2 人，“万人计划”科技创新领军人才 3 人、百千万工程领军人才 1 人，“长江学者奖励计划”特聘教授 1 人，讲座教授 2 人，国家自然科学基金杰出青年科学基金获得者 4 人，国家级教学名师 1 人，“新世纪百千万人才工程”国家级人选 7 人，

“创新人才推进计划”中青年科技创新领军人才2人，“千人计划”青年项目1人，国家自然科学基金优秀青年科学基金获得者3人，“新世纪优秀人才支持计划”16人[71]。

2017年，太原理工大学的基础研究竞争力BRCI为14.1371，全国排名第71。国家自然科学基金项目总数为123项，全国排名第86；项目经费总额为5795万元，全国排名第103；国家自然科学基金项目经费金额大于500万元的有2个学科，其中化学工程及工业化学学科项目经费总额全国排名第8（图4-71）。SCI论文共987篇，全国排名第88；3个学科入选ESI全球1%（表4-73）。发明专利申请量735件，全国排名第71。

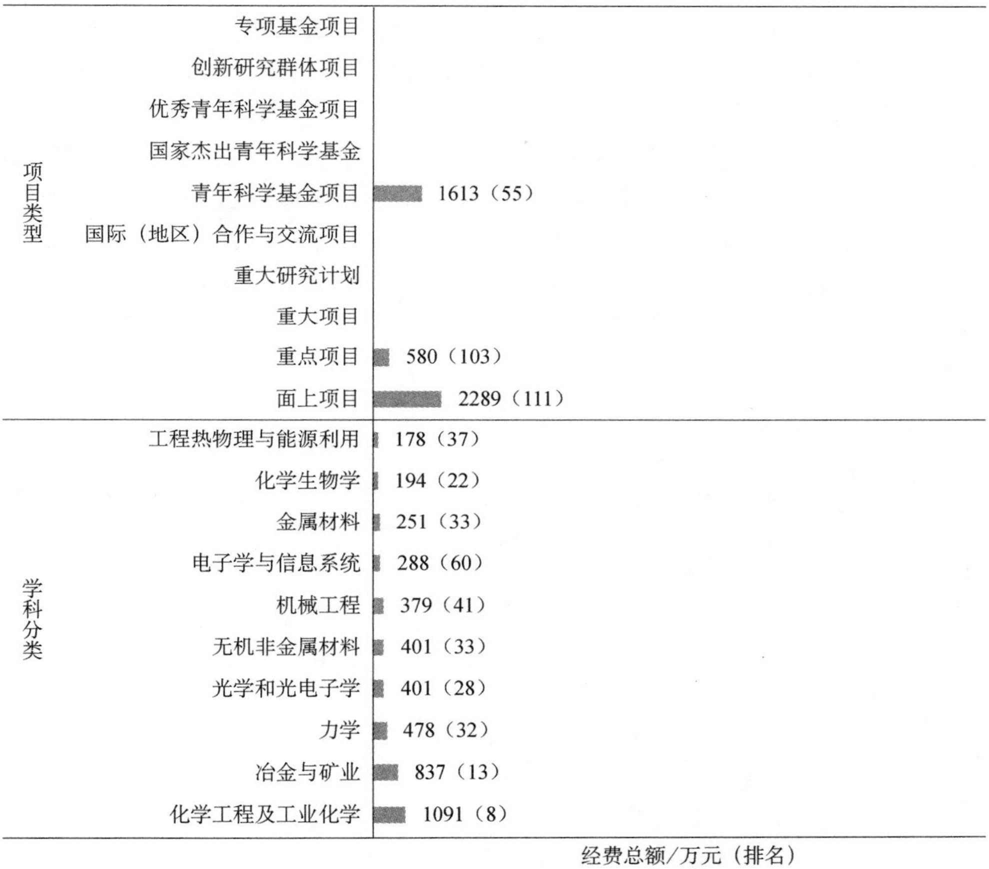

图4-71 2017年太原理工大学国家自然科学基金项目经费数据

资料来源：中国产业智库大数据中心

表4-73 太原理工大学2007～2017年SCI论文学科分布及2017年ESI排名

序号	研究领域	SCI发文量/篇	被引次数/次	篇均被引/次	高被引论文/篇	ESI全球排名	ESI全国排名
1	化学	1 690	10 900	6.45	2	957	119
2	工程科学	970	5 513	5.68	10	720	81
3	材料科学	1 916	11 418	5.96	11	418	69
综合		6 205	36 383	5.86	39	2 046	160

资料来源：中国产业智库大数据中心

4.2.72 首都医科大学

截至 2017 年 7 月，首都医科大学有国家重点学科 8 个，国家重点培育学科 2 个，一级学科硕士学位授权点 11 个，一级学科博士学位授权点 8 个，博士后科研流动站 9 个；有全日制在校生 11 517 人，其中研究生 3574 人，本科生 3781 人，高专高职生 1863 人，留学生 585 人，成教学生 4300 人；学校和附属医院有教职员工和医务人员共 42 467 人（校本部 1538 人，附属医院 40 929 人），其中中国科学院、中国工程院院士 10 人，“千人计划”4 人，“长江学者奖励计划”特聘教授、讲座教授、青年学者 7 人，国家级有突出贡献中青年专家 4 人，“国家百千万人才工程”16 人，国家自然科学基金杰出青年科学基金获得者 8 人，国家自然科学基金优秀青年科学基金获得者 9 人，“万人计划”科技创新领军人才 3 人，“万人计划”百千万工程领军人才 2 人，“万人计划”青年拔尖人才 2 人，中青年科技创新领军人才 2 人[72]。

2017 年，首都医科大学的基础研究竞争力 BRCI 为 14.1369，全国排名第 72 位。国家自然科学基金项目总数为 270 项，全国排名第 26；项目经费总额为 12 282.66 万元，全国排名第 44；国家自然科学基金项目经费金额大于 1000 万元的学科共有 3 个，其中循环系统全国排名第 3（图 4-72）。SCI 论文共 2405 篇，全国排名第 28；6 个学科入选 ESI 全球 1%（表 4-74）。发明专利申请量 23 件，全国排名第 5774。

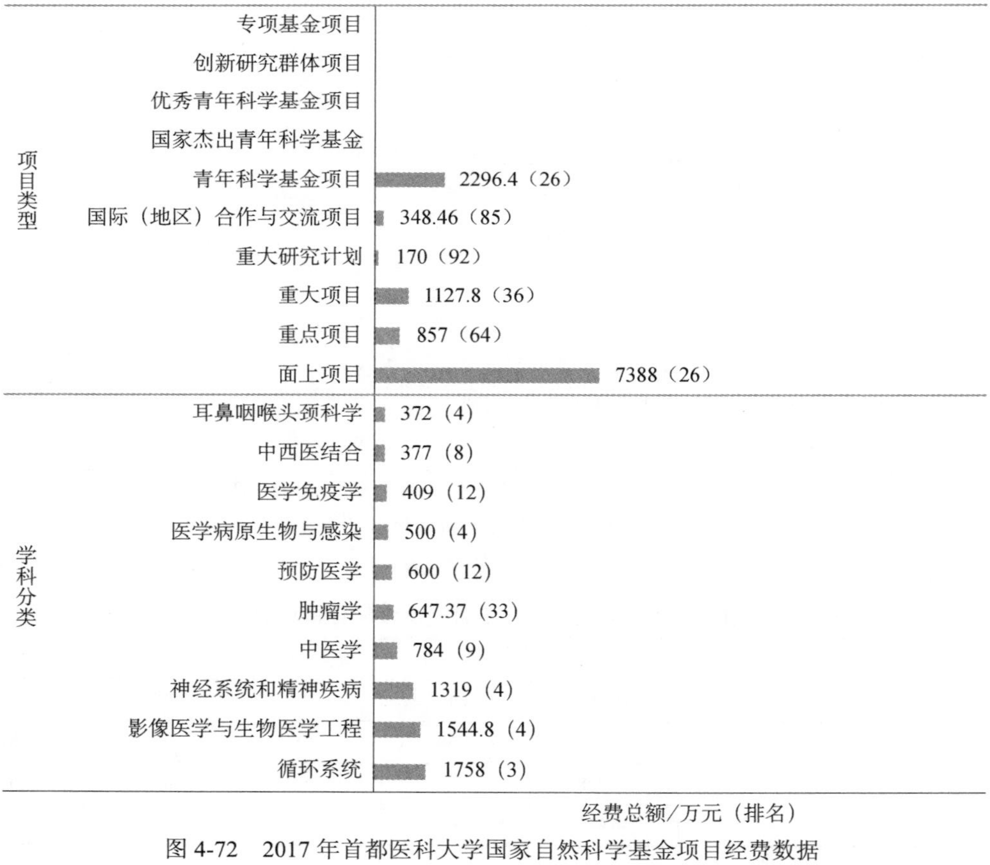

图 4-72　2017 年首都医科大学国家自然科学基金项目经费数据

资料来源：中国产业智库大数据中心

表 4-74　首都医科大学 2007～2017 年 SCI 论文学科分布及 2017 年 ESI 排名

序号	研究领域	SCI 发文量/篇	被引次数/次	篇均被引/次	高被引论文/篇	ESI 全球排名	ESI 全国排名
1	临床医学	10 316	85 562	8.29	69	380	7
2	神经科学与行为	2 588	28 017	10.83	17	267	3
3	生物与生化	1 326	8 976	6.77	2	743	43
4	分子生物与遗传学	1 263	13 989	11.08	6	685	30
5	药理学与毒物学	980	7 831	7.99	5	384	26
6	免疫学	751	7 463	9.94	2	513	11
综合		19 127	168 454	8.81	110	709	38

资料来源：中国产业智库大数据中心

4.2.73　哈尔滨工程大学

截至 2017 年 10 月，哈尔滨工程大学设有 16 个专业学院（系、部）。有本科招生专业（类）34 个，一级学科博士点 12 个，一级学科硕士点 29 个，博士后科研流动站 12 个，博士后科研工作站 2 个。一级学科国家重点学科 1 个、二级学科国家重点学科 1 个。各类在校生 28 278 人，其中全日制本科生 15 124 人，全日制研究生 7759 人，各类外国留学生 1348 人。学校有教职工 3006 人，其中专任教师 1803 人，教授、副教授 1062 人。教师中有中国科学院、中国工程院院士 8 人（含双聘院士 5 人），博士生导师 477 人，享受国务院政府特殊津贴专家 100 余人，“千人计划”人选 10 人，“万人计划”青年科技创新领军人才 2 人、教学名师 1 人、青年拔尖人才 5 人，“长江学者奖励计划”特聘教授 4 人、讲座教授 3 人，青年学者 1 人，国家自然科学基金杰出青年科学基金获得者 1 人，国家自然科学基金优秀青年科学基金获得者 2 人，教育部“新世纪优秀人才支持计划”入选者 24 人，教育部“创新团队发展计划”2 个，国防科技创新团队 6 个[73]。

2017 年，哈尔滨工程大学的基础研究竞争力 BRCI 为 13.7486，全国排名第 73。国家自然科学基金项目总数为 101 项，全国排名第 94；项目经费总额为 5774 万元，全国排名第 104；国家自然科学基金项目经费金额大于 300 万元的有 5 个学科，其中水利科学与海洋工程学科项目经费总额全国排名第 3（图 4-73）。SCI 论文共 1193 篇，全国排名第 75；3 个学科入选 ESI 全球 1%（表 4-75）。发明专利申请量 968 件，全国排名第 52。

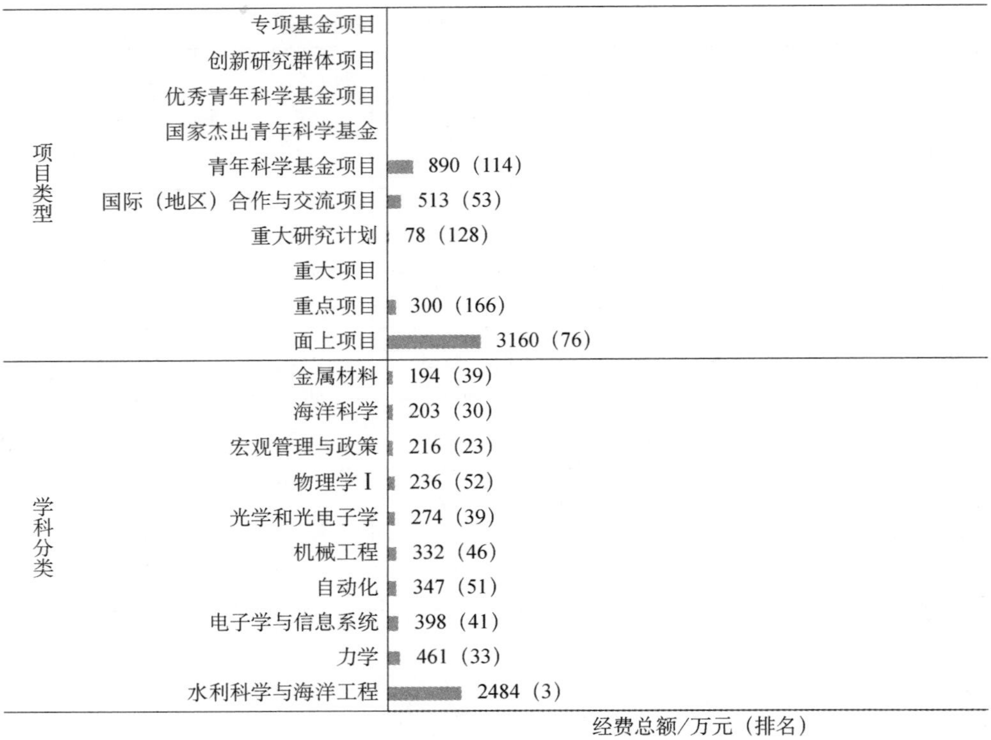

图 4-73　2017 年哈尔滨工程大学国家自然科学基金项目经费数据

资料来源：中国产业智库大数据中心

表 4-75　哈尔滨工程大学 2007～2017 年 SCI 论文学科分布及 2017 年 ESI 排名

序号	研究领域	SCI 发文量/篇	被引次数/次	篇均被引/次	高被引论文/篇	ESI 全球排名	ESI 全国排名
1	材料科学	1 369	24 040	17.56	30	201	48
2	工程科学	2 307	9 584	4.15	46	457	57
3	化学	1 125	21 154	18.8	25	592	71
	综合	6 699	65 376	9.76	124	1 390	99

资料来源：中国产业智库大数据中心

4.2.74　中国人民解放军国防科学技术大学

截至 2017 年 12 月，中国人民解放军国防科学技术大学设有 53 个本科专业，拥有 5 个一级学科国家重点学科、3 个二级学科国家重点学科、2 个国家重点（培育）学科；有 17 个博士后科研流动站、25 个博士学位一级学科授权点、33 个硕士学位一级学科授权点；有中国科学院、中国工程院院士 31 人，“千人计划”人选 4 人，“万人计划”人选 8 人，长江学者 12 人，国家自然科学基金杰出青年科学基金获得者 14 人，“百千万人才工程”国家级人选 29 人，国家教学名师、全国全军优秀教师 79 人；有全国创新争先奖牌表彰团队 1 个、国家级教学团队 8 个、国家级创新团队 10 个[74]。

2017 年，中国人民解放军国防科学技术大学的基础研究竞争力 BRCI 为 13.7237，全国排名第 74。国家自然科学基金项目总数为 135 项，全国排名第 74；项目经费总额为 6997.3 万元，全国排名第 83；国家自然科学基金项目经费金额大于 500 万元的有 5 个学科（图 4-74）。SCI 论文共 1705 篇，全国排名第 48；4 个学科入选 ESI 全球 1%（表 4-76）。发明专利申请量 348 件，全国排名第 203。

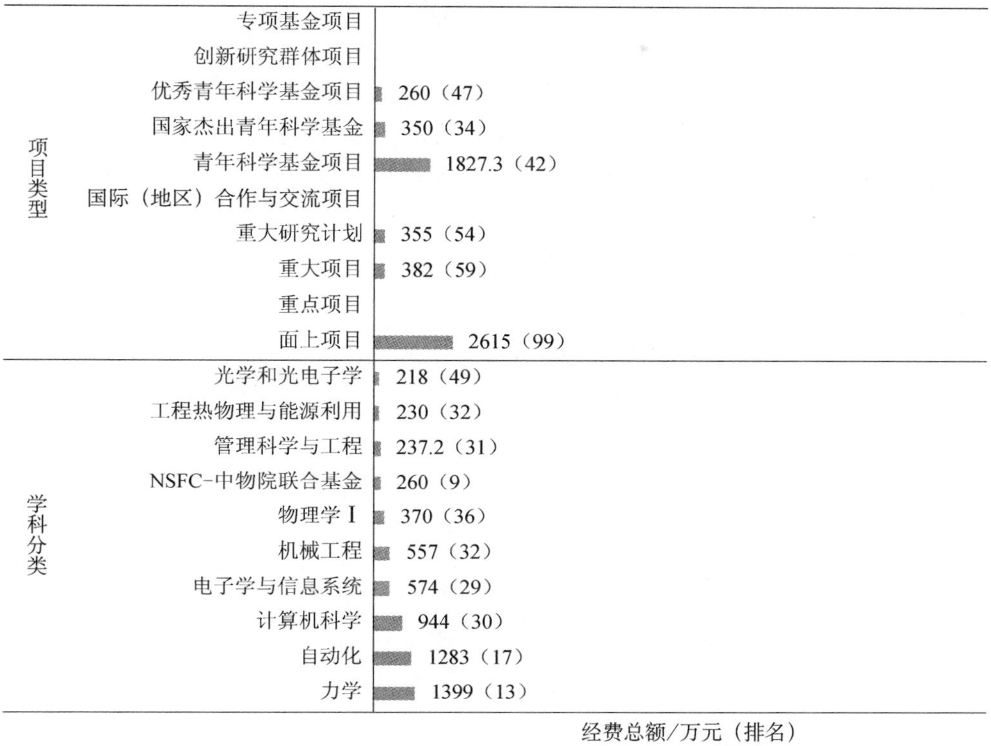

图 4-74　2017 年中国人民解放军国防科学技术大学国家自然科学基金项目经费数据

资料来源：中国产业智库大数据中心

表 4-76　中国人民解放军国防科学技术大学 2007～2017 年 SCI 论文学科分布及 2017 年 ESI 排名

序号	研究领域	SCI 发文量/篇	被引次数/次	篇均被引/次	高被引论文/篇	ESI 全球排名	ESI 全国排名
1	计算机科学	1 649	5 795	3.51	6	185	24
2	工程科学	3 582	15 670	4.37	18	273	36
3	物理学	3 026	19 360	6.4	18	669	39
4	材料科学	1 066	7 715	7.24	4	586	93
	综合	11 175	59 388	5.31	52	1 491	108

资料来源：中国产业智库大数据中心

4.2.75　华南农业大学

截至 2018 年 4 月 3 日，华南农业大学设有 26 个学院（部），有 95 个本科专业，5 个国家重点学科，1 个国家重点（培育）学科，12 个博士学位授权一级学科，23 个硕士学位授权一级学科，60 个博士学位授权点，107 个硕士学位授权点，博士后科研流动站 11 个；有全日制在校生 4.2 万余人，其中本科生 3.6 万余人，研究生 5000 余人，来自 43 个国家和地区的留学生 121 人。有教职工 3300 余人，教授、副教授 1500 余人，其中，中国科学院院士 2 人，中国工程院院士 1 人，引进院士团队 1 个，国务院学位委员会学科评议组成员 5 人，国家“千人计划”11 人，“长江学者奖励计划”教授 9 人，国家自然科学基金杰出青年科学基金获得者 7 人，国家自然科学基金优秀青年科学基金获得者 3 人，“万人计划”12 人，“百千万人才工程”人选 8 人，“新世纪优秀人才支持计划”12 人，“创新人才推进计划”中青年科技创新领军人才 6 人，农业部农业科研杰出人才 4 人，国家级教学名师 3 人，国家级教学团队 3 个[75]。

2017 年，华南农业大学的基础研究竞争力 BRCI 为 13.3929，全国排名第 75。国家自然科学基金项目总数为 133 项，全国排名第 76；项目经费总额为 7510.77 万元，全国排名第 76；国家自然科学基金项目经费金额大于 500 万元的有 3 个学科，其中农业领域学科项目经费总额全国排名第 1（图 4-75）。SCI 论文共 805 篇，全国排名第 105；3 个学科入选 ESI 全球 1%（表 4-77）。发明专利申请量 494 件，全国排名第 125。

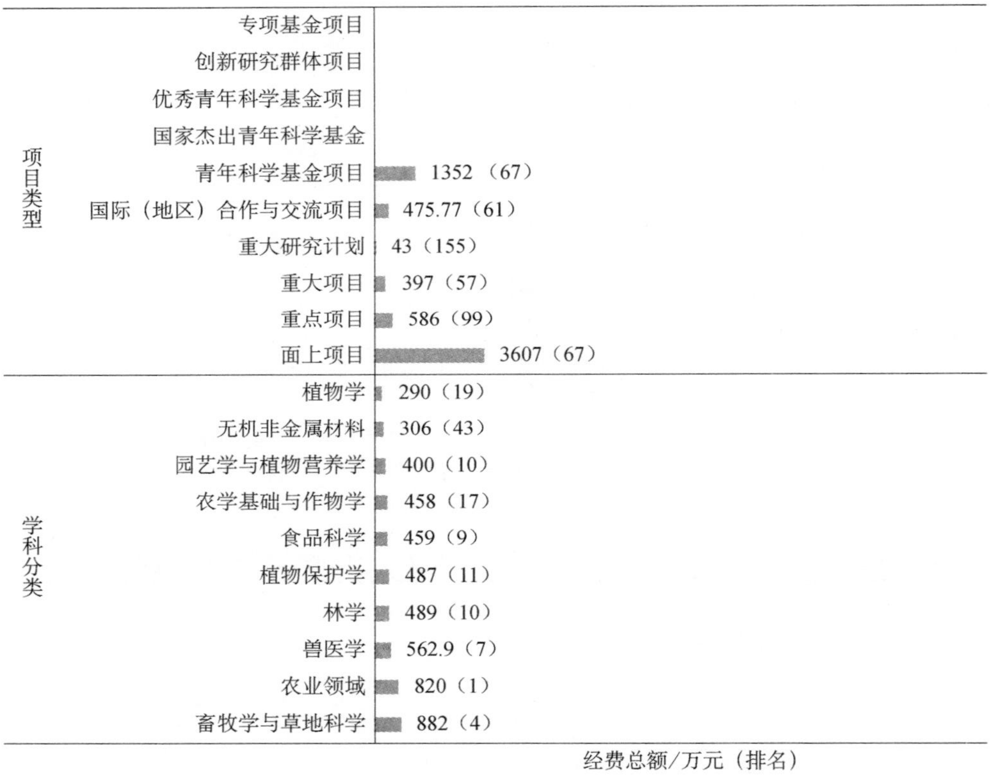

图 4-75　2017 年华南农业大学国家自然科学基金项目经费数据

资料来源：中国产业智库大数据中心

表 4-77　华南农业大学 2007～2017 年 SCI 论文学科分布及 2017 年 ESI 排名

序号	研究领域	SCI 发文量/篇	被引次数/次	篇均被引/次	高被引论文/篇	ESI 全球排名	ESI 全国排名
1	植物与动物科学	2 063	15 029	7.29	15	296	11
2	农业科学	907	5 724	6.31	7	298	19
3	化学	897	7 647	8.53	6	1 189	150
综合		7 240	60 474	8.35	60	1 470	106

资料来源：中国产业智库大数据中心

4.2.76 青岛大学

截至2018年3月31日，青岛大学设有35个学院，1个医学部；设有102个本科专业，拥有国家重点学科2个，13个一级学科博士点，78个二级学科博士点，37个一级学科硕士点，192个二级学科硕士点，有9个博士后流动站。学校在校生46 000人，其中研究生9800余人，本科生35 000余人，留学生1600余人。教职工3842人，其中，专任教师2505人，具有正高级专业技术资格者364人，副高级专业技术资格者734人，中国科学院、中国工程院院士2人，中央组织部“千人计划”入选者10人，中国科学院“百人计划”人选6人，“长江学者奖励计划”6人，国家自然科学基金杰出青年科学基金获得者8人，国家自然科学基金优秀青年科学基金获得者3人，国家有突出贡献中青年专家4人，“国家百千万人才工程”第一、二层次人选2人，“新世纪百千万人才工程”国家级人选1人，“新世纪优秀人才支持计划”10人，国务院学位委员会学科评议组专家2人[76]。

2017年，青岛大学的基础研究竞争力BRCI为13.0503，全国排名第76。国家自然科学基金项目总数为135项，全国排名第75；项目经费总额为4315.2万元，全国排名第132；国家自然科学基金项目经费金额大于200万元的有4个学科（图4-76）。SCI论文共1156篇，全国排名第79；5个学科入选ESI全球1%（表4-78）。发明专利申请量428件，全国排名第161。

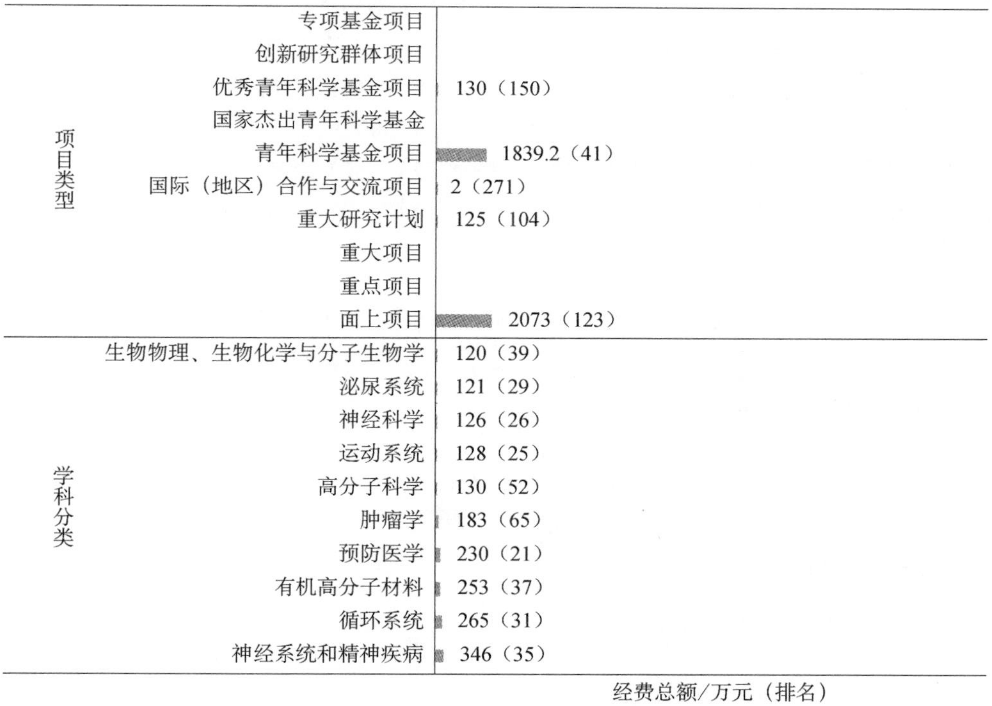

图4-76　2017年青岛大学国家自然科学基金项目经费数据

资料来源：中国产业智库大数据中心

表4-78　青岛大学2007～2017年SCI论文学科分布及2017年ESI排名

序号	研究领域	SCI发文量/篇	被引次数/次	篇均被引/次	高被引论文/篇	ESI全球排名	ESI全国排名
1	神经科学与行为	587	5 816	9.91	4	829	31

续表

序号	研究领域	SCI 发文量/篇	被引次数/次	篇均被引/次	高被引论文/篇	ESI 全球排名	ESI 全国排名
2	临床医学	2 200	12 824	5.83	10	1 404	49
3	工程科学	449	6 466	14.4	23	624	71
4	化学	1 071	11 908	11.12	14	902	112
5	材料科学	587	5 355	9.12	13	793	118
综合		7 600	60 839	8.01	94	1 465	105

资料来源：中国产业智库大数据中心

4.2.77 中国人民解放军第二军医大学

截至 2017 年 12 月，中国人民解放军第二军医大学设“四部二院”，下辖“一部八系”、3 个师级学员管理单位、3 所附属医院、1 个国家肝癌科学中心和 5 个干休所。有国家重点学科一级学科 2 个，二级、三级学科 26 个，硕士学位授权一级学科 20 个，博士学位授权一级学科 10 个，博士后流动站 7 个。学校拥有中国科学院院士 2 位，中国工程院院士 5 位，院士后备人选 6 名，国家级创新团队 8 支，“973 计划”首席科学家 7 名、国家“千人计划”人选 1 名，何梁何利基金科学与技术进步奖 7 名，“长江学者奖励计划”特聘教授、讲座教授、青年学者 9 名，国家自然科学基金杰出青年科学基金获得者 25 名，“百千万人才工程”国家级人选 9 名，“求是杰出实用工程奖”获得者 7 名，军队高层次科技创新人才 15 名[77]。

2017 年，中国人民解放军第二军医大学的基础研究竞争力 BRCI 为 12.4277，全国排名第 77。国家自然科学基金项目总数为 226 项，全国排名第 35；项目经费总额为 11 399.6 万元，全国排名第 46；国家自然科学基金项目经费金额大于 500 万元的有 6 个学科，其中运动系统、消化系统学科项目经费总额均全国排名第 2（图 4-77）。SCI 论文共 862 篇，全国排名第 103；6 个学科入选 ESI 全球 1%（表 4-79）。发明专利申请量 92 件，全国排名第 852。

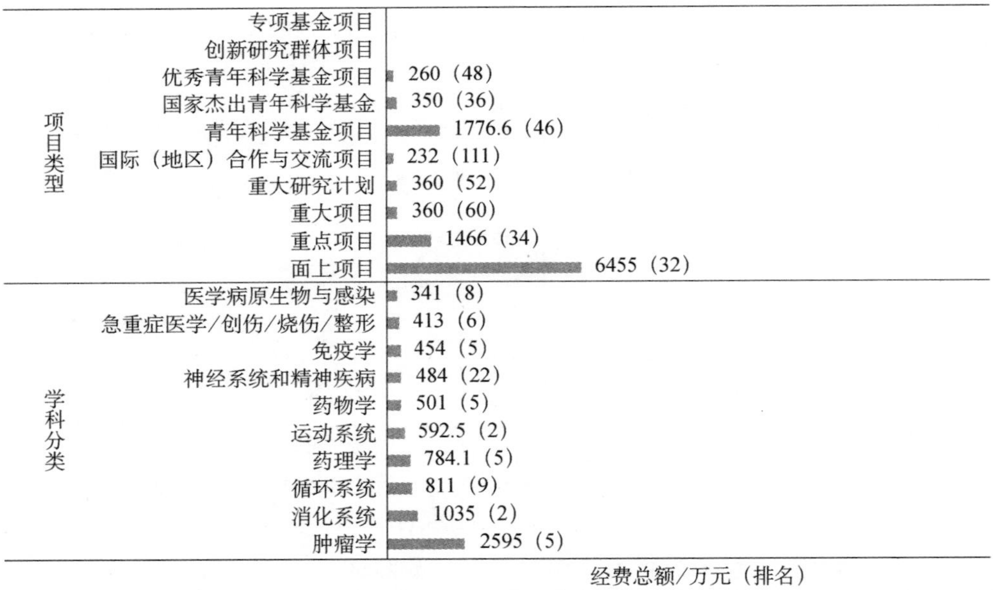

图 4-77 2017 年中国人民解放军第二军医大学国家自然科学基金项目经费数据

资料来源：中国产业智库大数据中心

表 4-79 中国人民解放军第二军医大学 2007～2017 年 SCI 论文学科分布及 2017 年 ESI 排名

序号	研究领域	SCI 发文量/篇	被引次数/次	篇均被引/次	高被引论文/篇	ESI 全球排名	ESI 全国排名
1	免疫学	446	9 140	20.49	7	440	10
2	临床医学	5 517	67 060	12.16	54	447	11
3	药理学与毒物学	1 269	14 542	11.46	5	170	12
4	分子生物与遗传学	1 132	19 925	17.6	15	534	17
5	生物与生化	1 196	11 280	9.43	1	644	39
6	化学	990	8 984	9.07	3	1 072	130
综合		12 167	148 658	12.22	103	786	46

资料来源：中国产业智库大数据中心

4.2.78 中国人民解放军第四军医大学

截至 2017 年 6 月，中国人民解放军第四军医大学机关设训练部、政治部、校务部、科研部和研究生院，下辖院系学部 9 个，研究生管理一大队、研究生管理二大队、干部轮训大队、学员旅，3 个附属医院；有生长干部学历教育、研究生教育、任职教育 3 个培养层次共 165 个培训专业，国家重点和培育学科 19 个，博士学位授权一级学科 11 个，硕士学位授权一级学科 13 个，并设 10 个博士后流动站。在校本科生共计 3000 余人，全校有教、医、研人员 3000 余名，其中正、副教授（含相当职务）近 800 名，中国科学院院士 1 名，中国工程院院士 3 名，“973 计划”首席科学家 7 名，“长江学者奖励计划”人选 22 名，博士生导师 433 名[78]。

2017 年，中国人民解放军第四军医大学的基础研究竞争力 BRCI 为 12.2193，全国排名第 78。国家自然科学基金项目总数为 185 项，全国排名第 42；项目经费总额为 9753 万元，全国排名第 57；国家自然科学基金项目经费金额大于 500 万元的有 5 个学科，特种医学学科项目经费总额全国排名第 1（图 4-78）。SCI 论文共 903 篇，全国排名第 94；6 个学科入选 ESI 全球 1%（表 4-80）。发明专利申请量 130 件，全国排名第 564。

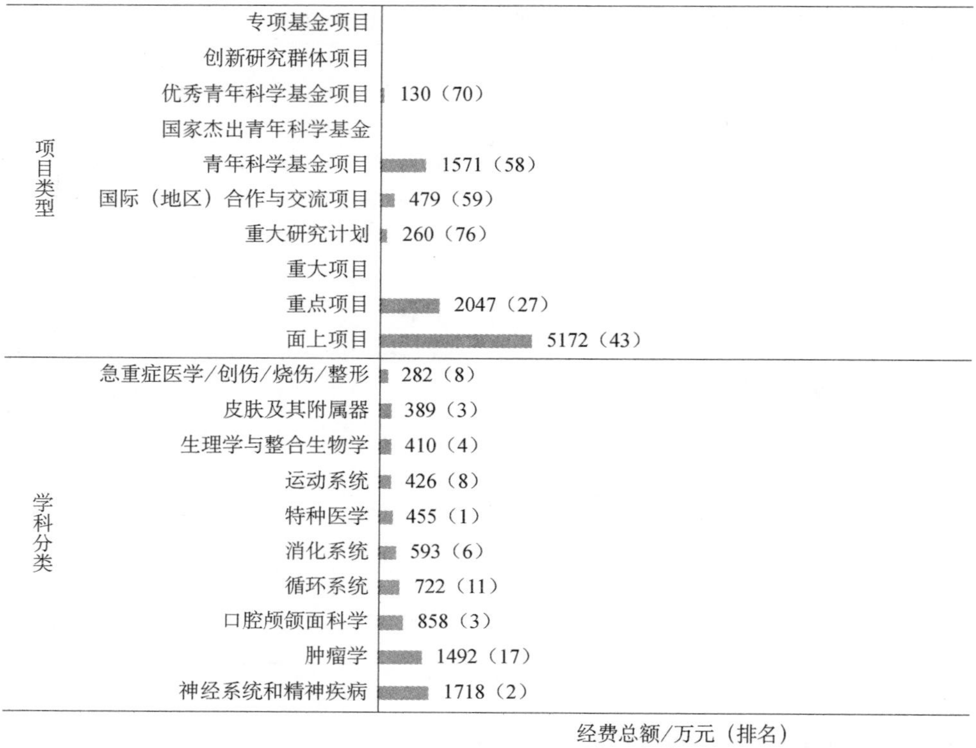

图 4-78　2017 年中国人民解放军第四军医大学国家自然科学基金项目经费数据

资料来源：中国产业智库大数据中心

表 4-80　中国人民解放军第四军医大学 2007～2017 年 SCI 论文学科分布及 2017 年 ESI 排名

序号	研究领域	SCI 发文量/篇	被引次数/次	篇均被引/次	高被引论文/篇	ESI 全球排名	ESI 全国排名
1	神经科学与行为	1 168	14 172	12.13	4	454	11
2	临床医学	4 853	56 426	11.63	37	509	15
3	药理学与毒物学	803	9 013	11.22	3	333	19
4	分子生物与遗传学	1 141	17 893	15.68	4	571	22
5	生物与生化	1 093	12 775	11.69	6	581	33
6	材料科学	441	8 161	18.51	10	555	86
综合		10 998	131 028	11.91	73	865	51

资料来源：中国产业智库大数据中心

4.2.79　西北大学

截至 2018 年 3 月，西北大学设有 23 个院（系）和研究生院，有 86 个本科专业，1 个一级学科国家重点学科（涵盖 5 个二级学科）、4 个二级学科国家重点学科和 1 个国家重点（培育）学科；学校有 24 个博士学位授权一级学科、37 个硕士学位授权一级学科、14 个专业学位授权类别，22 个博士后科研流动站。全日制在校生 25 467 人，其中全日制本科生 13 526 人，研究生 7592 人，留学生 1036 人。有教职工 2740 人，其中中国科学院院士 3 人，双聘院士（教授）10 人，国际科学史研究院院士 1 人，“长江学者奖励计划”专家 20 人，国家“千人计划”项目入选者 17 人，国家“万人计划”项目入选者 12 人，国家自然科学基金杰出青年科学基金获得者 9 人，国家自然科学基金优秀青年科学基金获得者 9 人，国家“百千万人才工程”人选

14 人，国家级教学名师 5 人，“新世纪优秀人才支持计划” 21 人，“创新人才推进计划” 中青年科技创新领军人才 5 人[79]。

2017 年，西北大学的基础研究竞争力 BRCI 为 12.1795，全国排名第 79。国家自然科学基金项目总数为 132 项，全国排名第 77；项目经费总额为 7751.5 万元，全国排名第 73；国家自然科学基金项目经费金额大于 500 万元的有 2 个学科，其中地质学学科项目经费总额全国排名第 7（图 4-79）。SCI 论文共 887 篇，全国排名第 98；4 个学科入选 ESI 全球 1%（表 4-81）。发明专利申请量 216 件，全国排名第 343。

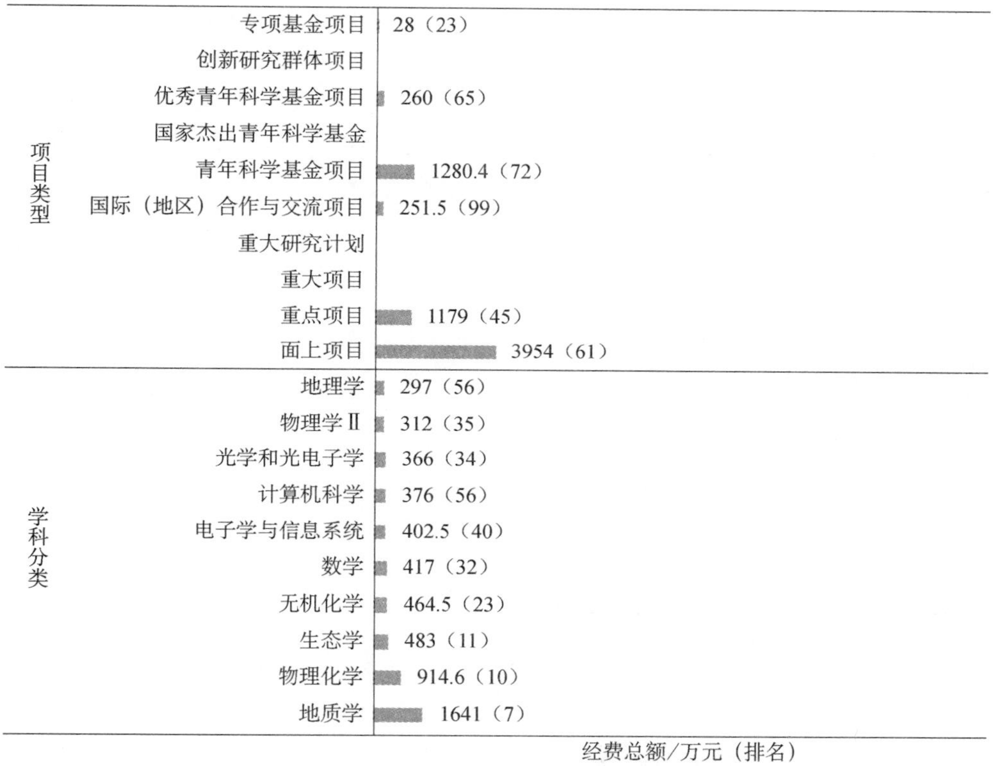

图 4-79　2017 年西北大学国家自然科学基金项目经费数据

资料来源：中国产业智库大数据中心

表 4-81　西北大学 2007～2017 年 SCI 论文学科分布及 2017 年 ESI 排名

序号	研究领域	SCI 发文量/篇	被引次数/次	篇均被引/次	高被引论文/篇	ESI 全球排名	ESI 全国排名
1	地球科学	1 047	25 181	24.05	30	200	11
2	化学	3 011	33 715	11.2	21	387	52
3	材料科学	524	5 953	11.36	8	722	112
4	工程科学	326	3 134	9.61	5	1 089	124
综合		7 874	87 407	11.1	80	1 160	83

资料来源：中国产业智库大数据中心

4.2.80　中国科学院化学研究所

中国科学院化学研究所的主要学科方向为高分子科学、物理化学、有机化学、分析化学、无机化学。截至2017年年底，有在学研究生998人，其中博士生681人、硕士生317人，有在站博士后89人。共有在职职工615人，其中研究员111人、副高级专业技术人员253人，中国科学院院士11人，发展中国家科学院院士4人，国家自然科学基金委员会“创新研究群体”10个，国家自然科学基金杰出青年科学基金获得者43人，“千人计划”青年项目入选者12人，中国科学院“百人计划”入选者36人，“万人计划”科技创新领军人才、科技创业领军人才6人，“万人计划”青年拔尖人才计划入选者4人，“创新人才推进计划”中青年科技创新领军人才入选者9人、科技创新创业人才1人、重点领域创新团队3个[80]。

2017年，中国科学院化学研究所的基础研究竞争力BRCI为11.6665，全国排名第80。国家自然科学基金项目总数为95项，全国排名第102；项目经费总额为13 423.8万元，全国排名第36；国家自然科学基金项目经费金额大于1000万元的有6个学科，高分子科学学科项目经费总额全国排名第1（图4-80）。SCI论文共589篇，全国排名第129；2个学科入选ESI全球1%（表4-82）。发明专利申请量164件，全国排名第437。

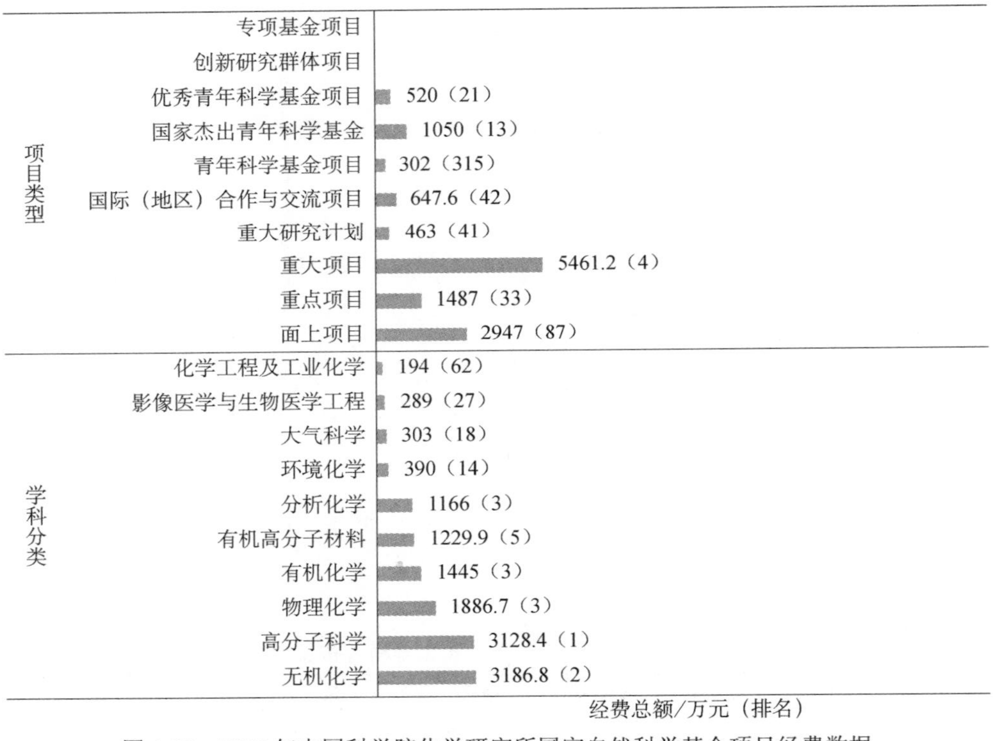

图4-80　2017年中国科学院化学研究所国家自然科学基金项目经费数据

资料来源：中国产业智库大数据中心

表4-82　中国科学院化学研究所2007～2017年SCI论文学科分布及2017年ESI排名

序号	研究领域	SCI发文量/篇	被引次数/次	篇均被引/次	高被引论文/篇	ESI全球排名	ESI全国排名
1	化学	8 341	197 391	23.67	213	27	5
2	材料科学	2 439	87 577	35.91	174	26	7
	综合	12 005	308 699	25.71	423	419	19

资料来源：中国产业智库大数据中心

4.2.81 南京信息工程大学

截至2018年3月，南京信息工程大学设有19个专业学院，拥有雷丁学院（中英合作）、长望学院（拔尖培养）、应用技术学院、继续教育学院、藕舫学院（创新创业）、滨江学院（独立学院）等高水平办学机构，有60个本科专业，6个一级学科博士点，22个一级学科硕士点、13个专业学位硕士点，同时设有博士后科研流动站。有全日制在校本科生近3万名、硕博研究生3000余名、留学生1500余名。有专任教师1500多人，其中中国科学院院士2人，“973计划”首席科学家4人，“长江学者奖励计划”特聘教授1人，国家自然科学基金杰出青年科学基金获得者3人、“千人计划”入选者6人、“万人计划”科技创新领军人才1人、“国家百千万人才工程”4人、“四青”人才（“千人计划”青年项目、“长江学者奖励计划”青年项目、“万人计划”青年拔尖人才、国家自然科学基金优秀青年科学基金）12人，各类国家级人才工程共40多人，省部级人才工程、教学名师共400多人次[81]。

2017年，南京信息工程大学的基础研究竞争力BRCI为11.2081，全国排名第81。国家自然科学基金项目总数为96项，全国排名第101；项目经费总额为4686.56万元，全国排名第124；国家自然科学基金项目经费金额大于200万元的有5个学科，其中大气科学学科项目经费全国排名第3（图4-81）。SCI论文共873篇，全国排名第100；3个学科入选ESI全球1%（表4-83）。发明专利申请量325件，全国排名第219。

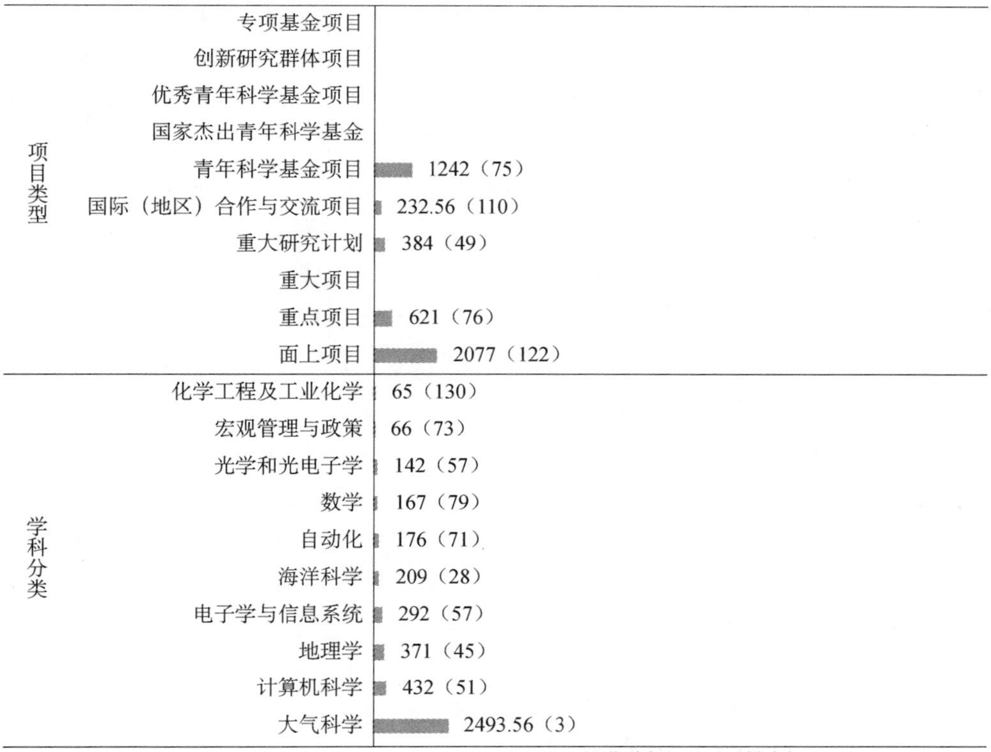

图4-81 2017年南京信息工程大学国家自然科学基金项目经费数据

资料来源：中国产业智库大数据中心

表 4-83　南京信息工程大学 2007～2017 年 SCI 论文学科分布及 2017 年 ESI 排名

序号	研究领域	SCI 发文量/篇	被引次数/次	篇均被引/次	高被引论文/篇	ESI 全球排名	ESI 全国排名
1	计算机科学	706	7 028	9.95	52	147	20
2	地球科学	2 473	15 584	6.3	24	325	21
3	工程科学	706	3 797	5.38	14	947	102
综合		6 683	42 072	6.3	107	1 888	149

资料来源：中国产业智库大数据中心

4.2.82　广西大学

截至 2017 年 10 月，广西大学设有 27 个学院，设有 98 个本科专业，2 个国家重点学科，1 个国家重点培育学科；有 17 个一级学科博士点，40 个一级学科硕士点，45 个专业（领域）硕士点和 10 个博士后科研流动站。有各类在校学生 8 万余人，其中全日制普通本科生 26 993 人，全日制普通硕士、博士研究生 8113 人，在站博士后研究人员 123 人，2016 年全年有来自 55 个国家和地区的留学生及港澳台生 1679 人，各类在读继续教育学生 27 837 人。学校有在职在编教职工 3662 人，具有正高级专业技术职务 630 人，副高级专业技术职务 1118 人。其中，专任教师 2110 人，院士 1 人，双聘院士 5 人，“973 计划”首席科学家 1 人，“千人计划”特聘教授 1 人，“万人计划”科技创新领军人才 3 人，“长江学者奖励计划”特聘教授 4 人、讲座教授 1 人，国家自然科学基金杰出青年科学基金获得者 3 人，“国家百千万人才工程”人选 9 人，中国科学院“国外引进杰出人才”（“百人计划”）人选 2 人，有突出贡献中青年专家 6 名，“千人计划”青年项目人选 1 人，国家自然科学基金优秀青年科学基金获得者 2 人，“创新人才推进计划”中青年科技创新领军人才 1 人，“新世纪优秀人才支持计划”人选 7 人[82]。

2017 年，广西大学的基础研究竞争力 BRCI 为 11.1955，全国排名第 82。国家自然科学基金项目总数为 129 项，全国排名第 79；项目经费总额为 5224 万元，全国排名第 110；国家自然科学基金项目经费金额大于 200 万元的有 5 个学科，其中天文联合基金学科项目经费总额全国排名第 4（图 4-82）。SCI 论文共 587 篇，全国排名第 132；4 个学科入选 ESI 全球 1%（表 4-84）。发明专利申请量 718 件，全国排名第 75。

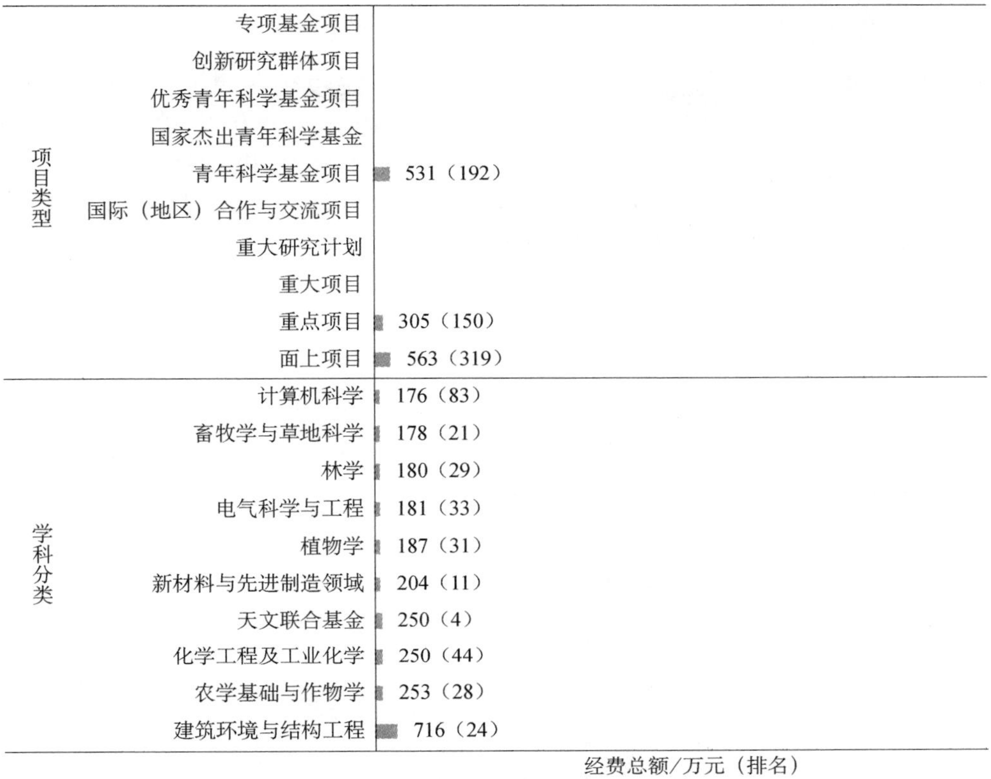

图 4-82　2017 年广西大学国家自然科学基金项目经费数据

资料来源：中国产业智库大数据中心

表 4-84　广西大学 2007～2017 年 SCI 论文学科分布及 2017 年 ESI 排名

序号	研究领域	SCI 发文量/篇	被引次数/次	篇均被引/次	高被引论文/篇	ESI 全球排名	ESI 全国排名
1	农业科学	314	2 475	7.88	4	673	51
2	植物与动物科学	462	2 665	5.77	4	1 195	72
3	材料科学	1 039	6 625	6.38	2	667	103
4	工程科学	609	3 710	6.09	10	964	105
综合		5 863	40 746	6.95	32	1 918	151

资料来源：中国产业智库大数据中心

4.2.83　华北电力大学

截至 2017 年 12 月，华北电力大学设有 11 个学院，59 个本科专业。有一级学科硕士学位授权点 23 个，一级学科博士学位授权点 7 个，5 个博士后科研流动站。有全日制在校本科生 2 万余人，研究生近 1 万人。有教职工 2887 人，其中专任教师 1827 人，中国工程院院士 2 人，双聘院士 5 人，“万人计划”入选者 3 人，“973 计划”首席科学家 4 人，“长江学者奖励计划”特聘教授 4 人，“千人计划”入选者 5 人，“千人计划”青年项目入选者 2 人，国家自然科学基金杰出青年科学基金获得者 5 人，国家自然科学基金优秀青年科学基金获得者 4 人，“国家百千万人才工程”国家级人选 8 人，国家级教学名师 1 人，“创新人才推进计划”中青年科技创新领军人才 3 人；“新世纪优秀人才支持计划”38 人；中国科学院“百人计划”入选者 7 人，

“长江学者和创新团队发展计划”创新团队研究计划 4 个[83]。

2017 年，华北电力大学的基础研究竞争力 BRCI 为 11.1743，全国排名第 83。国家自然科学基金项目总数为 62 项，全国排名第 164；项目经费总额为 3636 万元，全国排名第 151；国家自然科学基金项目经费金额大于 200 万元的有 3 个学科，其中电气科学与工程项目经费总额全国排名第 3（图 4-83）。SCI 论文共 1419 篇，全国排名第 60；2 个学科入选 ESI 全球 1%（表 4-85）。发明专利申请量 579 件，全国排名第 101。

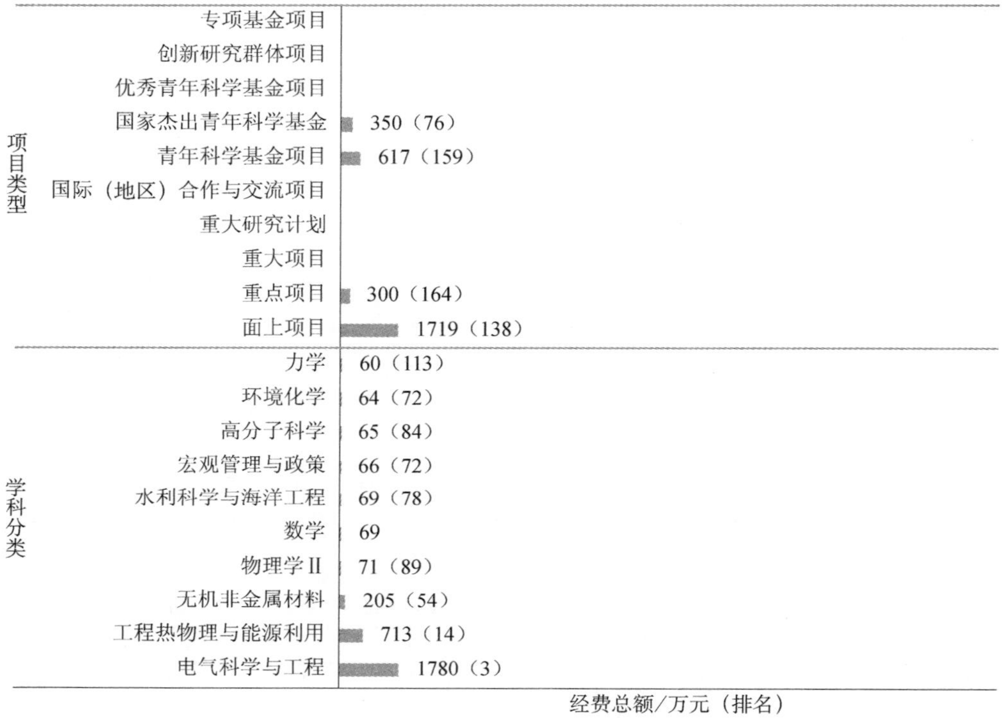

图 4-83　2017 年华北电力大学国家自然科学基金项目经费数据

资料来源：中国产业智库大数据中心

表 4-85　华北电力大学 2007～2017 年 SCI 论文学科分布及 2017 年 ESI 排名

序号	研究领域	SCI 发文量/篇	被引次数/次	篇均被引/次	高被引论文/篇	ESI 全球排名	ESI 全国排名
1	工程科学	3 261	23 686	7.26	50	152	25
2	环境/生态学	514	4 642	9.03	12	801	53
综合		6 856	52 599	7.67	115	1 626	122

资料来源：中国产业智库大数据中心

4.2.84　中国药科大学

截至 2017 年 12 月，中国药科大学设有 13 个院部系，25 个本科专业，5 个专科（高职）专业。有一级学科博士授权点 2 个，二级学科博士授权点 24 个，一级学科硕士授权点 6 个，二级学科硕士授权点 37 个，博士后流动站 2 个。有全日制在校生 16 144 人，其中本专科生 11 833 人（本科生 11 109 人，专科生 724 人），研究生 3976 人（硕士 3199 人，博士 777 人），留学生 383 人。有在职教职工 1653 人，其中专任教师 978 人，中国工程院院士 2 人，德国科学院院士

1人，“长江学者奖励计划”6人，国家自然科学基金杰出青年科学基金获得者5人，“千人计划”入选者2人、青年项目入选者7人，“百千万人才工程”国家级培养人选5人，“新世纪优秀人才支持计划”入选者34人，“国家级教学名师”2人，“国家自然科学基金委员会创新研究群体”1个，教育部“创新团队发展计划”2个，国家级教学团队3个、省级教学团队3个[84]。

2017年，中国药科大学的基础研究竞争力BRCI为11.1654，全国排名第84。国家自然科学基金项目总数为109项，全国排名第92；项目经费总额为6253.82万元，全国排名第92；国家自然科学基金项目经费金额大于500万元的有4个学科，其中中药学、药物学学科项目经费总额均全国排名第1（图4-84）。SCI论文共866篇，全国排名第102；4个学科入选ESI全球1%（表4-86）。发明专利申请量256件，全国排名第287。

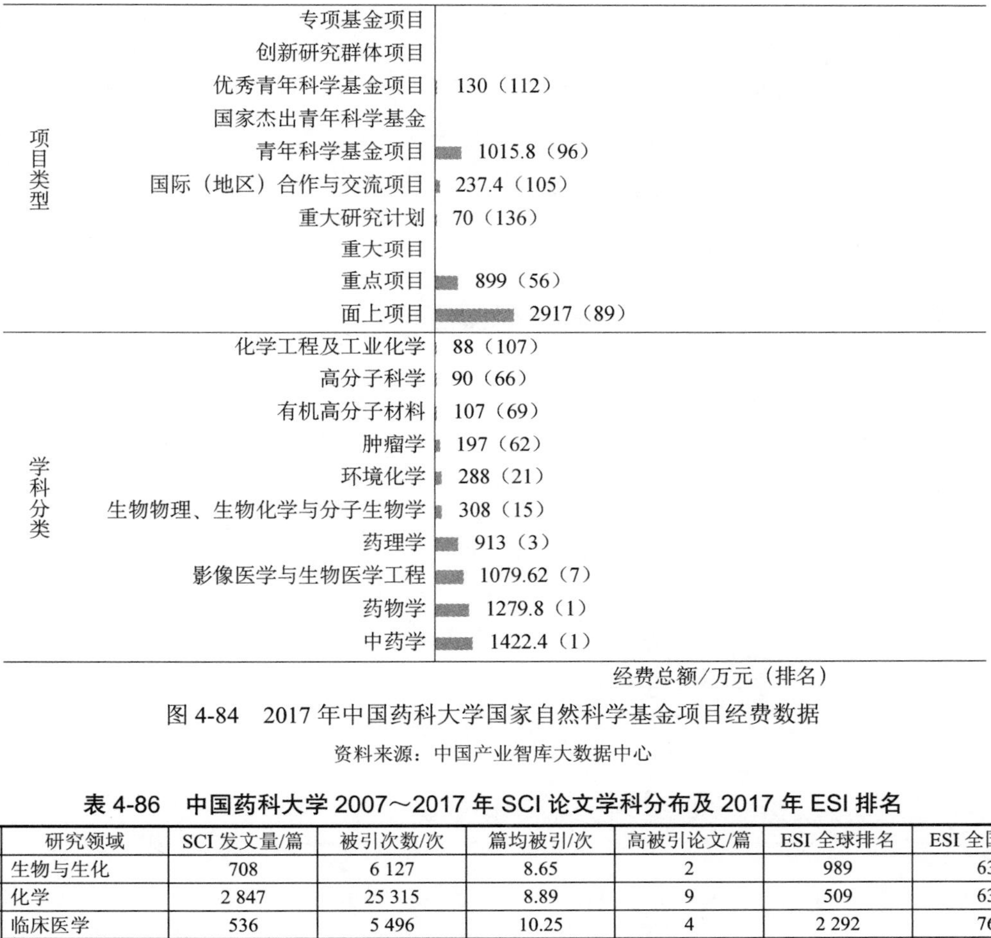

图4-84　2017年中国药科大学国家自然科学基金项目经费数据

资料来源：中国产业智库大数据中心

表4-86　中国药科大学2007～2017年SCI论文学科分布及2017年ESI排名

序号	研究领域	SCI发文量/篇	被引次数/次	篇均被引/次	高被引论文/篇	ESI全球排名	ESI全国排名
1	生物与生化	708	6 127	8.65	2	989	63
2	化学	2 847	25 315	8.89	9	509	63
3	临床医学	536	5 496	10.25	4	2 292	76
4	药理学与毒物学	2 619	25 063	9.57	13	69	2
综合		7 981	75 104	9.41	36	1 285	90

资料来源：中国产业智库大数据中心

4.2.85　福建农林大学

截至2018年3月，福建农林大学设有23个学院，一级学科博士授权点12个，一级学科硕士授权点27个，硕士专业学位授权点11个，博士后科研流动站11个。有在校生2.78万人，其中博士、硕士研究生5200余人。有教职工3155人，其中专任教师1693人，中国科学院、中国工程院院士12人（含双聘院士11人），全国杰出专业技术人才2人，“千人计划”入选者14人，“万人计划”科技创新领军人才6人，“长江学者奖励计划”8人，国家自然科学基金杰出青年科学基金获得者4人，国家自然科学基金优秀青年科学基金获得者6人，“国家百千万人才工程”人选13人，国家级有突出贡献专家12人，“创新人才推进计划”中青年科技创新领军人才6人，“新世纪优秀人才支持计划”5人，教育部“创新团队发展计划”1个，农业部创新团队2个，“创新人才推进计划”重点领域创新团队2个[85]。

2017年，福建农林大学的基础研究竞争力BRCI为10.9413，全国排名第85。国家自然科学基金项目总数为137项，全国排名第73；项目经费总额为5982.5万元，全国排名第96；国家自然科学基金项目经费金额大于200万元的有9个学科，其中农业领域学科项目经费总额全国排名第2（图4-85）。SCI论文共587篇，全国排名第131；2个学科入选ESI全球1%（表4-87）。发明专利申请量456件，全国排名第144。

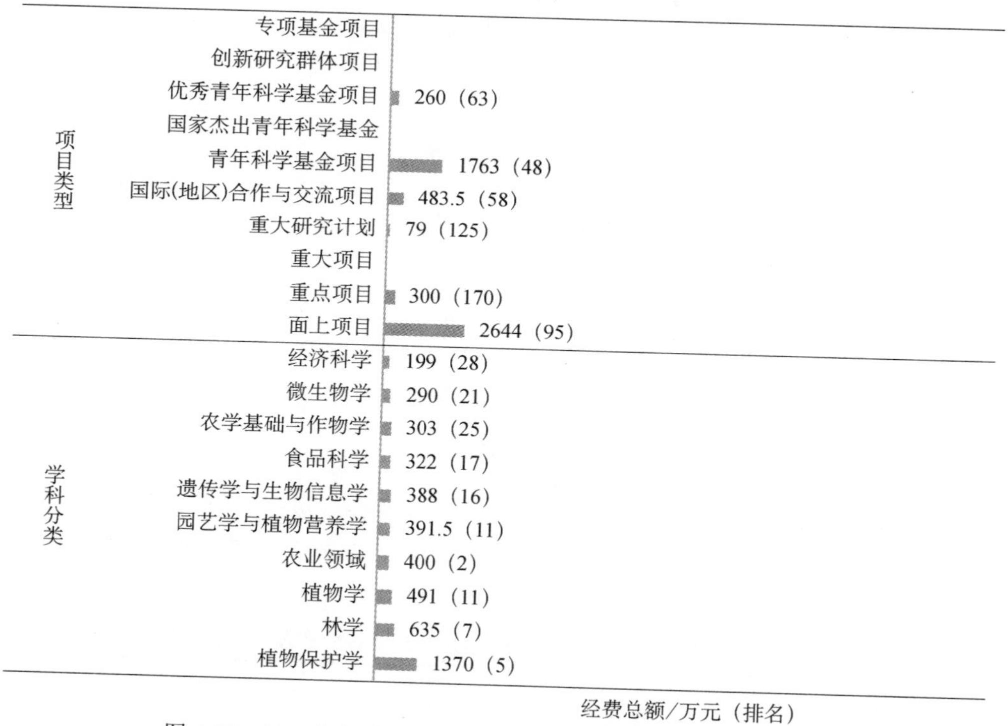

图4-85　2017年福建农林大学国家自然科学基金项目经费数据

资料来源：中国产业智库大数据中心

表4-87　福建农林大学2007～2017年SCI论文学科分布及2017年ESI排名

序号	研究领域	SCI发文量/篇	被引次数/次	篇均被引/次	高被引论文/篇	ESI全球排名	ESI全国排名
1	农业科学	427	2 152	5.04	4	763	60
2	植物与动物科学	840	5 093	6.06	18	793	39
综合		3 184	19 171	6.02	33	2 943	249

资料来源：中国产业智库大数据中心

4.2.86 陕西师范大学

截至 2018 年 3 月，陕西师范大学设有研究生院和 21 个学院、1 个基础实验教学中心及民族教育学院（预科教育），有 65 个本科专业，有国家重点学科 4 个，18 个博士学位授权一级学科，41 个硕士学位授权一级学科，1 个博士专业学位授权点（教育博士），24 个硕士专业学位授权点（含工程硕士 9 个领域）。有全日制本科生 17 502 人，研究生 17 343 人（其中全日制学生 8341 人，非全日制学生 9002 人），继续教育和网络教育学生 66 034 人，外国留学生 1100 余人。学校有教师 1752 人，其中教授 475 人、副教授 696 人，双聘院士 5 人，国家有突出贡献中青年专家 4 人，“万人计划”哲学社会科学领军人才 3 人，科技创新领军人才 1 人，“千人计划”特聘教授 1 人，“长江学者奖励计划”特聘教授、讲座教授 13 人，“国家百千万人才工程”入选者 6 人，国家自然科学基金杰出青年科学基金获得者 3 人，国家级教学名师 2 人，“万人计划”青年拔尖人才 2 人，“千人计划”青年项目 5 人，国家自然科学基金优秀青年科学基金获得者 3 人，全国、全省宣传文化系统“四个一批”人才入选者 7 人，“新世纪优秀人才支持计划”入选者 40 人[86]。

2017 年，陕西师范大学的基础研究竞争力 BRCI 为 10.8385，全国排名第 86。国家自然科学基金项目总数为 101 项，全国排名第 95；项目经费总额为 5055 万元，全国排名第 116；国家自然科学基金项目经费金额大于 500 万元的有 2 个学科，有机化学学科项目经费总额全国排名第 17（图 4-86）。SCI 论文共 899 篇，全国排名第 95；4 个学科入选 ESI 全球 1%（表 4-88）。发明专利申请量 263 件，全国排名第 279。

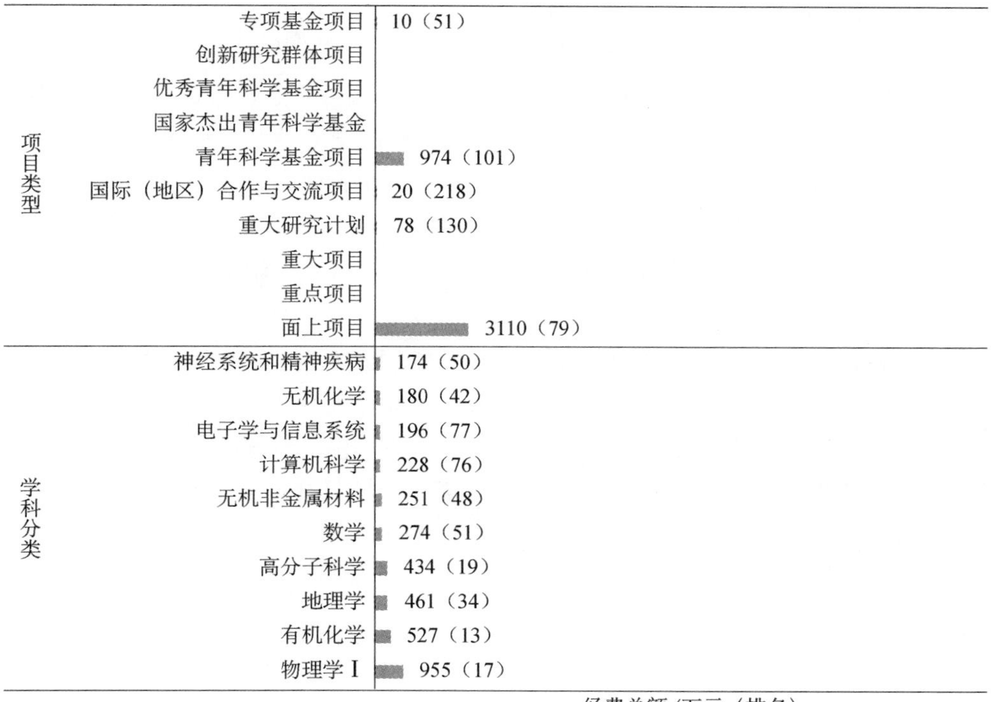

图 4-86 2017 年陕西师范大学国家自然科学基金项目经费数据

资料来源：中国产业智库大数据中心

表 4-88 陕西师范大学 2007～2017 年 SCI 论文学科分布及 2017 年 ESI 排名

序号	研究领域	SCI 发文量/篇	被引次数/次	篇均被引/次	高被引论文/篇	ESI 全球排名	ESI 全国排名
1	农业科学	274	3 078	11.23	4	567	39
2	化学	2 362	22 346	9.46	18	565	69
3	材料科学	967	10 377	10.73	9	450	71
4	工程科学	351	2 807	8	5	1 176	131
综合		7 439	58 917	7.92	55	1 500	111

资料来源：中国产业智库大数据中心

4.2.87 哈尔滨医科大学

截至 2017 年 12 月 31 日，哈尔滨医科大学设有 24 个院系，8 所事业单位，学校拥有国家重点学科 2 个、国家重点培育学科 1 个，一级学科博士学位授权点 8 个，硕士学位授权点 11 个；二级学科博士学位授权点 63 个，硕士学位授权点 66 个。博士后科研流动站 5 个。在校研究生 5331 人，普通本科生 11 704 人（校本部 7987 人、大庆校区 3717 人），普通专科生 3122 人（大庆校区），留学生 579 人。全校有教职工 17 249 人，其中中国工程院院士 1 人，中国工程院医药卫生学部主任委员 1 人，获南丁格尔奖 1 人，国务院学位委员会学科评议组成员 3 人，教育部高等学校教学指导委员会委员 13 人，全国医学专业学位研究生教育指导委员会委员 3 人，国家级教学名师 4 人，国家自然科学基金杰出青年科学基金获得者 1 人，国家自然科学基金优秀青年科学基金获得者 1 人，“千人计划”专家 2 人，“长江学者奖励计划”特聘教授 2 人、讲座教授 2 人、青年学者 2 人，“万人计划”科技创新领军人才 2 人、青年拔尖人才 2 人[87]。

2017 年，哈尔滨医科大学的基础研究竞争力 BRCI 为 10.7414，全国排名第 87。国家自然科学基金项目总数为 162 项，全国排名第 54；项目经费总额为 7364.2 万元，全国排名第 78；国家自然科学基金项目经费金额大于 500 万元的有 4 个学科，地方病学/职业病学学科项目经费总额全国排名第 1（图 4-87）。SCI 论文共 1057 篇，全国排名第 83；4 个学科入选 ESI 全球 1%（表 4-89）。发明专利申请量 70 件，全国排名第 1192。

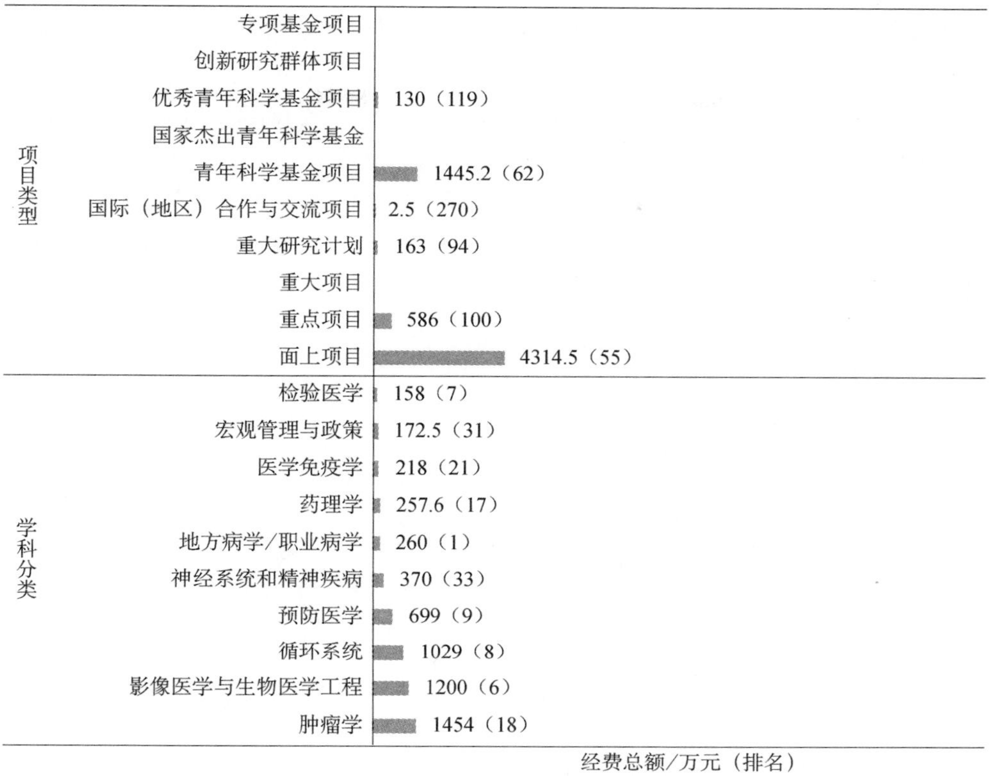

图 4-87　2017 年哈尔滨医科大学国家自然科学基金项目经费数据

资料来源：中国产业智库大数据中心

表 4-89　哈尔滨医科大学 2007～2017 年 SCI 论文学科分布及 2017 年 ESI 排名

序号	研究领域	SCI 发文量/篇	被引次数/次	篇均被引/次	高被引论文/篇	ESI 全球排名	ESI 全国排名
1	临床医学	4 163	42 067	10.1	33	623	20
2	分子生物与遗传学	1 346	15 450	11.48	9	633	24
3	药理学与毒物学	688	6 050	8.79	1	515	32
4	生物与生化	1 165	11 260	9.67	5	645	40
综合		9 248	92 659	10.02	56	1 119	80

资料来源：中国产业智库大数据中心

4.2.88　宁波大学

截至 2018 年 3 月，宁波大学设有 21 个学院，设有 75 个本科专业，6 个一级学科博士学位授权点，3 个博士后科研流动站，30 个一级学科硕士学位授权点，23 个硕士专业学位授权点，3 个博士后科研流动站。有普通全日制在校本科生 26 317 名（其中科学技术学院 9825 名），各类研究生 6099 名，成人教育学生 19 255 名。学校有教职工 2650 余名，其中教学科研人员 1600 余名。有正高职称人员 369 名，副高职称人员 774 名，博士学位人员 936 名；其中中国科学院、中国工程院共享院士 5 名，加拿大两院院士 1 名，国务院学位委员会学科评议组成员 1 名，“千人计划” 3 名，“国家百千万人才工程” 入选者 7 名，“万人计划” 科技创新领军人才 1 名，“长江学者奖励计划” 特聘教授 2 名，国家自然科学基金杰出青年科学基金获得者 2 名，

"新世纪优秀人才支持计划"入选者 17 名，教育部优秀青年教师资助计划 3 名，国家级、省级突出贡献专家 13 名[88]。

2017 年，宁波大学的基础研究竞争力 BRCI 为 10.6863，全国排名第 88。国家自然科学基金项目总数为 97 项，全国排名第 97；项目经费总额为 4220 万元，全国排名第 136；国家自然科学基金项目经费金额大于 200 万元的有 6 个学科，其中海洋科学、水产学学科项目经费总额均全国排名第 11（图 4-88）。SCI 论文共 883 篇，全国排名第 99；4 个学科入选 ESI 全球 1%（表 4-90）。发明专利申请量 422 件，全国排名第 165。

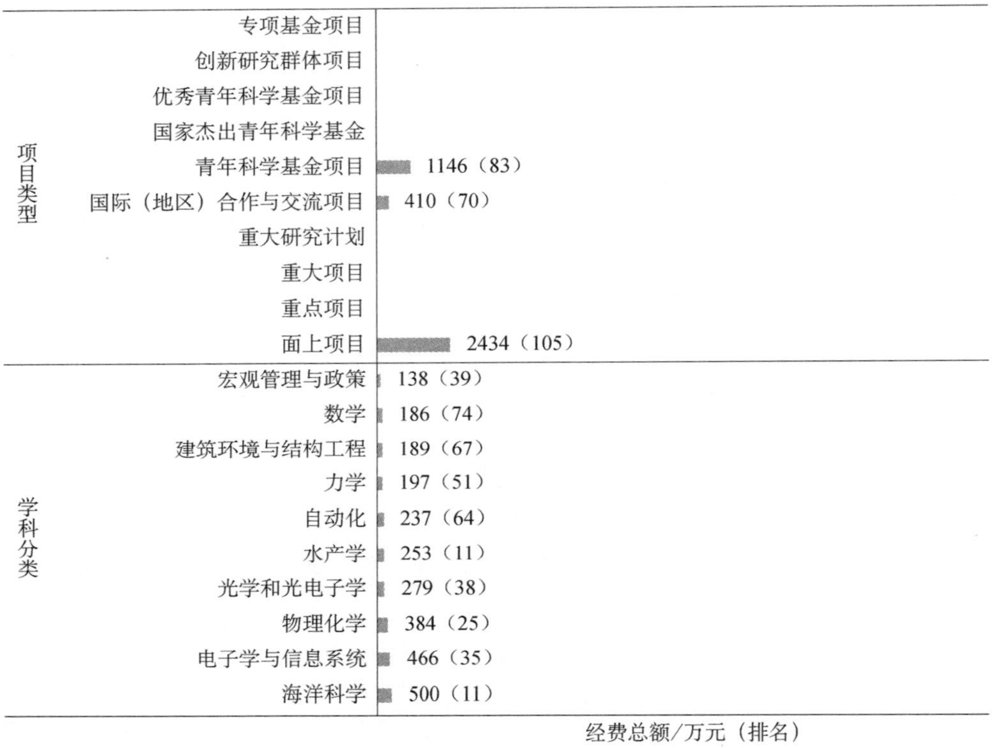

图 4-88　2017 年宁波大学国家自然科学基金项目经费数据

资料来源：中国产业智库大数据中心

表 4-90　宁波大学 2007～2017 年 SCI 论文学科分布及 2017 年 ESI 排名

序号	研究领域	SCI 发文量/篇	被引次数/次	篇均被引/次	高被引论文/篇	ESI 全球排名	ESI 全国排名
1	临床医学	525	4 907	9.35	9	2 449	80
2	工程科学	706	4 015	5.69	9	908	96
3	材料科学	771	6 142	7.97	5	703	109
4	化学	1 283	8 997	7.01	3	1 069	129
	综合	6 740	47 768	7.09	48	1 736	132

资料来源：中国产业智库大数据中心

4.2.89　中国科学院长春应用化学研究所

中国科学院长春应用化学研究所是国务院学位委员会首批授权培养硕士、博士和建立博士后流动站的单位之一，拥有化学一级学科和五个二级学科及工学二级学科应用化学的博士、硕士学位授予权，是中国科学院首批博士生重点培养基地。有在学研究生 819 人，其中博士研究生 457 人。有职工 895 人，其中中国科学院院士 6 人、发展中国家科学院院士 4 人、研究员 140 人，“千人计划”11 人，“万人计划”16 人，“国家百千万人才工程”7 人，国家自然科学基金杰出青年科学基金获得者 23 人，中国科学院“百人计划”获得者 38 人，“创新人才推进计划”重点领域创新团队 4 个，国家自然科学基金委员会“创新研究群体”5 个[89]。

2017 年，中国科学院长春应用化学研究所的基础研究竞争力 BRCI 为 10.4697，全国排名第 89。国家自然科学基金项目总数为 82 项，全国排名第 120；项目经费总额为 8937.2 万元，全国排名第 63；国家自然科学基金项目经费金额大于 1000 万元的有 4 个学科，其中物理化学、高分子科学学科项目经费总额均全国排名第 2（图 4-89）。SCI 论文共 701 篇，全国排名第 116；2 个学科入选 ESI 全球 1%（表 4-91）。发明专利申请量 174 件，全国排名第 410。

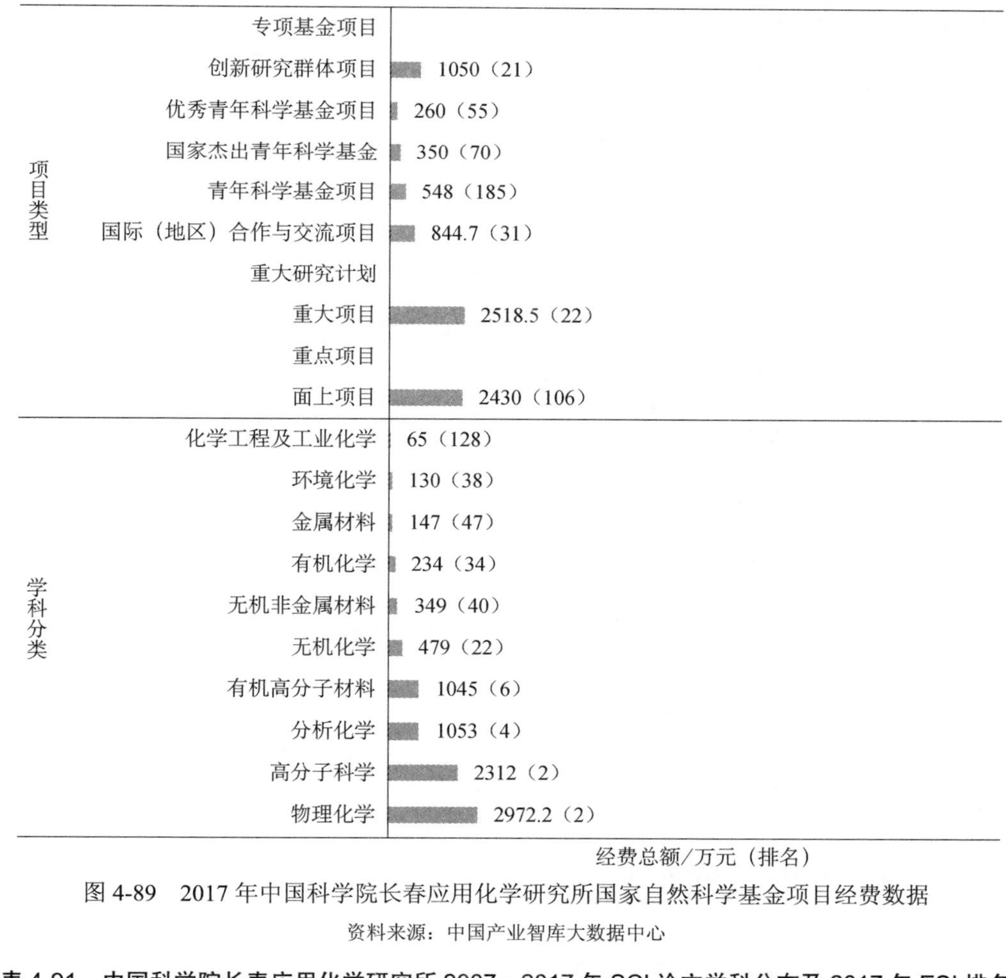

图 4-89 2017 年中国科学院长春应用化学研究所国家自然科学基金项目经费数据

资料来源：中国产业智库大数据中心

表 4-91 中国科学院长春应用化学研究所 2007～2017 年 SCI 论文学科分布及 2017 年 ESI 排名

序号	研究领域	SCI 发文量/篇	被引次数/次	篇均被引/次	高被引论文/篇	ESI 全球排名	ESI 全国排名
1	化学	7 230	175 945	24.34	186	36	9

续表

序号	研究领域	SCI 发文量/篇	被引次数/次	篇均被引/次	高被引论文/篇	ESI 全球排名	ESI 全国排名
2	材料科学	2 358	67 632	28.68	96	42	13
综合		11 095	271 992	24.51	320	474	25

资料来源：中国产业智库大数据中心

4.2.90 北京邮电大学

截至 2017 年 12 月，北京邮电大学设有 23 个学院 43 个本科专业，一级学科硕士学位授权点 22 个，一级学科博士学位授权点 10 个，博士后科研流动站 6 个；一级学科国家级重点学科 2 个，北京市重点学科 7 个、部级重点学科 8 个。有全日制本科、硕士、博士生及留学生近 23 000 名，正式注册的非全日制学生近 55 000 名。有教职工共 2183 人，其中专任教师 1435 人，院士 9 人，“长江学者奖励计划”特聘教授 4 人，国家自然科学基金杰出青年科学基金获得者 11 人，国家自然科学基金优秀青年科学基金获得者 7 人，“新世纪优秀人才支持计划”66 人，“创新人才推进计划”中青年科技创新领军人才 3 人，国家级教学名师 2 人，国家自然科学基金委员会“创新研究群体”2 个[90]。

2017 年，北京邮电大学的基础研究竞争力 BRCI 为 10.354，全国排名第 90。国家自然科学基金项目总数为 67 项，全国排名第 149；项目经费总额为 4538.9 万元，全国排名第 129；国家自然科学基金项目经费金额大于 1000 万元的有 2 个学科，电子学与信息系统、光学和光电子学学科项目经费总额均全国排名第 8（图 4-90）。SCI 论文共 1386 篇，全国排名第 63；3 个学科入选 ESI 全球 1%（表 4-92）。发明专利申请量 482 件，全国排名第 133。

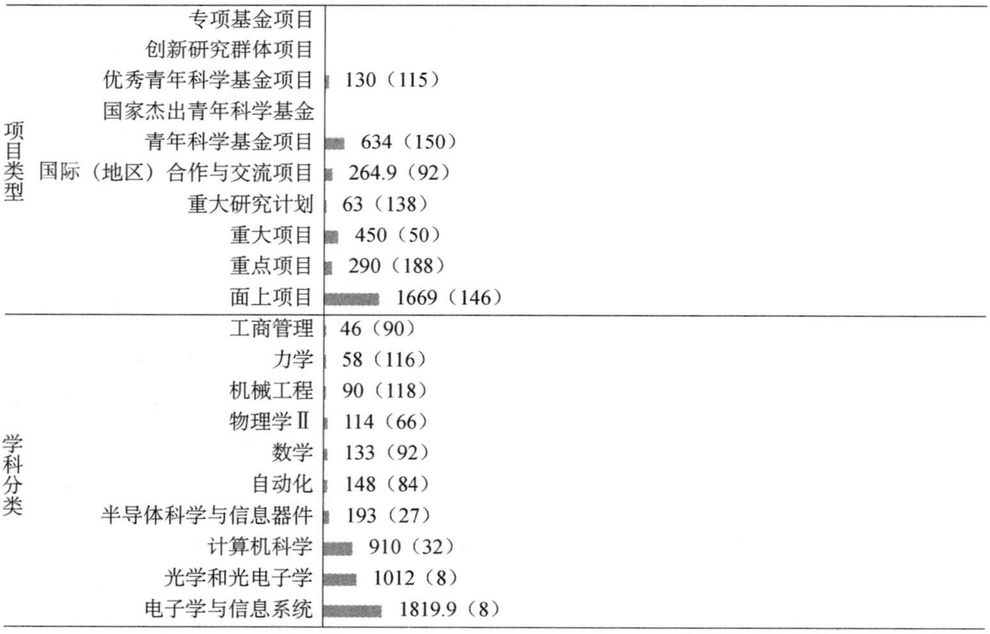

图 4-90 2017 年北京邮电大学国家自然科学基金项目经费数据

资料来源：中国产业智库大数据中心

表 4-92　北京邮电大学 2007～2017 年 SCI 论文学科分布及 2017 年 ESI 排名

序号	研究领域	SCI 发文量/篇	被引次数/次	篇均被引/次	高被引论文/篇	ESI 全球排名	ESI 全国排名
1	计算机科学	2 742	11 814	4.31	44	66	8
2	工程科学	2 104	8 975	4.27	10	482	60
3	物理学	2 657	18 288	6.88	10	693	42
综合		8 475	44 641	5.27	77	1 825	144

资料来源：中国产业智库大数据中心

4.2.91　中国人民解放军第三军医大学

中国人民解放军第三军医大学机关编设“一办七处”，下设院系 8 个及陆军卫勤训练基地、研究生院、外训大队、士官学校（含第二六〇医院）、边防卫勤训练大队，以及 3 所综合性教学医院，有 11 个本科专业，拥有博士学位授权 9 个一级学科（授权点 73 个），硕士学位授权一级学科 11 个（授权点 86 个），博士后流动站 9 个，国家重点培育学科 17 个。有中国科学院、中国工程院院士 4 名，高级专业技术人员 900 余人，三级以上教授 30 人，国家自然科学基金杰出青年科学基金获得者和“长江学者奖励计划”特聘教授 25 人，“千人计划”青年项目和国家自然科学基金优秀青年科学基金获得者 13 人，7 个团队入选教育部、科学技术部、国家自然科学基金委员会创新团队[91]。

2017 年，中国人民解放军第三军医大学的基础研究竞争力 BRCI 为 10.2639，全国排名第 91。国家自然科学基金项目总数为 214 项，全国排名第 36；项目经费总额为 10 769.16 万元，全国排名第 48；国家自然科学基金项目经费金额大于 500 万元的有 6 个学科，其中放射医学、生理学与整合生物学学科项目经费总额均全国排名第 1（图 4-91）。SCI 论文共 926 篇，全国排名第 91；6 个学科入选 ESI 全球 1%（表 4-93）。发明专利申请量 27 件，全国排名第 4465。

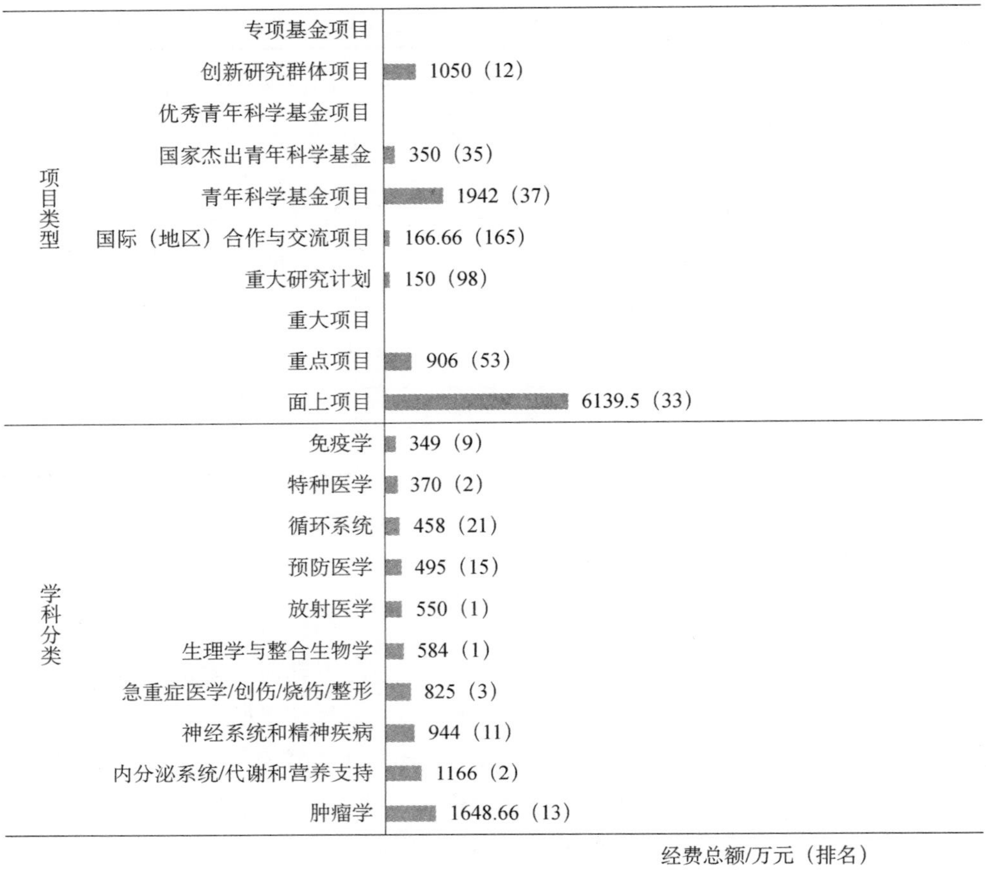

图 4-91　2017 年中国人民解放军第三军医大学国家自然科学基金项目经费数据

资料来源：中国产业智库大数据中心

表 4-93　中国人民解放军第三军医大学 2007～2017 年 SCI 论文学科分布及 2017 年 ESI 排名

序号	研究领域	SCI 发文量/篇	被引次数/次	篇均被引/次	高被引论文/篇	ESI 全球排名	ESI 全国排名
1	免疫学	448	5 356	11.96	2	624	14
2	神经科学与行为	927	9 505	10.25	9	606	20
3	临床医学	4 022	39 902	9.92	31	643	21
4	分子生物与遗传学	1 131	14 796	13.08	6	658	28
5	药理学与毒物学	584	6 399	10.96	4	489	29
6	生物与生化	1 074	9 182	8.55	0	729	42
综合		9 357	97 837	10.46	67	1 079	73

资料来源：中国产业智库大数据中心

4.2.92　东华大学

截至 2018 年 3 月，东华大学设有 17 个学院，55 个本科专业。一级学科国家重点学科 1 个，二级学科国家重点学科 5 个，国家重点培育学科 1 个；有一级学科硕士学位授权点 29 个，一级学科博士学位授权点 10 个，6 个博士后流动站。有各类学生近 3 万人，其中本科生 14 267 人，硕士生 7330 人，其中博士生 1022 人，成人教育学历生 2023 人，各类留学生 4788 人，学历留学生 1111 人。全校教职工共 2144 人，其中专任教师 1296 人，专职院士 4 人，“千人计划”、“长江学者奖励计划”、国家自然科学基金杰出青年科学基金等高级职称教师近 900 名[92]。

2017 年，东华大学的基础研究竞争力 BRCI 为 10.2151，全国排名第 92。国家自然科学基金项目总数为 60 项，全国排名第 169；项目经费总额为 3299 万元，全国排名第 163；国家自然科学基金项目经费金额大于 200 万元的有 4 个学科，其中有机高分子材料学科项目经费总额均全国排名第 9（图 4-92）。SCI 论文共 988 篇，全国排名第 87；4 个学科入选 ESI 全球 1%（表 4-94）。发明专利申请量 790 件，全国排名第 60。

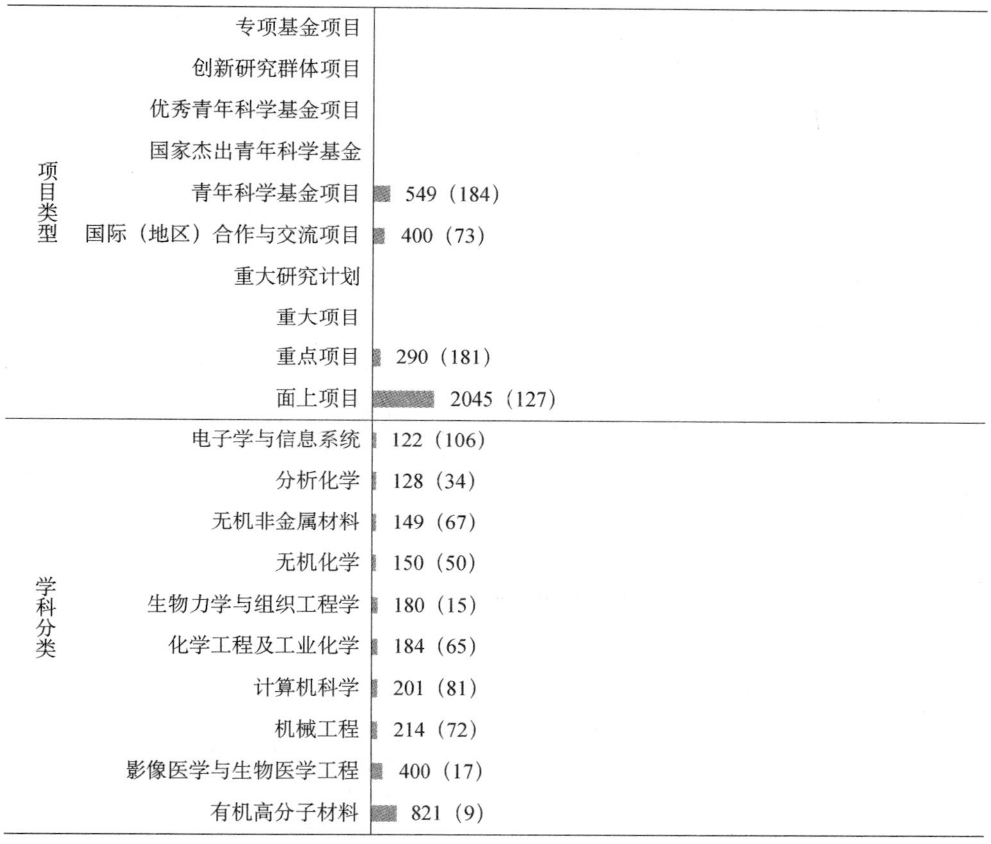

图 4-92　2017 年东华大学国家自然科学基金项目经费数据

资料来源：中国产业智库大数据中心

表 4-94　东华大学 2007～2017 年 SCI 论文学科分布及 2017 年 ESI 排名

序号	研究领域	SCI 发文量/篇	被引次数/次	篇均被引/次	高被引论文/篇	ESI 全球排名	ESI 全国排名
1	化学	2 665	35 957	13.49	35	366	49
2	工程科学	972	11 706	12.04	40	374	47
3	材料科学	2 730	28 863	10.57	28	162	42
4	数学	452	4 367	9.66	21	241	30
综合		8 601	101 952	11.85	146	1 045	68

资料来源：中国产业智库大数据中心

4.2.93 南京邮电大学

截至2018年3月，南京邮电大学设有21个院（部、中心），本科专业55个。有一级学科硕士学位授权点21个，二级学科硕士学位授权点32个，一级学科博士学位授权点3个、二级学科博士学位授权点14个，博士后流动站3个，专业学位授权点（领域）15个。有各类在籍生3万余人。有教职工2400余人，其中中国科学院院士（含双聘）6人，“长江学者奖励计划”特聘教授3人、讲座教授1人、青年学者3人，国家自然科学基金杰出青年科学基金获得者3人，“国家百千万人才工程”4人，“千人计划”9人，“千人计划”青年项目2人，“万人计划”科技创新领军人才3人、青年拔尖人才1人，国家自然科学基金优秀青年科学基金获得者6人，中国科学院“百人计划”1人，国家教学名师1人，全国优秀教师1人，享受国务院政府特殊津贴46人，国家级有突出贡献的中青年专家3人，“新世纪优秀人才支持计划”11人，“创新人才推进计划”重点领域创新团队1个，“长江学者和创新团队发展计划”创新团队1个[93]。

2017年，南京邮电大学的基础研究竞争力BRCI为10.1596，全国排名第93。国家自然科学基金项目总数为82项，全国排名第121；项目经费总额为3355万元，全国排名第161；国家自然科学基金项目经费金额大于200万元的有5个学科（图4-93）。SCI论文共744篇，全国排名第112；4个学科入选ESI全球1%（表4-95）。发明专利申请量841件，全国排名第55。

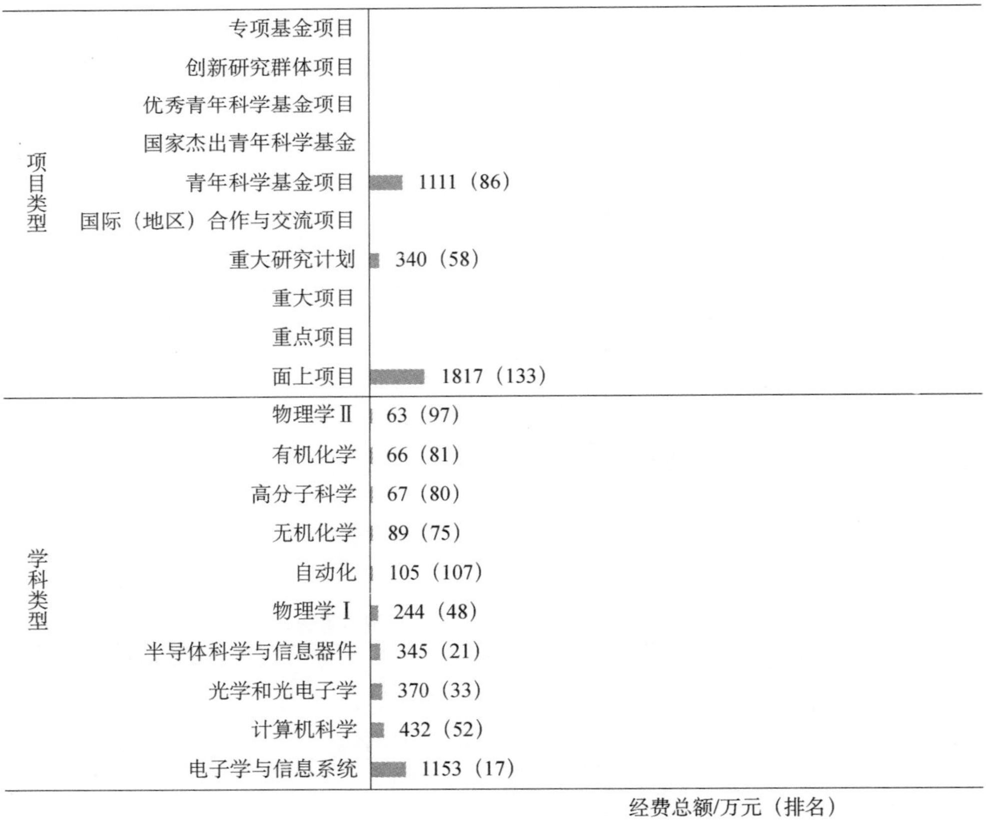

图4-93 2017年南京邮电大学国家自然科学基金项目经费数据

资料来源：中国产业智库大数据中心

表 4-95 南京邮电大学 2007～2017 年 SCI 论文学科分布及 2017 年 ESI 排名

序号	研究领域	SCI 发文量/篇	被引次数/次	篇均被引/次	高被引论文/篇	ESI 全球排名	ESI 全国排名
1	化学	983	19 441	19.78	32	641	79
2	计算机科学	857	3 631	4.24	17	344	44
3	工程科学	1 007	3 958	3.93	13	920	100
4	材料科学	547	11 129	20.35	26	427	70
综合		4 784	46 489	9.72	106	1 771	136

资料来源：中国产业智库大数据中心

4.2.94 温州医科大学

截至 2018 年 4 月，温州医科大学设有 17 个学院，拥有 4 个附属医院，有 27 个本科招生专业，4 个一级学科博士点和 1 个专业学位博士点，12 个一级学科硕士点，设有临床医学一级学科博士后科研流动站。有全日制在校生 16 576 人（不含独立学院——温州医科大学仁济学院），其中博士研究生 135 人，硕士研究生 2967 人，学历教育留学生 817 人。学校有教职员工及医护人员 10 000 余人（含附属医院），其中具有高级专业技术职务 1600 余人。学校本部有专任教师 1422 人，其中具有正高级专业技术职务 349 人，具有副高级专业技术职务 462 人，博士学位 813 人。一批优秀教师入选国家"千人计划"、国家"万人计划"、"长江学者奖励计划"、国家"百千万人才工程"、国家有突出贡献中青年专家、"新世纪优秀人才支持计划"、国家卫生计生委有突出贡献的中青年专家、省特级专家、省"千人计划"、省高校特聘教授等高层次人才。"眼视光学院教师团队"入选首批全国高校黄大年式教师团队等[94]。

2017 年，温州医科大学的基础研究竞争力 BRCI 为 10.1174，全国排名第 94。国家自然科学基金项目总数为 130 项，全国排名第 78；项目经费总额为 5276.2 万元，全国排名第 108；国家自然科学基金项目经费金额大于 300 万元的有 5 个学科，其中生殖系统/围生医学/新生儿学科项目经费总额全国排名第 4（图 4-94）。SCI 论文共 1302 篇，全国排名第 69；3 个学科入选 ESI 全球 1%（表 4-96）。发明专利申请量 76 件，全国排名第 1101。

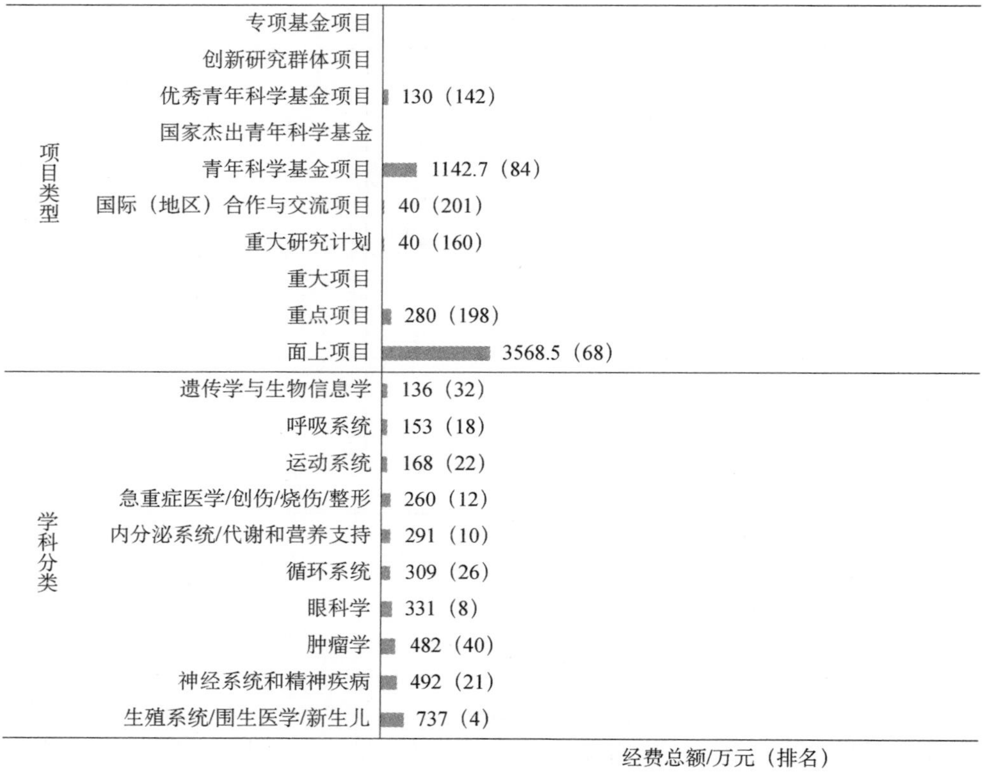

图 4-94　2017 年温州医科大学国家自然科学基金项目经费数据

资料来源：中国产业智库大数据中心

表 4-96　温州医科大学 2007～2017 年 SCI 论文学科分布及 2017 年 ESI 排名

序号	研究领域	SCI 发文量/篇	被引次数/次	篇均被引/次	高被引论文/篇	ESI 全球排名	ESI 全国排名
1	临床医学	3 717	26 366	7.09	11	884	32
2	药理学与毒物学	901	5 410	6	7	567	36
3	化学	575	8 322	14.47	4	1 122	140
综合		8 653	69 726	8.06	38	1 341	94

资料来源：中国产业智库大数据中心

4.2.95　济南大学

截至 2018 年 3 月，济南大学设有 24 个学院 92 个本科专业，有一级学科硕士学位授权点 25 个，二级学科硕士学位授权点 167 个，一级学科博士学位授权点 5 个、二级学科博士学位授权点 36 个，硕士专业学位培养类别 12 个，2 个博士后科研流动站。有全日制在校本科生、研究生、留学生 36 784 人。有专任教师 2100 人，其中教授 300 人，副教授 697 人，中国工程院院士 3 人（其中外籍院士 1 人），“千人计划”入选者 2 人，国家自然科学基金杰出青年科学基金获得者 3 人，“万人计划”人选 2 人，“国家百千万人才工程”2 人，国务院学位委员会学科评议组成员 1 人，教育部教学指导委员会委员 5 人，“千人计划”青年项目入选者 1 人，国家自然科学基金优秀青年科学基金获得者 2 人，“新世纪优秀人才支持计划”2 人，国家和省部级有突出贡献专家 24 人，国家教学名师 1 人，国家级教学团队 1 个[95]。

2017 年，济南大学的基础研究竞争力 BRCI 为 9.9197，全国排名第 95。国家自然科学基金项目总数为 63 项，全国排名第 160；项目经费总额为 2699.1 万元，全国排名第 195；国家自然科学基金项目经费金额大于 200 万元的有 3 个学科，其中无机非金属材料学科项目经费总额全国排名第 14（图 4-95）。SCI 论文共 796 篇，全国排名第 108；4 个学科入选 ESI 全球 1%（表 4-97）。发明专利申请量 794 件，全国排名第 58。

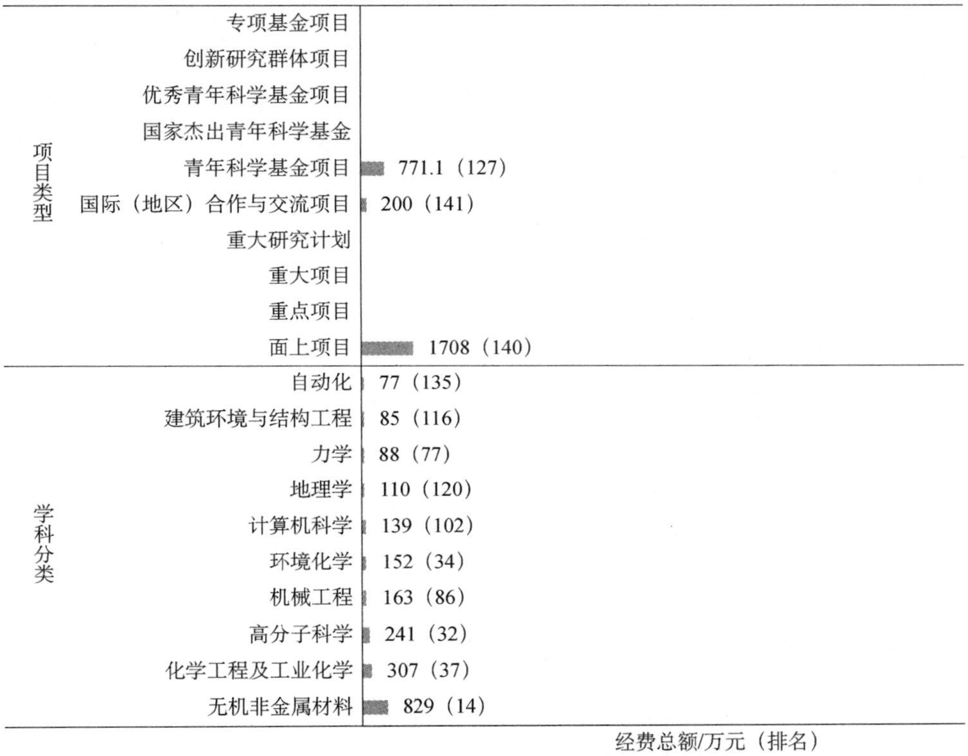

图 4-95　2017 年济南大学国家自然科学基金项目经费数据

资料来源：中国产业智库大数据中心

表 4-97　济南大学 2007～2017 年 SCI 论文学科分布及 2017 年 ESI 排名

序号	研究领域	SCI 发文量/篇	被引次数/次	篇均被引/次	高被引论文/篇	ESI 全球排名	ESI 全国排名
1	化学	2 136	23 746	11.12	13	540	67
2	临床医学	1 322	10 755	8.14	8	1 559	56
3	工程科学	408	3 332	8.17	18	1 030	115
4	材料科学	1 170	8 445	7.22	10	531	82
综合		7 176	61 909	8.63	67	1 449	103

资料来源：中国产业智库大数据中心

4.2.96　贵州大学

截至 2018 年 3 月，贵州大学下设 40 个学院，有世界一流建设学科 1 个、国家级重点学科 1 个。有一级学科博士学位授权点 17 个，一级学科硕士学位授权点 49 个、专业硕士学位授权点 17 个，博士后科研流动站 8 个。在校全日制本科学生 41 250 人，全日制研究生 8716 人。有教职工 3958 人，其中，专任教师 2842 人，教授 490 人，副教授 1121 人，中国工程院院士 2 人，“长江学者奖励计划”特聘教授、讲座教授 3 人、青年学者 1 人，“万人计划”科技创新领军人才 3 人，国务院学位委员会学科评议组成员 1 人，“千人计划”青年项目 1 人、国家级有突出贡献中青年专家 5 人，“新世纪百千万人才工程”人选 6 人，教育部高等学校教学指导委员会委员 17 人，“新世纪优秀科技人才”12 人[96]。

2017 年，贵州大学的基础研究竞争力 BRCI 为 9.632，全国排名第 96。国家自然科学基金项目总数为 97 项，全国排名第 98；项目经费总额为 3659.5 万元，全国排名第 150；国家自然科学基金项目经费金额均小于 500 万元，其中有机化学学科项目经费总额全国排名第 19（图 4-96）。SCI 论文共 474 篇，全国排名第 151；2 个学科入选 ESI 全球 1%（表 4-98）。发明专利申请量 1210 件，全国排名第 31。

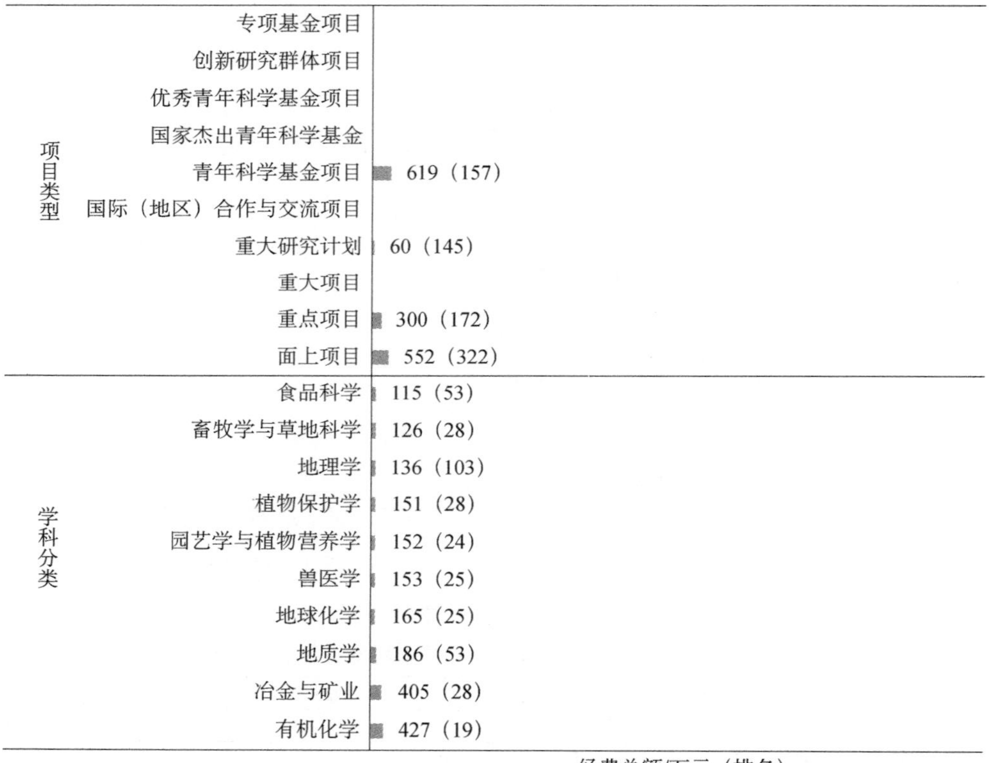

图 4-96　2017 年贵州大学国家自然科学基金项目经费数据

资料来源：中国产业智库大数据中心

表 4-98　贵州大学 2007～2017 年 SCI 论文学科分布及 2017 年 ESI 排名

序号	研究领域	SCI 发文量/篇	被引次数/次	篇均被引/次	高被引论文/篇	ESI 全球排名	ESI 全国排名
1	植物与动物科学	606	3 654	6.03	18	966	52
2	化学	1 152	8 903	7.73	4	1 077	131
综合		3 592	24 193	6.74	46	2 593	214

资料来源：中国产业智库大数据中心

4.2.97 东北师范大学

截至2017年9月，东北师范大学设有23个学院（部），78个本科专业；硕士学位授权一级学科34个，硕士专业学位授权点17个，博士学位授权一级学科22个，博士专业学位授权点1个，博士后科研流动站20个，国家重点学科5个。有全日制在校学生25 000余人。有专任教师1631人，其中教授475人，副教授600人，发展中国家科学院院士1人，双聘院士1人，国务院学位委员会学科评议组召集人1人，“千人计划”入选者8人，国家自然科学基金杰出青年科学基金获得者4人，“长江学者奖励计划”特聘教授7人、讲座教授4人，“长江学者和创新团队发展计划”创新团队研究计划带头人 3 人，中国科学院“百人计划”入选者 2人，国家级教学名师4人，国家自然科学基金优秀青年科学基金获得者6人[97]。

2017年，东北师范大学的基础研究竞争力BRCI为9.2366，全国排名第97。国家自然科学基金项目总数为76项，全国排名第133；项目经费总额为3733万元，全国排名第147；国家自然科学基金项目经费金额大于200万元的有6个学科，其中生态学学科项目经费总额全国排名第10（图4-97）。SCI论文共1320篇，全国排名第67；4个学科入选ESI全球1%（表4-99）。发明专利申请量129件，全国排名第576。

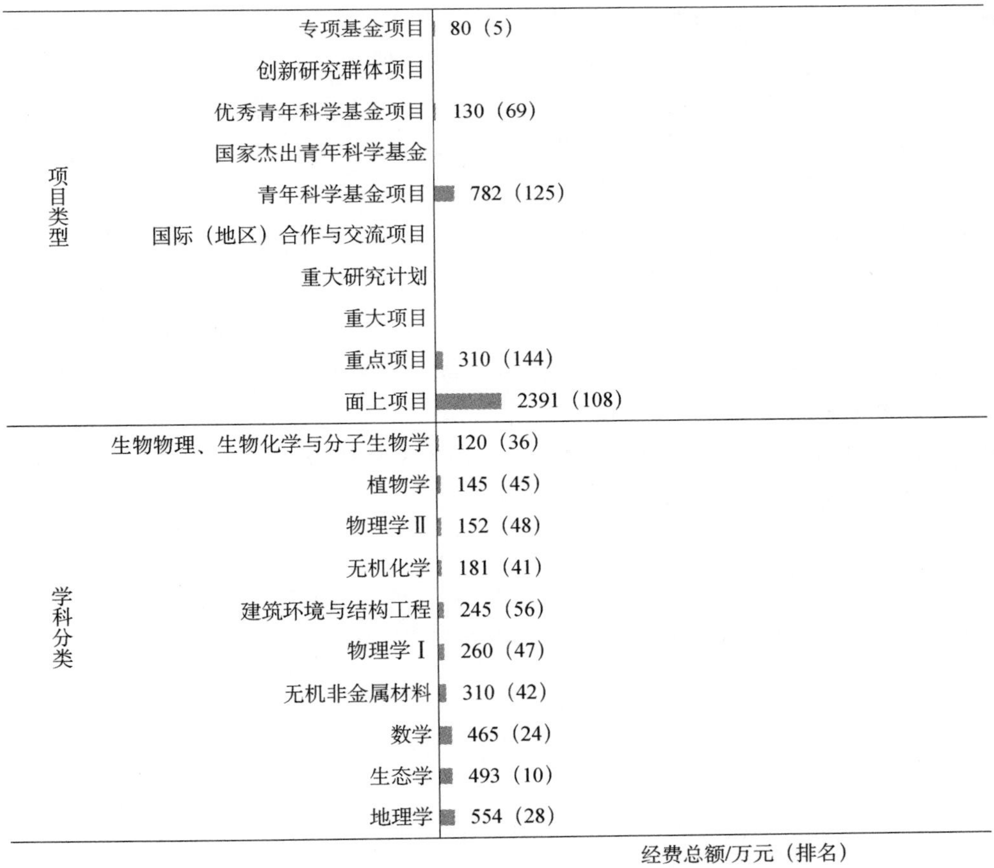

图4-97 2017年东北师范大学国家自然科学基金项目经费数据

资料来源：中国产业智库大数据中心

表 4-99　东北师范大学 2007～2017 年 SCI 论文学科分布及 2017 年 ESI 排名

序号	研究领域	SCI 发文量/篇	被引次数/次	篇均被引/次	高被引论文/篇	ESI 全球排名	ESI 全国排名
1	化学	3 862	65 877	17.06	37	170	31
2	工程科学	283	3 145	11.11	7	1 082	122
3	材料科学	680	12 439	18.29	11	386	63
4	植物与动物科学	357	2 998	8.4	1	1 094	61
综合		8 253	110 918	13.44	100	986	61

资料来源：中国产业智库大数据中心

4.2.98　重庆医科大学

截至 2017 年 12 月，重庆医科大学设有 21 个学院（系），并设立研究生院，开设 34 个本科专业，拥有 4 个国家重点学科，有 7 个一级学科博士学位授权点、12 个一级学科硕士学位授权点，3 个博士专业学位授权点，11 个硕士专业学位授权点，5 个博士后科研流动站。有全日制在校学生 25 760 人，其中研究生 5740 人，本科生 19 310 人，留学生 710 人。教师总数 2220 人，其中高级专业技术人员 1340 人。博士生导师 239 人。学校有“973 计划”首席科学家 2 人，国家“千人计划”专家 6 人，“长江学者奖励计划”6 人，国家“百千万人才工程”人选 9 人，国务院政府特殊津贴获得者、卫生部突出贡献中青年专家、国家自然科学基金杰出青年科学基金获得者、国家自然科学基金优秀青年科学基金获得者、“新世纪优秀人才支持计划”人选、重庆市“两江学者”、“首席专家工作室领衔专家”、学术技术带头人等高层次人才逾百人[98]。

2017 年，重庆医科大学的基础研究竞争力 BRCI 为 9.1589，全国排名第 98。国家自然科学基金项目总数为 129 项，全国排名第 80；项目经费总额为 5063.1 万元，全国排名第 115；重庆医科大学国家自然科学基金项目经费金额大于 500 万元的有 2 个学科，眼科学学科项目经费总额全国排名第 5（图 4-98）。SCI 论文共 1161 篇，全国排名第 78；4 个学科入选 ESI 全球 1%（表 4-100）。发明专利申请量 50 件，全国排名第 1975。

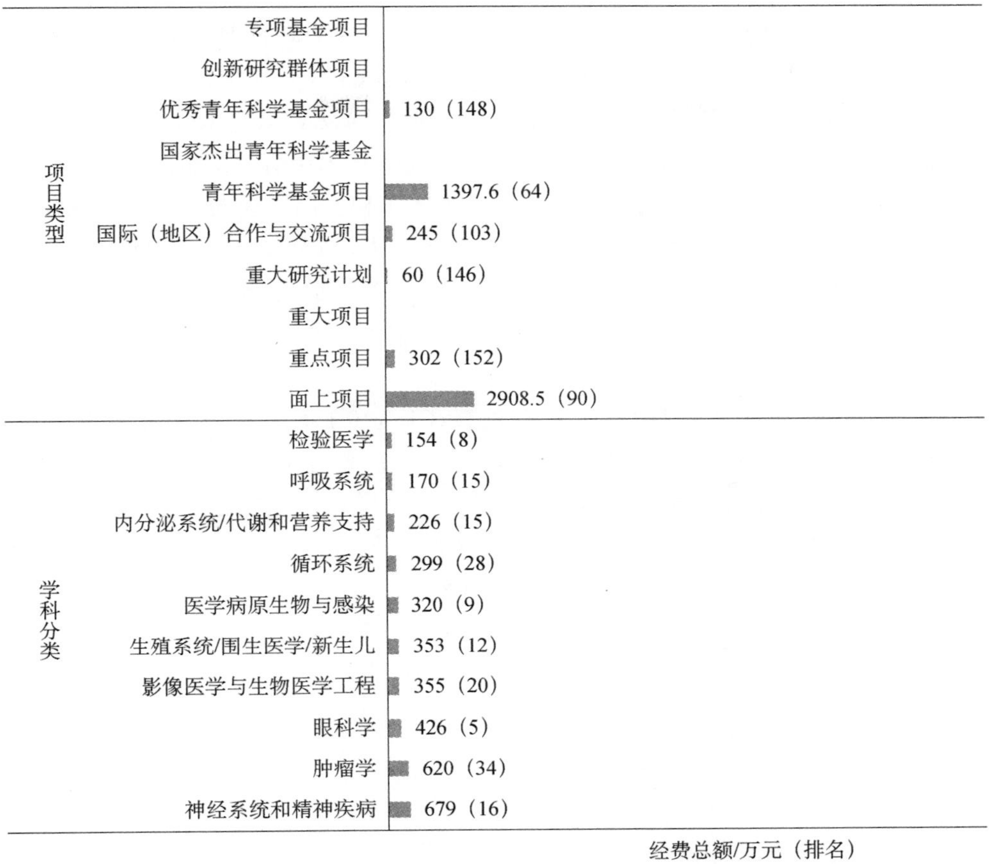

图 4-98　2017 年重庆医科大学国家自然科学基金项目经费数据

资料来源：中国产业智库大数据中心

表 4-100　重庆医科大学 2007～2017 年 SCI 论文学科分布及 2017 年 ESI 排名

序号	研究领域	SCI 发文量/篇	被引次数/次	篇均被引/次	高被引论文/篇	ESI 全球排名	ESI 全国排名
1	临床医学	3 658	34 632	9.47	19	721	26
2	神经科学与行为	843	6 496	7.71	4	780	28
3	药理学与毒物学	562	4 722	8.4	1	639	42
4	生物与生化	761	6 057	7.96	4	995	64
综合		8 162	73 641	9.02	35	1 301	91

资料来源：中国产业智库大数据中心

4.2.99　南京师范大学

截至 2018 年 3 月 20 日，南京师范大学设有二级学院 26 个、独立学院 2 个；拥有本科招生专业（含专业类）59 个，国家重点学科 6 个、国家重点（培育）学科 3 个，拥有博士学位授权一级学科 25 个、博士学位授权二级学科专业（不含一级学科覆盖）1 个，硕士学位授权一级学科 40 个、硕士学位授权二级学科专业（不含一级学科覆盖）2 个，博士专业学位类别 1

个，硕士专业学位类别 19 个，博士后科研流动站 21 个。共有在校普通本科生 17 117 人，其中师范生 3772 人。在校研究生共 11 429 人（其中学术型 6368 人，专业型 5061 人；博士研究生 1295 人，硕士研究生 10 134 人）。共有在职教职工 3164 人，其中专任教师 1909 人，专任教师中正高级职称拥有者 571 人，中国科学院院士 1 名，国家级有突出贡献专家 9 名，爱思唯尔中国高被引学者榜单入选 6 名，“新世纪百千万人才工程”国家级人选 8 名，教育部“创新团队发展计划”1 个，“长江学者奖励计划”特聘教授 7 人，“千人计划”人才 3 人、青年项目获得者 4 人，国家自然科学基金杰出青年科学基金获得者 7 名，国家级教学团队 4 个，国家级教学名师 3 人，“万人计划”人选 7 人，教育部“新世纪优秀人才支持计划”人选 12 人，中国科学院“百人计划”人选 3 人[99]。

2017 年，南京师范大学的基础研究竞争力 BRCI 为 9.1562，全国排名第 99。国家自然科学基金项目总数为 93 项，全国排名第 105；项目经费总额为 4553.5 万元，全国排名第 128；国家自然科学基金项目经费金额大于 200 万元的有 5 个学科，其中地理学学科项目经费总额全国排名第 15（图 4-99）。SCI 论文共 701 篇，全国排名第 117；5 个学科入选 ESI 全球 1%（表 4-101）。发明专利申请量 223 件，全国排名第 333。

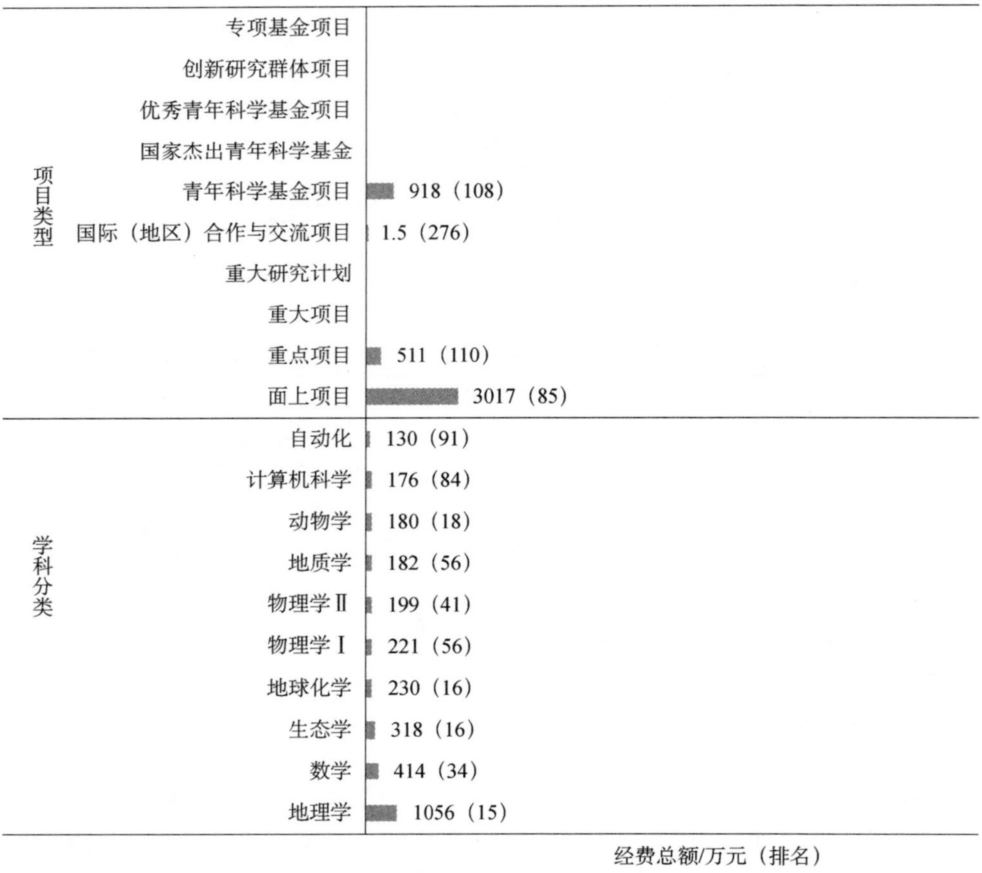

图 4-99　2017 年南京师范大学国家自然科学基金项目经费数据

资料来源：中国产业智库大数据中心

表 4-101　南京师范大学 2007～2017 年 SCI 论文学科分布及 2017 年 ESI 排名

序号	研究领域	SCI 发文量/篇	被引次数/次	篇均被引/次	高被引论文/篇	ESI 全球排名	ESI 全国排名
1	农业科学	272	2 698	9.92	4	628	44
2	植物与动物科学	491	3 557	7.24	2	985	54
3	化学	1 321	19 852	15.03	23	634	78
4	工程科学	656	5 537	8.44	21	716	80
5	材料科学	434	5 898	13.59	6	729	114
综合		7 976	72 760	9.12	117	1 310	92

资料来源：中国产业智库大数据中心

4.2.100　杭州电子科技大学

截至 2017 年 3 月，杭州电子科技大学设有 20 个学院及教学单位，1 所独立学院，58 个本科专业；一级学科硕士授权点 18 个，二级学科硕士授权点 54 个，9 个领域的工程硕士专业学位授予权，博士学位授权一级学科 6 个，博士后科研工作站 1 个。有全日制在校学生 28 000 余人。有教职员工 2300 余人，专任教师 1600 余人，其中正高职称 290 余人，院士 3 名，国家级有突出贡献中青年专家 3 人，“千人计划”特聘专家 8 人、“千人计划”青年项目获得者 2 人，国家自然科学基金杰出青年科学基金获得者 4 人，国家社科重大项目首席专家 2 人，“新世纪百千万人才工程”人选 4 人，“长江学者奖励计划”青年学者 2 人，国家自然科学基金优秀青年科学基金获得者 2 人，“新世纪优秀人才支持计划”13 人，国家“111 计划”学科创新引智基地 1 个[100]。

2017 年，杭州电子科技大学的基础研究竞争力 BRCI 为 9.1283，全国排名第 100。国家自然科学基金项目总数为 92 项，全国排名第 108；项目经费总额为 4263 万元，全国排名第 134；国家自然科学基金项目经费金额大于 200 万元的有 5 个学科（图 4-100）。SCI 论文共 546 篇，全国排名第 138；1 个学科入选 ESI 全球 1%（表 4-102）。发明专利申请量 487 件，全国排名第 129。

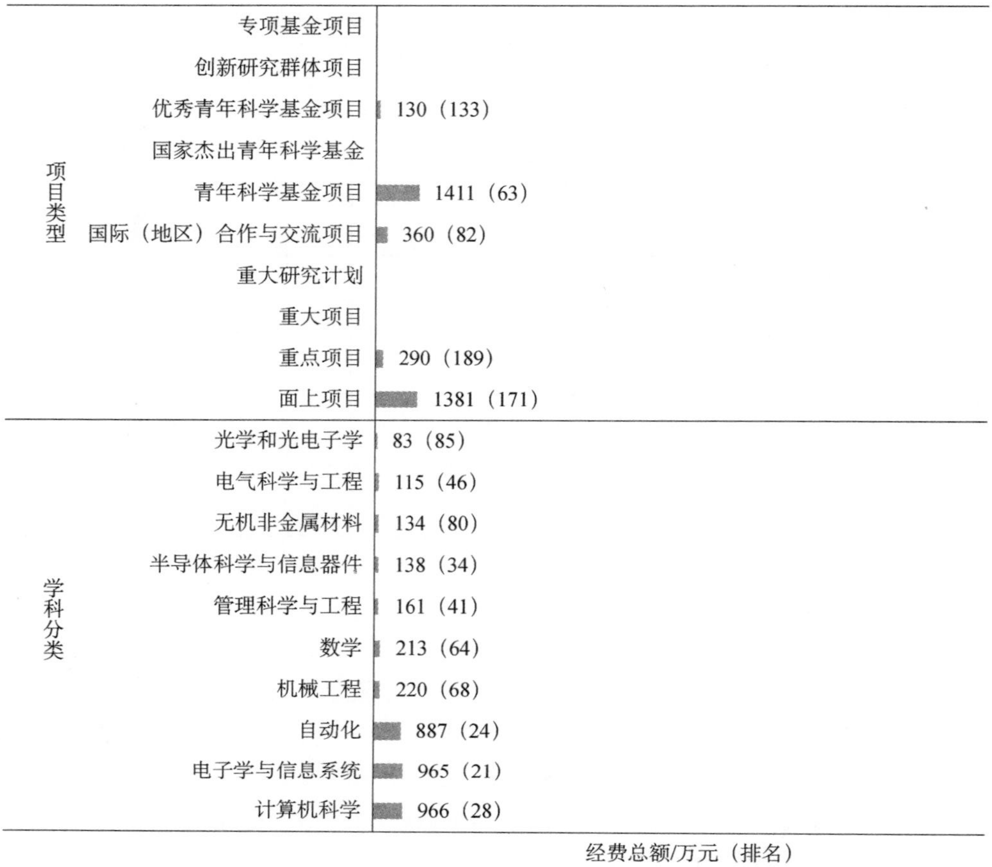

图 4-100 2017 年杭州电子科技大学国家自然科学基金项目经费数据

资料来源：中国产业智库大数据中心

表 4-102 杭州电子科技大学 2007～2017 年 SCI 论文学科分布及 2017 年 ESI 排名

序号	研究领域	SCI 发文量/篇	被引次数/次	篇均被引/次	高被引论文/篇	ESI 全球排名	ESI 全国排名
1	工程科学	1 000	6 410	6.41	14	632	72
	综合	3 680	21 516	5.85	52	2 767	234

资料来源：中国产业智库大数据中心

参 考 文 献

［1］浙江大学. 学校概况[EB/OL][2018-04-08]. http：//www.zju.edu.cn/512/list.htm.

［2］上海交通大学. 学校简介[EB/OL][2018-04-08]. http：//www.sjtu.edu.cn/xbdh/yjdh/gk/xxjj.htm.

［3］清华大学. 学校概况[EB/OL][2018-04-08]. http：//www.tsinghua.edu.cn/publish/newthu/newthu_cnt/about/about-6.html.

［4］华中科技大学. 学校简介[EB/OL][2018-04-08]. http：//www.hust.edu.cn/755/list.htm.

［5］中山大学. 中大简介[EB/OL][2018-04-08]. http：//www.sysu.edu.cn/2012/cn/zdgk/zdgk01/index.htm.

［6］西安交通大学. 交大简介[EB/OL][2018-04-09]. http：//www.xjtu.edu.cn/jdgk/jdjj.htm.

［7］北京大学. 北京大学 2017 年基本数据[EB/OL][2018-08-10]. http：//xxgk.pku.edu.cn/docs/20180410192941232836.pdf.

［8］复旦大学.复旦概况[EB/OL][2018-08-10]. http：//www.fudan.edu.cn/2016/channels/view/73/.

［9］中南大学. 统计资料[EB/OL][2018-04-09]. http：//www.csu.edu.cn/xxgk/tjzl.htm.

［10］武汉大学. 学校简介[EB/OL][2018-04-09]. http：//www.whu.edu.cn/xxgk/xxjj.htm.

［11］山东大学.山东大学 2017 年度统计公报. [EB/OL][2018-08-10]. http：//www.fzgh.sdu.edu.cn/info/1008/3000.htm.

[12] 四川大学. 学校概况[EB/OL][2018-04-09]. http: //www1.scu.edu.cn/xxgk/xxjj.htm.
[13] 同济大学. 学校简介[EB/OL][2018-04-09]. https: //www.tongji.edu.cn/about.html.
[14] 天津大学. 学校简介[EB/OL][2018-04-09]. http: //www.tju.edu.cn/tdgk/xxjj/.
[15] 华南理工大学. 学校概况[EB/OL][2018-07-30]. http: //www.scut.edu.cn/new/8995/list.htm.
[16] 吉林大学. 吉大简介[EB/OL][2018-04-09]. http: //www.jlu.edu.cn/xxgk/jdjj.htm.
[17] 哈尔滨工业大学. 学校概况[EB/OL][2018-04-09]. http: //www.hit.edu.cn/gkyl/list.htm.
[18] 南京大学. 南大简介[EB/OL][2018-04-09]. https: //www.nju.edu.cn/3642/list.htm.
[19] 中国科学技术大学. 学校简介[EB/OL][2018-04-09]. http: //www.ustc.edu.cn/xygk/xxjj/200508/t20050802_18737.html.
[20] 东南大学. 东南大学简介[EB/OL][2018-04-09]. http: //www.seu.edu.cn/2017/0531/c17410a190422/page.htm.
[21] 北京航空航天大学. 今日北航[EB/OL][2018-04-09]. http: //www.buaa.edu.cn/bhgk1/jrbh.htm.
[22] 苏州大学. 学校简介[EB/OL][2018-04-09]. http: //www.suda.edu.cn/general_situation/xxjj.jsp.
[23] 大连理工大学. 学校简介[EB/OL][2018-04-09]. https: //www.dlut.edu.cn/xxgk/xxjj.htm.
[24] 厦门大学. 学校简介[EB/OL][2018-04-09]. https: //www.xmu.edu.cn/about/xuexiaojianjie.
[25] 西北工业大学. 学校概况[EB/OL][2017-04-13]. http: //www.nwpu.edu.cn/xxgk/xxjj.htm.
[26] 电子科技大学. 学校概况[EB/OL][2018-07-30]. http: //www.uestc.edu.cn/07d640ec93e711fa6cbe9ec378ecde81.html.
[27] 北京理工大学. 学校简介[EB/OL][2018-04-09]. http: //www.bit.edu.cn/gbxxgk/gbxqzl/xxjj/index.htm.
[28] 重庆大学. 校情概况[EB/OL][2017-04-13]. http: //www.cqu.edu.cn/Channel/000-002- 001-001/1/index.html.
[29] 东北大学. 东大简介[EB/OL][2017-04-13]. http: //www.neu.edu.cn/intro_info.html.
[30] 江苏大学. 学校概况[EB/OL][2017-04-13]. http: //www.ujs.edu.cn/xxgk/xxjj.htm.
[31] 郑州大学. 学校概况[EB/OL][2018-04-09]. http: //www.zzu.edu.cn/gaikuang.htm.
[32] 深圳大学. 深大概况[EB/OL][2017-04-13]. http: //www.szu.edu.cn/xxgk/xxjj.htm.
[33] 武汉理工大学. 学校概况[EB/OL][2017-04-13]. http: //www.whut.edu.cn/2015web/xxgk/.
[34] 湖南大学. 湖大概况[EB/OL][2017-04-13]. http: //www.hnu.edu.cn/hdgk/xxjj.htm.
[35] 中国农业大学. 学校概况[EB/OL][2017-04-13]. http: //www.cau.edu.cn/col/col10247/index.html.
[36] 北京科技大学. 学校概况[EB/OL][2017-04-13]. http: //www.ustb.edu.cn/xxgk/index.htm.
[37] 南昌大学. 学校简介[EB/OL][2018-04-09]. http: //www.ncu.edu.cn/xxgk/xxjj.html.
[38] 南京理工大学. 概况[EB/OL][2017-04-13]. http: //www.njust.edu.cn/3627/list.htm.
[39] 西安电子科技大学. 学校概况[EB/OL][2017-04-13]. http: //www.xidian.edu.cn/xxgk/xxjj.htm.
[40] 南京航空航天大学. 南航概况[EB/OL][2017-04-13]. http: //www.nuaa.edu.cn/286/list.htm.
[41] 南开大学. 南开概况[EB/OL][2017-04-13]. http: //www.nankai.edu.cn/162/list.htm.
[42] 华东理工大学. 学校概况[EB/OL][2017-04-13]. http: //www.ecust.edu.cn/61/list.htm.
[43] 华中农业大学. 学校概况[EB/OL][2017-04-13]. http: //www.hzau.edu.cn/xxgk/xxjj.htm.
[44] 江南大学. 学校概况[EB/OL][2017-04-13]. http: //www.jiangnan.edu.cn/xxgk/xxjj.htm.
[45] 浙江工业大学. 学校概况[EB/OL][2018-07-30]. http: //www.zjut.edu.cn/ReadClassDetail. jsp?bigclassid=5&sid=80.
[46] 西南交通大学. 学校概况[EB/OL][2017-04-13]. http: //www.swjtu.edu.cn/xxgk/ztjs.htm.
[47] 华东师范大学. 学校概况[EB/OL][2017-04-13]. http: //www.ecnu.edu.cn/single/main.htm?page=ecnu.
[48] 上海大学. 学校介绍[EB/OL][2017-04-13]. http: //www.shu.edu.cn/xxgk/xxjj.htm.
[49] 中国地质大学（武汉）. 学校概况[EB/OL][2017-04-13]. http: //www.cug.edu.cn/xxgk/xxjj.htm.
[50] 兰州大学. 学校概况[EB/OL][2017-04-13]. http: //www.lzu.edu.cn/V2013/ldgk/ldjj/.
[51] 中国矿业大学. 学校概况[EB/OL][2017-04-13]. http: //www.cumt.edu.cn/1069/list.htm.
[52] 暨南大学. 学校概况[EB/OL][2017-04-13]. https: //www.jnu.edu.cn/2561/list.htm.
[53] 南京工业大学. 学校概况[EB/OL][2017-04-13]. http: //www.njtech.edu.cn/Home/List/lists/mid/102.html.
[54] 西北农林科技大学. 学校概况[EB/OL][2017-04-13]. http: //www.nwsuaf.edu.cn/xxgk/xxjj1/index.htm.
[55] 广东工业大学. 学校概况[EB/OL][2017-04-13]. http: //www.gdut.edu.cn/xxgk1/xxjj.htm.
[56] 河海大学. 学校概况[EB/OL][2018-01-15]. http: //www.hhu.edu.cn/171/list.htm.
[57] 南京医科大学. 学校简介[EB/OL][2018-04-09]. http: //www.njmu.edu.cn/538/list.htm.
[58] 北京师范大学. 学校概况[EB/OL][2018-01-15]. http: //www.bnu.edu.cn/xxgk/xxjj/index.htm.
[59] 北京工业大学. 学校概况[EB/OL][2017-04-13]. http: //www.bjut.edu.cn/xxgk/xxjj/15140.shtml.
[60] 合肥工业大学. 学校概况[EB/OL][2017-04-13]. http: //www.hfut.edu.cn/5287/list.htm.
[61] 北京交通大学. 学校概况[EB/OL][2018-01-15]. http: //www.njtu.edu.cn/xxgk/xxjj/index.htm.
[62] 南方医科大学. 学校简介[EB/OL][2018-04-09]. http: //www.fimmu.com/xygk/xxjj.htm.

[63] 南京农业大学. 学校概况[EB/OL][2017-04-13]. http: //www.njau.edu.cn/139/list.htm.
[64] 昆明理工大学. 学校概况[EB/OL][2017-04-13]. http: //www.kmust.edu.cn/html/xxgk/xxjj/1.html.
[65] 扬州大学. 学校概况[EB/OL][2017-04-13]. http: //www.yzu.edu.cn/col/col37632/index.html.
[66] 西南大学. 学校概况[EB/OL][2018-01-15]. http: //www.swu.edu.cn/xxgl_jyjs.html.
[67] 北京化工大学. 学校概况[EB/OL][2017-04-13]. http: //www.buct.edu.cn/xxgknew/xxjjnew/index.htm.
[68] 中国石油大学（华东）. 学校简介[EB/OL][2018-01-15]. http: //www.upc.edu.cn/101/list.htm.
[69] 中国海洋大学. 学校概况[EB/OL][2017-04-13]. http: //www.ouc.edu.cn/bmsz/list.htm.
[70] 福州大学. 学校概况[EB/OL][2018-01-15]. http: //www.fzu.edu.cn/html/xxgk/xxjj/1.html.
[71] 太原理工大学. 学校概况[EB/OL][2018-01-15]. http: //www2017.tyut.edu.cn/xxgk/xxjj.htm.
[72] 首都医科大学. 学校概况[EB/OL][2018-04-09]. http: //www.ccmu.edu.cn/xxgk_6443/xxjj_6444/index.htm.
[73] 哈尔滨工程大学. 校园概况[EB/OL][2017-04-13]. http: //www.hrbeu.edu.cn/xygk/xxjj.aspx.
[74] 中国人民解放军国防科学技术大学. 科大简介[EB/OL][2018-01-15]. http: //www.nudt. edu.cn/Sub_index_Nav.asp?classid=1.
[75] 华南农业大学. 学校概况[EB/OL][2017-04-13]. http: //www.scau.edu.cn/1246/list.htm.
[76] 青岛大学. 学校概况[EB/OL][2017-04-13]. http: //www.qdu.edu.cn/xxgk/xxjj.htm.
[77] 中国人民解放军第二军医大学. 学校概况[EB/OL][2018-01-15]. http: //www.smmu.edu. cn/117/list.htm.
[78] 中国人民解放军第四军医大学. 学校概况[EB/OL][2017-04-13]. https: //www.fmmu.edu. cn/xxgk/xxjj.htm.
[79] 西北大学. 学校概况[EB/OL][2017-04-13]. http: //www.nwu.edu.cn/home/index/article/mid/724/id/161210.html.
[80] 中国科学院化学研究所. 所况简介[EB/OL][2017-04-13]. http: //www.ic.cas.cn/jggk/skjj/.
[81] 南京信息工程大学. 学校概况[EB/OL][2017-04-13]. http: //www.nuist.edu.cn/newindex/xxjj.html.
[82] 广西大学. 西大概览[EB/OL][2017-04-13]. http: //www.gxu.edu.cn/Category_68/Index. aspx.
[83] 华北电力大学. 学校简介[EB/OL][2018-01-15]. http: //www.ncepu.edu.cn/xxgk/xxjj/index.htm.
[84] 中国药科大学. 学校简介[EB/OL][2017-04-13]. http: //www.cpu.edu.cn/4244/list.htm.
[85] 福建农林大学. 学校简介[EB/OL][2017-04-13]. http: //www.fafu.edu.cn/5243/list.htm.
[86] 陕西师范大学. 学校概况[EB/OL][2017-04-13]. http: //www.snnu.edu.cn/xxgk/xxjj.htm.
[87] 哈尔滨医科大学. 学校概况[EB/OL][2017-04-13]. http: //www.hrbmu.edu.cn/xxjj/xxgk.htm.
[88] 宁波大学. 宁大概况[EB/OL][2017-04-13]. http: //www.nbu.edu.cn/ndjj.jhtml.
[89] 中国科学院长春应用化学研究所. 概况介绍[EB/OL][2017-04-13]. http: //www.ciac.cas. cn/gkjj/jgjj/.
[90] 北京邮电大学. 学校简介[EB/OL][2018-01-15]. http: //www.bupt.edu.cn/content/content.php?p=1_1_57.
[91] 中国人民解放军第三军医大学. 学校简介[EB/OL][2017-04-13]. http: //www.tmmu.edu. cn/tmmu_content.aspx?type_id=1.
[92] 东华大学. 学校介绍[EB/OL][2017-04-13]. http: //www.dhu.edu.cn/5936/list.htm.
[93] 南京邮电大学. 学校简介[EB/OL][2017-04-13]. http: //www.njupt.edu.cn/9/list.htm.
[94] 温州医科大学. 校情总览[EB/OL][2017-04-13]. http: //www.wmu.edu.cn/xzbm.php.
[95] 济南大学. 学校简介[EB/OL][2017-04-13]. http: //www.ujn.edu.cn/xxgk/xxjj.htm.
[96] 贵州大学. 学校概况[EB/OL][2017-04-13]. http: //www.gzu.edu.cn/222/list.htm.
[97] 东北师范大学. 学校简介[EB/OL][2017-04-13]. http: //www.nenu.edu.cn/253/list.htm.
[98] 重庆医科大学. 学校概况[EB/OL][2018-01-15]. http: //www.cqmu.edu.cn/s/1/t/117/p/1/c/2/list.htm.
[99] 南京师范大学. 学校概况[EB/OL][2017-04-13]. http: //www.njnu.edu.cn/About/introduction.html.
[100] 杭州电子科技大学. 学校简介[EB/OL][2017-04-13]. http: //www.hdu.edu.cn/introduction.